Palo Alto Networks 構築実践ガイド

次世代ファイアウォールの機能を徹底活用

パロアルトネットワークス合同会社 **監修**
三輪賢一 **監修・著**
株式会社エーピーコミュニケーションズ 伊原智仁・前川峻平・内藤裕之、
パロアルトネットワークス合同会社 福井隆太 **著**

技術評論社

【注意】ご購入・ご利用の前に必ずお読みください

本書に記載された内容は、情報の提供のみを目的としています。したがって、本書を用いた運用は、必ずお客様自身の責任と判断によっておこなってください。これらの情報の運用の結果について、技術評論社および著者はいかなる責任も負いません。

本書記載の情報は、2015年7月1日現在のものを掲載していますので、ご利用時には、変更されている場合もあります。また、ソフトウェアに関する記述は、特に断わりのないかぎり、2015年7月1日現在での最新バージョンをもとにしています。ソフトウェアはバージョンアップされる場合があり、本書での説明とは機能内容や画面図などが異なってしまうこともありえます。

以上の注意事項をご承諾いただいた上で、本書をご利用願います。これらの注意事項をお読みいただかずに、お問い合わせいただいても、技術評論社および著者は対処しかねます。あらかじめ、ご承知おきください。

【執筆環境】

・クライアントOS
　Windows 7 Professional ／ Windows 8 Pro

・ブラウザ
　Google Chrome Version 43.0.2357.130m

・ターミナルソフト
　Tera Term Version 4.8.7

・パロアルトネットワークス次世代ファイアウォール
　PA-2050
　PAN-OS 6.1.3

※第5章と第9章の一部画面ではデモサイトを使用しています。

本文中に記載されている製品名、会社名は、すべて関係各社の商標または登録商標です。なお、本文中に™マーク、®マークは明記しておりません。

はじめに

　パロアルトネットワークスは2005年に米国シリコンバレーで設立され、従来型ファイアウォールとは全くアーキテクチャの異なる次世代ファイアウォールを業界で初めて2007年より販売開始した成長著しいエンタープライズセキュリティ企業です。日本においては2008年より販売を開始し、業種を問わずさまざまな企業や団体で利用されています。次世代ファイアウォールが生まれた背景には、ネットワーク利用形態の変化や、ネットワークアプリケーションや脅威が進化してきた影響があります。業務やプライベートを問わずWebアプリケーションが多用され、従来型ファイアウォールによるポート番号を使ったセキュリティポリシーは機能しなくなりました。ネットワークのブロードバンド化、モバイルデバイスの性能向上、インターネット電話やビデオ会議システム、クラウド上のSaaSアプリケーションの普及などにより、ユーザーはどの端末からでも、いつでもどこでも仕事ができるようになっています。そのためアクセス制御の一致条件としてIPアドレスだけではなく、幅広い手法によるユーザー識別や外部データベースによるURLや脅威リストも必要となっています。パロアルトネットワークスの次世代ファイアウォールではこのような情報に加え、クラウドを使用した未知の脅威情報や端末上で検出した脅威情報なども用いて、多層防御と呼ばれる攻撃のライフサイクルに合わせた防御機能を提供しています。

　ネットワークセキュリティや脅威防御対策という観点で現在の利用形態にマッチする次世代ファイアウォールですが、従来型ファイアウォールの前提知識が必要であったり、従来製品に比べてより多くの設定項目や機能があるため難しくて活用しきれない、という声もあがっています。従来型ファイアウォールやUTMについては、多くの書籍が発行されており、インターネット上にも情報が多数あがっていますが、次世代ファイアウォールに関しては特に日本語での資料というものはそれほど多く提供されていません。そこで、次世代ファイアウォールが必要である技術的背景や、パロアルトネットワークスの次世代ファイアウォールが提供する機能の詳細、シナリオに沿った設定手順や設定項目に関するリファレンスをまとめた書籍を発行できないかと、パロアルトネットワークス合同会社および株式会社エーピーコミュニケーションズの有志により本書の執筆および監修が行われました。

　紙面の都合上、すべての製品および機能を網羅することはできませんでしたが、一般的なセキュリティゲートウェイとしての次世代ファイアウォール導入に必要な内容については手順通りに管理Web UIを設定していくことで実現できる構成になっています。

　RFCに記載されているようなネットワーク技術に関しては基本的な説明は省略しているため詳細説明のない専門用語もあるかもしれませんが、インターネット上での検索やネットワークおよびセキュリティ専門書などを参照してください。本書が次世代ファイアウォール導入およびネットワークセキュリティ全般に関する理解を深める一助になれば幸いです。

三輪賢一
株式会社エーピーコミュニケーションズ　伊原智仁

目次 contents

はじめに ... iii

第1章 パロアルトネットワークスと次世代ファイアウォール ... 001

- **1.1** ネットワークアプリケーションの台頭による脅威の拡大 ... 002
- **1.2** 従来型ファイアウォールの限界 ... 003
  - 1.2.1 ファイアウォールの歴史 ... 003
  - 1.2.2 パロアルトネットワークスの誕生 ... 004
  - 1.2.3 ファイアウォール技術の推移 ... 006
- **1.3** 次世代ファイアウォールとは ... 008
  - 1.3.1 次世代ファイアウォールの定義 ... 008
  - 1.3.2 パロアルトネットワークス製品の歴史 ... 009
- **1.4** 次世代ファイアウォールを支える技術 ... 010
  - 1.4.1 アプリケーション識別 ... 010
  - 1.4.2 ユーザー識別 ... 012
  - 1.4.3 コンテンツ識別 ... 013
  - 1.4.4 SP3アーキテクチャ ... 014
- **1.5** 次世代ファイアウォールのラインナップ ... 017
  - 1.5.1 PA-7050 ... 017
  - 1.5.2 PA-5000シリーズ ... 020
  - 1.5.3 PA-3000シリーズ ... 022
  - 1.5.4 PA-500とPA-200 ... 025
  - 1.5.5 VMシリーズ ... 028
  - 1.5.6 販売終了製品の補足 ... 030
- **1.6** 次世代ファイアウォール以外の製品ラインナップ ... 031
  - 1.6.1 PanoramaとM-100 ... 031
  - 1.6.2 WildFireとWF-500 ... 031
  - 1.6.3 GlobalProtectとGP-100 ... 033
  - 1.6.4 Traps ... 035
- **1.7** ライセンスとサブスクリプション ... 037
  - 1.7.1 サポートライセンス ... 037
  - 1.7.2 ライセンスの種類 ... 037
  - 1.7.3 サブスクリプションの種類 ... 039
  - 1.7.4 アクセサリ ... 042
- **1.8** サポートポリシー ... 043
  - 1.8.1 ハードウェアサポートポリシー ... 043

	1.8.2 ソフトウェアサポートポリシー	043

第 2 章　準備と初期設定　　045

2.1　ファイアウォールアプライアンスの確認　046
2.1.1　デバイスの外観　046
2.2　ファイアウォールの起動　047
2.3　初期設定　049
2.3.1　管理インターフェイスとデバイス設定　050
2.3.2　設定の基礎知識　060
2.3.3　管理者アカウント　066
2.3.4　ライセンスのアクティベーション手順　071
2.3.5　コンテンツ更新の管理　072
2.3.6　ソフトウェア(PAN-OS)更新手順　077
2.4　インターフェイス概要　083
2.4.1　インターフェイス種別　083
2.4.2　論理インターフェイス　084
2.4.3　インターフェイス管理プロファイル　085
2.4.4　サービスルート設定　086
2.4.5　DHCPサーバーとDHCPリレー　087
2.4.6　仮想ルーター　088
2.5　ゾーンとセキュリティポリシーの概要　090
2.5.1　ゾーン　090
2.5.2　セキュリティポリシー　091
2.6　ネットワークとポリシー設定　092
2.6.1　導入計画　092
2.6.2　ネットワーク設定　093
2.6.3　セキュリティポリシー設定　098
2.6.4　セキュリティポリシーテスト　103
2.6.5　疎通確認　105

第 3 章　アプリケーション識別 (App-ID)　　109

3.1　App-ID概要　110
3.1.1　なぜアプリケーション可視化が必要か　110
3.1.2　アプリケーションとは　111
3.1.3　アプリケーション依存関係 (Application dependency)　113

- **3.1.4** アプリケーションカテゴリ ... 114
- **3.1.5** 他社の次世代ファイアウォールとの違い ... 116

3.2 App-IDフロー ... 119
- **3.2.1** アプリケーションプロトコルの検出と復号化 ... 119
- **3.2.2** アプリケーションプロトコルのデコーディング ... 120
- **3.2.3** アプリケーションプロコトルシグネチャ ... 120
- **3.2.4** ヒューリスティック ... 121

3.3 App-IDセキュリティポリシーの設定 ... 122
- **3.3.1** アドレスオブジェクト ... 123
- **3.3.2** アプリケーションオブジェクト ... 124
- **3.3.3** セキュリティポリシーの依存関係 ... 127
- **3.3.4** セキュリティポリシーの移動 ... 128
- **3.3.5** セキュリティポリシーのフィルタリング ... 129
- **3.3.6** ポート番号の使用 ... 130
- **3.3.7** セキュリティプロファイルの概要 ... 131

3.4 App-IDセキュリティポリシーの設定例 ... 133
- **3.4.1** 設定要件 ... 133
- **3.4.2** App-IDセキュリティポリシーの設定手順 ... 134

3.5 セキュリティポリシー設定リファレンス ... 140
- **3.5.1** 全般タブ ... 140
- **3.5.2** 送信元タブ ... 141
- **3.5.3** ユーザータブ ... 141
- **3.5.4** 宛先タブ ... 142
- **3.5.5** アプリケーションタブ ... 142
- **3.5.6** サービス/URLカテゴリタブ ... 143
- **3.5.7** アクションタブ ... 143

3.6 App-IDログ ... 145
- **3.6.1** 【要件1】管理者セグメントからの通信 ... 145
- **3.6.2** 【要件2】一般社員セグメントからの通信 ... 146

第4章 脅威防御（Content-ID） 147

4.1 統合脅威防御の必要性 ... 148
- **4.1.1** ゲートウェイ型とホスト型のアンチウイルス ... 150
- **4.1.2** ゼロデイマルウェア（未知のマルウェア） ... 150
- **4.1.3** パロアルトネットワークスのアンチウイルス ... 151
- **4.1.4** ストリームベースとファイルベース ... 151

目次 contents

  4.1.5 アンチウイルスのデフォルトプロファイル 152
  4.1.6 誤検知と例外 153
  4.1.7 ユーザー通知 154
4.2 アンチウイルスプロファイル設定 157
  4.2.1 アンチウイルスプロファイルの設定手順 157
4.3 アンチウイルスプロファイル設定項目 161
4.4 アンチスパイウェア 163
  4.4.1 アンチスパイウェアプロファイル 163
  4.4.2 アンチスパイウェアシグネチャ 163
  4.4.3 DNSシンクホール 164
  4.4.4 パッシブDNSモニタリング 164
4.5 アンチスパイウェアプロファイル設定 165
  4.5.1 アンチスパイウェアプロファイルの設定手順 165
4.6 アンチスパイウェアプロファイル設定項目 168
4.7 脆弱性防御（IPS） 171
  4.7.1 脆弱性防御プロファイル 171
  4.7.2 脆弱性防御シグネチャ 172
  4.7.3 シグネチャのチューニング 174
  4.7.4 カスタムシグネチャ 175
4.8 脆弱性防御プロファイル設定 176
  4.8.1 脆弱性防御プロファイルの設定手順 176
4.9 脆弱性防御プロファイル設定項目 179
4.10 URLフィルタリング 181
  4.10.1 他社URLフィルタリング製品との違い 181
  4.10.2 パロアルトネットワークスのURLフィルタリング 182
  4.10.3 URLフィルタリングデータベース 184
  4.10.4 カスタムURLカテゴリ 191
  4.10.5 データベース識別の順番 192
4.11 URLフィルタリングプロファイル設定 193
  4.11.1 URLフィルタリングプロファイルの設定手順 193
4.12 URLフィルタリングプロファイル設定項目 197
4.13 PAN-DB URLカテゴリ変更リクエスト 199
  4.13.1 管理画面からのリクエスト 199
  4.13.2 専用サイトからのリクエスト 200
4.14 ファイルブロッキングとデータフィルタリング 202
  4.14.1 DLPとは？ 202

4.14.2	ファイルブロッキング	202
4.14.3	ファイル検出時のアクション	204
4.14.4	ファイルブロッキング対応ファイルタイプ	205
4.14.5	データフィルタリング	207
4.14.6	重みとしきい値	207

4.15 ファイルブロッキングプロファイル設定　208
- 4.15.1 ファイルブロッキングプロファイルの設定手順　208

4.16 WildFire　211
- 4.16.1 WildFireで分析できるファイル　213
- 4.16.2 WildFireシグネチャ　213

4.17 WildFire設定　214
- 4.17.1 WildFire設定手順　214

4.18 ゾーンプロテクションとDoSプロテクション　218
- 4.18.1 DoS攻撃とは　218
- 4.18.2 ゾーンプロテクションプロファイル　218
- 4.18.3 DoSプロテクションプロファイル　219

4.19 ゾーンプロテクション設定　221
- 4.19.1 ゾーンプロテクション設定手順　221

4.20 DoSプロテクションプロファイル設定　223
- 4.20.1 DoSプロテクションプロファイルの設定手順　223

第5章 ログとレポート　227

5.1 ログとレポートの概要　228

5.2 Dashboard　229
- 5.2.1 アプリケーション　229
- 5.2.2 システム　231
- 5.2.3 ログ　233

5.3 ACC（アプリケーションコマンドセンター）　235
- 5.3.1 ACC表示条件　235
- 5.3.2 アプリケーション　236
- 5.3.3 URLフィルタリング　239
- 5.3.4 脅威防御　240
- 5.3.5 データフィルタリング　242
- 5.3.6 ドリルダウンページ　243

5.4 ローカルログの表示　247

5.4.1	ログ画面	247
5.4.2	各種ログ	249

5.5 外部サーバーへのログ転送 … 254
5.5.1	サーバープロファイル作成	255
5.5.2	ログ転送プロファイル作成	261
5.5.3	セキュリティポリシーへの適用	262

5.6 アプリケーションスコープの利用 … 263
5.6.1	サマリーレポート	263
5.6.2	変化モニターレポート	264
5.6.3	脅威モニターレポート	264
5.6.4	脅威マップレポート	265
5.6.5	ネットワークモニターレポート	265
5.6.6	トラフィックマップ	266

5.7 ボットネットレポート … 267
5.7.1	設定	267

5.8 PDFレポート … 270
5.8.1	PDFサマリーの管理	270
5.8.2	ユーザーアクティビティレポート	271
5.8.3	レポートグループ	273
5.8.4	電子メールスケジューラ	273

5.9 カスタムレポートの管理 … 275
5.9.1	カスタムレポートの生成	275

5.10 レポート … 278
5.10.1	アプリケーションレポート	278
5.10.2	トラフィックレポート	279
5.10.3	脅威レポート	279
5.10.4	URLフィルタリングレポート	280
5.10.5	PDFサマリーレポート	280

第6章 ユーザー識別 (User-ID) … 281

6.1 ユーザー識別の概要 … 282
6.1.1	ユーザーを識別するための収集情報	282
6.1.2	ユーザーおよびユーザーグループの識別	286
6.1.3	KnownユーザーとUnknownユーザー	287

6.2 ユーザー識別の流れ … 288
6.2.1	User-IDエージェントとエージェントレス	289

- **6.3** キャプティブポータルの概要 — 290
- **6.4** ユーザー識別機能利用における注意事項 — 291
- **6.5** ユーザー識別の基本設定 — 292
  - 6.5.1 Active Directory連携設定（Windows User-IDエージェント利用） — 292
  - 6.5.2 Active Directory連携設定（エージェントレス） — 302
  - 6.5.3 グループ情報取得設定 — 307
  - 6.5.4 キャプティブポータル設定 — 312
- **6.6** ユーザー識別設定リファレンス — 323
  - 6.6.1 Windows User-IDエージェント連携設定項目 — 323
  - 6.6.2 User-IDエージェントレス設定項目 — 329
  - 6.6.3 グループ情報取得設定 — 333
  - 6.6.4 キャプティブポータル設定項目 — 336

第7章 ポリシー制御　343

- **7.1** ポリシーの種類 — 344
- **7.2** NATポリシー — 345
  - 7.2.1 NATとは — 345
  - 7.2.2 NATポリシーの動作 — 347
  - 7.2.3 送信元NATポリシーの設定手順 — 350
  - 7.2.4 宛先NATポリシーの設定手順 — 353
  - 7.2.5 NATポリシーの設定項目 — 356
- **7.3** QoSポリシー — 359
  - 7.3.1 クラス分類（Classification）と帯域幅制限（Bandwidth Limitation） — 359
  - 7.3.2 フォワーディングクラス、プライオリティキュー、スケジュール — 360
  - 7.3.3 輻輳管理とパケットマーキング — 361
  - 7.3.4 出力インターフェイスにおけるQoS — 361
  - 7.3.5 QoSポリシーの設定手順 — 362
  - 7.3.6 QoSポリシーの設定項目 — 365
  - 7.3.7 QoS設定項目 — 368
  - 7.3.8 QoSプロファイル設定項目 — 370
- **7.4** ポリシーベースフォワーディング（PBF） — 372
  - 7.4.1 ポリシーベースフォワーディングの設定手順 — 372
  - 7.4.2 ポリシーベースフォワーディングの設定項目 — 377
- **7.5** 復号ポリシー — 381
  - 7.5.1 復号化の注意点 — 381
  - 7.5.2 SSL復号化できない通信 — 381

目次 contents

- **7.5.3** SSL復号化とURLフィルタリング ... 382
- **7.5.4** 復号化とパフォーマンス ... 383
- **7.5.5** 復号ポリシーの設定手順 ... 383
- **7.5.6** 復号ポリシーの設定項目 ... 386

7.6 アプリケーションオーバーライド ... 389
- **7.6.1** カスタムアプリケーションの定義 ... 389
- **7.6.2** アプリケーションオーバーライドの設定手順 ... 390
- **7.6.3** アプリケーションオーバーライドの設定項目 ... 392

7.7 キャプティブポータルポリシー ... 394
- **7.7.1** キャプティブポータルポリシーの設定手順 ... 394
- **7.7.2** キャプティブポータルポリシーの設定項目 ... 394

7.8 DoSプロテクションポリシー ... 397
- **7.8.1** DoSプロテクションポリシーの設定手順 ... 397
- **7.8.2** DoSプロテクションポリシーの設定項目 ... 397

第8章 リモートアクセス (GlobalProtect) 401

8.1 GlobalProtectの概要 ... 402
8.2 GlobalProtectの構成要素 ... 403
- **8.2.1** GlobalProtectポータル ... 403
- **8.2.2** GlobalProtectゲートウェイ ... 404
- **8.2.3** GlobalProtectクライアント ... 406
- **8.2.4** GlobalProtectサテライト ... 407
- **8.2.5** HIP (HostInformation Profile) ... 409
- **8.2.6** GlobalProtect Mobile Security Manager ... 411

8.3 GlobalProtectの動作フロー ... 413
8.4 GlobalProtect認証方法 ... 414
- **8.4.1** ユーザー認証 ... 414
- **8.4.2** GlobalProtectで使用する証明書 ... 414

8.5 GlobalProtectの基本設定 ... 418
- **8.5.1** 設定要件および設定手順 ... 418
- **8.5.2** GlobalProtectの設定手順 ... 420

8.6 GlobalProtectリファレンス ... 442
- **8.6.1** GlobalProtectポータル設定項目 ... 442
- **8.6.2** GlobalProtectゲートウェイ設定項目 ... 451
- **8.6.3** HIP (HostInformation Profile) 設定項目 ... 457
- **8.6.4** 証明書の管理 ... 459

8.7	VPNの概要	462
8.8	VPNの基本設定	463
8.8.1	設定要件および設定手順	463
8.8.2	IPsec VPNの設定手順	464
8.9	VPNリファレンス	472
8.9.1	IPsecトンネル設定項目	472
8.9.2	IKEゲートウェイ設定項目	475
8.9.3	IPsec暗号プロファイル設定項目	476
8.9.4	IKE暗号プロファイル設定項目	477
8.9.5	モニター設定項目	478

第9章 高可用性（High Availability） 479

9.1	高可用性の概要	480
9.2	HAモード	481
9.2.1	アクティブ/パッシブ	481
9.2.2	アクティブ/アクティブ	481
9.2.3	推奨の構成	482
9.3	高可用性設定オプション	483
9.3.1	HAリンク	483
9.3.2	プリエンプティブ	484
9.3.3	HAタイマー	484
9.4	フェイルオーバーのトリガー	485
9.4.1	フェイルオーバーのトリガー設定	486
9.5	HAステータスの遷移	487
9.5.1	HAステータス	487
9.5.2	ステータスの遷移	488
9.6	高可用性設定の基本設定	489
9.6.1	要件および設定手順	489
9.6.2	高可用性の設定手順	490
9.7	高可用性設定リファレンス	499
9.7.1	高可用性設定基本項目	499
9.7.2	リンクモニタリングおよびパスモニタリング	504

索引 507

第1章 パロアルトネットワークスと次世代ファイアウォール

本章ではネットワーク脅威の変化とファイアウォールの歴史に触れ、なぜ従来型ファイアウォールでは十分なセキュリティ対策が行えないかを紹介します。また次世代ファイアウォールとは何か、パロアルトネットワークスの次世代ファイアウォールの特徴や製品ラインナップについてまとめます。

1.1 ネットワークアプリケーションの台頭による脅威の拡大

Facebook、Mixi、Google+のようなSNS、Dropboxや宅ふぁいる便のようなファイル共有サービス、2ちゃんねるのような掲示板サイト、Youtubeやニコニコ動画などの動画再生サービス、YahooメールやGmailのようなWebメールサービス、SkypeやTwitterなどのコミュニケーションサービスなど、ネットワークを使ったさまざまなサービスは非常に便利で、家庭だけでなく職場でも多く利用されています。このようなサービスを使うユーザーが増えるほど、誤った使用により内部情報を外部へ漏らしてしまったり、ネットワークアプリケーションを経由してマルウェアに感染したりするといったリスクも広がっていきます。

このような便利なサービス以外にもP2Pやセキュリティ回避ツールなど、組織の管理者が使用を止めさせたいのに、そのルールを破ったり、違法なデータが入手できたりするアプリケーションも存在します。このようなアプリケーションの利用では、コンプライアンス上の問題や訴訟リスクの懸念も出てきます。

●図1.1 ファイアウォールから失われた制御機能と可視化機能

ネットワークの防御線に置かれるゲートウェイはポリシー制御をする上で最適なポイント
・すべてのトラフィックが通過
・信頼を守る境界線

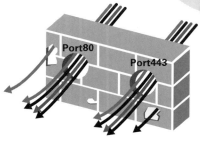

しかし…アプリケーションは進化
・開発者はファイアウォールそしてポート番号ベースでの制限があることを前提にアプリケーションを開発
・動的なポートスキャン、80/443ポートの活用、暗号化処理などを利用し簡単にファイアウォールをバイパス

1.2 従来型ファイアウォールの限界

パロアルトネットワークスのファイアウォールは、従来のファイアウォールでは解決できなくなってきた課題を解消する新しい製品です。ここではファイアウォールの技術および市場の歴史と、なぜそのような技術が必要になったのかを紹介します。

1.2.1 ファイアウォールの歴史

ファイアウォールは盗聴、不正アクセス、改ざん、なりすまし、DoS攻撃などの対策を行い安全なネットワークを構築するために、1990年代半ば頃から一般企業のインターネットゲートウェイに置かれるようになりました。

ファイアウォールの元となる最初のパケットフィルタの概念は1985年頃にCisco IOSソフトウェアにて実装され、「アクセス制御リスト（Access Control List：ACLと略す。アクセスリストとも呼ばれる）」と呼ばれるルーターの一機能として利用されていました。

その後DEC（Digital Equipment Corporation）社とAT&Tベル研究所にてファイアウォールに関する開発が行われました。DEC社のものは2インターフェイスを持つコンピュータに外部ネットワーク（インターネット）と内部インターネットを接続し、内部ユーザーはそのコンピュータ（ゲートウェイ）にログインしなければインターネットへアクセスできない、というものでした。AT&Tベル研究所のものは第二世代のファイアウォールとなるサーキットレベルのファイアウォールでした。この装置ではふたつのインターフェイスを持つDEC社のVAXコンピュータが使われ、内部ユーザーはサーキットリレーを経由しなければインターネットへアクセスできない、というものです。

その後1988年から1990年にかけて、DEC社のファイアウォールにはユーザーログインだけでなく、通過させたくない通信を制限する機能（screendと呼ばれる）が追加されました。このときに制限の対象となったサービスはUSENETニュース、FTP、Telnet、メール等です。さらにユーザーログイン機能をなくし、単純にサービスの制御を行うファイアウォールの開発へと発展しました。これが第三世代のファイアウォールとなるアプリケーションレイヤファイアウォール（プロキシベースファイアウォールとも呼ぶ）です。また、「コネクション確立の確認」、「流入するレスポンスの許可」、「IPレベルでの状態保持」という現在のステートフルファイアウォールで持つ機能に関する文書が記述されました。

DEC社のファイアウォールは大学や研究機関で利用されていましたが、1991年にはDEC SEAL（Screening External Access Link）という名前で企業向けに販売されました。

翌年、第四世代のファイアウォールとなるパケットフィルタ型ファイアウォールの最初の装置であ

るVisasの開発が始まりました。Visasは1994年にCheck Point Software Technologies社（以降、チェックポイント社）から発売された商用ファイアウォールであるFireWall-1の原型となりました。FireWall-1のソフトウェアをコーディングした人物の一人が、Palo Alto Networks創業者でCTOのNir Zukです。

　1996年にはGlobal Internet Software Groupが第五世代ファイアウォールとなるカーネルプロキシアーキテクチャの開発を始めました。翌年、Cisco Systems社（以降、シスコシステムズ社）がカーネルプロキシ技術を使った最初の製品となるCisco Centri Firewallを発売しました。Cisco Centri FirewallはWindows NT上で動作するソフトウェアで、その技術はシスコシステムズ社のファイアウォールアプライアンスであるCisco PIX Firewallに受け継がれています（Cisco Centri Firewallは1998年に販売終了、Cisco PIX Firewallは2008年に販売終了）。

　2000年前後にはブロードバンドの普及に伴い、企業ではインターネットVPNの利用が盛んになりました。この頃、日本ではFTTHやADSL回線にPPPoE接続し、サイトツーサイトVPNを構築するというファイアウォールアプライアンスの使われ方が多くなりました。

　2004年頃から、ファイアウォールアプライアンスにIDP/IPS機能、アンチウイルス機能、アンチスパム機能、URLフィルタリング機能などを組み込んだUTM（Unified Threat Management：統合脅威管理）アプライアンスがリリースされました。

　UTM製品にはJuniper Networks社（以降、ジュニパーネットワークス社）のSSGシリーズやISGシリーズ、Fortinet社（以降、フォーティネット社）のFortiGateシリーズ、チェックポイント社のUTM-1シリーズ、シスコシステムズ社のASAシリーズなどがあります。

1.2.2　パロアルトネットワークスの誕生

　1999年にチェックポイント社のプリンシパルエンジニアだったNir Zukは、Rakesh K. LoonkarとBrett Eldridge（現パロアルトネットワークス　グローバルカスタマエンジニアリングアンドサポート部門副社長）とともにOneSecure社を立ち上げ、CTOとして業界初のアプライアンス型不正侵入防御（IDS/IPS）製品、OneSecure IDPを世に出しました。2002年、ScreenOSと呼ばれる独自OSと専用設計ASICによる高性能なステートフルインスペクション型ファイアウォールアプライアンスであるNetScreenシリーズで成功を収めたNetScreen Technologies社（以降、ネットスクリーン社）によりOneSecure社は買収されます。この買収によって、ネットスクリーン社のファイアウォールとVPNというセキュリティ機能ポートフォリオにIPSが加わり、NetScreen IDPシリーズとして旧OneSecure IDPが販売されるようになりました。さらに2004年、ネットスクリーン社はキャリアやサービスプロバイダ向けのハイエンドルーターで破竹の勢いであったジュニパーネットワークス社により買収されます。この買収によりハイエンド製品が得意であったジュニパーネットワークス社は企業向けのローエンド製品のポートフォリオも拡充し、NetScreenシリーズファイアウォールはJuniper SSG/ISGシリーズに、NetScreen IDPシリーズはJuniper IDPシリーズへと進化していきました。

1.2 >> 従来型ファイアウォールの限界

　この時期はちょうど、IT市場調査会社のIDCによりUTM（Unified Threat Management：統合脅威管理）という用語が提唱され使われ始めた時期です。ネットスクリーン社の共同創設者の一人であるKen Xieとその弟Michael Xie（元ネットスクリーン社のソフトウェアディレクター）によりフォーティネット社が2000年に設立されましたが、低価格で高性能なUTM製品であるFortigateシリーズの販売が伸びてきたのもこの時期です。ウォッチガード・テクノロジー社、ソニックウォール社、ジュニパーネットワークス社、チェックポイント社などのファイアウォールベンダー、インターネットセキュリティシステムズ社やシマンテック社などのIDS/IPS、またはアンチウイルスのベンダー、そしてフォーティネット社など、最初からUTM製品に特化したベンダーがこの分野のプレイヤーでした。

　ジュニパーネットワークス社はネットスクリーン社買収後、ScreenOS上のセキュリティ機能をルーター製品で使われるモジュラ型OSであるJUNOSに徐々に搭載していきましたが、2005年にはSSGシリーズの後継となるセキュリティ製品をJUNOSベースで開発していくことが決まりました。Nir Zukはチーフ・セキュリティ・テクノロジストとしてジュニパーネットワークス社でセキュリティ製品の開発や改良に携わっており、後継機種には最新の脅威に対応した新しいコンセプトが必要であることを提案しました。しかし経営会議で彼の意見が採用されなかったことにより、Nir Zukはジュニパーネットワークス社を退社し、新しいファイアウォールを開発する会社、Palo Alto Networks社（以降、パロアルトネットワークス社）を創設しました。パロアルトネットワークス社は、ネットスクリーン社およびジュニパーネットワークス社でチーフアーキテクトとして活躍したYuming Mao（現パロアルトネットワークス チーフアーキテクト）、ジュニパーネットワークス社が2005年に買収したPeribit Networks社のエンジニアリング部門副社長であったRajiv Batra（現パロアルトネットワークス エンジニアリング部門副社長）、Brocade社のCTOで初代パロアルトネットワークス社CEOのDave Stevens、McAfee社チーフサイニンティストであったFengmin Gongにより共同創設され、経験豊かな業界を代表する技術者によって生まれた会社であるといえます。

●表1.1　ファイアウォールとセキュリティアプライアンスの歴史

年	出来事
1984年	Secure Computing社が設立
1988年	シスコシステムズ社のIOS 8.3にてアクセスリストをサポート
1991年	ソニックウォール社設立
1992年	OECDが「情報システムのセキュリティのためのガイドライン」を制定 Internet Scannerの最初のバージョン開発開始
1993年	チェックポイント社が設立
1994年	Network Translation社がPIXを開発 プライベートアドレスについて記述されたRFC1597が発表される チェックポイント社がステートフルインスペクション型のファイアウォール（FireWall-1）を開発 チェックポイント社がVPN-1をリリース インターネットセキュリティシステムズ社設立
1995年	シスコシステムズ社がNetwork Translation社を買収、Cisco PIX Firewallをリリース IPsecバージョン1がRFCとしてリリース（RFC1825他）
1996年	ウォッチガード・テクノロジー社が設立（ファイアウォール）

年	出来事
1997年	ネットスクリーン社設立（ファイアウォール） Nokia社が、チェックポイント社のVPN-1/FireWall-1をインストールして利用するセキュリティアプライアンスIPシリーズをリリース
1998年	IPsecバージョン2がRFCとしてリリース（RFC2401他）
1999年	OneSecure社設立（IDS/IPSアプライアンス） TLSバージョン1.0がRFCとしてリリース（RFC2246） ネットスクリーン社がNetScreen-5、NetScreen-10、NetScreen-100をリリース
2000年	フォーティネット社設立（ファイアウォール/UTMアプライアンス） Neoteris社設立（SSL-VPNアプライアンス） シスコシステムズ社がAltiga Networks社を買収、VPN 3000シリーズ（リモートアクセスIPsec-VPNコンセントレータ）をリリース
2002年	OneSecure社がIPS製品であるIDPアプライアンスをリリース ネットスクリーン社がOneSecure社を買収 ネットスクリーン社がNetScreen-200シリーズ、NetScreen-5000シリーズをリリース フォーティネット社がFortiGateシリーズをリリース
2003年	ネットスクリーン社がNeoteris社を買収 IDC社がUTM（Unified Threat Management）という用語を提唱
2004年	ジュニパーネットワークス社がネットスクリーン社を買収
2005年	Palo Alto Networks社が設立 シスコシステムズ社が適応型セキュリティアプライアンス ASA（Adaptive Security Appliance）シリーズをリリース IPsecバージョン3がRFCとしてリリース（RFC4301他）
2006年	Cisco IOSがSSL VPN機能をサポート ジュニパーネットワークス社がSSGシリーズをリリース チェックポイント社がUTM-1シリーズをリリース IBM社がInterenet Security Systems社を買収
2007年	パロアルトネットワークス社が次世代ファイアウォールをリリース
2008年	McAfee社がSecure Computing社を買収
2009年	Gartner社がNext-Generation Firewall（次世代ファイアウォール）を定義したレポートを発行 ジュニパーネットワークス社がSRXシリーズをリリース チェックポイント社がNokiaのセキュリティアプライアンス事業を買収し、IPシリーズがチェックポイント社の製品となる
2010年	Intel社がMcAfee社を買収

1.2.3　ファイアウォール技術の推移

■ アクセス制御リスト

　第一世代のファイアウォール技術で、まだファイアウォール専用装置がなかった頃、ルーターにアクセス制御リスト（Access Control List：ACL）という機能が実装されました。ネットワーク上を流れるIPパケットのIPヘッダおよびTCP/UDPヘッダを参照し、送信元IPアドレスや送信元ポート番号、宛先IPアドレス、宛先ポート番号などをフィルタリング条件として、転送先ネットワークへパケットを送出してよいか判断します。アクセス制御リストを使った制御をパケットフィルタとも呼びます。

■ プロキシファイアウォール

　第二世代のファイアウォール技術として1989年頃にアプリケーションゲートウェイ型のファイアウォールが提唱されました。パケット単位で通信をフィルタするのではなく、通信経路途中に存在す

るゲートウェイ（ファイアウォール）が特定のアプリケーションのセッションをプロキシすることで通信制御を行います。

■ サーキットゲートウェイ

1990年頃登場したサーキットゲートウェイ型のファイアウォールでは、IPヘッダやTCPヘッダによるフィルタリングではなく、トランスポート層においてコネクションの中継（レイヤ4でのプロキシ）を行います。具体的にはSOCKSと呼ばれるプロトコルで実装されます。

内部端末が外部ネットワークと接続する場合、サーキットレベルゲートウェイに対してTCPコネクションを接続し、ゲートウェイと外部ネットワーク上のサーバーとの間で新たなTCPコネクションを接続します。サーキットレベルゲートウェイを利用することで、ポリシーにて許可するポートの設定やNATの設定を行わずに、プライベートアドレスを持つ内部端末から外部のネットワークへの接続が可能になります。

■ ステートフルインスペクションファイアウォール

1993年に、パロアルトネットワークスの創業者であるNir Zukたちが開発に携わったのがステートフルインスペクションファイアウォールです。これは動的パケットフィルタリングの一種で、TCPコネクションの状態を監視して不正なパケットを遮断します。ステートフルパケットインスペクションを使うと、次のような攻撃に対して対抗することができます。

- IPアドレスやポート番号を偽装して、TCPのRSTやFINフラグの付いたパケットを送り付け、正常な通信を勝手に遮断させてしまう攻撃
- 許可された通信に関し、TCPのACKフラグを付けてパケットを送り付け、内部ネットワークへ侵入する
- FTP通信で、制御コネクションが確立されていないにもかかわらず、データコネクションが生成されない部ネットワークへ侵入される

ステートフルインスペクションファイアウォールは「従来型ファイアウォール」や「ポート番号ベースのファイアウォール」と呼ばれるアプライアンスに実装されています。

■ 次世代ファイアウォール

次世代ファイアウォールでは、ベースとしてステートフルインスペクションが動作しています。ただし、ポート番号やプロトコル単位ではなく、可視化したアプリケーション種別でポリシーを記述したり制御できたりします。またIPアドレスだけではなく、認証されたユーザー名やグループ名を使った制御も可能です。詳細は次節を参照してください。

1.3 次世代ファイアウォールとは

　2007年には、パロアルトネットワークス社がポート番号ではなくアプリケーションによってセキュリティポリシーを記述する次世代ファイアウォール（Next Generation Firewall：略してNGFWとも呼ばれる）をリリースしました。次世代ファイアウォールはそれまでのUTMのようなコンテンツセキュリティ機能も搭載し、アクティブディレクトリやWeb認証などと連携したユーザー識別機能によってIPアドレスベースではなく、ユーザー名やグループ名によるポリシーの記述も可能です。

1.3.1 次世代ファイアウォールの定義

　2009年10月に、米国の調査会社Gartner社（以下、ガートナー社）のGreg YoungとJohn Pescatoreにより"Defining the Next-Generation Firewall"というレポートが発行され、この中に次世代ファイアウォールの定義が行われています。ガートナー社は2004年からIDC社が提唱したUTMという用語に似た概念としてNext-Generation Firewallという言葉を使っていましたが、そのレポートではUTMとは異なるものとして詳細に定義付けされました。それを基に、パロアルトネットワークスが公開している次世代ファイアウォールの定義が以下のようなものです（詳細はhttps://www.paloaltonetworks.com/resources/learning-center/what-is-a-firewall.htmlを参照してください）。

- 第一世代ファイアウォールの標準機能：これはパケットフィルタリング、ステートフルプロトコルインスペクション、ネットワークアドレス変換（NAT）、VPN接続などを含みます。
- 侵入防御を完全に統合：脆弱性と脅威の両方のシグネチャをサポートし、IPSのようなルール記述やアクション実施を行います。これらが次世代ファイアウォールと統合することで個別のソリューションよりも高い効果が得られます。
- 全階層にまたがる可視化とアプリケーション識別：ポートやプロトコルとは独立してアプリケーション層でポリシーを実施する機能を持ちます。
- ファイアウォールを超えたインテリジェンス：外部ソースから情報を取得し、より的確な意思決定を行う機能を持ちます。たとえばブラックリストやホワイトリストを作成したり、Active Directoryを使用してトラフィックをユーザーとグループにマッピングしたりします。
- 現在の脅威への適応：新しい情報フィードや将来の脅威に対処するための新技術を統合するためのアップグレードパスをサポートしています。
- インライン構成のサポート：性能劣化やネットワーク運用の手間を最小限にします。

1.3 >> 次世代ファイアウォールとは

 第一世代とは1993年に現れたステートフルインスペクションファイアウォールをさします。

1.3.2 パロアルトネットワークス製品の歴史

2007年に最初のモデルであるPA-4000シリーズをリリースしました。それ以降、表1.2のような製品をリリースしています。

●表1.2 パロアルトネットワークス製品の歴史

年	出来事
2005年	会社設立
2007年	最初のモデルであるPA-4000シリーズをリリース
2008年	PA-2000シリーズをリリース
2010年	PA-500をリリース
2011年	PA-5000シリーズおよびPA-200をリリース
2012年	PA-3000シリーズおよびVMシリーズをリリース M-100アプライアンスをリリース
2013年	PA-7050をリリース WF-500およびGP-100アプライアンスをリリース

●図1.2 パロアルトネットワークス社の歩み

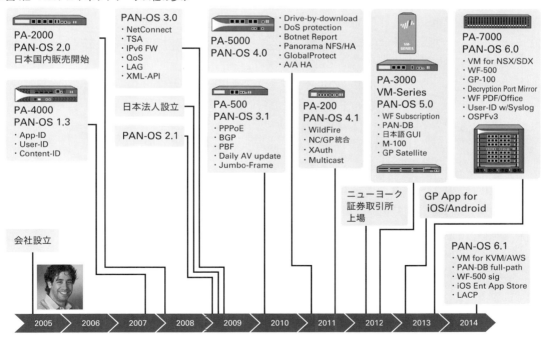

1.4 次世代ファイアウォールを支える技術

パロアルトネットワークスの次世代ファイアウォールにはアプリケーション識別、ユーザー識別、コンテンツ識別という3つの主要機能があり、それら機能はSP3と呼ばれる独自アーキテクチャにより最大化されたパフォーマンスが得られるようになっています。

1.4.1 アプリケーション識別

次世代ファイアウォールが従来のステートフルインスペクションファイアウォールと大きく違うのは、ポート番号やプロトコル番号でポリシー制御するだけではなく、流入するトラフィックのアプリケーションを識別したうえでアプリケーションごとにフィルタリングや制御が行えることです。

パロアルトネットワークスの次世代ファイアウォールはアプリケーション識別をデフォルトですべての流入トラフィックに対して行うのが特徴です。

アプリケーション識別はApp-IDと呼ばれるアプリケーション識別エンジンにて行われます。この識別エンジンはファイアウォール処理に完全統合されており、どのアプリケーションを許可または拒否するか、さらに許可する場合にどのコンテンツスキャンを行うか、といったことがファイアウォールルール（セキュリティポリシー）上に記述できます。

他社の次世代ファイアウォール製品の場合、ファイアウォール処理はレイヤ4までのポート番号やプロトコル番号によるポリシー制御を行うASICで行い、アプリケーション識別はIPSエンジンにてCPU（ソフトウェア）ベースで処理しています。そのため、同じようにアプリケーションが識別できるといっても、それがファイアウォールルールで使用できるわけではなく、ファイアウォールルールとしては従来型のポート番号ベースのものを設定する必要があります。

パロアルトネットワークスのApp-IDは全トラフィックに対してデフォルトでアプリケーション情報を自動識別しますが、他社製品の場合デフォルトで全通信に対して行われず、識別するアプリケーションを管理者が選択する必要があります。そのため、管理者が把握していないリスクの高いアプリケーションや未知のアプリケーションは識別されない結果になってしまいます。

SSL暗号通信は、復号化ポリシーを作成することでいったん復号化し、中に隠れたアプリケーションを識別することが可能です。SSH通信についても同様に復号化し、SSHポートフォワーディングが使われている場合はそれを検知してSSH内部でトンネル化されたアプリケーションを拒否するよう設定することが可能です。

ビジネス、インターネット、ネットワーキングと幅広く約2,000種類のアプリケーションとプロトコルをサポートし、アプリケーションデータベースの更新により毎週数を追加し、バージョンアップ

1.4 >> 次世代ファイアウォールを支える技術

があるアプリケーションの修正も行っています。

Winny、Share、Hamachi、PacketiX、宅ふぁいる便、Yahoo動画、ニコニコ動画、2ちゃんねる、mixiなど、主に日本で使われるアプリケーションにも対応しています。

● 図1.3 アプリケーション識別の技術

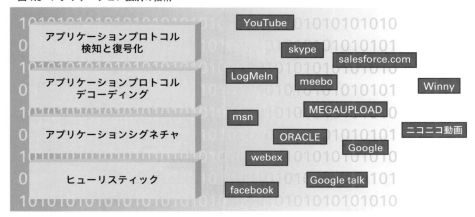

App-ID[*1]は具体的に4つの技術を利用します。

- アプリケーションプロトコル検知と復号化

   プロトコル番号などL3/L4ヘッダ上の値によってアプリケーションを判別する。また復号化によって判別する（ICMPや一部のネットワークアプリケーションはL3/L4ヘッダの情報だけで識別）。

- アプリケーションプロトコルデコーディング

   主にL7ヘッダ内のヘッダ情報、たとえばHTTPではHTTPヘッダの値を分析してアプリケーションを判別する。

- アプリケーションシグネチャ

   アプリケーションデータ内の文字列をシグネチャによってパターンマッチングしてアプリケーションを識別する。

- ヒューリスティック

   ある条件を持つリクエストに対して特定情報を持つレスポンスが来る、といったような振る舞いによってアプリケーションを識別する。P2Pアプリケーションの検出などに使われる。

[*1] App-IDの詳細は3章、SSL復号化の詳細は3.2.1項を参照してください。

1.4.2 ユーザー識別

パロアルトネットワークスの次世代ファイアウォールでにユーザー識別機能をUser-IDと呼びます。この機能ではIPアドレスとユーザー名のマッピング（対応付け）を行います。

ユーザー識別はActive Directory（以下、AD）やeDirectoryを使った自動マッピングと、Web認証であるキャプティブポータルによるマッピングに大別されます。

また、Windows Terminal ServerやCitrix XenAppのシンクライアントソリューションでも自動マッピングが可能です。

ADを使う場合の例を図で説明します。

●図1.4　ADを用いたユーザー識別の流れ

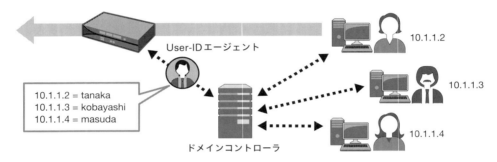

この場合、User-IDエージェントと呼ばれる無償で提供されるエージェントソフトを使うか、あるいはエージェントレスと呼ばれるファイアウォール内のエージェント機能を使ってユーザー識別を実施します。

流れとしては、次のようになります。まず、10.1.1.2のクライアントを使う田中さんという人が朝出勤してパソコンを立ち上げWindowsドメインにログインします。このとき、ドメインコントローラのセキュリティログに、「いま10.1.1.2というIPアドレスでtanakaというユーザーがログインしました」というログが出力されます。エージェントは、セキュリティログをデフォルトで1秒に1回チェックして、新しいユーザーログインのイベントがあるとマッピングテーブルにユーザーIP情報を追加していきます。

その後、10.1.1.2の送信元アドレスを持つトラフィックがファイアウォール経由で発生したとき、ファイアウォールはそのアドレスのユーザー名が誰なのかをエージェントに問い合わせます。エージェントは「10.1.1.2はtanakaさんですよ」とファイアウォールに返します。ファイアウォールは内部に設定されたセキュリティポリシーを参照して、「tanakaさんだったらこの通信は許可できるな」と判断して通信許可します（ポリシーで拒否される場合は拒否します）。

なお、ファイアウォールは一度エージェントからユーザーマッピング情報を受け取ると、1時間

キャッシュするため、その間は同じIPアドレスから来たものはすべてtanakaさんと判断してエージェントに問い合わせを行いません(1時間以内に同じパソコンに別のユーザー名でログインが行われた場合は、数秒でエージェントとファイアウォールに新しいマッピング情報がアップデートされます)。この流れが自動マッピングです。

　Active Directoryを使用したユーザー識別の詳細は6.2節を参照してください。キャプティブポータルやその他の方式でのユーザー識別は6.3節を参照してください。

　ADを利用する場合、ユーザー名だけではなく、グループ名でもポリシー制御を行うことが可能です。

　またセキュリティポリシーでユーザー名を使用するだけでなく、通信ログにもユーザー名が記録されるため、ユーザーごとのレポートを作成したり、セキュリティインシデント発生時にどのユーザーが影響を受けているかを簡単に調査することも可能になります。

1.4.3 コンテンツ識別

　コンテンツ識別(Content-ID)は、主にアプリケーション層のペイロード、つまりさまざまなアプリケーションでやりとりされるファイルやオブジェクト、またはトランザクション内のデータに対して、ストリームベース(4.1.4項参照)により、シングルエンジンで3つのコンテンツセキュリティ機能を提供します。他社のファイアウォールやUTMではコンテンツセキュリティごとにシグネチャのフォーマットが異なり、スキャンするエンジンも別々ですが、パロアルトネットワークスは単一のフォーマットによりひとつのエンジンで以下のコンテンツスキャンが可能です。

- ファイルおよびデータフィルタリング
　ファイルタイプまたはデータパターン(クレジットカード番号や文字列パターンマッチング等)によるフィルタリング
　※ファイルブロッキングとデータフィルタリングの詳細については4.14節を参照。

- 脅威防御(※1.7.3項に示すサブスクリプションが必要)
　脆弱性攻撃(IPS)、ウイルス、そしてスパイウェアに対する防御
　※脆弱性防御は4.7節、アンチウイルスは4.1節、アンチスパイウェアは4.4節を参照。

- URLフィルタリング(※1.7.3項に示すサブスクリプションが必要)
　URL情報を基にしたWebアクセス制御。詳細は4.10節を参照。

●図1.5　コンテンツ識別の技術

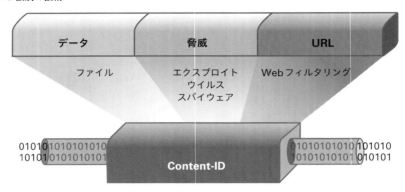

1.4.4　SP3アーキテクチャ

パロアルトネットワークスの次世代ファイアウォールではSP3（Single-Pass Parallel Processing：シングルパス・パラレルプロセッシング）と呼ばれる、次世代ファイアウォールのパフォーマンスを最大化するために一から開発を行ったアーキテクチャを採用しています。

これは従来型のファイアウォールアーキテクチャはそのままに機能だけを付け加えていった他社の次世代ファイアウォールとは大きく異なります。

●図1.6　SP3アーキテクチャ

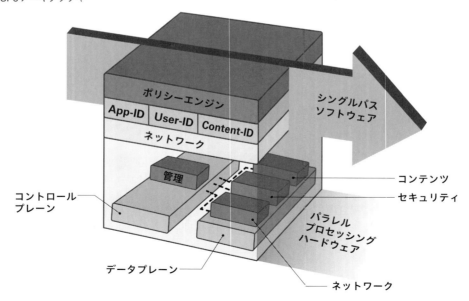

シングルパス・パラレルプロセッシングのうち、シングルパスとはひとつのフローの中で全処理を完結するという意味です。ここでいう全処理には、トラフィックおよびアプリケーション識別（App-ID）、ユーザーおよびグループとIPアドレスのマッピング（User-ID）、コンテンツセキュリティ（Content-ID）が含まれます。このため、アプリケーション、ユーザー、コンテンツ種別に基づいた通信の可否、コンテンツスキャンの実施可否をひとつのポリシー上で設定することが可能です。

もうひとつのパラレルプロセッシングとは、制御プレーン（コントロールプレーンまたはマネジメントプレーンと呼ばれる。ファイアウォールのシステム管理や管理者のユーザーインターフェイスを担当する）とデータ転送プレーン（データプレーンと呼ばれる。ユーザートラフィックの処理を担当する）を完全に分離するというものです。図1.6の下側にある「コントロールプレーン」と「データプレーン」という部分がこれを表します。

これはハイエンドルーターで採用されるアーキテクチャで、コンフィグ管理やレポート処理などで管理系のCPU負荷が高くなったとしても、ユーザートラフィック処理には影響を与えない、というものです。逆にユーザートラフィック処理の負荷が高くなったとしても、Web管理UIの応答速度など管理系の処理に影響を与えません。

●図1.7　パロアルトネットワークスの次世代ファイアウォールの処理

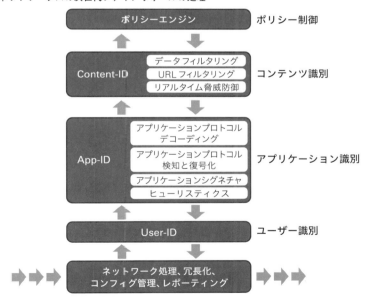

第 1 章　パロアルトネットワークスと次世代ファイアウォール

● 図1.8　他社製ファイアウォール製品の処理

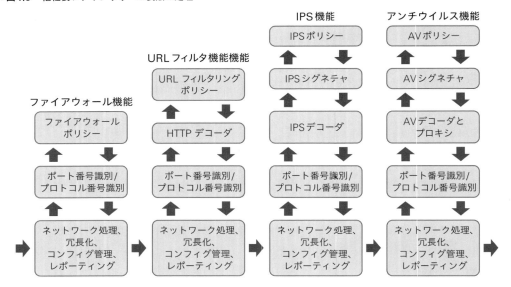

1.5 次世代ファイアウォールのラインナップ

パロアルトネットワークスの次世代ファイアウォールは図1.9のような製品ラインナップとなっており、物理および仮想アプライアンスとしてさまざまな規模のものを選択できます。

●図1.9 次世代ファイアウォールのラインナップ

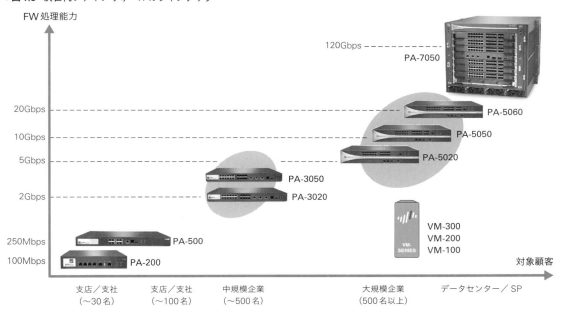

1.5.1 PA-7050

PA-7050は2014年1月にPAN-OS6.0のリリースのタイミングから出荷開始されました。

本書執筆時点における最上位モデルはシャーシ型のPA-7050です。PA-7050は特に10Gbpsを超えるインターネットゲートウェイ、20Gbpsを超えるデータセンターのゲートウェイ、数十Gbpsのパフォーマンスを要するサービスプロバイダや大規模企業の内部ネットワーク・セグメンテーションといった超高速ファイアウォールが要件となる場合に適しています。

PA-7050は合計8スロットあり、そのうち1スロットはSMC（Switch Management Card）と呼ばれるマネジメントカード、1スロットはLPC（Log Processor Card）と呼ばれるディスクカードスロット、残り6スロットはNPC（Network Processing Card）と呼ばれるホットスワップ可能なラインカードが装着されます。

第 1 章　パロアルトネットワークスと次世代ファイアウォール

■ 電源

　PA-7050の電源はシャーシ前面の最下部に4基搭載されており、購入時にACまたはDC電源が選択できます。AC電源の場合、筐体側のメスコネクタはC19で、100V電源ケーブル（NEMA5-15pコネクタ）または200V電源ケーブル（NEMA L6-20pコネクタ）が利用できますが、200Vケーブルの利用が推奨されます。

■ ファン

　PA-7050にはファントレイがふたつあり、サイドツーサイド（右から左）のエアフローとなっています。各トレイに8つのファンが搭載され、それぞれ同じスピードで回転します。ファントレイには通電しているかどうかを表す緑のLEDと、障害が起きた場合に点灯する赤のLEDがあります。これらはファンコントローラで制御され、ソフトウェアではコンフィグできません。ファントレイは故障時にフィールドで交換可能です。

■ シャーシ

　シャーシの高さは9Uで、8スロットあります。バックプレーンの容量は1.2Tbpsあるため、将来的にさらに高速なNPCが利用可能となる予定です。

■ カード

　PA-7050で利用されるカードを表1.3にまとめます。

●表1.3　PA-7050で使用されるカードの種類

カードの種類	説明
SMC	スロット4に装着する。HA1リンク用の専用ポート（HA1-AとHA1-B）、管理ポート、コンソールポート、HA2またはHA3リンク用の専用ポート（HSCI-AとHSCI-B）、USBポート（将来使用予定）が搭載された、管理処理を行うカード。
NPC	スロット1、2、3、5、6、7のいずれかに装着する。1枚のNPCには12個のRJ-45（10/100/1000）ポート、8つのSFPポート、4つのSFP+ポートが搭載される。PA-7050のNPCということで"PA-7000 NPC"と呼ばれる。NPC1枚でPA-5060と同等の最大20Gbpsのファイアウォールスループットを得られる。またNPC処理リソースは単一カードに閉じておらず、複数NPCを稼働させた場合、ひとつのNPCを経由するトラフィック処理を他のNPCリソースも使うことが可能。これをDistributionモードと呼ぶ。
LPC	スロット8に装着する。LPC内にディスクカードスロットが4つあり、各ディスクは2.5インチ SATA 1TBのHDD。合計4TBのHDDだが、ふたつの物理ディスクをひとつのRAID 1論理ディスクとして利用するため、合計2TBが利用可能となる。
ブランクカード	NPCは最低1枚挿入していればPA-7050システムとして利用可能。NPCを挿入していないスロットには、ブランクカードを刺しておく。

■ ポート

　PA-7050は表1.4に示すイーサネットポートの他、SMCに表1.3に示す管理ポート、HAポート、USBポート（将来使用予定）が搭載されています。

1.5 >> 次世代ファイアウォールのラインナップ

●表1.4 PA-7050の主要カタログスペック

	PA-7050	PA-7000-NPC
ファイアウォールスループット（App-ID）	120Gbps	20Gbps
脅威防御スループット（DSRI）	100Gbps	16Gbps以上
脅威防御スループット（DSRIなし）	60Gbps	10Gbps
パケット処理毎秒値	72Mpps	12Mpps
新規セッション毎秒値	720,000	120,000
IPsec VPNスループット	48Gbps	8Gbps
IPsecトンネル数	8,000	8,000
最大セッション数	24,000,000	4,000,000
最大イーサネットポート数	72（RJ45） 48（SFP） 24（SFP+）	12（RJ45） 8（SFP） 4（SFP+）
ラックマウントサイズ（高さ×幅×奥行）	9U（40.0cm×44.5cm×60.3cm）	―
電源	4 x 2500W AC 4 x 60A DC	―
ディスクドライブ	2TB RAID	―
重量	85kg	4.3kg

■ 主なキャパシティ制限

PA-7050の主なキャパシティ制限を表1.5に示します。

●表1.5 PA-7050の主要キャパシティ

	PA-7050	NPC
セキュリティゾーン数	900	―
仮想ルーター数	225	225
最大バーチャルシステム数	225	225
標準バーチャルシステム数	25	25
フォワーディングテーブルエントリ数	64,000	64,000
ARPテーブルエントリ数	32,000	32,000
MACテーブルエントリ数	32,000	32,000
NATルール数	16,000	―
QoSポリシー数	8,000	―
セキュリティルール数	80,000	―
SSL decryptionルール数	5,000	―
アドレスオブジェクト数	80,000	―
アドレスグループ数	8,000	―
サービスオブジェクト数	8,000	―
セキュリティプロファイル数	500	―
SSLインバウンド証明書数	4,000	―
カスタムURLカテゴリ、white/black listのエントリ数合計	200,000	―

PA-7050のハードウェアスペック（英語）は https://paloaltonetworks.com/content/dam/paloaltonetworks-com/en_US/assets/pdf/datasheets/PA-7050/pa-7050.pdf を参照してください。
PA-7050の詳細は https://live.paloaltonetworks.com/docs/DOC-6657 の"PA-7050_Hardware_Guide.pdf"（英語）を参照してください。

1.5.2 PA-5000シリーズ

PA-5000シリーズは2011年2月にPAN-OS4.0のリリースのタイミングで出荷開始されました。2014年4月に販売終了となったPA-4000シリーズの後継機種にあたります。

PA-5000シリーズのラインナップにはPA-5020、PA-5050、PA-5060の3つのモデルがあります。

●図1.10 PA-5060

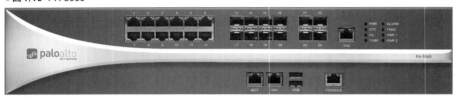

■ ポート

PA-5000シリーズは表1.6に示すイーサネットポートの他、管理ポート、HA1ポート、HA2ポート、コンソールポート、USBポート（将来使用予定）が搭載されています。

●表1.6 PA-5000シリーズの主要カタログスペック

	PA-5020	PA-5050	PA-5060
ファイアウォールスループット	5Gbps	10Gbps	20Gbps
脅威防御スループット	2Gbps	5Gbps	10Gbps
パケット処理毎秒値	13Mpps	13Mpps	13Mpps
新規セッション毎秒値	120,000	120,000	120,000
SSL/VPNスループット	2Gbps	4Gbps	4Gbps
IPsecトンネル数	2,000	4,000	8,000
SSL VPNクライアント数	5,000	10,000	20,000
最大セッション数	1,000,000	2,000,000	4,000,000
イーサネットポート数	12 (RJ45) 8 (SFP)	12 (RJ45) 8 (SFP) 4 (SFP+)	12 (RJ45) 8 (SFP) 4 (SFP+)
ラックマウントサイズ (高さ×幅×奥行)	2U (8.9cm×44.5cm×50.8cm)		
電源	450W AC/DCデュアル電源		
ディスクドライブ	240GB SSD (RAIDオプション)		
重量	18.6kg		

■ アーキテクチャ

データプレーン処理用のデータプレーンプロセッサ（DP）を、PA-5020とPA-5050はDP0とDP1のふたつ、PA-5060はDP2を加えた3つ搭載しています（図1.11のセキュリティプロセッサがDP）。このうち、DP0はフローをどのDPで処理させるか決定します。具体的には、セッションテーブルの空きが大きいDPが選択されます。

TCPやUDPの各セッションはどのDPでも処理可能ですが、トンネルセッション、ファイアウォールが終端するセッション、ICMPなどTCPやUDP以外のセッションなどは常にDP0で処理されます。

また、シグネチャマッチ用のハードウェアエンジン（シグネチャマッチエンジンとも呼ばれる）はPA-5020とPA-5050にはひとつ、PA-5060にはふたつ搭載されています。

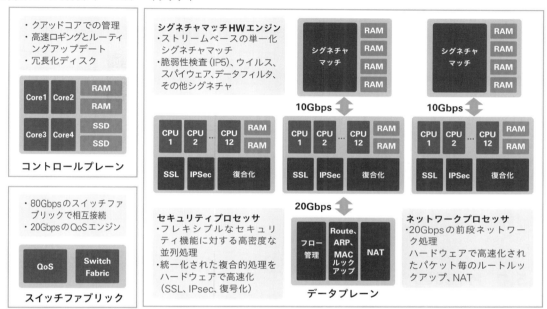

●図1.11 PA-5000シリーズのアーキテクチャ

■ ディスク

PA-5000シリーズは240GBのSSDドライブが搭載されます。製品購入時にシングルドライブかデュアルドライブかを選択するか、またはシングルドライブ購入後にデュアルドライブにアップグレードすることが可能です。デュアルドライブの場合、RAIDによる冗長構成となります。

■ 電源

PA-5000シリーズは電源が冗長されており、電源ユニットのホットスワップが可能です。2系統の電源ともに電源供給があるときは各ユニットから半々で電流が流れる並行運転で、1系統がダウンした場合はもう一方のユニットの出力を倍増させることで電源供給をカバーします。AC電源とDC電源の両方をサポートしています。

■ 主なキャパシティ制限

PA-5000シリーズの主なキャパシティ制限を表1.7に示します。

●表1.7　PA-5000シリーズの主要キャパシティ

	PA-5060	PA-5050	PA-5020
セキュリティゾーン数	900	500	80
仮想ルーター数	225	125	20
最大バーチャルシステム数	225	125	20
標準バーチャルシステム数	25	25	10
フォワーディングテーブルエントリ数	64,000	64,000	64,000
ARPテーブルエントリ数	32,000	32,000	20,000
MACテーブルエントリ数	32,000	32,000	20,000
NATルール数	16,000	8,000	6,000
QoSポリシー数	4,000	2,000	1,000
セキュリティルール数	40,000	20,000	10,000
SSL decryptionルール数	5,000	2,000	1,000
アドレスオブジェクト数	80,000	40,000	10,000
アドレスグループ数	4,000	2,500	1,000
サービスオブジェクト数	4,000	2,000	1,000
セキュリティプロファイル数	500	500	500
SSLインバウンド証明書数	1,000	300	100
カスタムURLカテゴリ、white/black listのエントリ数合計	100,000	50,000	25,000

PA-5000シリーズのハードウェアスペックシートはhttps://www.paloaltonetworks.jp/content/dam/paloaltonetworks-com/ja_JP/Assets/PDFs/Datasheets/PA5000_SS.pdfを参照してください。
PA-5000シリーズのハードウェア詳細はhttps://live.paloaltonetworks.com/docs/DOC-2026の"PA-5000 Series Hardware Reference Guide"（英語）を参照してください。

1.5.3　PA-3000シリーズ

　PA-3020およびPA-3050は2012年11月にPAN-OS5.0のリリースのタイミングで出荷開始されました。2015年4月に販売終了となったPA-2000シリーズの後継機種にあたります。
　PAN-OS6.1のリリースタイミングでPA-3060が追加されました。

●図1.12　PA-3020の外観

●図1.13　PA-3060の外観

　PA-3000シリーズのラインナップにはPA-3020、PA-3050、PA-3060の3つのモデルがあります。

1.5 >> 次世代ファイアウォールのラインナップ

■ ポート

PA-3000シリーズには表1.8に示すイーサネットポートの他、管理ポート、HA1ポート、HA2ポート、コンソールポート、USBポート（将来侵用予定）が搭載されています。

●表1.8 PA-3000シリーズの主な仕様

	PA-3020	PA-3050	PA-3060
ファイアウォールスループット	2Gbps	4Gbps	4Gbps
脅威防止スループット	1Gbps	2Gbps	2Gbps
IPsecスループット	500Mbps	500Mbps	500Mbps
IPsecトンネル数	1,000	2,000	2,000
SSL VPNクライアント数	1,000	2,000	2,000
最大同時セッション数	250,000	500,000	500,000
新規コネクション／秒	50,000	50,000	50,000
イーサネットポート数	12（RJ45） 8（SFP）	12（RJ45） 8（SFP）	8（RJ45） 8（SFP） 2（SFP+）
ラックマウントサイズ（高さ×幅×奥行）	1U（4.5cm×42.5cm×43.2cm）	1.5U（6.6cm×44.5cm×43.2cm）	
電源	250W AC	400W ACデュアル電源	
ディスクドライブ	120GB SSD		
重量	6.8kg	8.16kg	

■ アーキテクチャ

PA-3020とPA-3050およびPA-3060のアーキテクチャ上の違いとして、PA-3020にはネットワークプロセッサが搭載されていません。そのためルート検索、MAC検索、NAT関連処理に関しては、PA-3020ではソフトウェア処理となります。

●図1.14 PA-3050とPA-3060のアーキテクチャ

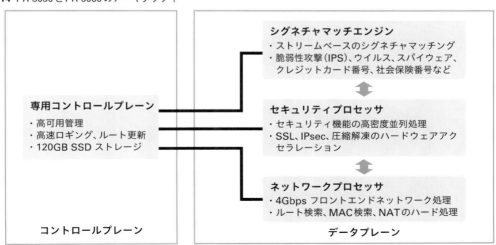

● 図1.15 PA-3020のアーキテクチャ

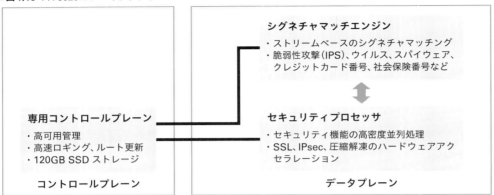

■ ディスク

PA-3000シリーズには120GBのSSDが搭載されています。冗長化のオプションはありません。

■ 電源

PA-3000シリーズの電源はAC電源のみです。PA-3020およびPA-3050は電源冗長がありません。PA-3060はデュアル電源がサポートされ、ホットスワップ可能です。

■ 主なキャパシティ制限

PA-3000シリーズの主なキャパシティ制限を表1.9に示します。PA-3050とPA-3060は同じキャパシティ制限となります。

● 表1.9 PA-3000シリーズの主要キャパシティ

	PA-3060	PA-3050	PA-3020
セキュリティゾーン数	40	40	40
仮想ルーター数	10	10	10
最大バーチャルシステム数	6	6	6
標準バーチャルシステム数	1	1	1
フォワーディングテーブルエントリ数	5,000	5,000	2,500
ARPテーブルエントリ数	5,000	5,000	3,000
MACテーブルエントリ数	5,000	5,000	3,000
NATルール数	5,000	5,000	3,000
QoSポリシー数	1,000	1,000	1,000
セキュリティルール数	5,000	5,000	2,500
SSL decryptionルール数	500	500	250
アドレスオブジェクト数	10,000	10,000	5,000
アドレスグループ数	1,000	1,000	500
サービスオブジェクト数	1,000	1,000	1,000

1.5 >> 次世代ファイアウォールのラインナップ

	PA-3060	PA-3050	PA-3020
セキュリティプロファイル数	250	250	100
SSLインバウンド証明書数	25	25	25
カスタムURLカテゴリ、white/blacklistのエントリ数合計	25,000	25,000	25,000

PA-3000シリーズのハードウェアスペックシートにhttps://www.paloaltonetworks.jp/content/dam/paloaltonetworks-com/ja_JP/Assets/PDFs/Datasheets/PA3000_SS.pdfを参照してください。

PA-3000シリーズのハードウェア詳細は https://live.pa oaltonetworks.com/docs/DOC-4165 の"PA-3000 Series Hardware Reference Guide"（英語）を参照してください。

1.5.4　PA-500とPA-200

PA-500は2010年3月にPAN-OS3.1のリリースのタイミングで出荷開始されました。

● 図1.16　PA-500の外観

PA-200は2011年10月にPAN-OS4.1のリリースのタイミングで出荷開始されました。現在リリースされている物理アプライアンスとして一番小さいモデルです。ラックマウントモデルではなく、デスクトップでも利用できます。パッシブ冷却のため、ファンの騒音もほとんど気になりません。

● 図1.17　PA-200の外観

■ ポート

PA-500およびPA-200には表1.10に示すイーサネットポートの他、管理ポート、コンソールポート、USBポート（将来使用予定）が搭載されています。専用HAポートは搭載されていないため、イーサネットポートをHAモードにして利用する必要があります。

● 表1.10　PA-500とPA-200の主な仕様

	PA-500	PA-200
ファイアウォールスループット	250Mbps	100Mbps
脅威防止スループット	100Mbps	50Mbps
IPsecスループット	50Mbps	50Mbps
IPsecトンネル数	250	25

第1章 パロアルトネットワークスと次世代ファイアウォール

	PA-500	PA-200
SSL VPNクライアント数	100	25
最大同時セッション数	64,000	64,000
新規コネクション／秒	7,500	1,000
イーサネットポート数	8（RJ45）	4（RJ45）
ラックマウントサイズ（高さ×幅×奥行）	1U（4.5cm×43.2cm×25.4cm）	－（4.5cm×23.5cm×17.8cm）
電源	180W AC電源	40W ACアダプタ
ディスクドライブ	160GB HDD	16GB SSD
重量	3.62kg	1.27kg

■ アーキテクチャ

　PA-500はコントロールプレーンとデータプレーンのそれぞれに専用のCPUが搭載されています。データプレーンはセキュリティプロセッサのみで構成されており、ネットワークプロセッサやシグネチャマッチエンジンはありません。

●図1.18　PA-500のアーキテクチャ

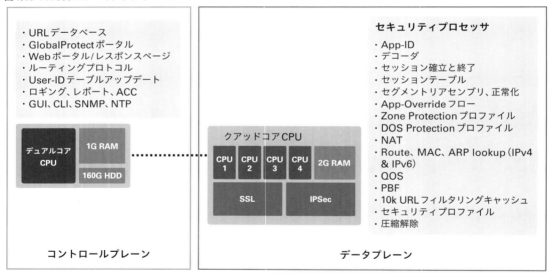

　PA-200は図1.19のように、コントロールプレーンとデータプレーンでデュアルコアCPUを共有させる形になっています。ただしそれぞれのコアをコントロールプレーンおよびデータプレーンの専用リソースとしているため、両プレーンで異なるCPUを使うという論理アーキテクチャは上位モデルと同じです。

1.5 >> 次世代ファイアウォールのラインナップ

●図1.19 PA-200のアーキテクチャ

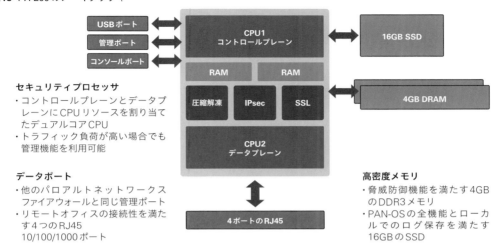

セキュリティプロセッサ
・コントロールプレーンとデータプレーンにCPUリソースを割り当てたデュアルコアCPU
・トラフィック負荷が高い場合でも管理機能を利用可能

データポート
・他のパロアルトネットワークスファイアウォールと同じ管理ポート
・リモートオフィスの接続性を満たす4つのRJ45 10/100/1000ポート

高密度メモリ
・脅威防御機能を満たす4GBのDDR3メモリ
・PAN-OSの全機能とローカルでのログ保存を満たす16GBのSSD

　PA-200はパッシブ冷却で、約32℃で稼働する温度制御されたファンが搭載されています。

■ ディスク

　PA-500には160GBのHDDが搭載されています。冗長化のオプションはありません。

　PA-200には16GBのSSDが搭載されています。PA-200のディスク容量は小さいため、同じトラフィック量を前提とするとログを記録できる期間が他のモデルと大きく異なるため注意が必要です。

■ 電源

　PA-500の電源はAC電源のみで、電源冗長はありません。

　PA-200の電源はACアダプタとなっています。

■ 主なキャパシティ制限

　PA-500とPA-200の主なキャパシティ制限を表1.11に示します。

●表1.11 PA-500とPA-200の主要キャパシティ

	PA-500	PA-200
セキュリティゾーン数	20	10
仮想ルーター数	3	3
最大バーチャルシステム数	―	―
ベースバーチャルシステム数	1	1
フォワーディングテーブルエントリ数	1,250	1,000
ARPテーブルエントリ数	1,000	500
MACテーブルエントリ数	1,000	500

第 1 章　パロアルトネットワークスと次世代ファイアウォール

	PA-500	PA-200
NATルール数	160	160
QoSポリシー数	100	100
セキュリティルール数	1,000	250
SSL decryptionルール数	100	100
アドレスオブジェクト数	2,500	2,500
アドレスグループ数	250	125
サービスオブジェクト数	1,000	1,000
セキュリティプロファイル数	50	25
SSLインバウンド証明書数	25	25
カスタムURLカテゴリ、white/black listのエントリ数合計	25,000	25,000

　PA-200の機能は他モデルとほぼ同一ですが、表1.12の違いがあります。

● **表1.12** PA-200と他のモデルの違い

差異のある機能	説明
限定的なHA機能 "Lite-HA"	管理ポートをHA1リンクとして使用し、ハートビート制御とコンフィグ同期を行う。HA2とHA3をサポートせず、セッション同期を行わない。
コントロールプレーンとデータプレーンは同一物理CPU上に存在	割り当て済みメモリを使うふたつのコアがコントロールプレーンとデータプレーンのそれぞれを担当する。メモリバスは両プレーンで共有となる。
サポートしない機能	リンクアグリゲーション、バーチャルシステム、ジャンボフレームはサポートしない。

PA-500のハードウェアスペックシートはhttps://www.paloaltonetworks.jp/content/dam/paloaltonetworks-com/ja_JP/Assets/PDFs/Datasheets/PA500_SS.pdfを参照してください。
PA-500のハードウェア詳細はhttps://live.paloaltonetworks.com/docs/DOC-2023の"PA-500 Hardware Reference Guide"（英語）を参照してください。
PA-200のハードウェアスペックシートはhttps://www.paloaltonetworks.jp/content/dam/paloaltonetworks-com/ja_JP/Assets/PDFs/Datasheets/PA200_SS.pdfを参照してください。
PA-200のハードウェア詳細はhttps://live.paloaltonetworks.com/docs/DOC-2022の"PA-200 Hardware Reference Guide"（英語）を参照してください。

1.5.5　VMシリーズ

　VMシリーズは、物理アプライアンスで提供されているPAN-OSのすべての次世代ファイアウォール機能および脅威防御機能をサポートする仮想環境向けの仮想ファイアウォールです。ハイパーバイザー上で動作する複数の仮想マシン間通信（East-West通信）に対して可視化と制御を実現します。

　VMシリーズは表1.13のように、VMware ESXiおよびNSX、Citrix SDX、AWS、KVMのハイパーバイザーをサポートしています。

1.5 >> 次世代ファイアウォールのラインナップ

● 表1.13 VMシリーズがサポートするハイパーバイザー

名前	サポートするハイパーバイザーのバージョン	適用可能なキャパシティライセンス	サポートするPAN-OS
VMware vSphere Hypervisor (ESXi)	5.0、5.1、5.5	VM-100 VM-200 VM-300 VM-1000-HV	PAN-OS 5.0以降
VMware NSX	5.5	VM-1000-HV	PAN-OS 6.0以降
Citrix SDX	SDXバージョン10.1以降 XenServerバージョン6.0.2以降	VM-100 VM-200 VM-300 VM-1000-HV	PAN-OS 6.0以降
AWS (Amazon Web Service)	—	VM-100 VM-200 VM-300 VM-1000-HV	PAN-OS 6.1以降
KVM (Kernel-based Virtual Machine)	Ubuntu 12.04 LTS CentOS/RedHat Enterprise Linux 6.5	VM-100 VM-200 VM-300 VM-1000-HV	PAN-OS 6.1以降

■ 主なキャパシティ制限

VMシリーズはキャパシティに応じてVM-100、VM-200、VM-300、VM-1000-HVの4つのライセンスがあります。各ライセンス適用時のキャパシティ制限は表1.14のとおりです。

● 表1.14 VMシリーズの主要キャパシティ

	VM-1000-HV	VM-300	VM-200	VM-100
セキュリティゾーン数	40	40	20	10
仮想ルーター数	3	3	3	3
最大バーチャルシステム数	—	—	—	—
ベースバーチャルシステム数	1	1	1	1
フォワーディングテーブルエントリ数	5,000	5,000	1,250	1,000
ARPテーブルエントリ数	2,500	2,500	500	500
MACテーブルエントリ数	2,500	2,500	500	500
NATルール数	1,000	1,000	1,000	160
QoSポリシー数	1,000	1,000	100	100
セキュリティルール数	10,000	5,000	2,000	250
SSL decryptionルール数	1,000	500	100	100
アドレスオブジェクト数	10,000	10,000	4,000	2,500
アドレスグループ数	1,000	1,000	250	125
サービスオブジェクト数	2,000	1,000	1,000	1,000
セキュリティプロファイル数	250	250	50	25
SSLインバウンド証明書数	1,000	25	25	25
カスタムURLカテゴリ、white/black listのエントリ数合計	25,000	25,000	25,000	25,000

第 1 章　パロアルトネットワークスと次世代ファイアウォール

■ VM シリーズのパフォーマンス

　VM シリーズでは専用の CPU コアをふたつ、4 つ、8 つのいずれかの数を使用します。処理スループットですが、キャパシティライセンスに依存せず、割り当てるコア数で変わってきます。

　4 つの CPU コアを使用した場合のスループットは表 1.15 のようになります。

● 表 1.15　VM シリーズのパフォーマンス

	VM シリーズのスループット（PAN-OS 6.0 使用、4 コア時）
ファイアウォールスループット	1Gbps
脅威防止スループット	600Mbps
IPsec スループット	250Mbps

■ VM シリーズの制限事項

- VMware ESXi
  - VM シリーズ用に専用の CPU コアを割り当てることが推奨される
  - HA Lite のみサポート
  - DirectPath I/O をサポートする VMware ESXi にインストールした場合のみ HA リンクモニタリングがサポートされる
  - 合計 10 ポートまでコンフィグ可能。ひとつのポートは管理ポート用に使用され、残りの最大 9 ポートまでがデータ通信用に使用可能。
  - vmxnet3 ドライバのみサポート
  - バーチャルシステムはサポートしない
  - VM シリーズファイアウォールの vMotion はサポートしない
  - ジャンボフレームはサポートしない
  - リンクアグリゲーションを行う場合は ESXi ホスト上で有効にする必要がある

- Citrix SDX
  - 合計 24 ポートまでコンフィグ可能。ひとつは管理ポート用、残りの最大 23 ポートはデータ通信用。
  - ジャンボフレームはサポートしない
  - リンクアグリゲーションはサポートしない

　VM シリーズに関する詳細は、https://live.paloaltonetworks.com/docs/DOC-8249 の "VM-Series Deployment Guide 6.1"（英語）を参照してください。

1.5.6　販売終了製品の補足

　上記以外にも、PA-4000 シリーズと PA-2000 シリーズが販売されていました。

　PA-4000 シリーズは 2014 年 4 月 30 日に、PA-2000 シリーズは 2015 年 4 月 30 日に販売終了しました。

1.6 次世代ファイアウォール以外の製品ラインナップ

パロアルトネットワークスでは次世代ファイアウォール製品のほかに、ファイアウォールの管理、標的型攻撃対策、モバイルセキュリティ、エンドポイントセキュリティにおける製品を販売しています。

1.6.1 Panorama と M-100

複数台のファイアウォールを一括して設定および管理する場合、Panoramaを利用します。PanoramaはVMware上で動作する仮想OSと、M-100アプライアンスのいずれかを使用します。

Panoramaで提供する機能は以下です。

●表1.16 Panoramaで提供する機能

機能	説明
コンフィグレーション管理の一元化	複数のファイアウォールをグループ化するデバイスグループを作成し、グループメンバが共有するポリシーとオブジェクトを管理。また共通のネットワークやデバイス設定を管理するテンプレートが利用できる。
ログとレポートの一元化	Panoramaが管理する複数のデバイスからログを集約。収集したログ情報を使って一元的なACCやカスタムレポートを作成可能。
導入管理の一元化	複数ファイアウォールへのソフトウェア、ダイナミックコンテンツ、ライセンスのアップデートを一元的に実施。

PanoramaやM-100に関する詳細は、Panorama Administrator's Guide 6.0（Japanese）
https://live.paloaltonetworks.com/docs/DOC-6703 を
参照してください。

1.6.2 WildFire と WF-500

最新のサイバー攻撃や標的型攻撃は従来のセキュリティ機器をうまくすり抜け、感染端末と外部サーバー間をC&Cと呼ばれるコネクションで接続するように設計されています。

C&Cとは？

C&Cはコマンドアンドコントロール（Command and Control）の略で、マルウェアに感染してボットと化した複数のコンピュータ（ボットネット）に命令（Command）を送り、制御することです。攻撃者はインターネット上にC&Cサーバーと呼ばれる制御サーバーを置き、内部ネットワークの端末にマルウェアを感染させた後、端末とC&Cサーバー間でC&Cコネクションを確立します。C&CコネクションにはIRCやHTTP、独自プロトコル（unknown通信）が使われることが多いです。C&Cの命令としては、内部で取得した機密情報を特定のサーバーに送信する、攻撃が失敗したときにマルウェアを更改する、いっせいにスパムメールを送ったりDDoS攻撃を仕掛けたりする、といったものがあります。C&C通信を発見し止めることで、攻撃の最終目的を行わせないようにすることができます。

第 1 章　パロアルトネットワークスと次世代ファイアウォール

●図1.20　WildFire

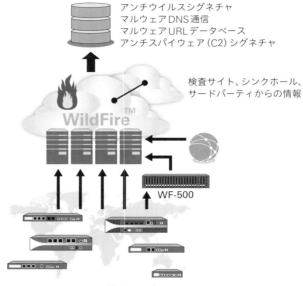

パロアルトネットワークスの次世代ファイアウォールは、サンドボックスと呼ばれるクラウドベースのマルウェア分析環境と連動させて、新しい未知のマルウェアやエクスプロイトを実行して特定し、これらの攻撃に対するシグネチャを配信します。

サンドボックスで未知の脅威を検出するソリューションをWildFireと呼びます。

●図1.21　WildFireの処理の流れ

1.6 >> 次世代ファイアウォール以外の製品ラインナップ

WildFireはパブリッククラウドとオンプレミスで提供されます。

パブリッククラウドを利用する場合、次世代ファイアウォールを使用するユーザーは追加設備なしでWildFireを利用できます。

クラウド型を利用するメリットは、サンドボックスのデバイスやソフトウェアを顧客が管理する必要がなく、常に最新にアップデートされている点があります。また、検査するファイルが将来増えたとしても、顧客側でシステムの拡張や投資を行う必要がありません。

クラウド型のWildFireは、米国カリフォルニア州のデータセンターで稼働するグローバル版と、東京のデータセンターで稼働する日本版のふたつがあります。

政府機関や金融機関など、パブリッククラウドにいかなるファイルも転送してはならない環境である場合、オンプレミスのWildFireを利用できます。この場合WF-500というデバイスを導入して組織のプライベートクラウドとしてWildFireを利用できます。組織内の複数のファイアウォールは1台のWF-500アプライアンスを使用して未知のマルウェアやエクスプロイトを分析することができます。

■ シグネチャの作成と配信

PAN-OS 6.0までは、WF-500で検出したマルウェアに対してシグネチャを生成する機能はサポートされていません。シグネチャが必要な場合は、WF-500をWildFireパブリッククラウドに接続して検体ファイルを送信することで、パブリッククラウドからシグネチャアップデートを受ける必要があります。

PAN-OS 6.1からは、WF-500でもシグネチャを生成することができるようになりました。

各検知ポイントにサンドボックスデバイスを配置し、さらに検出するだけでブロックすることができない他社ソリューションと比較して、パロアルトネットワークスでは脅威を分析するためにWF-500を1台だけ導入して組織内の全ファイアウォールがこれを共有し、検出だけでなくファイル単位に生成されたシグネチャによってブロックすることも可能です。

1.6.3 GlobalProtectとGP-100

パロアルトネットワークスではPAN-OS 3.0から、リモートアクセス向けのVPNソリューションとしてNetConnectと呼ばれるSSL-VPN機能をファイアウォールに搭載していました。NetConnectでは組織内の1台のファイアウォールがSSL-VPNゲートウェイ（コンセントレータ）となり、そのゲートウェイで認証されるクライアントとの間でSSL-VPNコネクションを接続します。NetConnectの目的は、外出先のユーザーがSSL-VPN経由で組織のイントラネットに接続するという従来型の考え方です。ユーザーがイントラネットに接続したいときだけ認証情報を入力してSSL-VPN接続を行います。

ファイアウォールはプラットフォームごとに接続可能な同時SSLクライアント数が限られていますが、1台のファイアウォールで組織のユーザーを接続しきれない場合、複数台のファイアウォールを

展開する必要があります。NetConnectでは、1台目と接続できなかったクライアントは手動で2台目に接続を試みる必要があります。

PAN-OS 4.0ではSSL-VPN機能がGlobalProtectと名前を変え、大規模環境において上記課題を解決するために「ゲートウェイとクライアント」というふたつの要素から、「ポータル、ゲートウェイ、クライアント」という3つの要素にアーキテクチャが変更されました。

管理者が行うポータル設定により、クライアントが接続できるゲートウェイの制御、クライアントの状態によって接続後にアクセスできるアプリケーションやネットワークの制御、インストールしたクライアントソフトをユーザーが無効化できるかの制御などを指定することができます。

GlobalProtectの目的は、外出先や自宅勤務など外部ネットワークに接続された端末に対する安全なネットワーク環境とポリシー制御の実現です。NetConnectと異なり、クライアントソフトをインストールした端末は外部ネットワーク接続を検出すると自動的にゲートウェイとVPN接続を開始します。これにより、外部ネットワークと接続されている端末に対しても組織内部にある端末と同じように、脅威の侵入経路となる危険なアプリケーションやURLへのアクセス禁止、インターネットからのコンテンツスキャンによるマルウェア配信や各種攻撃の防御などが行えるようになります。

GlobalProtectはPAN-OS 4.1以降でApple iOSやAndroidもサポートし、モバイル端末にも対応しました。これにより、昨今増えているモバイルOS上の脅威にも対応できます。

●図1.22 GlobalProtectのしくみ

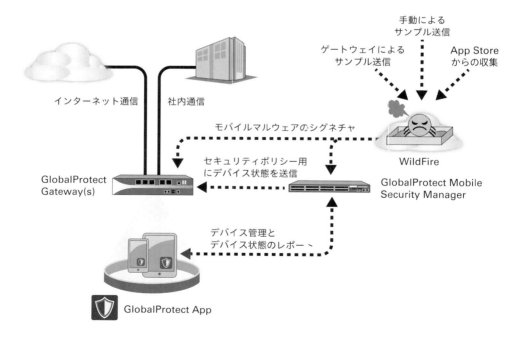

1.6 >> 次世代ファイアウォール以外の製品ラインナップ

■ GP-100

● 図1.23 GP-100の外観

PAN-OS 6.0のリリースタイミングでGP-100が新しい製品として追加されました。

GP-100はハードウェアの製品名で、そのうえで動作するソフトウェアを"GlobalProtect Mobile Security Manager"（以降、MSM）と呼びます。

MSMの主な機能は表1.17に示すとおりです。

● 表1.17 MSMの主な機能

機能	説明
モバイルデバイスの設定管理	・パスコードなどのセキュリティ設定を強制適用 ・カメラなどのデバイス機能を制限 ・メールやVPN、Wi-Fi設定などを設定
デバイス状態の把握	・ジェイルブレイクしていないか、どのようなアプリケーションをインストールしているかなどデバイス状態を監視およびレポートする ・リモートオペレーション実施 ・ロック、アンロック、ワイプ、メッセージ送信
Android向けマルウェア検知	・モバイル向けの新しいマルウェアを検知して、レポート

GP-100 MSMは単体で動作する製品ではなく、常にGlobalProtectと併用されます。したがって次世代ファイアウォールとの連携が必須です。

GP-100 MSMは標準で500台までのモバイル端末を管理可能です。これ以上の台数を管理したい場合、ライセンスを追加することで最大10万台まで管理することができます。また、GP-100 MSMでAndroid向けマルウェア検知を行いたい場合、WildFireサブスクリプションが必要です。

1.6.4 Traps

2014年3月にパロアルトネットワークスが買収したイスラエルのCyvera社の技術をベースに開発されたエンドポイント向けセキュリティソリューションがTrapsです。

最近のサイバー攻撃の特徴として、攻撃時点では「未知」である、つまりどのアンチウイルスベンダーも発見しておらずシグネチャも存在しないマルウェアが使用されています。これらのサイバー攻撃では攻撃者のみが知っている脆弱性を悪用するケースが多いです。攻撃者が利用する脆弱性は何万とありますが、その脆弱性を攻撃するために使用するエクスプロイト技術は20数種類ほどしかありません。つまり、ゼロデイマルウェアであってもその20数種類の技術を検出してブロックできれば動作

しなくなるわけです。

これにより、ソフトウェアの開発元がサポート終了してパッチを適用できない場合を含め、発見されていない脆弱性からの保護、従来のアンチマルウェアでは検出を回避されてしまう振る舞いがあってもゼロデイ攻撃を阻止することができるようになります。

● 表1.18 Trapsの特徴

機能	説明
未知の脆弱性攻撃およびマルウェアから防御	・脆弱性を突いたエクスプロイトやマルウェアを検知し、実行される前段階でブロック ・サポート期限切れOSも保護
導入・運用が容易	・幅広い端末環境をサポート ・毎日のパターンファイル更新は必要なし
ファイアウォールおよびクラウドと連携	・発見した未知のマルウェアをクラウドとシェア ・次世代ファイアウォールと連携して防御

Trapsがサポートされる端末環境やOSは以下のとおりです（version3.2現在）。

Trapsは他のエンドポイントソリューションと比較して、必要なハードディスク容量やCPU負荷が非常に低いのが特徴です。

● Trapsがサポートされる端末環境
　・デスクトップ
　・サーバー
　・ターミナルサーバー、VM（仮想マシン）、VDI、Citrix
　・シンクライアント
　・ICS/SCADA（Industrial Control System/Supervisory Control And Data Acquisition：産業制御システム）
　・POS（Point of Sales）

● TrapsがサポートされるOS
　・Windows XP SP3
　・Windows 7（32-bit & 64-bit）
　・Windows 8.1（32-bit & 64-bit）
　・Windows Server（2003-2012）

1.7 ライセンスとサブスクリプション

次世代ファイアウォールを利用するために必要となるライセンスとサブスクリプションについてまとめます。なお、必要となるライセンスなどの最新情報についてはパロアルトネットワークス社または販売会社に確認してください。

1.7.1 サポートライセンス

パロアルトネットワークスの製品を利用するには、ハードウェア（アプライアンス）やソフトウェア製品本体以外に年間サポートライセンスを購入してサポート契約に加入する必要があります。

サポート契約に加入することで、アプリケーション（App-ID）データベース更新、OSソフトウェアアップデート、ハードウェア故障時の機器交換を受ける権利を得ます。また、障害発生時にその原因特定やバグが見つかった場合にパッチを入手するためにケース（トラブルチケット）をオープンする場合にもサポート契約が必要です。

1台のハードウェア筐体に対してひとつのサポート契約が必要であり、2台1組のHA構成であればふたつのサポート契約を購入します。筐体単位での加入であり、利用するライセンスやサブスクリプションなどのオプションによって加入条件や費用などが変わるものではありません。

1.7.2 ライセンスの種類

ライセンスとは、特定の機能を利用するために必要となるオプションのソフトウェアライセンスのことで、一度購入すれば永年利用可能です。年単位で更新する必要はありません。

■ 次世代ファイアウォールのライセンス

パロアルトネットワークス次世代ファイアウォールのライセンスには以下の種類があります。

● 表1.19 オプションライセンスの一覧

ライセンスの種類	説明
Virtual Systems	PA-7050、PA-5000シリーズ、PA-3000シリーズにおいて利用できるバーチャルシステム数を増やすことが可能。
GlobalProtect Portal	GlobalProtectにてHIPを利用する場合、内部ゲートウェイを使う場合、複数の外部ゲートウェイを使う場合に必要。PAN-OS 7.0からはこのライセンスは廃止される。
Decryption Port Mirror	PAN-OS 6.0より追加され、PA-3000シリーズ、PA-5000シリーズ、PA-7050で利用可能。Decryption Port Mirror機能を利用する場合にアクティベートするフィーチャーライセンス。無償で利用可能。

ライセンスは当該機能を使いたい場合のみオプションで購入します。サポートライセンスと同様に1台のハードウェア筐体に対してひとつ、HA構成であればふたつ必要です。

■ VMシリーズのライセンス

VMシリーズはVM-100、VM-200、VM-300、VM-1000-HVというキャパシティライセンスがあります(詳細は1.5.5項参照)。VMシリーズの場合ソフトウェアは一種類ですが、どのキャパシティライセンスを購入して適用するかによって同時セッション数や利用できるオブジェクトの数が変わってきます。

同一のキャパシティライセンスを25台分まとめて購入するエンタープライズ型番と呼ばれるものもあります。この型番はボリュームディスカウントがあり、単体のキャパシティライセンスを25個購入するよりは安価になります。

VMシリーズではオプションで脅威防御、URLフィルタリング、WildFire、GlobalProtect Gatewayの各サブスクリプションとGP Portalライセンスを利用することができます。

キャパシティライセンスの型番に応じたサポートライセンスの購入が必要になります。

■ GP-100のライセンス

GP-100はデフォルトで500台のモバイルデバイスを管理可能です。それ以上のモバイルデバイスを管理する場合、1,000、2,000、5,000、10,000、25,000、50,000、100,000ユーザー用のいずれかの永年ライセンスを購入します。また、ユーザー数に一致するサポートライセンスが必要です。たとえば1,000ユーザー用のライセンスを購入する場合、1,000ユーザー用のサポートライセンスが必要です。

また、GP-100でWildFire連携を行う場合、ユーザー数に一致するWildFireサブスクリプションが必要です。

ユーザー数は1,000ユーザーから2,000ユーザーまで増加、というようなアップグレードライセンスもあります。

■ WF-500のライセンス

WF-500はアプライアンスとそのサポートライセンスを購入することになります。

WF-500にファイルを送信するパロアルトネットワークス次世代ファイアウォールにはWildFireサブスクリプションが必要となります。

■ Panoramaのライセンス

PanoramaにはVM(仮想マシン)版とM-100上で動作させるものの2種類があります。

それぞれ25台、100台、1000台のファイアウォールデバイス(物理と論理)が管理できるキャパシティライセンスがあります。26台以上管理する場合は100台用のライセンスが必要であり、ふたつの25

1.7 >> ライセンスとサブスクリプション

台ライセンスを買えば50台まで管理できるというわけではありません。

25台から100台へ、100台から1000台へ、と管理デバイスを増やすためのアップグレードライセンスもあります。

M-100をLog Collectorとして使う場合は25台用ライセンスを購入して使用します。

1台のPanoramaに対してひとつのキャパシティライセンスが必要です。PanoramaのHA構成を利用する場合はふたつ必要です。

管理対象のデバイス数にはバーチャルシステムの数は関係なく、筐体単位となります。

Panoramaは年単位のサポートライセンスも必要になります。

1.7.3 サブスクリプションの種類

サブスクリプションとは、ファイアウォール上の特定の機能や特定のシグネチャ更新を利用するために必要となるオプションで、年単位で更新するソフトウェアライセンスです。利用したいものだけを購入して使用します。

サブスクリプションには脅威防御（Threat Prevention）、URLフィルタリング（URL Filtering）、WildFire、GlobalProtect Gatewayの4種類があります。

サブスクリプションは1台の筐体に対してひとつ必要で、HA構成であればふたつ必要になります。HA構成や複数年契約の場合はディスカウントがあります。

■ **脅威防御（Threat Prevention）**

脅威防御は以下の機能で必要となるサブスクリプションです。

- アンチウイルス機能の日次シグネチャ更新
- アンチスパイウェア機能の週次シグネチャ更新
- 脆弱性防御（IPS）機能の週次シグネチャ更新および緊急シグネチャ更新
- ボットネットレポート（dynamic DNSや最近登録されたドメインの情報）

脅威防御サブスクリプションが切れた場合シグネチャの更新ができなくなるだけで、すでにダウンロードされているシグネチャを使って検知やアクション実施を引き続き実施することが可能です。

ファイルブロッキングおよびデータフィルタリング機能はサブスクリプションがなくても利用可能です。

WildFireにより検出されたマルウェア情報は日次でアンチウイルスのシグネチャに反映されます。また、WildFireにより分析された悪意あるドメイン情報はアンチウイルスシグネチャに反映され、C&C通信に対するシグネチャ情報はアンチスパイウェアのシグネチャに反映されます。

第1章　パロアルトネットワークスと次世代ファイアウォール

■ URLフィルタリング

URLフィルタリングサブスクリプションにはPAN-DBとBrightCloudの2種類があります。PAN-DBはパロアルトネットワークスの提供するURLフィルタリングデータベースで、BrightCloudはWebroot社が提供するサードパーティのデータベースです。

URLフィルタリングサブスクリプションにより以下が可能になります。

- URLフィルタリング機能としてURLログへのカテゴリ記載
- セキュリティ/QoS/復号/キャプティブポータルの各ポリシーにおける一致条件としてのURLカテゴリ

PAN-DBの場合、WildFireからのマルウェアカテゴリ情報が30分間隔でフィードバックされます。注意点として、PAN-DBの場合は常にクラウドと同期をとるためオフラインでは利用できず、管理ポートまたはデータポートが常にインターネットと接続性を持つようにする必要があります。BrightCloudの場合はオフライン構成であっても、日次で更新されるデータベース情報を管理用パソコンなど経由してインポートして利用することが可能です。

管理者が作成したURLのブロックリストや許可リスト、またはカスタムURLカテゴリを使ったURLフィルタリングはURLフィルタリングサブスクリプションがなくても利用できます。

■ WildFire

WildFireの機能は、表1.20のようにサブスクリプションが不要なものと必要なものにわかれます。

ファイアウォール経由で実行ファイルのコピーをクラウドに送信するだけであればサブスクリプションは不要です。

未知の脅威から防御するために15分ごとの短時間でWildFireクラウドからのシグネチャをファイアウォールに同期させる場合や、実行ファイルだけでなくPDFやMicrosoft Officeなどのファイルも検査したい場合、APIを利用する場合、WF-500を使用する場合はサブスクリプションが必要です。

● 表1.20　WildFireサブスクリプションが不要・必要な機能

機能	WildFireサブスクリプションなし	WildFireサブスクリプションあり
WildFireによる実行ファイルの分析	○	○
日次シグネチャアップデート（脅威防御サブスクリプションが必要）	○	○
PAN-OS内でのWildFireログ連携	○	○
WildFireによる全ファイル種別（PDF、MS Office、Java、Flash、APK※）分析	×	○
15分ごとのシグネチャアップデート	×	○
WildFireクラウドでのAPI利用	×	○
WF-500の利用	×	○

※ ○の機能が利用可能。サブスクリプションがないと×は利用できない。

■ GlobalProtect Gateway

GlobalProtect は以下の場合にライセンスやサブスクリプションが必要となります。

1. HIP（Host Information Profile）を利用したい場合
   - この場合、Portal ライセンスと Gateway サブスクリプションの両方が必要
   - クライアントに GlobalProtect ソフトを入れて、クライアント端末のパッチ適用状況やウイルス対策ソフトの状況や FW の状況を確認してから VPN 接続の可否を判断

2. VPN 接続用の外部ゲートウェイを複数サイトに立てるか、ひとつ以上の内部ゲートウェイを立てる場合
   - この場合、Portal ライセンスのみ必要
   - GlobalProtect Gateway を外部ゲートウェイとして複数サイトに設置するか、内部ゲートウェイとして1台以上設置する場合
   - GlobalProtect クライアントはネットワーク的に一番近い Gateway を選択して、その Gateway に自動的に VPN を確立することが可能

3. Android/iOS 用モバイルアプリを利用する場合
   - この場合、Gateway サブスクリプションのみ必要

Large Scale VPN 機能を使用する場合は、Portal ライセンスも Gateway サブスクリプションも不要です。

 PAN-OS 7.0 からは GlobalProtect Portal ライセンスが廃止され、不要になります。

■ サブスクリプションが失効する場合の動作

各サブスクリプションは失効する30日前から PAN-OS 上の System log に1日1回メッセージを通知します。サブスクリプションが切れる通知だけを個別で取得することはできず、更新するサブスクリプションがアクティベートされるまで出力が続きます。

1.7.4 アクセサリ

パロアルトネットワークスのハードウェア製品には表1.21のようなアクセサリがあり、オプションで購入することが可能です。

●表1.21 ハードウェアのアクセサリ一覧

アクセサリ	説明
電源コード	日本向け電源コードやPA-200用のACアダプタ
ラックマウントキット	PA-200、M-100、WF-500用のラックマウントキット
トランシーバー	SFPおよびSFP+のインターフェイスを持つプラットフォームについて、オプションで購入することで使用可能。<table><tr><th>SFPのトランシーバー種類</th><th>仕様</th></tr><tr><td>SX</td><td>1000BASE-SX用</td></tr><tr><td>LX</td><td>1000BASE-LX用</td></tr><tr><td>Copper</td><td>10/100/1000BASE-T用</td></tr></table><table><tr><th>SFP+のトランシーバー種類</th><th>仕様</th></tr><tr><td>SR</td><td>10GBASE-SR用</td></tr><tr><td>LR</td><td>10GBASE-LR用</td></tr></table>
DC電源	DC電源用のオプション
SSD	PA-5000シリーズ向けスペアまたは冗長用SSD
交換用ファン	PA-5000シリーズ用のファン、PA-7050用のファントレイ

1.8 サポートポリシー

パロアルトネットワークスではハードウェアとソフトウェアのそれぞれに関して、サポートが行われる期間などを定めたサポートポリシーを提供しています。

1.8.1 ハードウェアサポートポリシー

ハードウェアの販売終了（EOS：End-of-Sale）発表は、販売終了日の6ヶ月前に実施されます。サポートは販売終了後5年間継続されます。たとえばPA-4000シリーズの場合、2013年11月1日に、2014年4月30日に販売終了されることが発表されています。2019年4月30日まではサポート契約に加入していれば継続してサポートが受けられます。

対象機器でサポートライセンスが購入されている場合、ハードウェアがサポート終了（EOL：End-of-Life）となるまではサポート窓口による受付が行われます。また故障の場合には保守部材による修理や交換が実施されます。ハードウェアのサポートが終了するまでは、そのハードウェアで利用可能なソフトウェアバージョンも提供されます。

1.8.2 ソフトウェアサポートポリシー

PAN-OSバージョンにはx.y.z（例：6.1.1）のように3つの数字が含まれます。これらは表1.22のようなリリース分類となります。

●表1.22 ソフトウェアのリリース分類

リリース分類	説明
Major feature release（メジャーリリース）	x.y.zの体系のうち"x"はメジャーリリースを表し、多数の新機能や重要なソフトウェアアーキテクチャ変更が含まれる
Minor feature release（マイナーリリース）	x.y.zの体系のうち"y"はマイナーリリースを表し、メジャーリリースより少ない数の新機能と最低限のソフトウェアアーキテクチャ変更が含まれる
Maintenance release（メンテナンスリリース）	x.y.zの体系のうち"z"はメンテナンスリリースを表し、バグ修正のみが含まれる

PAN-OS 5.0以降では、メジャーリリース内で通常リリースと特別リリースが交互にリリースされます。通常リリースは最初のメンテナンスリリースが提供されてから24ヶ月間、特別リリースは最初のメンテナンスリリースが提供されてから48ヶ月間がサポート期間です。メジャーリリースの最終リリースが特別リリースとなります。

第1章　パロアルトネットワークスと次世代ファイアウォール

　経験則上、各メジャーリリースでは".0"と".1"のふたつのマイナーリリースが存在し、".0"が通常リリース、".1"が特別リリースとなります。たとえば"6.0.x"は通常リリースで24ヶ月間のサポート、"6.1.x"は特別リリースで48ヶ月間のサポートです。

　サポート期間は最低限の期間を表しており、顧客の利用状況などにより延長されることもあります。

　ハードウェアおよびソフトウェアに関するサポート終了に関するポリシー（EOLポリシー）について詳細は以下を参照してください。

https://www.paloaltonetworks.com/support/end-of-life-announcements/end-of-life-policy.html

第2章
準備と初期設定

本章では、パロアルトネットワークス次世代ファイアウォールの物理アプライアンスにおいて、初期設定を行う流れを紹介します。コンフィグレーションの基礎知識、管理者アカウントの設定、ソフトウェアや各種データベースのアップデート方法を説明します。また、初期設定後にユーザートラフィックをファイアウォール経由で流せるようにし、管理者がそのログを確認できるようになるまでの、インターフェイス設定、基本的なポリシー設定に関する一連の流れを学びます。

第 2 章　準備と初期設定

2.1 ファイアウォールアプライアンスの確認

Palo Alto Networksのロゴがプリントされた大きな箱が届きます。
箱を開けると、中には以下のようなものが入っています。

・本体
・ラックマウントキット（ラックマウント金具＋ねじ）
・電源コード
・ワランティ（保証条件が記述された用紙）

2.1.1　デバイスの外観

パロアルトネットワークスのファイアウォールアプライアンス本体正面は以下のパーツで構成されています。

●図2.1　パロアルトネットワークスファイアウォール本体正面図（PA-3050）

①データトラフィックポート：RJ-45 10/100/1000 Copper/SFP
　→ユーザーデータ通信用インターフェイスとして使用。このポート経由のトラフィック処理はデータプレーンにて行われる。1.6節で紹介したように、モデルによりポート数は異なる。
②HAポート：RJ-45
　→高可用性（HA）のコントロールリンクおよびデータリンク用インターフェイスとして使用
③管理インターフェイス（MGT）：RJ-45
　→Web UI、SSH経由での管理用インターフェイスとして使用
④コンソールポート：RJ-45　シリアルケーブル
　→ネットワークを経由しないコマンドライン用インターフェイスとして使用
⑤USBポート
　→USB経由で他の機器（HUBなど）への給電が可能だが、USBポートを使った機能はオフィシャルには何もサポートしていない

2.2 ファイアウォールの起動

ファイアウォールの起動を行います。

①背面の電源プラグに付属の電源コードを接続します。

1 電源コードを差し込みます。

②前面のLEDランプのPOWER部分が緑色に点灯することを確認します。

1 POWERが緑色に点灯することを確認します。

③LEDランプ状態

筐体前面にあるLEDランプで、機器のステータスを確認することができます。

筐体によってLEDランプは図2.2のように異なります。

● 図2.2 筐体別LEDランプ状態

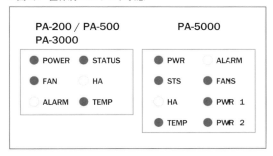

電源投入後のLED遷移を図2.3に記します（PA-3000の場合）。

電源投入直後は［POWER］または［PWR 1］［PWR 2］のみ緑点灯となり、その後［FAN］または［FANS］、［TEMP］が緑点灯となります。

そして［STATUS］または［STS］ランプが橙点灯から緑点灯に遷移した後、トラフィック処理が開始されます。障害発生時は［ALARM］ランプと障害が発生した箇所（たとえばFAN障害の場合はFANランプ、電源の場合はPOWERランプ）が赤点灯となります。

第 2 章　準備と初期設定

●図2.3　電源投入後のLED点灯遷移

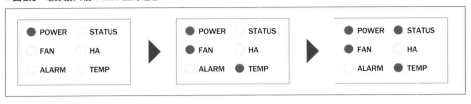

2.3 初期設定

パロアルトネットワークスの物理アプライアンスには、ひとつの管理インターフェイス（管理ポート）が装備されています。

● 図2.4　管理インターフェイスの位置

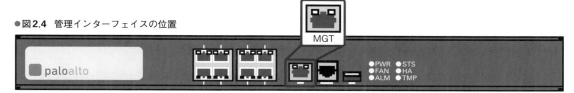

管理インターフェイスはデータトラフィックを流すことはできず、デバイス管理用トラフィックが流れる完全に独立したインターフェイスです。このため、データトラフィック用の帯域を管理用トラフィックによって消費されることがありません（1.4.4項参照）。

管理用トラフィックは、管理者がデバイスの設定を行うためのトラフィックのほか、インターネットへアクセスしてDNS名前解決、ライセンス認証、シグネチャの更新などを行う場合にも使用されます。管理ポートからインターネットへのアクセスを許可しない場合は、インターネットにアクセス可能なデータトラフィックポートを経由してシグネチャ更新などが行えるよう設定する必要があります（もしくは手動で定期的な更新をする必要があります）。

● 図2.5　管理ポートの役割

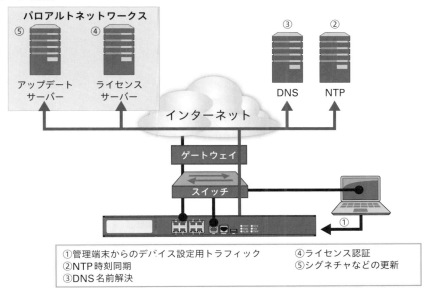

第 2 章　準備と初期設定

以下の手順で初期セットアップを行います。

①管理インターフェイスとデバイス設定
②管理者アカウント
③ライセンスのアクティベーション手順
④コンテンツの更新管理
⑤ソフトウェア更新手順

2.3.1　管理インターフェイスとデバイス設定

管理インターフェイスには工場出荷時の設定として、以下のIPアドレスが割り当てられています。

・IPアドレス：192.168.1.1
・ネットマスク：255.255.255.0

また、管理用の初期アカウント（スーパーユーザー権限）も事前定義されています。

・初期アカウント：admin
・パスワード：admin

●図2.6　管理インターフェイス設定構成例（IPアドレスは例）

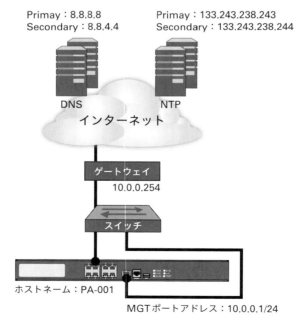

2.3 >> 初期設定

　上記アドレスおよびアカウントを使って、以下に示すコンソール接続またはWeb UI接続のいずれかの方法で操作コンピュータとファイアウォールアプライアンスを直接接続して設定します。

■ コンソール接続での設定

　コンソール接続ではコンソールポート経由で操作コンピュータと接続し、CLI（Command Line Interface）で設定を行います。

● 図2.7　コンソールポートの位置

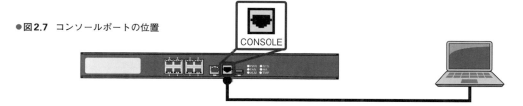

1 ファイアウォールの[CONSOLE]ポートと操作コンピュータを、付属のシリアルケーブルで接続します。

2 ターミナルエミュレーションソフト（TeraTermなど）を以下のターミナル設定で起動します。
　・データ転送レート：9600　　・ビット停止：1
　・データビット：8　　　　　　・フロー制御：なし
　・パリティ：なし

3 初期アカウントでログインします。*1

```
PA-2050 login: admin
Password:admin
Warning: Your device is still configured with the default admin account credentials. Please change your password prior to deployment.
admin@PA-2050>
```

> **注意**
> 初期アカウント／パスワードでログインした場合、以下のような警告メッセージが表示されますが、"デフォルトのパスワードから変更してください"という内容であり、特に機器のエラーを示すメッセージではありません。
> Warning: Your device is still configured with the default admin account credentials.Please change your password prior to deployment.

```
PA-2050 login: admin
Password:
Warning: Your device is still configured with the default admin account credentials. Please change your password prior to deployment.
admin@PA-2050>
admin@PA-2050>
```

*1　今回、PA-2050にてCLIの画面を掲載していますが、他のモデルでは、そのモデル名がプロンプトに表示されます。なお、PA-2050はすでに販売終了しています。

第2章　準備と初期設定

4 Configurationモードへ移行します。

```
admin@PA500> configure
Entering configuration mode
[edit]
admin@PA-2050#
```

```
admin@PA-2050> configure
Entering configuration mode
[edit]
admin@PA-2050#
[edit]
admin@PA-2050#
[edit]
admin@PA-2050#
[edit]
admin@PA-2050#
[edit]
admin@PA-2050#
[edit]
admin@PA-2050#
[edit]
admin@PA-2050#
```

 PAN-OSのCLIにログインするとOperationalモードの状態となります。Operationalモードではプロンプトの最後の文字が">"となり、モニタ、トラブルシュート、閲覧関連などのコマンドが利用可能です。コンフィグレーションの変更にはConfigurationモードへ移行する必要があります。Configurationモードではプロンプトの最後の文字が"#"となります。

5 管理インターフェイスに割り当てるIPアドレス、ネットマスク、デフォルトゲートウェイの設定をします。

```
admin@PA-2050# set deviceconfig system ip-address 10.0.0.1
admin@PA-2050# set deviceconfig system netmask 255.255.255.0
admin@PA-2050# set deviceconfig system default-gateway 10.0.0.254
```

```
[edit]
admin@PA-2050# set deviceconfig system ip-address 10.0.0.1

[edit]
admin@PA-2050# set deviceconfig system netmask 255.255.255.0

[edit]
admin@PA-2050# set deviceconfig system default-gateway 10.0.0.254

[edit]
admin@PA-2050#
[edit]
```

2.3 >> 初期設定

> **Tips** 以下のように上記3行を一括して投入することも可能です。
>
>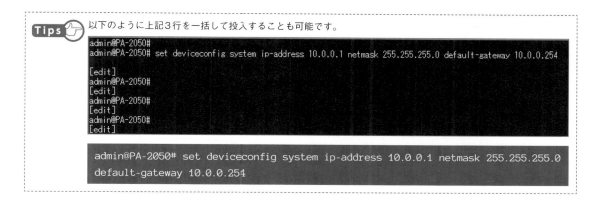
>
> ```
> admin@PA-2050# set deviceconfig system ip-address 10.0.0.1 netmask 255.255.255.0
> default-gateway 10.0.0.254
> ```

6 以下のコマンドで初期設定が可能です。

● DNSサーバー

```
[edit]
admin@PA-2050# set deviceconfig system dns-setting servers primary 8.8.8.8

[edit]
admin@PA-2050#
[edit]
admin@PA-2050#
[edit]
admin@PA-2050#
[edit]
admin@PA-2050#
```

```
admin@PA-2050# set deviceconfig system dns-setting servers primary 8.8.8.8
```

● DNSサーバー（セカンダリ）

```
admin@PA-2050# set deviceconfig system dns-setting servers secondary 8.8.4.4
```

● NTPサーバー

```
admin@PA-2050#
[edit]
admin@PA-2050# set deviceconfig system ntp-servers primary-ntp-server ntp-server-address 133.243.238.243

[edit]
admin@PA-2050#
[edit]
admin@PA-2050#
[edit]
```

```
admin@PA-2050# set deviceconfig system ntp-servers primary-ntp-server ntp-server-address
133.243.238.243
```

● NTPサーバー（セカンダリ）

```
admin@PA-2050# set deviceconfig system ntp-servers secondary-ntp-server ntp-server-address 133.243.238.244
```

 例として挙げた DNS サーバーの IP アドレスは Google が提供しているパブリック DNS サーバーの IP アドレスと、NICT（情報通信研究機構）が提供している NTP サーバーのアドレスです。なお、NTP サーバーの設定はドメイン名で行うことを推奨します。その場合は "ntp.nict.jp" が使用できます。

 コマンドラインで以下のような設定も可能です。

● ホストネーム

```
[edit]
admin@PA-2050# set deviceconfig system hostname PA-FW01
[edit]
admin@PA-2050#
[edit]
admin@PA-2050#
[edit]
admin@PA-2050#
[edit]
admin@PA-2050#
```

```
admin@PA-2050# set deviceconfig system hostname PA-001
```

● タイムゾーン

```
et[edit]
admin@PA-2050# set deviceconfig system timezone Japan

[edit]
admin@PA-2050#
[edit]
admin@PA-2050#
[edit]
admin@PA-2050#
[edit]
admin@PA-2050#
```

```
set deviceconfig system timezone <value>
```

● 言語

```
admin@PA-2050# set deviceconfig system locale ja
[edit]
admin@PA-2050#
[edit]
admin@PA-2050#
[edit]
admin@PA-2050#
[edit]
admin@PA-2050#
[edit]
```

```
admin@PA-2050# set deviceconfig system locale ja
```

2.3 >> 初期設定

- 緯度/経度（東京の値として緯度を35、経度を139とした場合）

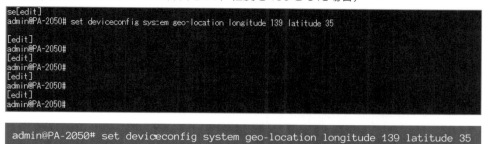

```
admin@PA-2050# set deviceconfig system geo-location longitude 139 latitude 35
```

7 すべて設定が完了したら、commitを実施して、設定を反映させます。

```
admin@PA-2050# commit
```

```
admin@PA-2050# commit
............................55%........75%...98%................100%
Configuration committed successfully
[edit]
admin@PA-2050#
[edit]
admin@PA-2050#
```

 ファイアウォールでは設定を反映させるためにはコミットと呼ばれる設定反映作業を行う必要があります。CLIでは"commit"というコマンドを入力して実行します。
コミットの詳細は「2.3.2 設定の基礎知識」を参照してください。

■ Web UI接続

Web UI接続では管理ポート経由で操作コンピュータを接続し、ブラウザ画面で設定を行います。

● 図2.8 管理インターフェイスの位置

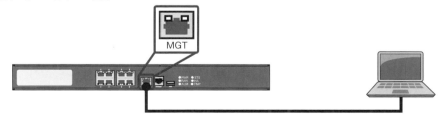

第 2 章　準備と初期設定

■ **管理画面へのアクセス**

ファイアウォールの管理 Web UI へアクセスします。

1 ファイアウォールの管理インターフェイスと操作コンピュータを付属の RJ-45 Ethernet ケーブルで接続します。

2 ファイアウォールの初期設定 IP アドレス [192.168.1.1] にブラウザで https アクセスを実施します。

`https://192.168.1.1`

3 ログイン画面を表示させます。

4 管理用の初期アカウントでログインします。

 デフォルトでは PAN-OS 内部の自己署名証明書を使用してファイアウォール管理インターフェイスと HTTPS 接続を行うため、操作コンピュータのブラウザから初回アクセス時に上図のような警告画面が現れます。これは無視するか、例外として続行します。

初期パスワードでログインをすると、上図のようにデフォルトのアカウントのパスワードを変更するように警告が表示されますが、[OK] をクリックすると、管理画面が現れます。

■ **管理インターフェイスの設定**

ファイアウォールの管理 Web UI で管理インターフェイスを設定します。

2.3 >> 初期設定

1 GUI画面より[Device]>左のメニューより[セットアップ]>[管理]タブを選択します。

2 [管理インターフェイス設定]欄にて右上の歯車アイコンをクリックします。

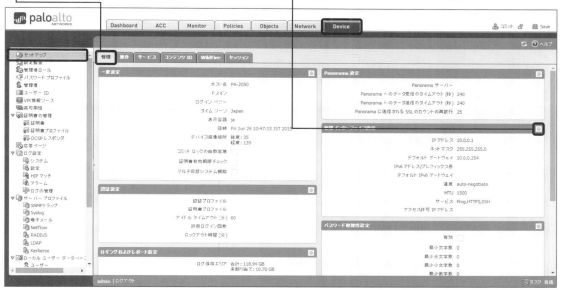

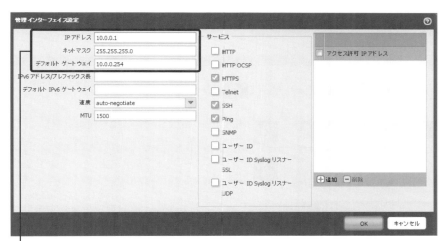

3 [管理インターフェイス設定]ダイアログにて、[IPアドレス][ネットマスク][デフォルトゲートウェイ]を入力し、[OK]をクリックします。

※例
・IPアドレス：10.0.0.1、
・ネットマスク：255.255.255.0、
・デフォルトゲートウェイ：10.0.0.254

※以下の項目については特に指定がなければデフォルト状態とします。
・IPv6アドレス/プレフィックス長：空欄
・デフォルトIPv6ゲートウェイ：空欄
・速度：auto-negotiate
・MTU：1500
・サービス：HTTPS、SSH、Pingにチェック
・アクセス許可IPアドレス：空欄

057

第 2 章　準備と初期設定

 PAN-OS 5.0より [管理インターフェイス設定] の [サービス] 設定において [SNMP] がデフォルトでオフになりました。以前のOSからバージョンアップし、設定を引き継ぎたい場合は必ず [SNMP] にチェックを入れます。

■ ホスト名などの設定

ファイアウォールのホスト名やドメイン名等を設定します。

1 GUI画面より [Device] タブ>左のメニューより [セットアップ] > [管理] タブを選択します。

2 [一般設定] 欄にて右上の歯車アイコンをクリックします。

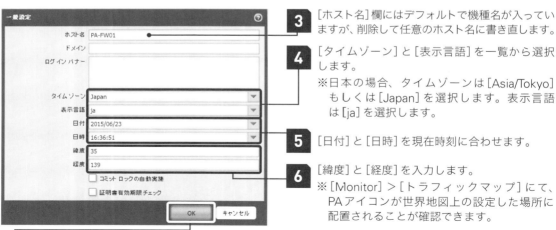

3 [ホスト名] 欄にはデフォルトで機種名が入っていますが、削除して任意のホスト名に書き直します。

4 [タイムゾーン] と [表示言語] を一覧から選択します。
※日本の場合、タイムゾーンは [Asia/Tokyo] もしくは [Japan] を選択します。表示言語は [ja] を選択します。

5 [日付] と [日時] を現在時刻に合わせます。

6 [緯度] と [経度] を入力します。
※ [Monitor] > [トラフィックマップ] にて、PAアイコンが世界地図上の設定した場所に配置されることが確認できます。

7 特に指定がなければ以下のデフォルト状態の設定を確認して [OK] をクリックします。
・ドメイン名：空欄　　　　・コミットロックの自動実施：未チェック
・ログインバナー：空欄　　・証明書有効期限チェック：未チェック

2.3 >> 初期設定

■ DNSサーバー、NTPサーバーの設定

ファイアウォールの管理インターフェイスが使用するDNSサーバーやNTPサーバー等の設定を行います。

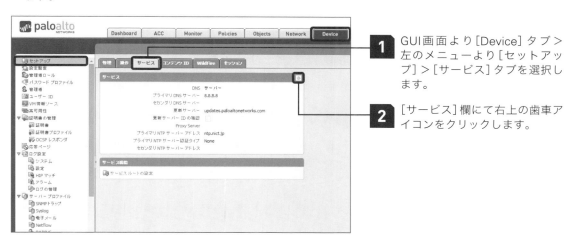

1. GUI画面より[Device]タブ＞左のメニューより[セットアップ]＞[サービス]タブを選択します。

2. [サービス]欄にて右上の歯車アイコンをクリックします。

3. [DNS]欄にて[サーバー]が有効になっていることを確認します。
[プライマリDNSサーバー]に参照するDNSサーバーのIPアドレスを入力します。
必要に応じて[セカンダリDNSサーバー]にも参照するDNSサーバーのIPアドレスを入力します。
※以下の項目については特に指定がなければデフォルト状態とします。
・DNSプロキシオブジェクト：未選択
・更新サーバー：updates.paloaltonetworks.com[*2]
・更新サーバーIDの確認：未チェック

4. [プライマリNTPサーバー]に参照するNTPサーバーのIPアドレスを入力します。
必要に応じて[セカンダリNTPサーバー]にも参照するNTPサーバーのIPアドレスを入力します。

---

*2 上位セキュリティデバイスで特定IP宛ての通信のみ許可させる構成の場合、staticupdates.paloaltonetworks.comを指定します（IPアドレス 199.167.52.15）。

第2章　準備と初期設定

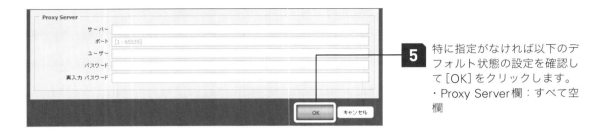

5　特に指定がなければ以下のデフォルト状態の設定を確認して[OK]をクリックします。
・Proxy Server欄：すべて空欄

■ 設定変更の反映

ファイアウォールでは設定を反映させるためにはコミットと呼ばれる設定反映作業を行う必要があります。

コミットの詳細は「2.3.2　設定の基礎知識」を参照してください。

> 注意
> 設定の変更をコミットすると、管理インターフェイスのIPアドレスが変更されるため、管理Web UIとの接続が遮断されます。コミット後、しばらくしてから新しく設定した管理インターフェイスのIPアドレスを使って再度管理Web UIにアクセスすることができます。

●図2.9　右上の[コミット]ボタンにて設定反映を実施

2.3.2　設定の基礎知識

ファイアウォールで設定を行った場合は必ずコミットと呼ばれる設定反映動作をしなければなりません。Web UI上で表示される各種設定値はコミット前のコンフィグレーション情報であり、実行中の値とは異なっている場合もあります。

ここではファイアウォールで管理しているコンフィグについて説明します。

■ コンフィグの種別

ファイアウォールが管理するコンフィグには、候補コンフィグ（candidate config）と実行中コンフィグ（running configまたはactive config）の2種類が存在します。また表2.5で詳述する、候補コンフィグを保存した保存コンフィグ（saved config）やコンフィグのスナップショットをファイアウォール内に保持することも可能です。

2.3 >> 初期設定

●図2.10 コンフィグレーションのコミットイメージ

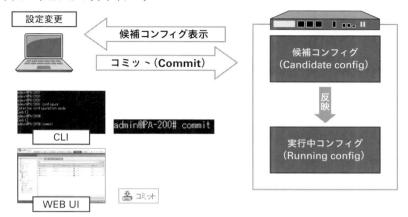

●表2.1 コンフィグレーションの種類

種類	説明
候補コンフィグ （candidate config）	Web UI上に表示されている設定内容が候補コンフィグとなります。 コンフィグレーションのコミット（Commit）が実行されると実行中コンフィグへ設定内容が反映されます。
実行中コンフィグ （running-config）	ファイアウォール上で実際に実行中となっているコンフィグとなります。 コンフィグレーションのコミットが実行されない限りは実行中コンフィグの内容は書き換えられることはありません。

■ コミット操作

コンフィグレーションのコミットは画面右上にある［コミット］ボタンで行います。

［コミット］ボタンは候補コンフィグが変更されている場合に操作が可能です。

●図2.11 ［コミット］ボタンの位置

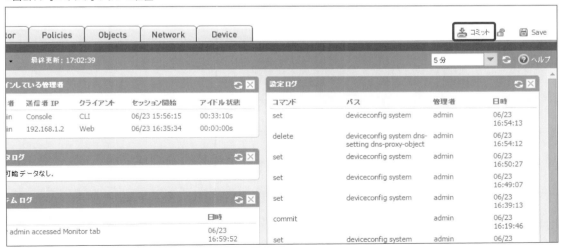

第2章　準備と初期設定

●表2.2　[コミット]ボタンの状態

[コミット]ボタンの状態		説明
![コミット]	灰色の状態	候補コンフィグが変更されてない状態となります。 候補コンフィグと実行中コンフィグの内容に差異はありません。
![コミット]	青色の状態	候補コンフィグが変更されている状態となります。 候補コンフィグと実行中コンフィグの内容に差異があります。

　また、コンフィグレーションのコミットを実行する際に詳細にコミットする項目を選択することが可能です。

　[コミット]ボタン（![コミット]）をクリック後に表示されるコミット確認画面にて[詳細]リンクをクリックすると以下のようなふたつの候補が表示されます。必要な項目のみをコミットすることで、コミットにかかる時間を短縮することができます。デフォルトでは両方にチェックが入っており、コンフィグ全体をコミットするように指定がされています。

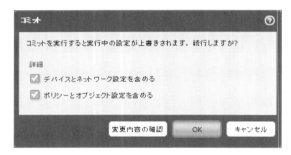

●表2.3　コミットオプション

種類	説明
デバイスとネットワーク設定を含める	デバイスとネットワークの設定内容が対象となります。 チェックを外すと反映はされません。
ポリシーとオブジェクト設定を含める	ポリシーとオブジェクトの設定内容が対象となります。 チェックを外すと反映はされません。

■ トランザクションロック

　ネットワーク機器は複数の管理者で運用監視がされることが多くあります。パロアルトネットワークスの次世代ファイアウォールでも複数の管理者による運用を行うことが可能です。しかし、複数の管理者が存在する環境で自分以外の管理者により意図しない設定のコミットが行われてしまうことも考えられます。トランザクションロックにより他管理者によるコミット、または設定変更の防止をすることが可能です。

2.3 >> 初期設定

●図2.12 トランザクションロック

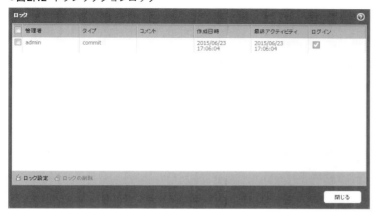

画面右上にある鍵ボタン(🔒)をクリックすることで、トランザクションロックを実施することが可能です。

●図2.13 トランザクションロックボタンの位置

鍵ボタンをクリックした後に現れる[ロック]画面で[ロック設定]をクリックし、右図のようにロックする種別として[Commit]または[Config]を選択します。

なお、トランザクションロックの設定ではコミットを行う必要がなく、即座に機能が反映されます。

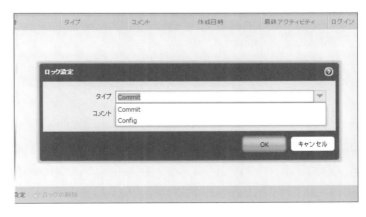

063

第2章 準備と初期設定

● 表2.4 ロックする種別

種別	説明
Config	他管理者が設定変更（候補コンフィグの変更）する行為を防止します。なお、VSYSを使用している場合はひとつのVSYSに設定できます。ロックの削除は設定した管理者か、スーパーユーザーのみ実行可能です。
Commit	他管理者のコミットを防止します。ロックの削除は設定した管理者か、スーパーユーザーのみ実行可能です。

削除する場合は図2.14のように削除する項目にチェックを入れて、［ロックの削除］をクリックします。

● 図2.14 ロックの削除

■ コンフィグのセーブ、ロード、エクスポート、インポート

必要に応じてファイアウォールのコンフィグのセーブやロード、Web UI操作コンピュータへのコンフィグのエクスポート、Web UI操作コンピュータからのコンフィグのインポートを行うことが可能です。

▼ ［Device］タブ > 左のメニューより［セットアップ］ > ［操作］タブ

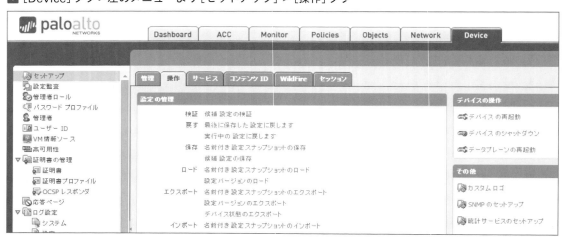

2.3 >> 初期設定

●表2.5 コンフィグレーションの管理

種類	説明
検証	
候補設定の検証	候補コンフィグの内容にエラーがないか検証を行います。コンフィグレーションのコミット時に行われる検証作業と同様です。
戻す	
最後に保存した設定に戻す	最後に保存された候補コンフィグを復元し、上書きを行います。候補コンフィグを保存していない場合はエラーが発生します。
実行中の設定に戻す	現在動作している実行中コンフィグを候補コンフィグに反映させます。
保存	
名前付き設定スナップショットの保存	候補コンフィグを任意のファイル名でファイアウォール内に保存することが可能です。実行中コンフィグへの上書きはできません。
候補設定の保存	候補コンフィグがファイアウォールのフラッシュメモリ上に保存されます。
ロード	
名前付き設定スナップショットのロード	実行中コンフィグやインポートしたコンフィグファイル、保存したコンフィグファイルより選択して、現在の候補コンフィグへロードします。
設定バージョンのロード	コンフィグレーションのコミット時に保存される、履歴の付いたコンフィグを一覧より選択して、現在の候補コンフィグへロードします。
エクスポート	
名前付き設定スナップショットのエクスポート	実行中コンフィグやインポートしたコンフィグファイル、保存したコンフィグファイルより選択して、操作コンピュータへ保存することが可能です。
設定バージョンのエクスポート	コンフィグレーションのコミット時に保存される、履歴の付いたコンフィグを一覧より選択して操作コンピュータへ保存することが可能です。
デバイス状態のエクスポート	GlobalProtectポータルで管理されているすべてのサテライト、デバイスとのリスト、エクスポート時の実行中コンフィグ、すべての証明書情報が含まれ、操作コンピュータに保存することが可能です。
インポート	
名前付き設定スナップショットのインポート	操作コンピュータに保存しているxml形式のコンフィグをインポートすることが可能です。すでに同じ名前のコンフィグファイルがファイアウォール上に保存されている場合はエラーが発生します。
デバイス状態のインポート	デバイス状態のエクスポートで保存した情報をインポートします。

> **注意　インポートするコンフィグファイルについて**
> エクスポートしたxmlファイルはエクスポートしたファイアウォールの設定情報がすべて含まれています。別のファイアウォールへインポートする場合、インポートする前にマネジメント設定（IPアドレス、サブネットマスク、ゲートウェイ情報）が修正されていることを確認し、インポートしてください。

■ コンフィグ監査

　ファイアウォール内に保存しているコンフィグファイルを比較することが可能です。たとえば、コンフィグレーションのコミット前に実行中コンフィグと候補コンフィグを比較し、変更した内容が正しく候補コンフィグに反映されているか確認することで設定変更の作業ミスを軽減させることが可能です。

第 2 章　準備と初期設定

▼［Device］タブ＞左のメニューより［設定の監査］
● 図2.15　コンフィグ比較

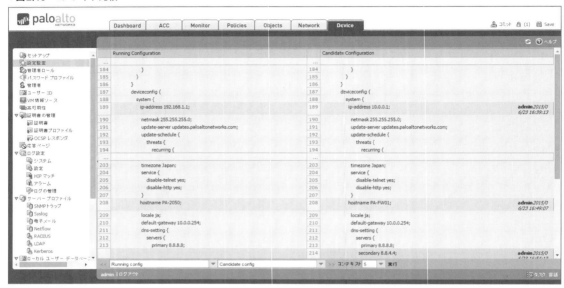

　画面下部にあるプルダウンメニューより、比較したいコンフィグを選択します。コンテキストには比較表示に含めるコンフィグの行数を指定します。

　比較に差異があった場合はコンフィグレーションの該当する行が表2.6のように色づけされ、変更などが行われた日時と行った管理者名とともに表示されます。

● 表2.6　比較時の色づけの意味

種類	説明
赤	削除
黄色	変更
緑	追加

2.3.3　管理者アカウント

　事前定義された初期アカウント（admin）以外に、パロアルトネットワークスのファイアウォール上には管理者アカウントを複数設定することが可能です。評価やテスト以外の実環境では初期アカウント以外の管理者アカウントを使用すべきですし、部門単位のサブ管理者や、監査やレポート確認用の管理アカウントなども必要になるでしょう。

2.3 >> 初期設定

　管理者アカウントにはデバイス全体を管理対象とするデバイスレベルと特定の仮想システムを管理対象とする仮想システムレベルの2種類があります。

●図2.16　管理者アカウント

　これら管理者は以下のいずれかを使って認証します。

●表2.7　利用できる認証方式

項目	説明
ローカルデータベース （管理者アカウント用）	ファイアウォール内のデータベースにある管理者アカウントを使用する。
ローカルデータベース	キャプティブポータルや、GlobalProtectで使用している、ファイアウォール内のデータベースにあるユーザー情報を管理者アカウントとして認証を行う。
RADIUS	既存のRADIUSサーバーへ管理者アカウントの認証を行う。
LDAP	既存のLDAPサーバーへ管理者アカウントの認証を行う。
Kerberos	既存のKerberosサーバーへ管理者アカウントの認証を行う。
ユーザー証明書	既存のクライアント証明書を利用し、管理者アカウントの認証を行う。

■ ローカルデータベース（管理者アカウント用）

　ファイアウォール内のデータベースにファイアウォールを管理するための管理者用アカウントを設定します。事前定義された初期アカウント（admin）もこのローカルデータベースに設定されています。
　※認証プロファイルは「None」を選択します。

▼ [Device]タブ＞左のメニューより[管理者] > [追加]

●図2.17　ローカルデータベース（管理者アカウント用）

067

■ サーバープロファイル

ローカルデータベース（管理者アカウント用）以外のRADIUS、Kerberos、LDAPを使用する場合、サーバープロファイルを設定します。管理者アカウント用以外のローカルデータベースを使用する場合、6.5.4項①および②の手順でユーザーの設定を行います。サーバープロファイルに関する設定詳細については表6.24〜6.28を参照してください。

■ 認証プロファイル

ローカルデータベース（管理者アカウント用以外のもの）または外部サーバーを使用する認証を行う場合、認証プロファイルを作成します。認証プロファイルにはどのプロトコルで認証するか、どの外部サーバーを利用するかを指定します。図2.18の［認証］ドロップダウンリストで、サーバープロファイルを選択します。

▼ ［Device］タブ＞左のメニューより［認証プロファイル］＞［追加］

● 図2.18 認証プロファイル

■ 認証シーケンス

複数の認証方式を併用する場合は認証シーケンスを作成します。たとえばファイアウォール上で認証処理が実施された際、ファイアウォールがまずActive Directory（LDAP）に対して認証処理を行い、認証に失敗した場合、RADIUSサーバーに認証要求を行う、ということが可能です。

2.3 >> 初期設定

▼ [Device]タブ＞左のメニューより[認証シーケンス]＞[追加]
● 図2.19 認証シーケンスプロファイル

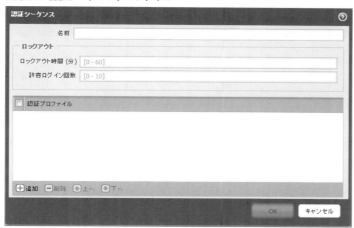

■ 管理者ロール（Web UI/XML/CLI権限）

　管理者ロールを設定することで、各管理者アカウントにコンフィグレーション、ログ、レポートなどの読み込みや設定の書き込みについて、どのアクションを行わせるかを細かく指定することが可能です。たとえばダッシュボード、ACC、レポートのみを閲覧できる管理者アカウントも作成可能です。

▼ [Device]タブ＞左のメニューより[管理者ロール]＞[追加]
● 図2.20　管理者ロールプロファイル

第2章　準備と初期設定

また、デフォルトで3つのプロファイルが用意されています。

● 表2.8　デフォルトで用意された管理者ロールプロファイル

項目	説明	
auditadmin	Monitorタブ以下の項目および、ログ管理（ログの削除）のみ権限が与えられたログ閲覧専用の管理者ロールです。	
cryptoadmin	証明書設定、IPSec設定が許可された暗号化設定に関する権限が与えられた管理者ロールです。	
securityadmin	上記ふたつで許可されていなかった項目にアクセス許可権限を与えた管理者ロールです。	

■ パスワードの基本要件

一般的なユーザーアカウントに定期的にパスワードの変更を求めると同様、ファイアウォールの管理者アカウントにパスワードの基本要件を設けることが可能です。パスワードの基本要件はプロファイルごとで設定することが可能なため、管理者アカウントごとにパスワードの基本要件を詳細に定義することが可能です。

▼ [Device]タブ > 左のメニューより [パスワードプロファイル] > [追加]

● 図2.21　パスワードプロファイル

ファイアウォール内のローカルデータベース全体にさらなる複雑性のあるパスワードの要件を設定することも可能です。

2.3 >> 初期設定

▼ [Device] タブ > 左のメニューより [セットアップ] > [管理] タブ > [パスワード複雑性設定]
● 図2.22 パスワード複雑性設定

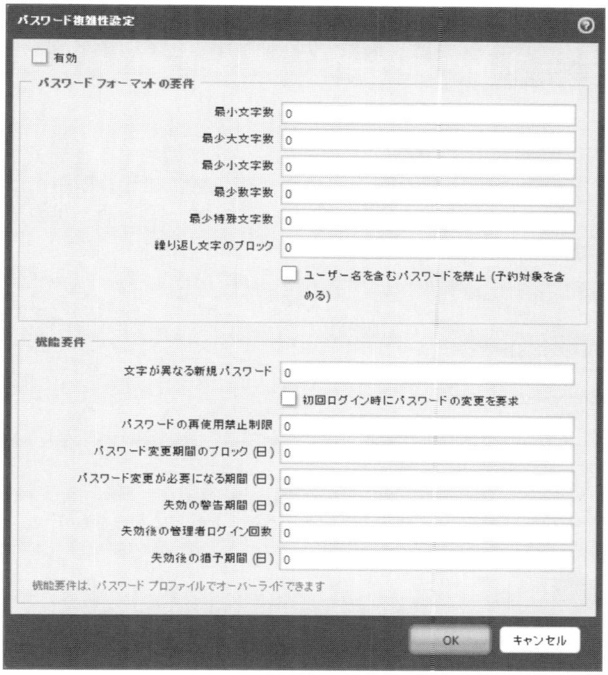

2.3.4 ライセンスのアクティベーション手順

脅威防御やGlobalProtectなどを利用するには、購入したサービスごとにライセンスやサブスクリプションをアクティベーションする必要があります。

以下にライセンスのアクティベート手順を記します。

※ファイアウォールの管理インターフェイスがインターネット接続できていることを事前に確認します。

ライセンスをアクティベートする際、"updates.paloaltonetworks.com"へアクセスします。

DNSサーバーが指定されていることも確認します。

▼ [Device] タブ > 左のメニューより [ライセンス]

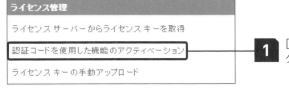

[認証コードを使用した機能のアクティベーション]をクリックします。

第 2 章　準備と初期設定

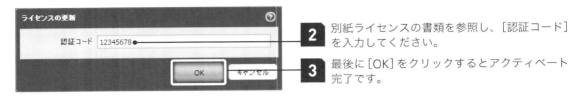

2　別紙ライセンスの書類を参照し、[認証コード]を入力してください。

3　最後に[OK]をクリックするとアクティベート完了です。

4　アクティベートが成功するとライセンス情報が表示されます。同時にライセンス期間（メーカー保守）の開始となります。
※アクティベーションは販売代理店にて実施されている場合があります。

 ライセンスサーバーからのライセンス入手について
販売代理店がすでに実施している、ファイアウォール初期化によるライセンス情報の削除等の場合、ライセンスサーバーより、ライセンス情報を入手することが可能です。[ライセンスサーバーからライセンスキーを取得]をクリックすることで、再度ライセンス情報を入手することが可能です。

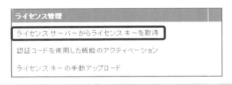

 オフライン環境によるライセンス情報入手について
事前に販売代理店よりライセンスキーファイルを入手する必要がありますが、オフライン環境でもライセンス情報をファイアウォールに適用させることが可能です。[ライセンスキーの手動アップロード]をクリックし、販売代理店より入手したライセンスキーを参照することで使用可能となります。

注意　ファイアウォール初期化時のライセンスについて
CLIで "request system private-data-reset" コマンドを実行し、ファイアウォールの初期化を行った場合はライセンス情報が消去されます。再度アクティベートする手順を行う必要があります。

2.3.5　コンテンツ更新の管理

　日々新しい脅威やアプリケーションが生まれています。それらに対して備えるためには、パロアルトネットワークスから公開されるシグネチャを常に最新の状態に保持しておく必要があります。

2.3 >> 初期設定

　ファイアウォールではシグネチャや各種データベースなどコンテンツの自動更新がサポートされており、指定したスケジュールに基づいて自動的にシグネチャやURLフィルタリングデータベースを更新します。

■ シグネチャのリリース

所有しているサブスクリプションに応じて、以下のコンテンツ更新を利用できます。
各コンテンツのシグネチャリリースを以下にまとめます。

- アンチウイルス

  WildFireクラウドサービスによって発見されたシグネチャなどの新規および更新されたアンチウイルスシグネチャを含みます。更新データを取得するには、脅威防御サブスクリプションが必要です。新しいアンチウイルスシグネチャは米国太平洋時間の月曜日～金曜日まで毎日、緊急リリースについては随時公開されます。

- アプリケーション

  新規および更新されたアプリケーションシグネチャを含みます。この更新に追加のサブスクリプションは不要ですが、有効なサポートライセンス（1.7.1項参照）の連絡先が必要です。新しいアプリケーション更新は週単位で、緊急リリースについては随時公開されます。

- アプリケーションおよび脅威

  新規および更新されたアプリケーションシグネチャと脅威シグネチャを含みます。この更新は、脅威防御サブスクリプションを購入している場合に入手できます。新しいアプリケーションおよび脅威の更新は週単位で、緊急リリースについては随時公開されます。

- GlobalProtectデータファイル

  GlobalProtectエージェントによって提供されるホスト情報プロファイル（HIP）データを定義および評価するためのベンダー固有情報を含みます。更新を受信するには、GlobalProtectポータルライセンスとGlobalProtectゲートウェイサブスクリプションが必要です。また、GlobalProtectが機能を開始する前に、それらの更新のスケジュールを作成する必要があります。

- BrightCloud URLフィルタリング

  BrightCloud URLフィルタリングデータベースにのみ更新を提供します。更新を取得するには、BrightCloudサブスクリプションが必要です。新しいBrightCloud URLデータベース更新は毎日公開されます。PAN-DBサブスクリプションが有効である場合は、デバイスがサーバーと自動的に同

期されるため、スケジュールされた更新は不要です。

- WildFire

    WildFireクラウドサービスで分析を実行し、その結果として作成したマルウェアおよびアンチウイルスシグネチャをほぼリアルタイムに提供します。このサブスクリプションがない場合、シグネチャがアプリケーションおよび脅威の更新に取り込まれるまで24〜48時間待つ必要があります。

■ シグネチャのダイナミックアップデート手順（インターネット環境）

以下にシグネチャのアップデート手順を記します。

※ファイアウォールがインターネット接続できていることを事前に確認します。

1 画面左下の［今すぐチェック］をクリックして、最新の更新があるかどうか確認します。

［アクション］列のリンクは、さまざまな表示がされます。

● 表2.9 ［アクション］列表示一覧

表示状態	説明
ダウンロード	新しい更新ファイルが入手可能なことを示します。リンクをクリックし、ファイアウォールへのファイルの直接ダウンロードを開始します。ダウンロードが正常に完了すると、［アクション］列のリンクが［ダウンロード］から［インストール］に変化します。
インストール	ダウンロードした更新ファイルをインストールすることが可能なことを示します。リンクをクリックすると更新ファイルのインストールを開始します。インストールが正常に完了すると、［アクション］列のリンクが消えて、［現在インストール済］にチェックが入ります。
アップグレード	新しいバージョンのBrightCloudデータベースが存在することを示します。リンクをクリックしてデータベースのダウンロードとインストールを開始します。データベースアップグレードがバックグラウンドで開始され、完了すると［現在インストール済み］列にチェックマークが表示されます。
元に戻す	以前にインストールした更新のバージョンに戻すことができます。

2.3 >> 初期設定

> 注意 アプリケーションおよび脅威データベースをインストールするまでは、アンチウイルスデータベースをダウンロードできません。

2 最新の更新ファイルがあることを確認し、［アクション］列の［ダウンロード］リンクをクリックし、ダウンロードを開始します。

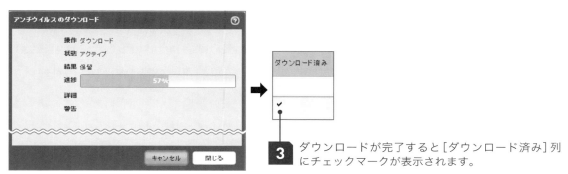

3 ダウンロードが完了すると［ダウンロード済み］列にチェックマークが表示されます。

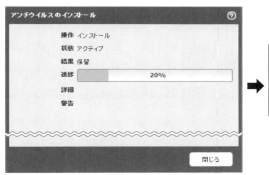
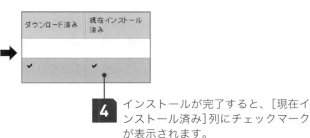

4 インストールが完了すると、［現在インストール済み］列にチェックマークが表示されます。

5 ［Dashbord］タブの一般的な情報項目に適用されている更新ファイルのバージョンの記載があります。

第 2 章　準備と初期設定

シグネチャアップデートのスケジューリング

ファイアウォールが常にインターネット接続可能であれば、シグネチャアップデートをスケジューリングし、自動更新をすることが可能です。ただし、ファイアウォールが一度にダウンロードできる更新はひとつのみであるため、スケジュールが重ならないように調整します。複数の更新を同じ期間にダウンロードするようにスケジュールすると、最初のダウンロードだけが成功します。

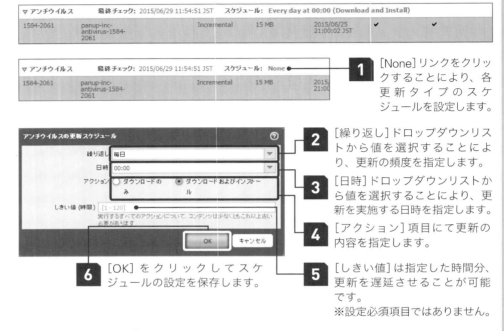

1. [None]リンクをクリックすることにより、各更新タイプのスケジュールを設定します。
2. [繰り返し]ドロップダウンリストから値を選択することにより、更新の頻度を指定します。
3. [日時]ドロップダウンリストから値を選択することにより、更新を実施する日時を指定します。
4. [アクション]項目にて更新の内容を指定します。
5. [しきい値]は指定した時間分、更新を遅延させることが可能です。
   ※設定必須項目ではありません。
6. [OK]をクリックしてスケジュールの設定を保存します。

●表2.10　シグネチャスケジュール設定項目

項目	説明
繰り返し	値を選択することにより、更新の頻度を指定します。選択する値によって[日時]内の設定項目が変化します。 ・毎時：1時間間隔で指定された分に更新を行います。 　※アプリケーションおよび脅威、URLフィルタリングには項目は存在しません。 ・毎日：毎日指定された時間に更新を行います。 ・毎週：毎週指定された曜日、時間に更新を行います。 ・None：スケジュールによる更新はしません。 　※WildFireの場合には、[15分ごと]、[30分ごと]、[毎時間]、[None]の選択となります。
日時	[繰り返し]値に応じて更新する日時、または曜日を指定します。 ※午前（AM）02:00の指定は避けるようにしてください。この時間帯はレポート作成がされる時間であるため、更新の失敗が発生する可能性があります。
アクション	更新を[ダウンロードおよびインストール]するか、または[ダウンロードのみ]を実行するかを指定します。ダウンロードのみの場合は手動で更新ファイルのインストールを実施する必要があります。
しきい値	リリースされたばかりのシグネチャには初期エラーが含まれる可能性があります。そのためしばらく時間が経過して動作実績を経たシグネチャを使用したい管理者のために、リリースされてから一定時間経過するまで新しい更新のダウンロードやインストールのスケジュールを遅らせることが可能です。これはアプリケーションおよび脅威コンテンツのみに適用され、最大120時間まで延期可能です。リリースされてからコンテンツ更新を実行するまでの時間は、[しきい値（時間）]フィールドに待つ時間の長さを入力することによって指定できます。

2.3 >> 初期設定

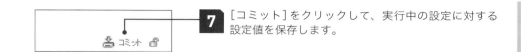

7 [コミット]をクリックして、実行中の設定に対する設定値を保存します。

PAN-DBの更新について

URLフィルタリングデータベースとしてPAN-DBを使用する場合はアップグレードリンクが表示されません。ファイアウォールが常にインターネット接続できていることにより、PAN-DBデータベースとクラウドサーバーの同期が自動的に保たれているからです。

2.3.6 ソフトウェア（PAN-OS）更新手順

　ファイアウォールのソフトウェアであるPAN-OSをインストールするときには、最新のソフトウェア（販売代理店やパロアルトネットワークス システムエンジニアが推奨するバージョン）にアップグレードして、最新の不具合修正とセキュリティの強化機能を活用するようお勧めします。PAN-OSを更新する前に、まず各シグネチャが最新の更新であることを確認してください（ソフトウェアのリリースノートでは、そのリリースでサポートされている最小バージョンのシグネチャバージョンが指定されています）。

■ ソフトウェア更新手順（インターネット環境）

　以下にインターネット経由のソフトウェア更新手順を記します。

▼ [Device]タブ > 左のメニューより[ソフトウェア]

1 画面左下の[今すぐチェック]をクリックして、最新の更新があるかどうか確認します。[アクション]列の値が[ダウンロード]の場合は、入手可能な更新があることを示します。

2 更新したいソフトウェアバージョンの[アクション]列で[ダウンロード]をクリックします。

077

第2章　準備と初期設定

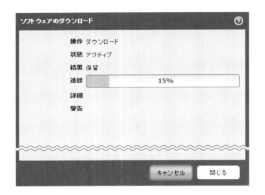

3 ダウンロードが完了すると［アクション］列が［インストール］の表示になります。

4 ［インストール］をクリックします。

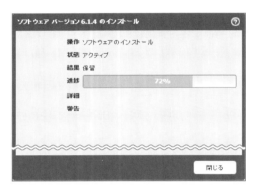

5 左のような画面が表示され、ソフトウェアの更新が開始されます。

6 再起動を促すポップアップが表示されたら、［はい］をクリックします。

> **ヒント** ［デバイスの再起動］の画面が表示されない場合は、GUI画面より［Device］タブ＞左のメニューより［セットアップ］＞［操作］の順に選択し、画面の［デバイスの操作］セクションの［デバイスの再起動］をクリックします。
>
>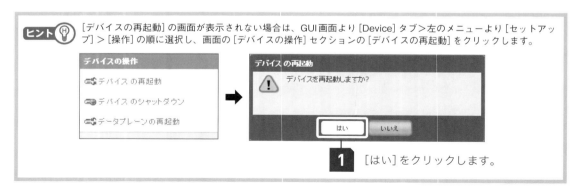
>
> **1** ［はい］をクリックします。

078

2.3 >> 初期設定

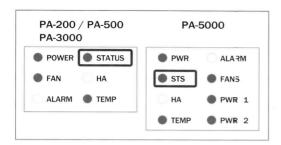

7 再起動中はファイアウォールへの管理アクセスは不可能になります。正常に再起動が完了した場合は約数分〜数十分後にログイン画面が表示されます。
また、正常に再起動が完了した場合はファイアウォール前面のLEDは左図のように、STATUS（STS）ランプが緑になります。

8 ファイアウォールへログインを行い[Dashboard]タブの[一般的な情報項目]に適用されているソフトウェアバージョン項目より、インストールしたソフトウェアバージョンになっていることを確認します。

> **注意 メジャーバージョンアップについて**
>
> 5.0.xから6.0.x等のようにメジャーバージョンのソフトウェア更新を行う場合は必ず6.0.0のように[x.x.0]と表記されたベースリリースバージョンを事前にダウンロードしておくことが必要となります。これはダウンロードするだけで問題ありません。
> たとえば、6.0.8から6.1.4へバージョンアップする場合、6.1.4だけでなく6.1.0のイメージもダウンロードしておく必要があります。

■ ソフトウェア更新（オフライン環境）

　ファイアウォールで管理ポートからインターネットにアクセスできない場合は、販売代理店よりソフトウェアイメージを入手の上、ファイアウォールに手動でソフトウェアの更新を行うことができます。

第 2 章　準備と初期設定

▼ [Device]タブ＞左のメニューより[ソフトウェア]

1　画面下部の[アップロード]をクリックします。

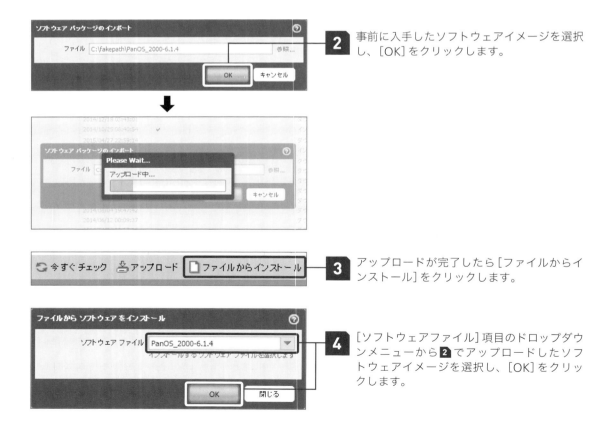

2　事前に入手したソフトウェアイメージを選択し、[OK]をクリックします。

3　アップロードが完了したら[ファイルからインストール]をクリックします。

4　[ソフトウェアファイル]項目のドロップダウンメニューから 2 でアップロードしたソフトウェアイメージを選択し、[OK]をクリックします。

2.3 >> 初期設定

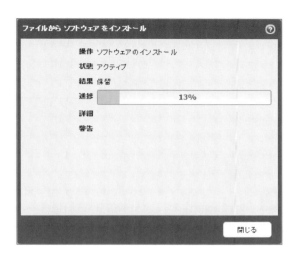

5 ソフトウェアのインストールが開始されます。

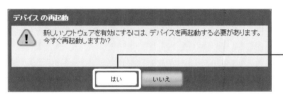

6 再起動を促すポップアップが表示されたら、[はい]をクリックします。

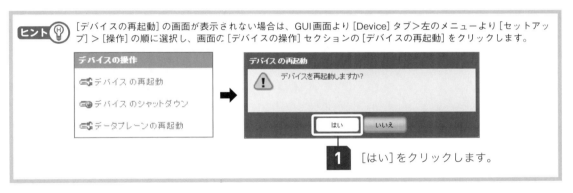

1 [はい]をクリックします。

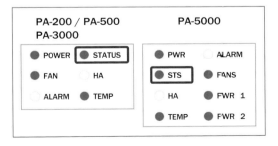

7 再起動中はファイアウォールへの管理アクセスは不可能になります。正常に再起動が完了した場合は約数分～数十分後にログイン画面が表示されます。
また、正常に再起動が完了した場合はファイアウォール前面のLEDは左図のように、STATUS (STS)ランプが緑になります。

081

第 2 章　準備と初期設定

8 ファイアウォールへログインを行い [Dashboard] タブの [一般的な情報] 項目に適用されているソフトウェアバージョン項目より、インストールしたソフトウェアバージョンになっていることを確認します。

> **注意　手動アップロードによるメジャーバージョンのソフトウェア更新について**
>
> 手動アップロードでメジャーバージョンの異なるバージョンアップを行う場合、ベースリリースバージョンのアップロードだけでなくインストールも行う必要があります。この場合、インストールまで行い、再起動を実施せずにバージョンアップを行いたいソフトウェアイメージのアップロードおよびインストールを実行し、その後再起動を行うようにします。
>
> たとえば、6.0.8 から 6.1.4 へバージョンアップする場合、まず 6.1.0 をアップロードおよびインストールし、次に 6.1.4 をアップロードおよびインストールした後、再起動を実施することで 6.1.4 のバージョンで起動させることが可能です。

2.4 インターフェイス概要

パロアルトネットワークスの次世代ファイアウォールでは、動的ルーティング、スイッチング、およびVPN接続のサポートなど、柔軟なネットワークアーキテクチャを提供し、さまざまなネットワーク環境でファイアウォールの導入を可能にします。ファイアウォールでEthernetポートを設定する場合、バーチャルワイヤー、レイヤー2、レイヤー3の中からインターフェイスの導入方法を選択できます。さらに、さまざまなネットワークセグメントに統合できるように、異なるポートでさまざまなインターフェイスタイプを設定できます。

2.4.1 インターフェイス種別

パロアルトネットワークスのファイアウォールには表2.11のように5つのインターフェイス種別（モード）があります。これらは一台のファイアウォールデバイス上にある複数のインターフェイスで混在させることが可能です。

●表2.11 インターフェイス種別

種類	説明
Tap	スイッチのミラーポートと接続してモニターポート上を流れるパケットを監視する。トラフィックの可視化は可能だがブロックはできない。VPN終端インターフェイスにはなれない。PAN-OS 4.1からNATをサポート。
バーチャルワイヤー	ふたつのインターフェイスの組み合わせで、インラインで透過的な導入が可能。片方から入力されもう一方から出力される。RJ-45と光ファイバポートの混在も可能。インターフェイス上にはMACアドレスやIPアドレスが存在しない。トラフィックのブロックが可能。
L2（レイヤー2）	複数インターフェイスをバーチャルスイッチやVLANとして設定可能。スパニングツリープロトコルはサポートせず、スパニングツリーに参加しない。VPN、NAT、マルチキャストはサポートしない。IPv6トラフィックに対するセキュリティポリシー適用が可能。
L3（レイヤー3）	インターフェイスにIPアドレスが必須。すべてのL3機能が利用可能。IPv6トラフィックに対するセキュリティポリシー適用が可能。
HA	PA-3000シリーズ以上では専用のHAインターフェイスがある。それ以外のモデルではふたつのトラフィック用ポートをHAポートとして設定する必要がある。
復号ミラー（利用にはライセンスが必要）	PA-3000シリーズ以上のファイアウォールのポート上において復号化されたトラフィックのコピーを出力するポート。サードパーティのDLPやパケットキャプチャ機器などを接続し、SSL暗号通信を復号化した平文（プレーンテキスト）をそれら機器に提供する。集約インターフェイスを含むすべての物理インターフェイス種別、モード、速度でサポート。

● 図2.23 復号ミラーポート

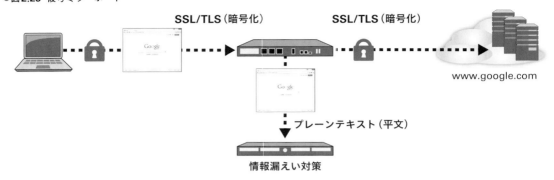

2.4.2 論理インターフェイス

パロアルトネットワークスのファイアウォールでは2.4.1項で説明したインターフェイス種別以外に表2.12のような論理インターフェイスをサポートします。

● 表2.12 サポートされる論理インターフェイス

種類	説明
VLANインターフェイス	ファイアウォールではIEEE802.1Qに準拠するVLANがサポートされている。トラフィックをVLANの外部へルーティングさせる場合に使用する。
サブインターフェイス	物理インターフェイスをIEEE802.1Qトランクポートとし、1〜4,094のVLANをサポートする。筐体単位で利用できるVLAN数は4,094。バーチャルワイヤ、L2、L3モードで利用可。
集約インターフェイス	PA-500以上のモデルでIEEE802.3ad集約インターフェイスをサポート。集約インターフェイスグループ（集約グループ）に複数の物理インターフェイスを含めることで構成する。これによりスループット増加やリンク冗長性を提供。PA-500で4つ、PA-3000シリーズ以上は8つまでの物理インターフェイスをひとつの集約グループのメンバーとすることが可能。グループメンバーとなるインターフェイスは同一の物理メディア（RJ-45または光ファイバ）である必要がある。10Gbpsインターフェイスもメンバーとすることができる。
トンネルインターフェイス	IPsec VPNまたはSSL VPN用に生成する。所属する仮想ルーターとセキュリティゾーンを設定する。ルーティングプロトコルやトンネルモニターを利用する場合はトンネルインターフェイスにIPアドレスを設定する。
ループバックインターフェイス	いずれかの物理インターフェイスから到達可能な論理インターフェイス。OSPFのルーターIDなどで利用する。ループバックインターフェイスID、所属する仮想ルーターおよびセキュリティゾーン、割り当てるIPアドレスを設定する。

● 図2.24 集約インターフェイス

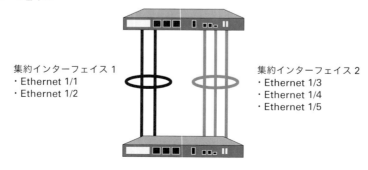

集約インターフェイス1
・Ethernet 1/1
・Ethernet 1/2

集約インターフェイス2
・Ethernet 1/3
・Ethernet 1/4
・Ethernet 1/5

2.4 >> インターフェイス概要

●図2.25 サブインターフェイス

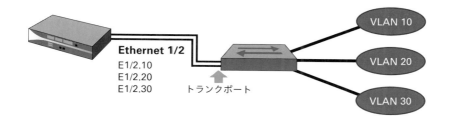

2.4.3 インターフェイス管理プロファイル

　L3インターフェイス、ループバックインターフェイス、VLANインターフェイスにはインターフェイス管理プロファイルを適用できます。ファイアウォールを管理する際、当該インターフェイス上でどのプロトコルを利用できるかを指定します。許可できるプロトコルにはPing（ICMP Echo/Reply）、Telnet、SSH、HTTP、HTTPS、SNMPがあります。たとえば、Pingのみを許可するインターフェイス管理プロファイルを作成し、ループバックインターフェイスに適用した場合、そのループバックインターフェイスのIPアドレスにPingを打つとリプライが返ってきますが、そのIPアドレスをブラウザに入力してもWeb UI画面は現れません。

▼ [Network] タブ > 左のメニューより [ネットワークプロファイル] > [インターフェイス管理]

●図2.26 インターフェイス管理プロファイル

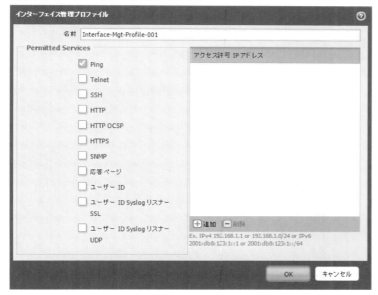

第2章　準備と初期設定

▼ [Network]タブ＞左のメニューより[インターフェイス]＞任意のL3インターフェイス＞[詳細]タブ＞[その他の情報]タブ

● 図2.27　レイヤー3インターフェイスへの適用

2.4.4　サービスルート設定

Web UIやSSHなどファイアウォールの管理通信は、デフォルトでは管理（MGT）インターフェイスを経由して行われます。たとえば、管理ポートはインターネットと接続しておらず、トラフィック用インターフェイスのみがインターネットに接続している場合、デフォルトでは管理ポート経由で実施されるシグネチャアップデートをトラフィック用インターフェイスから行う必要があります。このような場合、サービスルートを設定することで、管理サービスごとに使用するインターフェイスや送信元アドレスを選択することができます。

▼ [Device]タブ＞左のメニューより[セットアップ]＞[サービス]タブ＞[サービスルートの設定]

● 図2.28　サービスルート設定

2.4.5 DHCPサーバーとDHCPリレー

PAN-OSではL3モードにおいてDHCPサーバーとDHCPリレーをサポートします。

DHCPサーバー機能は、指定するIPアドレスプールからDHCPクライアントに対してIPアドレスを割り当てるようにL3インターフェイスを設定できます。ファイアウォールがDHCPクライアントとなる（外部DHCPサーバーを利用している）場合、DHCPサーバー機能によってユーザーコンピュータに提供するDNSサーバーやNTPサーバーなどの情報をこの設定から継承して渡すこともできます。DHCPサーバーは現在IPv4をサポートしています。

DHCPサーバーには、enabled、disabled、autoの3つのモードがあります。autoモードでは、ネットワーク上で別のDHCPサーバーが検出された場合は機能が無効になります。

▼ [Network]タブ＞左のメニューより[DHCP] ＞ [DHCPサーバー]タブ＞[追加]
● 図2.29 DHCPサーバー設定

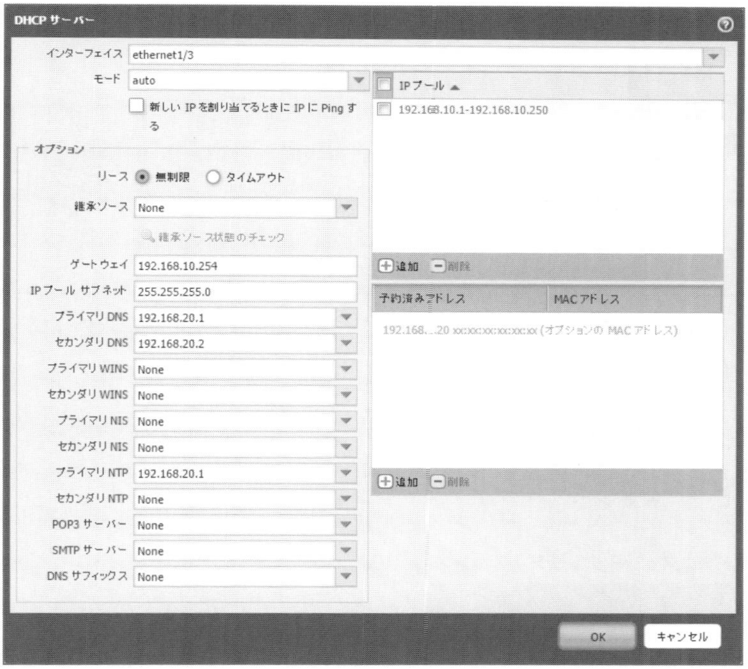

DHCPリレー機能では、DHCPリクエストを最大4つの外部DHCPサーバーに転送することができます。クライアントリクエストはすべてのサーバーに転送され、最初のサーバーレスポンスがクライアントに返送されます。DHCPリレーはIPv4とIPv6をサポートしています。

DHCPの割り当てはIPsec VPNでも機能し、クライアントは、IPsecトンネルのリモート側のDHCPサーバーからIPアドレス割り当てを受け取ることもできます。

第2章　準備と初期設定

▼ [Network] タブ＞左のメニューより [DHCP] ＞ [DHCPリレー] タブ＞ [追加]

● 図2.30　DHCPリレー設定

2.4.6　仮想ルーター

　ファイアウォールがパケットをルーティングする場合、仮想ルーターが必要です。L3インターフェイス、ループバックインターフェイス、VLANインターフェイスは、いずれかひとつの仮想ルーターに属している必要があります。「default」という名前の仮想ルーターが事前定義されており、これを利用することもできます。

　仮想ルーター内で利用されるアドミニストレーティブディスタンスは表2.13のとおりです。

● 表2.13　PAN-OSにおけるルートごとのアドミニストレーティブディスタンス

ルートの情報源	アドミニストレーティブディスタンス	
	デフォルト	設定可能範囲
スタティックルート	10	10～240
OSPF内部	30	10～240
OSPF外部	110	10～240
IBGP	200	10～240
EBGP	20	10～240
RIP	120	10～240

2.4 >> インターフェイス概要

■ スタティックルート

仮想ルーターには、IPv4またはIPv6アドレスを使ってスタティックルートを指定できます。多くのレイヤー3導入環境においてデフォルトルート (0.0.0.0/0) を指定するスタティックルートのエントリを設定する必要があります。

■ ルーティングプロトコル

PAN-OSでサポートするルーティングプロトコルは表2.14のとおりです。

● 表2.14 PAN-OSでサポートするルーティングプロトコル

ルーティングプロトコル	説明
RIP	オフィシャルにサポートしているのはRIPv2 (RFC2475) です。RIPv1については、動作はしますが利用を推奨しません。
OSPFv2	RFC2328のOSPFv2をサポート。平文とMD5の認証のみをサポートし、RFC2154の拡張認証はサポートしていません。RFC3623のGraceful Restartをサポートします。
BGP	RFC4271 (旧RFC1771) をPAN-OS 3.1よりサポート。MD5認証、ルートフラップダンプニング、ルートリフレクタ、コンフェデレーション、グレースフルリスタートをサポートします。コミュニティ、ASパス、プリペンド、ローカルプレファレンス、MED、プレフィックスリストをサポートします。
OSPFv3	RFC2740、RFC5187、RFC5340のIPv6向けOSPFをサポートしています。

ルートの再配信 (Redistribution) をサポートしており、スタティックルートや各ルーティングプロトコルで取得されたルートを別のルーティングプロトコル経由で通知させることが可能です。

マルチキャスト

バーチャルワイヤーとレイヤー3モードではマルチキャストのフィルタリングをサポートしています。ファイアウォールのルール上でマルチキャストIPアドレスが利用できます。PAN-OS 5.0よりPIM-SM sparseモードとIGMPプロトコルのマルチキャストルーティングをサポートしています。

2.5 ゾーンとセキュリティポリシーの概要

パロアルトネットワークスのファイアウォールではゾーンの概念を使用します。

また、異なるゾーン間でトラフィックを許可したい場合や、同一ゾーン内でトラフィックログ取得や通信拒否を行いたい場合など、セキュリティポリシーの定義が必要になります。

セキュリティポリシーは通信の許可だけでなく、脅威防御やログ、スケジューリングなどのオプションを指定することも可能です。

2.5.1 ゾーン

ゾーンはファイアウォールが分断するエリアです。トラフィックを処理するために、論理インターフェイスを含め各インターフェイスはいずれかひとつのゾーンに割り当てられる必要があります。そのためゾーンは同一セキュリティレベルを持つインターフェイスのグループともいえます。

ファイアウォール上の複数のインターフェイスが同じセキュリティレベルのネットワークに接続されている場合、それらインターフェイスを同じゾーンに割り当てることができます。たとえばイントラネット用にTrustゾーンを設定した場合、ethernet1/1とethernet1/2というふたつのインターフェイスがイントラネットと接続されていれば、そのふたつのインターフェイスをTrustゾーンに設定します。

●図2.31 ファイアウォールから見たセキュリティゾーン図

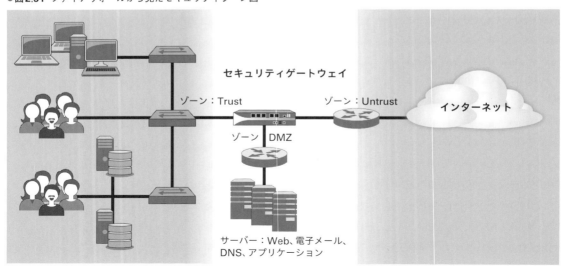

ファイアウォール上の同じゾーン内ではトラフィックは自由に通過することができますが、異なるゾーン間ではセキュリティポリシーで許可されていなければ通過することができません。上記例でethernet1/1に接続されたコンピュータとethernet1/2に接続されたコンピュータ間の通信は同じTrustゾーン内の通信になるため、明示的に拒否するセキュリティポリシーを定義しない限り通信許可されます。またTrustゾーン内のコンピュータからDMZゾーン内のサーバーへ通信を行う場合、セキュリティポリシーを作成して明示的に許可する必要があります。

ゾーンもインターフェイスと同様に導入モードごとに定義されます。たとえばバーチャルワイヤーモードのインターフェイスにはバーチャルワイヤーというタイプのゾーンしか割り当てることができません。

2.5.2 セキュリティポリシー

セキュリティポリシーはセキュリティポリシールールと呼ばれるエントリで構成された一連のリストです。各ルールにはトラフィック一致条件としてゾーンのほかに、アプリケーション、IPアドレス、任意のサービス（ポートとプロトコル）を指定できます。特に指定しない場合は"any"というパラメータを利用でき、たとえばアプリケーションに"any"を指定すると「すべてのアプリケーション」を一致条件とします。

セキュリティポリシールールにゾーンを指定する場合、送信元ゾーンと宛先ゾーンは同一タイプのゾーンである必要があります。

図2.32の左端に1から9までの数字で示されるように、セキュリティポリシーの各ルールは順番を持ち、トラフィックはリストの上から順番に評価されます。トラフィックがいずれかのルールの条件に一致すると、それ以降のルールは評価されません。リストの最後までルールが一致しない場合、「暗黙のルール」と呼ばれるルールが適用されます。暗黙のルールは以下のふたつがあります。

- 同一ゾーン内のトラフィックは許可
- 異なるゾーン間のトラフィックは拒否

これら暗黙のルールに一致した場合、トラフィックログは生成されません。

●図2.32 セキュリティポリシー

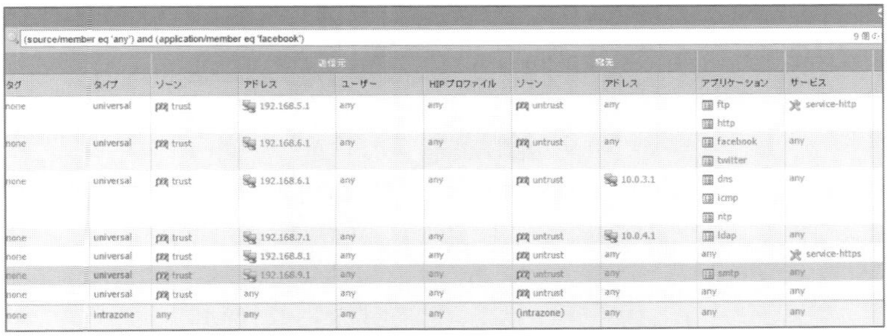
(source/member eq 'any') and (application/member eq 'facebook')

タグ	タイプ	ゾーン	アドレス	ユーザー	HIPプロファイル	ゾーン	アドレス	アプリケーション	サービス
none	universal	trust	192.168.5.1	any	any	untrust	any	ftp http	service-http
none	universal	trust	192.168.6.1	any	any	untrust	any	facebook twitter	any
none	universal	trust	192.168.6.1	any	any	untrust	10.0.3.1	dns icmp ntp	any
none	universal	trust	192.168.7.1	any	any	untrust	10.0.4.1	ldap	any
none	universal	trust	192.168.8.1	any	any	untrust	any	any	service-https
none	universal	trust	192.168.9.1	any	any	untrust	any	smtp	any
none	universal	trust	any	any	any	untrust	any	any	any
none	intrazone	any	any	any	any	(intrazone)	any	any	any

第2章　準備と初期設定

2.6　ネットワークとポリシー設定

初期設定が完了したら、ユーザートラフィックをファイアウォールで制御するために必要なネットワークおよびセキュリティポリシーの設定を行います。

2.6.1　導入計画

ネットワークおよびポリシー設定を開始する前に、組織内でのさまざまな使用条件に基づき、設計環境について綿密に計画する必要があります。さらに、必要な設定情報をすべて事前に収集する必要があります。どのインターフェイスがどのゾーンに属するか、レイヤー3導入の場合、仮想ルーターの設定に必要なルーティングプロトコルまたは静的ルートの設定方法など、必要なIPアドレスおよびネットワーク設定情報も、ネットワーク管理者から入手する必要があります。また、必要な通信要件についても入手する必要があります。

今回は、

・プライベートネットワークのアドレス範囲からインターネットへの接続を許可すること。
・インターネットからプライベートネットワークのアドレス範囲の接続は拒否すること。
・トラフィックログよりアプリケーション通信を確認できること。

上記要件を基に下記の構成および①、②に示す値で設定を行います。

●図2.33　サンプルネットワーク構成図

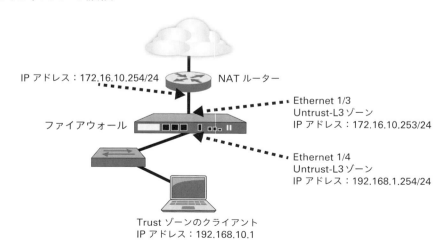

① ネットワーク設定

● 表2.15 インターフェイス設定値

ゾーン	Untrust-L3	Trust-L3
導入タイプ	Layer3	Layer3
インターフェイス	Ethernet1/3	Ethernet1/4
IPアドレス	172.16.10.253/24	192.168.1.254/24
仮想ルーター	VR1	VR1

● 表2.16 仮想ルーター設定値

仮想ルーター名	VR1
プロトコルタイプ	スタティック
インターフェイス	Ethernet1/3 Ethernet1/4
ルート情報	デフォルトルート：0.0.0.0/0 ネクストホップ：172.16.10.254

※NATは別途ルータを使用して行う前提とします。なお、ファイアウォールでのNAT設定については第7章をご参照ください。

② セキュリティポリシー設定

● 表2.17 セキュリティポリシー設定値

セキュリティポリシー名	Trust-L3 to Untrust-L3	Untrust-L3 to Trust-L3
送信元ゾーン	Trust-L3	Untrust-L3
宛先ゾーン	Untrust-L3	Trust-L3
送信元アドレス	192.168.1.0/24	any
宛先アドレス	any	192.168.1.0/24
サービス	application-default	any
アプリケーション	any	any
アクション	許可	拒否

2.6.2 ネットワーク設定

　ファイアウォールは指定されたインターフェイスのタイプによって動作するレイヤーが変わります。レイヤー3であればルーティング設定やインターフェイスにIPアドレスの設定が必要になります。
　今回は「2.6.1　導入計画」で示したようにレイヤー3の動作をファイアウォールに実施させます。
　以下の手順でファイアウォールのレイヤー3ネットワーク設定を行います。

①セキュリティゾーンの設定
②インターフェイスの設定
③仮想ルーターの設定

第 2 章　準備と初期設定

■ セキュリティゾーンの設定

トラフィックを処理するために、インターフェイスはセキュリティゾーンに割り当てられている必要があります。セキュリティゾーンの設定を行います。

▼ [Networks] タブ＞左のメニューより [仮想ルーター]

2.6 >> ネットワークとポリシー設定

5 同じようにセキュリティゾーン「Trust-L3」も1～4の手順に沿って設定します。

6 右上の[コミット]ボタンにて設定反映を実施します。

■ インターフェイス設定

トラフィックが通過するインターフェイスを設定します。ここでは、レイヤー3インターフェイスの設定を行います。

▼ [Network]タブ＞左のメニューより[インターフェイス]＞[Ethernet]タブ

1 インターフェイス名：Ethernet1/4をクリックします。

095

第2章　準備と初期設定

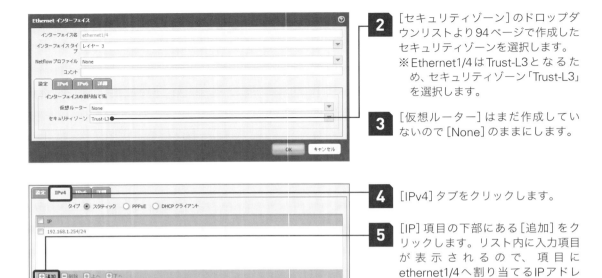

2 [セキュリティゾーン]のドロップダウンリストより94ページで作成したセキュリティゾーンを選択します。
※Ethernet1/4はTrust-L3となるため、セキュリティゾーン「Trust-L3」を選択します。

3 [仮想ルーター]はまだ作成していないので[None]のままにします。

4 [IPv4]タブをクリックします。

5 [IP]項目の下部にある[追加]をクリックします。リスト内に入力項目が表示されるので、項目にethernet1/4へ割り当てるIPアドレスを入力します（192.168.1.254/24）。

6 入力項目に問題がなければ[OK]をクリックして画面を閉じます。

7 インターフェイス名：Ethernet1/3についても1～5に沿って設定します。
※コミットによる設定反映はまだ行いません。

■ 仮想ルーターの設定

　レイヤー3のルーティング設定をします。動的ルーティングプロトコルも使用することができますが、今回はスタティックルーティングを使用してデフォルトルートの設定をします。

▼ [Network]タブ＞左のメニューより[仮想ルーター]

1 画面下部の[追加]をクリックします。
※デフォルトで用意された仮想ルーター名defaultは使用しません。
新規に作成します。

2.6 >> ネットワークとポリシー設定

2 [名前]項目に仮想ルーター名を入力します(仮想ルーター名:VR1)。

3 [インターフェイス]項目の[追加]をクリックして、仮想ルーター名VR1に所属させるインターフェイスを選択します。今回所属させるインターフェイスはethernet1/3とethernet1/4となります。

4 スタティックルーティングでルーティング設定を行います。左のタブ群にある[スタティックルート]をクリックし、画面下部の[追加]をクリックします。

5 [名前]項目にスタティックルートの名前を入力します。こちらは任意の文字列を入力します(例:default-route)。仮想ルーター内で一意である必要があります。

6 [宛先]に宛先ネットワーク情報を入力します。今回はデフォルトルートの設定を行います(0.0.0.0/0)。

7 [ネクストホップ]はインターネット側にあるNATルーターに設定されたIPアドレスを設定します。IPアドレスのラジオボタンをクリックし、表示されている入力項目にNATルーターのIPアドレスを入力します(172.16.10.254)。

8 [管理距離]、[メトリック]は変更せずそのままとし、[OK]をクリックします。

第 2 章　準備と初期設定

9　右上の[コミット]ボタンにて設定反映を実施します。

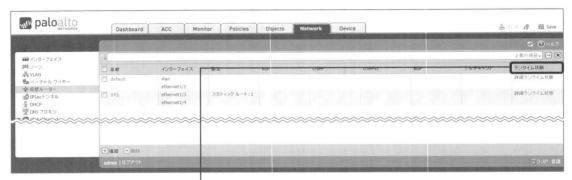

10　インターフェイスの接続を行い正常にルーティングテーブルが表示されるかを確認します。[ランタイム状態]項目にある[詳細ランタイム状態]リンクをクリックします。

11　リンクをクリックした仮想ルーターの現在のルーティングテーブル情報を確認することができます。

12　確認ができたらネットワーク設定は完了です。

2.6.3　セキュリティポリシー設定

　ファイアウォールを通過するトラフィックはすべてセキュリティポリシーでトラフィックの精査が行われ、設定された条件に従ってトラフィックの許可、または拒否を行います。ネットワーク設定が完了しても、正しくセキュリティポリシーが設定されていない限り、意図した通信の通過や制御を行うことはできません。ネットワーク設定が完了したら、通信要件に沿ったセキュリティポリシーの設定を行います。

　今回は「2.6.1　導入計画」に記したようにローカルネットワークからインターネットへの通信をす

2.6 >> ネットワークとポリシー設定

べて許可し、インターネットから入ってくるトラフィックをすべて拒否する条件をセキュリティポリシーに設定します。

以下の手順でファイアウォールのセキュリティポリシー設定を行います。

①アドレスオブジェクト設定
②セキュリティポリシー設定

■ アドレスオブジェクト設定

セキュリティポリシーに使用するアドレスオブジェクトを作成します。

▼ [Objects] タブ > 左のメニューより [アドレス]

1 セキュリティポリシーで使用するローカルネットワークのアドレスオブジェクトを設定します。画面下部にある [追加] をクリックします。

2 [名前] 項目に任意のアドレスオブジェクト名を入力します。

3 [タイプ] を IP ネットマスクに選択し、ローカルネットワークのアドレス範囲を入力します (192.168.1.0/24)。

4 入力内容を再度確認し、[OK] をクリックします。
※コミットによる設定反映はまだ行いません。

第 2 章　準備と初期設定

■ **セキュリティポリシー設定**

表2.17で記した通信要件に従ってセキュリティポリシーを設定していきます。

▼ [Policies]タブ＞左のメニューより[セキュリティ]

まずはローカルネットワークからインターネットへの通信をすべて許可するセキュリティポリシーを設定します。画面下部にある[追加]をクリックします。

[全般]タブの[名前]項目にセキュリティポリシー名として[Local-Any]と入力します。セキュリティポリシー名は一意である必要があり、トラフィックログにここで設定したセキュリティポリシー名が記録されます。

[送信元]タブにて送信元セキュリティゾーン、およびIPアドレス情報を設定します。[送信元ゾーン]に[Trust-L3]、[送信元アドレス]に、作成したアドレスオブジェクトをそれぞれ下部にある[追加]をクリックして選択していきます。

参考　送信元/宛先アドレス項目はドロップダウンリストにある項目を選択する以外に、直接アドレスを入力して設定することが可能です。

2.6 >> ネットワークとポリシー設定

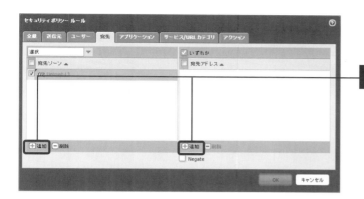

4 [宛先]タブにて送信元セキュリティゾーン、およびIPアドレス情報を設定します。[宛先ゾーン]に[Untrust-L3]を下部にある[追加]をクリックして選択します。[宛先アドレス]は、インターネットへの接続を許可するため、[いずれか]にチェックを入れ、宛先すべてを示すように設定を行います。

5 [アプリケーション]タブでは、インターネットへすべてのアプリケーションの通信を許可するようにするため、[いずれか]にチェックを入れ、すべてのアプリケーションが対象になるように設定を行います。

6 [サービス/URLカテゴリ]タブでは、各アプリケーションで事前に定義されているポート番号のみ許可する通信設定を行います。[サービス]項目の上部にあるドロップダウンリストより[application-default]を選択します。

7 [アクション]タブにて該当セキュリティポリシーの通信許可/拒否を設定します。該当セキュリティポリシー通信を許可する要件となるため、[アクション]項目で[許可]を選択します。

8 [ログ設定]項目で[セッション終了時にログ]にチェックが入っていることを確認したら[OK]をクリックします。

101

第 2 章　準備と初期設定

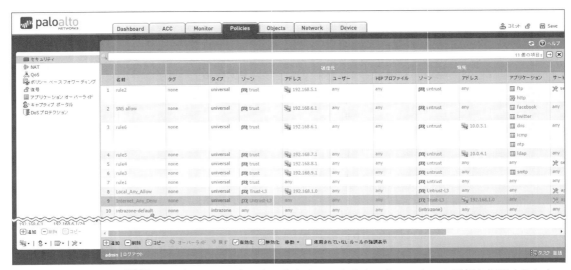

9　同じようにインターネットからローカルネットワークへの通信を拒否するセキュリティポリシーを1〜8の手順に沿って設定していきます。

10　デフォルトでバーチャルワイヤー用のセキュリティポリシー（名前：rule1）が用意されています。「2.5.2　セキュリティポリシー」でも記述したように定義されたルールを上から順番に確認していき、トラフィック精査をしていきます。今回の通信要件では一致することはありませんが、念のため該当のセキュリティポリシーの優先順位を下げる設定を行います。

11　セキュリティポリシー（名前：rule1）を移動させます。まずは選択状態にするため、該当セキュリティポリシーのリンク以外の空白部分をクリックします。上記画面のように青で表示された状態になると選択状態になります。

2.6 >> ネットワークとポリシー設定

12 画面下部にある[移動]をクリックし、リストを表示します。
表示されたリストから[最下部へ]をクリックします。

13 セキュリティポリシー(名前：rule1)が一番下に移動されたことを確認します。

 セキュリティポリシーの移動はドラッグアンドドロップでも操作することが可能です。

14 右上の[コミット]ボタンにて設定反映
を実施します。

2.6.4 セキュリティポリシーテスト

　ネットワーク設定およびポリシー設定が完了すると、ファイアウォール上でユーザートラフィックを制御できるようになりますが、設定が正常に行われたか事前に確認しておくとよいです。ここではセキュリティポリシー設定のテスト方法を記します。

　通常、セキュリティポリシーが要件どおりに設定されているか、意図したセキュリティポリシーに一致するかの確認は、実際の通信を発生させて確認する必要がありますが、パロアルトネットワーク

103

第2章 準備と初期設定

スのファイアウォールには擬似的に通信要件を記述し、どのセキュリティポリシーに一致するかを確認できるCLIコマンドが提供されています。

以下のコマンドで確認が行えます。

```
test security-policy-match source <IPアドレス> destination<IPアドレス>destination port <ポート番号> protocol <プロトコル番号>
```

セキュリティポリシールールのリストのうち、このCLIコマンドで指定するアドレス、ポート、プロトコルの条件に最初に一致するルールが出力結果として表示されます。

たとえば、IPアドレスが192.168.1.10から8.8.8.8にTCP/80アクセスする場合、この通信内容に適用されるポリシーを確認するには、次のコマンドを実行します。

```
test security-policy-match source 192.168.1.10 destination 8.8.8.8 destination-port 80 protocol 6
```

前述の設定を行ったファイアウォールでは、以下のような出力結果になります。

●図2.34 テストコマンド実行結果

```
Local_Any {
        from Trust-L3;
        source 192.168.1.0/24;
        source-region none;
        to Untrust-L3;
        destination any;
        destination-region none;
        user any;
        category any;
        application/service  any/any/any/any;
        action allow;
        terminal yes;
]

admin@PA-2050>
```

2.6.5 疎通確認

ネットワークの通信状態を調査するために使用されるICMPを使用してファイアウォールを経由する通信の疎通の調査を行い、ネットワークおよびセキュリティポリシーの設定が正しいか確認します。

●図2.35 プライベートネットワークからインターネットへの疎通確認

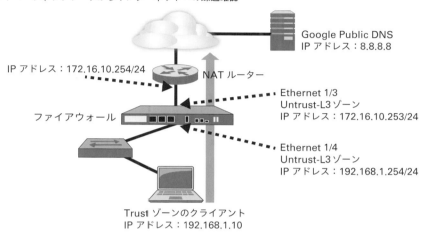

ICMPのpingを使用してファイアウォールを経由してecho応答が返ってくるかを確認します。

たとえば、Trust-L3ゾーン配下にある192.168.1.10のコンピュータからインターネットにある8.8.8.8のサーバーに対してpingを送信します。

●図2.36 ping実行結果

```
C:¥Users>
C:¥Users>
C:¥Users>
C:¥Users>ping 8.8.8.8

8.8.8.8 に ping を送信しています 32 バイトのデータ:
8.8.8.8 からの応答: バイト数 =32 時間 =7ms TTL=56
8.8.8.8 からの応答: バイト数 =32 時間 =4ms TTL=56
8.8.8.8 からの応答: バイト数 =32 時間 =5ms TTL=56
8.8.8.8 からの応答: バイト数 =32 時間 =5ms TTL=56

8.8.8.8 の ping 統計:
    パケット数: 送信 = 4、受信 = 4、損失 = 0 (0% の損失)、
ラウンド トリップの概算時間 (ミリ秒):
    最小 = 4ms、最大 = 7ms、平均 = 5ms

C:¥Users>
```

図2.36のように8.8.8.8のサーバーからecho応答が返ってくることを確認できれば2.6.2で設定したネットワーク設定が正しく行われており、インターネットへの接続が可能になっていると判断できます。

第 2 章　準備と初期設定

また、[Monitor]タブ＞[トラフィック]をクリックして、先ほど発生させた通信の結果をログで確認します。

●図2.37　トラフィックログ

[送信元]項目に192.168.1.10、[宛先]項目に8.8.8.8、[アプリケーション]項目にping、[ルール]項目に、Local-Any、[アクション]項目にallowに表示されたエントリが存在することを確認します。これにより、2.6.3の **1** ～ **8** で設定したポリシー設定が正しく行われており、通信が許可されていると判断できます。

もうひとつ通信確認を行います。

●図2.38　インターネットからプライベートネットワークへの疎通確認

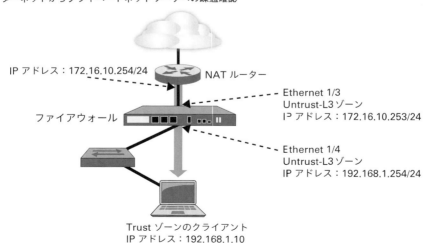

2.6 >> ネットワークとポリシー設定

　先ほどとは逆方向の疎通確認として、NATルータ上のアドレス172.16.0.254を持つインターフェイスからプライベートネットワーク上のアドレス192.168.1.10を持つコンピュータに対してpingを送信します。

● 図2.39　ping実行結果

```
Router#ping 192.168.1.10

Type escape sequence to abort.
Sending 5, 100-byte ICMP Echos to 192.168.1.10, timeout is 2 seconds:
.....
Success rate is 0 percent (0/5)
Router#
Router#
```

　この結果として、図2.43のように192.168.1.10からのecho応答がなく、疎通に失敗することを確認します。また、[Monitor]タブ＞[トラフィック]をクリックして、先ほど発生させた通信の結果をログで確認します。

● 図2.40　トラフィックログ

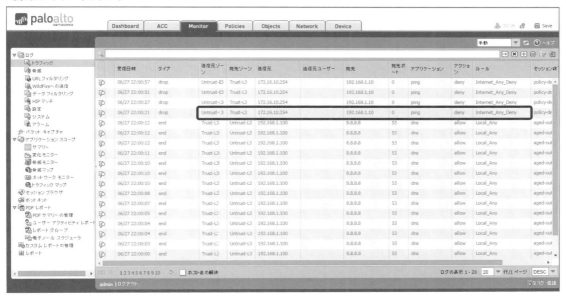

　[受信日時]がpingを行った時間を示すログのうち、[送信元]項目に172.16.10.254、[宛先]項目に、[アプリケーション]項目にping、[ルール]項目に、Internet_Any_Deny、[アクション]項目がdenyのログエントリが存在することを確認します。これにより、2.6.3の❾で設定したポリシー設定が正しく行われており、通信が拒否されていると判断できます。

第 2 章　準備と初期設定

　以上が確認できたら、プライベートネットワーク内のコンピュータからインターネット上のサーバーへさまざまなアプリケーションの通信をしてみましょう。ファイアウォールを通過する通信は可視化されトラフィックログに記録されていきます。また、Monitorタブ内のトラフィックログに限らず、ACCやPDFレポートでも可視化された通信状況が確認できるようになります。

　詳細は第5章のログとレポートを参照ください。

 トラフィックログはデフォルトでセッション終了時に記録されます。ICMPのpingやUDP通信などは通信発生後すぐにセッションが終了するため、ほぼリアルタイムにトラフィックログが現れますが、Web通信の場合サイトにアクセスした後ブラウザを閉じてセッションを終了させるまでトラフィックログが表示されないので注意してください。また、ACCは15分間隔で更新されるため、最初の通信発生後15分以上経過しないと結果が表示されません。

第 3 章

アプリケーション識別（App-ID）

本章では次世代ファイアーウォールの主要機能のひとつであるアプリケーション識別（App-ID）について、アプリケーション識別機能がファイアウォールで必要となる背景、パロアルトネットワークスのApp-IDのしくみ、他社製品との比較について紹介します。また、App-IDを利用したセキュリティポリシーの設定に関する概要とともに、ファイアウォール経由で流れるトラフィックをアプリケーションにより可視化および制御するまでの設定手順を説明します。

第3章 アプリケーション識別（App-ID）

3.1 App-ID概要

　App-IDとは、パロアルトネットワークスのファイアウォールにおいてトラフィック内部のアプリケーションを識別する機能、そしてその機能によって識別されたアプリケーションの識別子（名前）をさします。ここではアプリケーション識別が必要な背景や、他社の従来型ファイアウォールとの違いについて説明します。

3.1.1 なぜアプリケーション可視化が必要か

　今日のネットワーク環境では、組織のセキュリティポリシーを構築する上でアプリケーション識別は重要な要素になっています。ここ10年でインターネットおよびイントラネットの使用量が飛躍的に増加し、日常業務でネットワークサービスにアクセスするアプリケーションの利用が非常に増えました。パロアルトネットワークスの調査結果により、以下のようなネットワークアプリケーションの傾向が確認されています。

- ネットワークアプリケーションの多くはHTTPプロトコルを使ってポート80でインターネットへアクセスするか、他のポートがブロックされている場合に備えてポート80を代替ポートとして使えるようにしている
- ファイアウォールを経由するアプリケーションを安全に通過させるため、SSL暗号化が多く使われている
- イントラネット内部で使われるアプリケーションは多くの場合、端末間で通信しやすくするために複数ポートまたは動的ポートを利用する
- セキュリティ管理者が従来のファイアウォールを利用してアプリケーション可視化やポートおよびプロトコルのみを基にしてアプリケーションの区別を行うことは困難である

　アプリケーション自身が攻撃を起動するプラットフォームとして使用され、企業ネットワーク内で脅威を伝播することがあります。アプリケーションの識別と制御により組織の「攻撃面」を削減できます。攻撃面とは、攻撃されるリスクのある標的の総和のことです。ネットワーク上のシステム、サービス、アプリケーション、ユーザーのすべてがサイバー犯罪者の潜在的な標的です。ポートやプロトコルだけでなく、正しいアプリケーション識別に基づいてセキュリティポリシーを作成することで、システム、サービス、アプリケーション、ユーザーが危険にさらされるリスクを減らすことができます。これは日常業務で使用するアプリケーションのみを許可するポリシーを作成することで実現でき、この結果、日常業務では使用しないリスクのあるアプリケーションをブロックすることが可能になります。

3.1 >> App-ID概要

以下は今日の企業ネットワークで見られる一般的なアプリケーション（App-ID）の例です[*1]。

- http-proxy
- ms-ds-smb
- linkedin-base
- snmpv1
- snmp-trap
- ping
- active-directory
- ssl
- facebook-base
- http-video
- outlook-web
- google-video-base
- telnet
- dailymotion
- web-browsing
- citrix
- adobe-update
- unknown-tcp
- radius
- livelink
- genesys
- dns
- mssql-db
- ms-sms
- youtube-base
- ms-update
- yammer
- sharepoint-documents
- twitter-base
- rtmpt
- symantec-av-update
- snmp-base
- rss
- photobucket
- webdav
- ldap
- facebook-social-plugin
- google-maps
- limelight
- google-translate-base
- ms-netlogon
- yahoo-mail
- netbios-ns
- snmpv2
- msrpc
- google-safebrowsing
- google-translate-manual
- google-picasa
- tumblr-base
- ftp
- kerberos
- ntp
- hotmail
- netlog
- ike
- ssh
- flash
- netbios-dg
- ms-exchange
- blackberry
- flickr
- gmail-base
- xing
- google-analytics
- sharepoint-base
- ipsec-esp
- unknown-udp
- netbios-ss
- soap
- dostupest

3.1.2 アプリケーションとは

PAN-OSで扱う一部のアプリケーションは、識別対象としてアプリケーション機能も含みます。たとえば、Facebookアプリケーションにはfacebook-base（FacebookのWeb閲覧）、facebook-chat（Facebookのチャット機能）、facebook-mail（Facebookのメール機能）、facebook-posting（Facebookでの投稿）のようなアプリケーション機能があります。セキュリティポリシーを正しく適用するには、アプリケーションそのものではなく、特定のアプリケーション機能のみを許可しなければならない場合があります。

サポートされる各アプリケーションに関する詳細は［Object］タブ配下の［アプリケーション］ビューを参照するか、Applipediaサイト（http://apps.paloaltonetworks.com/applipedia/）を参照してください。

[*1] パロアルトネットワークス製品上での呼称です。

第3章 アプリケーション識別（App-ID）

■ Unknownアプリケーション

パロアルトネットワークスのApp-IDエンジンでは未知のアプリケーション（「Unknownアプリケーション」と呼ばれる）を識別し制御することもできます。UnknownアプリケーションはApp-IDアプリケーションデータベースの一部ではなく、unknown-udp、unknown-tcp、unknown-p2pとして識別されるアプリケーションをさします[*2]。脅威防御システムとしてのApp-IDにおいて未知のアプリケーションの識別および制御は、マルウェア通信をブロックする手法として重要な機能になります。マルウェアと外部のコマンドアンドコントロール（C&C）サーバーとの通信では独自プロトコルがよく使われますが、このトラフィックは多くの場合、未知のアプリケーションとして識別されるためです。

■ カスタムアプリケーション

Unknownアプリケーションとして識別されるトラフィックの多くはマルウェアに関連していますが、パロアルトネットワークスが把握していない、ユーザー企業独自で使われるアプリケーションも含まれます。このようなアプリケーションを脅威と区別するために、カスタムアプリケーションを定義することが可能です。

カスタムアプリケーションはDNS、FTP、HTTPなど数十種類のプロトコルに対してアプリケーションヘッダやコンテンツの数値や文字列に関するシグネチャを管理者が設定し、特定の送信元、宛先、ポート番号のトラフィック（または全トラフィック）から該当するものをマッチングさせます。

カスタムアプリケーションを利用して企業の独自アプリケーションを識別した後もUnknownとして識別されるトラフィックを見つけることで、それがマルウェアの脅威に関連している可能性がさらに高いものと判断することができます。

●図3.1　カスタムアプリケーション定義・未定義の比較

社内独自アプリケーションをカスタムアプリケーションとして定義することで、不明なアプリケーションの顕著化が可能になる。また、カスタムアプリケーションを定義することにより、マルウェア通信の可能性がある"Unknownアプリケーション"を拒否し、社内アプリケーションは許可するといった規制が可能になる。

[*2] unknown-udpはUDP通信のうち未知の（App-IDで識別できない）もの、unknown-tcpはTCP通信のうち未知のもの、unknown-p2pはP2P通信のうち未知のものです。

3.1.3 アプリケーション依存関係（Application dependency）

アプリケーションによっては、正常に動作させるためにベースとなるアプリケーションと依存関係を持つことになります。このようなアプリケーション依存関係は"ssl"や"web-browsing"上のWebベースアプリケーションでよく見られます。

特定アプリケーション内では、アプリケーション機能が親アプリケーションに依存することもあります。たとえば、"facebook-posting"というアプリケーション機能は、親アプリケーションである"facebook-base"に依存します。なお、親アプリケーション（たとえば"facebook-base"）に依存するアプリケーション（たとえば"facebook-posting'）を子アプリケーションと呼びます。

子アプリケーションをファイアウォール上で許可するには、その親アプリケーションもポリシーの前順序で許可されている必要があります。

● 図3.2 親アプリケーション、子アプリケーション

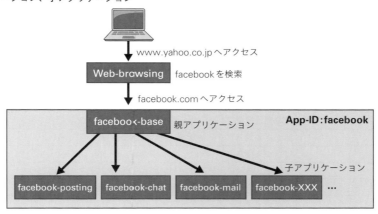

"web-browsing"アプリケーションは非常に一般的なアプリケーションで、特定アプリケーション（たとえば"facebook-posting"）として認識されないHTTPベースのトラフィックを含みます。パロアルトネットワークスのファイアウォールがWebサーバーとWebプロキシの間に置かれている場合、プロキシされたHTTP通信は"web-browsing"ではなく"http-proxy"アプリケーションとして分類されます。

例外としてPAN-OS 5.0以降のバージョンでは、HTTP、SSL、MS-RPC、RPC、T.120、RTSP、RTMP、NETBIOS-SSのいずれかのプロトコルを使用し、事前決定ポイントで識別できるアプリケーションに対して、アプリケーション依存関係がなくなりました。HTTP、SSL、MS-RPC、RTSPベースのカスタムアプリケーション（子アプリケーション）も、明示的に親アプリケーションを許可することなくセキュリティポリシーにおいて許可とすることができます。たとえば、HTTPを使ったJavaソフトウェアアップデートを許可したい場合、"java-update"のみが許可されていれば、その前のポリシーで"web-browsing"を許可しなくてもよくなります。

"web-browsing"との明示的な依存関係を持つ特定アプリケーションのみを許可したい場合、URLフィルタリングプロファイルを適用することが可能です。URLフィルタリングに関する詳細については、4.10節を参照してください。

3.1.4 アプリケーションカテゴリ

パロアルトネットワークスの次世代ファイアウォールでは各アプリケーションに対してカテゴリ、サブカテゴリ、テクノロジ、リスク、特性(Characteristic)の属性を定義しています。これらはカスタムアプリケーションを生成する際にも指定することができます。

● 表3.1 アプリケーションのカテゴリ

カテゴリ名	説明
business-systems	ビジネスアプリケーション
collaboration	コミュニケーションアプリケーション
general-internet	インターネットツールアプリケーション
Media	マルチメディアアプリケーション
networking	ネットワークプロトコルアプリケーション

● 表3.2 アプリケーションのサブカテゴリ

サブカテゴリ名	説明/例
audio-streaming	音楽配信アプリケーション(iTunes等)
encrypted-tunnel	暗号化通信アプリケーション(SSL、SSH等)
file-sharing	ファイル共有アプリケーション(Winny、BitTorrent等)
infrastructure	サービス基盤構築アプリケーション(DHCP、NTP、DNS等)
instant-messaging	インスタントメッセンジャーアプリケーション(Yahoo!メッセンジャー等)
internet-utility	ユーティリティアプリケーション(Webブラウザ等)
office-programs	ワープロ、表計算、プレゼンテーション等のオフィスアプリケーション(MS Office等)
photo-video	画像、動画配信アプリケーション(Youtube、ニコニコ動画等)
social-networking	ソーシャルネットワーキングサービスアプリケーション(Twitter、Facebook等)
storage-backup	データ記録アプリケーション(Microsoft SMB Protocol等)
voip-video	インターネット通話アプリケーション(Skype等)

● 表3.3 アプリケーションのテクノロジ

テクノロジ名	説明
browser-based	機能するためにWebブラウザを利用するアプリケーション
client-server	ネットワーク内で1台以上のクライアントがサーバーと通信する、クライアントサーバー型のモデルを使うアプリケーション
network-protocol	一般にネットワーク操作を容易にするためにシステム間通信で使われるアプリケーション(多くのIPプロトコルを含む)
peer-to-peer	通信を容易にするために中央サーバーを利用するのではなく、情報転送するのに他のクライアントと直接通信するアプリケーション

■ リスク

リスク値は表3.4のようなアプリケーションでファイルを共有できるか、誤用が起こりやすいか、ファイアウォールを回避しようとするか、などの特性（Characteristic）があるかどうかの基準でデフォルト値が設定されます。リスク値は1から5までの値で表現され、あてはまる特性が多いほどリスク値が高い、つまりリスクが大きいとされます。特定のアプリケーションに対して管理者がリスク値を変更することも可能です。

● 表3.4　アプリケーションのリスク決定要素

特性名	説明
Evasive	ファイアウォールを通り抜けるために、ポートやプロトコルを本来の用途とは異なる目的に使用する
Excessive Bandwidth	通常の使用で定期的に1Mbps以上の帯域幅を消費する
Prone to Misuse	不正な目的に使用されることが多い。また、ユーザーの意図を超えて攻撃されるように容易に設定できてしまう
Transfers Files	ネットワークを介してシステム間でファイルを転送できる
Tunnels Other Apps	他のアプリケーションを自分のプロトコル内で転送できる
Used by Malware	アプリケーションがマルウェアに感染した状態で配布される（マルウェアは、アプリケーションを利用して、伝播、攻撃、データの不正入手を行うことが知られている）
Vulnerabilities	一般に公表されている脆弱性がある
Widely Used	ユーザーが100万人を超える可能性がある

これら属性によってアプリケーションを検索したり、ポリシー内の一致条件として使用したりすることも可能です。

属性や名前でアプリケーションを検索する場合も3.1.2項で紹介したApplipediaサイトを利用できます。

■ 回避型アプリケーションの例

回避型のアプリケーションとはネットワークセキュリティ製品により通信が拒否されることを回避する機能を持つアプリケーションで、この動作としては以下のものがあります。

- ポートホッピング

  チャットやインターネット電話が楽しめるSkypeというアプリケーションがあります。このアプリケーションは、通常ハイポート[*3]で通信を行いますが、そのポートが利用できなければポート80を使おうとし、ポート80が使えないとポート443を試し、さらにブラウザの設定を自動的に読み込んでプロキシ設定があればそれを使うようにし、それでも通信できないと独自の暗号化プロトコルを使って通信しようとします。

[*3] Well-knownポートと呼ばれる利用用途があらかじめ予約されたポート番号が1024番までを除く、1025番以降のポートです。

このように、ポートがブロックされている場合に、他の開放されているであろうポートを探し、接続を試みることをポートホッピングといいます。

- トンネリング

  VPNのようなトンネリング技術は、遠隔地にいながら社内リソースへのアクセスを可能にする便利な技術ですが、企業が意図しないところで接続が行われると大きなリスクになりえます。
  トンネリング技術を利用するアプリケーションでは通信の内容が暗号化されており、WebブラウジングでHTTPS（SSL）通信として標準的に使用するTCPポート443を使用するトンネリングアプリケーションも存在し、それらの検知やブロックは従来のポートベースのファイアウォールでは困難です。

- 非標準ポート

  マルウェアは非標準ポートを利用して侵入することが多くあります。たとえばFTPではTCPポート22および21が標準ポート[*4]ですが、それ以外のポートを利用して侵入を試みるような場合があります。従来のファイアウォールでは、標準ポートに対するセキュリティ対策（アンチウイルス、IPS）は行えますが、すべての非標準ポートに対してアンチウイルスやIPSスキャンといった対策を行うのは、機器のパフォーマンスを多く消費するためスループットが低くなり現実的ではありません。

3.1.5 他社の次世代ファイアウォールとの違い

アプリケーション識別において他社製品との一番の違いは、デフォルトで全ポートの全トラフィックに対する識別を行っているかどうかです。パロアルトネットワークスの次世代ファイアウォールではデフォルトで全トラフィックに対してアプリケーション識別を行っているため、世界中の全組織で常に識別が使われており、アプリケーション識別シグネチャに関して利用実績と精度が高いといえます。他社製品の場合、設定しなければ識別できない、または標準ポート上の通信でなければ識別できない、といった制約があるため、一部のシグネチャはほとんど使われておらず実績や精度が低い可能性があります。

他社製品とのアプリケーション識別に関する主な違いを表3.5にまとめます。これ以外にトンネルアプリケーションや秘匿アプリケーションの識別および拒否、SSL復号化後のIPSスキャン、SSHポートフォワーディングの識別、Unknown通信の識別といった機能が他社製品では行えません。

[*4] 標準ポートとは、アプリケーションが使用するプロトコル（サービス）についてIANAに登録されているポート番号をさします。
http://www.iana.org/assignments/service-names-port-numbers/service-names-port-numbers.xhtml

3.1 >> App-ID概要

● 表3.5　他社製の次世代ファイアウォールとの違い

パロアルトネットワークスの次世代ファイアウォール	他社製の次世代ファイアウォール
全トラフィックをデフォルトで識別	あらかじめ指定したアプリケーションのみ識別
すべてのポート上でアプリケーションを識別	標準ポート以外ではアプリケーション識別できない（例：SSHの標準ポートは22だが、10000番ポート上でSSH通信を行うと識別できない）
第一分類メカニズムはアプリケーション	第一分類メカニズムはプロトコル、ポート番号
全ポート、全トラフィックに対してアプリケーション識別を行う	全ポート、全トラフィックに対してアプリケーション識別を行えない
単一ポリシー	ファイアウォールポリシーとIPSポリシーが別
アプリケーション有効化が可能 [*5]	アプリケーション有効化が不可能

■ ポートベース制御とアプリケーション制御の比較

　ここまで、他社製品とのアプリケーション識別に関する違いを説明してきましたが、ここからは、実際の動作を例に挙げて説明していきます。

　表3.6は、パロアルトネットワークス ファイアウォールと他社ファイアウォールとで、DNS通信のみを許可するポリシーを作成した場合の動作比較です。

　パロアルトネットワークス ファイアウォールでは「DNSアプリケーション」を許可してそれ以外は拒否、他社ファイアウォールでは「UDPポート53」を許可してそれ以外は拒否するセキュリティポリシーとなります。

　DNS以外のアプリケーションがUDPポート53を使用した、つまり非標準ポートが使われた場合、他社ファイアウォールのエンジンではポート番号のみを検査対象とするため通信許可されてしまいます。

　しかしパロアルトネットワークス ファイアウォールでは、アプリケーション識別の結果DNS以外のアプリケーションと判別されるため、拒否することができます。

● 表3.6　ポートベース制御とアプリケーション制御の比較

	パロアルトネットワークス ファイアウォール	他社ファイアウォール
セキュリティポリシーでの設定方法	DNSアプリケーションを許可 ※アプリケーションレベル	ポート53（UDP、TCP）を許可 ※ポートレベル
ポート53をDNS以外のアプリケーションが使用した場合の動作	ポート53を使用しているが、アプリケーション識別結果でDNS以外のアプリケーションの通信と判別されるため、拒否される	ポート53を使用しているため許可される

■ IPSを使用した既知アプリケーション識別での比較

　表3.7は、パロアルトネットワークス ファイアウォールと他社ファイアウォールとで、P2Pソフトウェアの Share が、DNSと同じUDPポート53を使用して通信を行った場合の動作比較です。

＊5　指定したアプリケーションのみを許可するポリシーが記述できることを表します。

第3章 アプリケーション識別（App-ID）

セキュリティポリシーの設定方法は「ポートベース制御とアプリケーション制御の比較」と同じです。

他社ファイアウォールでは、第一分類メカニズムがプロトコルとポート番号によるものであるためShareを識別できず、第二分類メカニズムとしてアプリケーションシグネチャを利用できるIPS機能を併用した場合にShareを拒否することが可能になります。パロアルトネットワークス ファイアウォールでは、アプリケーション識別でDNS以外のアプリケーションと判別されるため、IPS機能を使用せずに第一分類メカニズムであるファイアウォール機能のみで拒否することができます。

●表3.7 IPSを使用した既知アプリケーション識別での比較

	パロアルトネットワークス ファイアウォール	他社ファイアウォール
セキュリティポリシーでの設定方法	DNSアプリケーションを許可 ※アプリケーションレベル	ポート53（UDP、TCP）を許可 ※ポートレベル
IPS機能での設定方法	───	Shareを拒否
Shareがポート53で通信を行った場合	ポート53を使用しているが、アプリケーション識別結果でDNS以外のアプリケーション（Share）の通信と判別されるため、拒否される ※ファイアウォール機能のみで制御可能	ポート53を使用しているため、セキュリティポリシーでは許可されるが、IPS機能でShareを検出・拒否される ※IPS機能を併用しないと制御不可

■IPSを使用した未知アプリケーション識別での比較

表3.8は、パロアルトネットワークス ファイアウォールと他社ファイアウォールとで、未知のアプリケーションがDNSと同じUDPポート53を使用して通信を行った場合の動作比較です。

セキュリティポリシーの設定方法は「IPSを使用した既知アプリケーション識別での比較」と同じです。

「IPSを使用した既知アプリケーション識別での比較」の例では、制御対象が既知のアプリケーションのため他社ファイアウォールでもIPS機能にて拒否可能でしたが、未知のアプリケーションの場合は検知することができず通信が許可されてしまいます。

パロアルトネットワークス ファイアウォールでは、未知のアプリケーションは、アプリケーション識別で「Unknown」と判別されるため、DNS通信とみなされず拒否することが可能です。

●表3.8 IPSを使用した未知アプリケーション識別での比較

	パロアルトネットワークス ファイアウォール	他社ファイアウォール
セキュリティポリシーでの設定方法	DNSアプリケーションを許可 ※アプリケーションレベル	ポート53（UDP、TCP）を許可 ※ポートレベル
IPS機能での設定方法	───	マルウェアを拒否
未知のアプリケーションがポート53で通信を行った場合	ポート53を使用しているが、アプリケーション識別結果で未知のアプリケーション（Unknown）の通信と判別されるため、拒否される	IPS機能では、既知のアプリケーションは識別・拒否できるが、未知のアプリケーションは識別できないため、ポート53を使用している場合許可されてしまう

3.2 App-IDフロー

●図3.3 APP-IDフロー

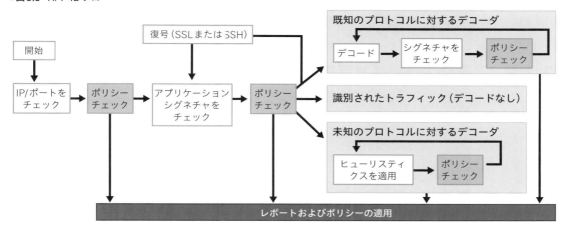

パロアルトネットワークスのファイアウォールは、他の多くの製品のようにシグネチャのみでアプリケーションの識別を行っているのではなく、複数のトラフィック識別メカニズムにて分析・識別を行います。

これにより、シグネチャマッチングのみでは分析・識別が困難な通信にも対応することが可能です。

パロアルトネットワークスのファイアウォールでは、以下の4つの手法を用いて、アプリケーション分析、識別を行います。

1. アプリケーションプロトコルの検出とSSL復号化
2. アプリケーションプロトコルのデコーディング
3. アプリケーションシグネチャ
4. ヒューリスティック

3.2.1 アプリケーションプロトコルの検出と復号化

パロアルトネットワークスの次世代ファイアウォールには、可視化、制御、およびセキュリティのためにSSLで暗号化されたトラフィックを復号化して検査する機能があります。トラフィックがデバイスから出力されるときは再度暗号化されますが、その前にApp-ID、アンチウイルス、脆弱性防御、アンチスパイウェア、URLフィルタリング、ファイルブロッキングプロファイルが復号されたトラフィック

第3章　アプリケーション識別（App-ID）

に対して適用されます。またSSH暗号化されたトラフィックにおいてSSHトンネル[*6]されていないか検出することができます。ファイアウォール上の復号化機能を使用することにより、暗号化されたトラフィックに隠れて悪意あるコンテンツがネットワークに侵入したり、機密コンテンツがネットワークから流出したりすることを防ぐことができます。ファイアウォールで復号化を有効にする手順には、復号化に必要な鍵および証明書の用意、復号ポリシーの作成、復号ポートミラーリングの設定が含まれます。

復号化の詳細は、7.5節を参照してください。

3.2.2　アプリケーションプロトコルのデコーディング

「アプリケーションプロトコルの検出と復号化」で検出したプロトコルが、通常の用途で使用されているのか（HTTPであればWebブラウジングで使用されているか）、本来のアプリケーションを隠蔽するために使用されているのか（HTTP通信の中にP2P通信が含まれている場合など）を判別します。

3.2.3　アプリケーションプロコトルシグネチャ

アプリケーションシグネチャとのマッチングにより、対象通信のアプリケーション識別を行います。

毎週新しいアプリケーションシグネチャがパロアルトネットワークスからリリースされており、現在インストールされているアプリケーションシグネチャは、「Objects」→「アプリケーション」から確認できます。

パロアルトネットワーク ファイアウォールへインストールするシグネチャの間隔は、「Device」→「ダイナミック更新」から設定できます。

ダイナミック更新の詳細は、2.3.5項を参照してください。

シグネチャベースでApp-IDが識別される流れを、Facebookを例として説明します。

● 図3.4　アプリケーション識別の流れ

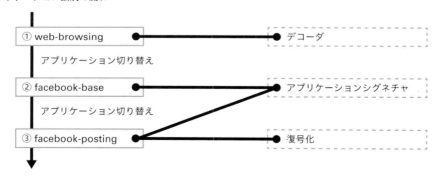

＊6　SSHトンネルとは、SSH通信内に別のアプリケーションを隠蔽する手法です。

① プロトコルのデコーディングにより、ウェブブラウジングの通信であることを検出します（App-ID：web-browsingとして識別）。
② その後、アプリケーションシグネチャとのマッチングを行い、Facebookの通信であることを検出します（App-ID：facebook-baseとして識別）。
③ ユーザーがFacebookへ投稿した場合、識別されるApp-IDはfacebook-postingへと変化します。
※ FacebookはSSL通信のため、"facebook-base"以外の識別には復号化が必要になります。
"facebook-base"については、サーバー証明書のCN値を参照して識別されているため、復号化は不要です。

3.2.4 ヒューリスティック

プロトコル分析およびシグネチャマッチングでアプリケーションを特定できない場合、通信パターンを分析し、ヒューリスティック（通信の振る舞い）での検知を行います。たとえば、「特定のサイズのパケットが、クライアント・サーバ間で何度交換されたか」などの振る舞いを分析します。

暗号化されたBitTorrent（P2Pソフトウェア）など、独自の暗号化を使用するアプリケーションはこのメカニズムで識別されます。

●図3.5 ヒューリスティック検知

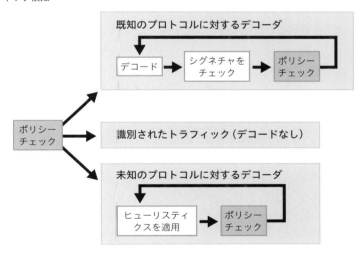

3.3 App-IDセキュリティポリシーの設定

　セキュリティポリシーでは、トラフィック属性のマッチングにより新規セッションのブロックまたは許可を決定します。
　パロアルトネットワークス ファイアウォールのセキュリティポリシーは、以下のトラフィック属性から形成されます。

- 送信元アドレス/宛先アドレス

  送信元IPアドレス、宛先IPアドレスです。
  IPアドレスを直接定義する他に、FQDNでの定義も可能です。

- 送信元ゾーン/宛先ゾーン

  ファイアウォールの送信元、宛先インターフェイスに割り当てられたゾーンです。
  ※ゾーンについての詳細は2.5.1項を参照してください。

- 送信元ユーザー

  キャプティブポータルやUser-IDエージェントなどで識別したユーザーを指定します。
  ※ユーザー識別の詳細は第6章を参照してください。

- アプリケーション

  制御対象のアプリケーションです。
  web-browsingやdnsといった、App-IDを指定します。

- サービス

  制御対象のサービスです。
  TCP、UDPの宛先ポートを指定します。

- URLカテゴリ

  URLフィルタデータベース（BrightCloud、PAN-DB）で定義されたカテゴリです。
  事前定義済みのカテゴリ以外に、ユーザーが独自で作成したカテゴリも指定できます。
  ※URLフィルタの詳細は4.10節を参照してください。

3.3 >> App-IDセキュリティポリシーの設定

3.3.1 アドレスオブジェクト

セキュリティポリシーに送信元アドレス、宛先アドレスを指定する方法として、以下の方法があります。

- IPアドレス直接記述

  セキュリティポリシー作成ウィンドウで、IPアドレスを直接入力します。

  事前にアドレスオブジェクトを作成することなく送信元や宛先のIPアドレスを設定可能です。

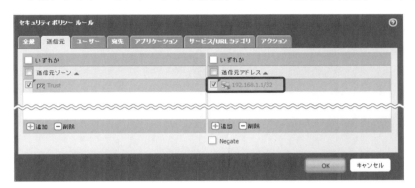

192.168.1.1と192.168.1.1/32は同じ意味となります（サブネットマスクを省略した場合はホストアドレスとして認識されます）。

192.168.1.0/24のように、サブネットマスクを記述した場合は、ネットワークアドレスとして認識されます。

- スタティックアドレスオブジェクト

  静的なアドレスオブジェクトです。

  「タイプ」項目を変更することで、IPネットマスク指定の他に、IPアドレスの範囲指定、FQDN指定が可能です。

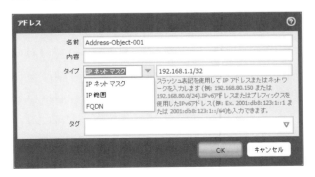

第3章　アプリケーション識別（App-ID）

- アドレスグループ

  以下のオブジェクトを集約したグループです

  ・スタティックアドレスオブジェクト

  ・アドレスグループ

  　※他のアドレスグループをネストすることが可能です

- ダイナミックアドレスグループ

  アドレスおよびグループに役割や種別等に応じたタグ付けを行い、タグ情報に紐づくグループを登録することが可能です。

  動的にIPアドレスを変更可能なため、仮想環境において頻繁にホストの追加や削除が行われる場合に効果的です。

- ダイナミックブロックリスト

  IPアドレスのリストをWebサーバーからインポートし、リスト内のIPアドレスをポリシー制御に使用します。

  インポート対象のリストには、最大で5,000個IPアドレス（IPv4またはIPv6）、IP範囲、サブネットを含めることが可能です。

リストの場所指定は、HTTP、HTTPSのURLパス指定の他に、UNCパス指定が可能です。

また、リストの更新間隔は「毎時／毎日／月次／毎週」から選択可能です。

3.3.2　アプリケーションオブジェクト

アプリケーションオブジェクトには以下のものがあります。

- App-ID

  「web-browsing」や「facebook」など、個々のApp-IDはオブジェクトとして、セキュリティポリシーに適用することが可能です。

3.3 >> App-IDセキュリティポリシーの設定

● アプリケーションフィルタ

App-IDの各属性に基づいたグループです。

※属性についての詳細は、「3.1.4　アプリケーションカテゴリ」を参照してください。

以下の属性に基づいてグループ化が行えます。

・カテゴリ
・サブカテゴリ
・テクノロジ
・リスク
・特徴

以下の図では、テクノロジ属性が「peer-to-peer」でリスク属性が「5」のApp-IDをグループ化しています。

毎週行われるシグネチャアップデートにより条件に合うApp-IDが新しく更新されると、作成したアプリケーションフィルタにも適用されるため、管理者が手動でアプリケーションを追加していく必要はありません。

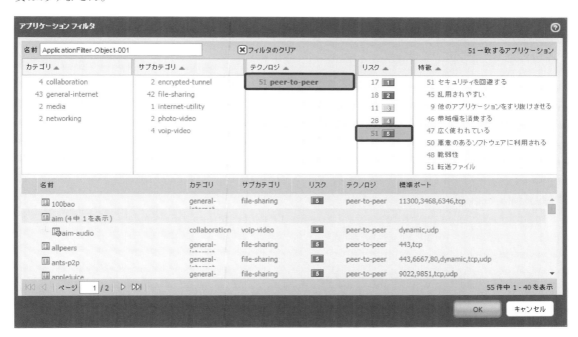

● アプリケーショングループ

以下のオブジェクトを集約したグループです。

第3章　アプリケーション識別（App-ID）

・App-ID
・アプリケーションフィルタ
・アプリケーショングループ
　※他のアプリケーショングループをネストすることが可能です

● アプリケーションブロックページ

　アプリケーションがセキュリティポリシーでブロックされると、ブラウザ上にブロックページを表示させることができます。
　※ブラウザを使用する、HTTP・HTTPSの通信でのみ表示されます。デフォルトでは無効化されている機能です。

●図3.6　アプリケーションブロックページ

　以下の手順でアプリケーションブロックページを有効化することが可能です。

　［Device］タブ＞［応答ページ］より、アプリケーションブロックページの「無効」をクリックします。

3.3 >> App-IDセキュリティポリシーの設定

以下の画面で「有効化　アプリケーションブロックページ」にチェックを入れます。

ブロックページの表示内容をカスタマイズすることも可能です。
カスタマイズ方法の詳細は4.1.7項を参照してください。

3.3.3 セキュリティポリシーの依存関係

「3.1.3　アプリケーション依存関係」で記載したように、アプリケーションには依存関係があるため、セキュリティポリシー作成時に、依存関係を考慮して設定する必要があります。

たとえば、掲示板サイトの"2ちゃんねる"を許可するセキュリティポリシーを作成する場合、"2ちゃんねるの"アプリケーション（2ch）の他に、親アプリケーションの「web-browsing」も許可する必要があります。

「web-browsing」を許可しない場合、セキュリティポリシーのコミット時に以下の警告が表示されます。

左の画面は「vsys1の"WEB-TEST"ルールにおけるアプリケーション依存関係の警告：" 2ch"アプリケーションは"web-browsing"の許可が必要です」という意味です。

127

● 図3.7　アプリケーションの依存関係

　また、セキュリティポリシーは上のルールから順番に評価されます。

　通信内容に一致する最初のルールが使用され、それ以降のルールは評価されなくなります。

　ポリシーAとポリシーBが以下の順序で並んでいる場合、ポリシーBでは192.168.1.1からの全通信を許可していますが、ポリシーAでSSH通信を拒否しているため、192.168.1.1からのSSH通信は拒否されます。

　上位からポリシーが参照されるため、ポリシーBにマッチする前にポリシーAにマッチします。

　WebブラウジングなどのSSH通信以外は、ポリシーAにマッチしないため、ポリシーBで許可されます。

● 図3.8　ファイアウォールのセキュリティポリシー参照について

　順序を誤ってポリシーを設定した場合、意図しない通信が許可・拒否されることがあるので、ポリシー作成時には注意が必要です。

3.3.4　セキュリティポリシーの移動

　セキュリティポリシーは、上から順に番号が振られており、簡単に移動させることができます。

　ポリシー一覧から移動するポリシーを選択し、画面右下の[移動]をクリックすることで可能です。

3.3 >> App-IDセキュリティポリシーの設定

また、セキュリティポリシールールの順序をドラッグアンドドロップで移動することも可能です。

3.3.5 セキュリティポリシーのフィルタリング

セキュリティポリシーのルール数が多くなると、特定のルールを探すのも大変ですが、フィルタリング機能を使用すれば簡単に見つけることができます。

検索フォームに、「from/member eq 'trust'」という条件文を記載して反映を行えば、送信元ゾーンが"trust"のルールのみを表示できます。

また、AND条件やOR条件等にも対応しています。

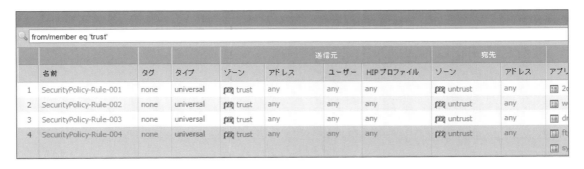

条件文の反映は、画面右上の右矢印マークより行います。

3.3.6 ポート番号の使用

パロアルトネットワークス ファイアウォールでは、ポリシーの制御にApp-IDだけではなく、従来型ファイアウォールで使用されているポート番号での制御も可能です。

セキュリティポリシーでポート番号を指定する場合、以下のオブジェクトを使用します。

● サービスオブジェクト

宛先ポート番号を定義したオブジェクトです。

App-IDはアプリケーションレベルでのポリシー制御に使用しますが、サービスオブジェクトは、TCP・UDPのポートレベルでの制御に使用します。

デフォルトでは、HTTP（TCP80）とHTTPS（TCP443）のサービスオブジェクトが定義されています。

● サービスグループ

以下のオブジェクトを集約したグループです

・サービスオブジェクト

・サービスグループ

※他のサービスグループをネストすることが可能です

■ ポート番号の使用

セキュリティポリシーを作成する際に、前述したサービスオブジェクト/グループが指定できますが、その他に「application-default」という指定が可能です。

「application-default」を指定すると、パロアルトネットワークス ファイアウォールが定義したアプリケーションの標準ポートが制御対象となります。多くの場合、「回避型アプリケーションの例」(115ページ)で記述した「標準ポート」がアプリケーションのデフォルトポートになります。

［アプリケーション］タブで制御対象のアプリケーションに「web-browsing」を指定した場合、サービスをany指定にすると、ポート番号に関係なく「web-browsing」と識別された通信はすべて許可されます。

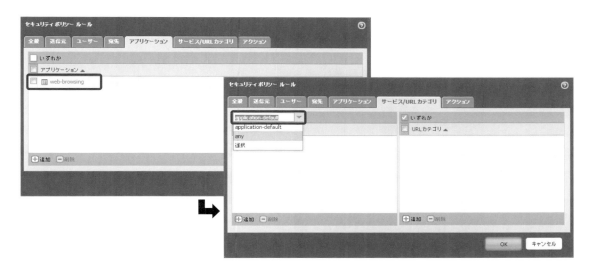

また、サービスをany指定にした場合、対象セッションのアプリケーションが識別されるまで、他のプロトコルのパケットもこのセキュリティポリシーにマッチすることになります（アクションを［許可］にしている場合は、アプリケーション識別が完了するまですべての通信が許可されてしまいます）。

このような意図しない通信が許可されることを防止するために、「application-default」を指定します。

セキュリティポリシーでアクションを［許可］にするルールを作成する場合は、「application-default」を指定することが推奨とされています。

また、アクションを［拒否］とする場合はany指定が推奨となっています。

3.3.7 セキュリティプロファイルの概要

パロアルトネットワークス ファイアウォールでは、セキュリティポリシーごとにセキュリティプロファイルを適用します。

設定可能なセキュリティプロファイルには以下のものがあります。

※各セキュリティプロファイルについての詳細は第4章を参照してください。

第 3 章　アプリケーション識別（App-ID）

- アンチウイルスプロファイル
- 脆弱性防御プロファイル
- アンチスパイウェアプロファイル
- URL フィルタリングプロファイル
- ファイルブロッキングプロファイル
- データフィルタリングプロファイル

　また、各種セキュリティプロファイルをグループ化したプロファイルグループも設定可能です。

●図3.9　セキュリティプロファイルグループ

3.4 App-IDセキュリティポリシーの設定例

3.4.1 設定要件

例として、以下の要件でのApp-IDを用いたセキュリティポリシーの作成手順を説明します。

- 要件1：社内の管理者セグメントから、インターネットへのSSH通信を許可する。
  TCPポート22（SSHのポート番号）を利用したSSH以外の通信（P2P通信等）を許可しないように、App-IDでの制御を行う。
- 要件2：社内の一般社員セグメントから、インターネットへのSSH通信を拒否する。

●図3.10 サンプルネットワーク構成図

以下の手順で設定を行います。
※要件1、要件2の場合の手順をそれぞれ記載します。

- 事前設定
  ①アドレスオブジェクトの作成

- セキュリティポリシー作成
  ②ポリシー名の入力

第3章　アプリケーション識別（App-ID）

③送信元ゾーン、送信元アドレスの設定

④宛先ゾーン、宛先アドレスの設定

⑤アプリケーションの設定

⑥サービスの設定

⑦アクションの設定

⑧コミット処理

3.4.2　App-IDセキュリティポリシーの設定手順

①アドレスオブジェクトの作成

→ セキュリティポリシー作成前の事前準備として、アドレスオブジェクトを作成します。

● 要件1

▼［Objects］タブ＞左のメニューより［アドレス］

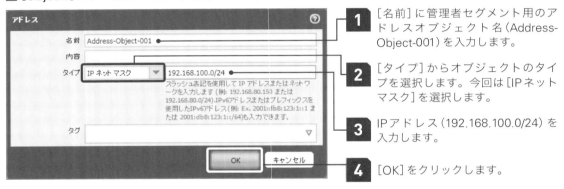

1　［名前］に管理者セグメント用のアドレスオブジェクト名（Address-Object-001）を入力します。

2　［タイプ］からオブジェクトのタイプを選択します。今回は［IPネットマスク］を選択します。

3　IPアドレス（192.168.100.0/24）を入力します。

4　［OK］をクリックします。

● 要件2

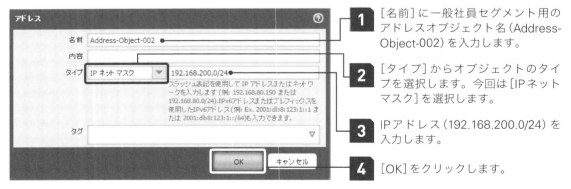

1　［名前］に一般社員セグメント用のアドレスオブジェクト名（Address-Object-002）を入力します。

2　［タイプ］からオブジェクトのタイプを選択します。今回は［IPネットマスク］を選択します。

3　IPアドレス（192.168.200.0/24）を入力します。

4　［OK］をクリックします。

3.4 >> App-ID セキュリティポリシーの設定例

②ポリシー名の入力

➡ セキュリティポリシールールを作成します。

- 要件1

▼ [Policies]タブ>左のメニューより[セキュリティ]

画面下の[追加]をクリックすると、[セキュリティポリシールール]ダイアログが表示されます。

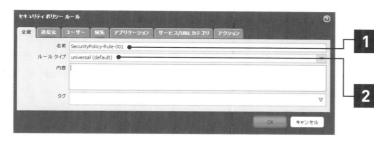

1 [名前]にセキュリティポリシーのルール名を入力します（例：SecurityPolicy-Rule-001）。

2 [ルールタイプ]はデフォルト設定の[universal(default)]にします。

※[OK]は必要事項をすべて設定するまでクリックできません。

- 要件2

1 [名前]にセキュリティポリシーのルール名を入力します（例：SecurityPolicy-Rule-002）。

2 [ルールタイプ]はデフォルト設定の[universal(default)]にします。

③送信元ゾーン、送信元アドレスの設定

➡ セキュリティポリシールールに送信元ゾーンおよび送信元アドレスの設定をします。

- 要件1

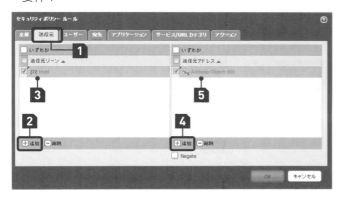

1 [送信元]タブへ移動します。

2 [送信元ゾーン]の[追加]をクリックします。

3 ゾーンが選択できるので、社内セグメント側ゾーンの[trust]を選択します。

4 [送信元アドレス]の[追加]をクリックします。

5 アドレスオブジェクトが選択できるので、管理者セグメントのアドレスオブジェクト[Address-Object-001]を選択します。

第 3 章　アプリケーション識別（App-ID）

- 要件 2

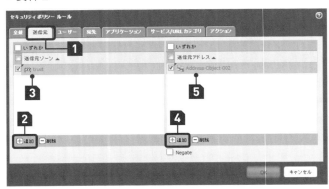

1. ［送信元］タブへ移動します。
2. ［送信元ゾーン］の［追加］をクリックします。
3. ゾーンが選択できるので、社内セグメント側ゾーンの［trust］を選択します。
4. ［送信元アドレス］の［追加］をクリックします。
5. アドレスオブジェクトが選択できるので、一般社員セグメントのアドレスオブジェクト［Address-Object-002］を選択します。

④宛先ゾーン、宛先アドレスの設定

➡ セキュリティポリシールールに宛先ゾーンおよび宛先アドレスの設定をします。

- 要件 1

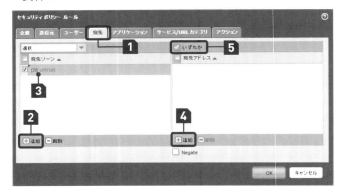

1. ［宛先］タブへ移動します。
   ※［ユーザー］タブの設定は今回の要件では不要です。
2. ［宛先ゾーン］の［追加］をクリックします。
3. インターネット側ゾーンの［untrust］を選択します。
4. ［宛先アドレス］の［追加］をクリックします。
5. 宛先の指定はないため、［いずれか］を選択します。

- 要件 2

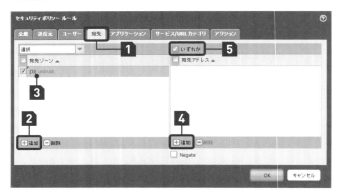

1. ［宛先］タブへ移動します。
2. ［宛先ゾーン］の［追加］をクリックします。
3. インターネット側ゾーンの［untrust］を選択します。
4. ［宛先アドレス］の［追加］をクリックします。
5. 宛先の指定はないため、［いずれか］を選択します。

3.4 >> App-IDセキュリティポリシーの設定例

⑤アプリケーションの設定

➡ セキュリティポリシールールに制御対象アプリケーションを指定します。

● 要件1

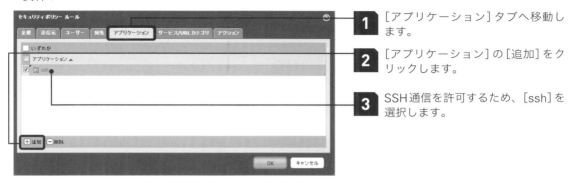

1 [アプリケーション]タブへ移動します。

2 [アプリケーション]の[追加]をクリックします。

3 SSH通信を許可するため、[ssh]を選択します。

● 要件2

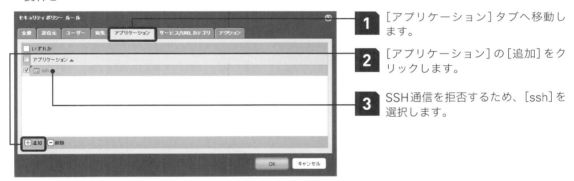

1 [アプリケーション]タブへ移動します。

2 [アプリケーション]の[追加]をクリックします。

3 SSH通信を拒否するため、[ssh]を選択します。

⑥サービスの設定

➡ アプリケーションに合わせて、サービスを指定します。

● 要件1

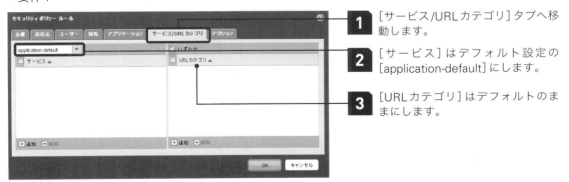

1 [サービス/URLカテゴリ]タブへ移動します。

2 [サービス]はデフォルト設定の[application-default]にします。

3 [URLカテゴリ]はデフォルトのままにします。

第3章 アプリケーション識別（App-ID）

> **注意**
> サービス設定を [application-default] としたことで、SSHのデフォルトポートであるポート22（TCP）以外のSSH通信はドロップされます。
> セキュリティの観点からSSHのリッスンポート番号を変更することはよくありますが、変更したポート番号へSSH通信を行う場合、サービス設定をカスタマイズする必要があります。
> ポート番号が「2022（TCP）」のSSH通信を許可する場合は、「2022（TCP）」のサービスオブジェクトを新たに作成し、application-defaultではなく、作成したサービスオブジェクトを設定します。
> サービス設定を [any] にした場合も通信可能ですが、前述（3.3.6項）の理由から、許可ポリシーの場合は、「any」設定しないことが好ましいです。

● 要件2

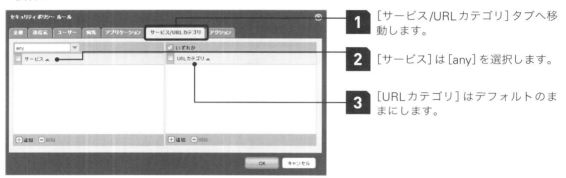

1. [サービス/URLカテゴリ] タブへ移動します。
2. [サービス] は [any] を選択します。
3. [URLカテゴリ] はデフォルトのままにします。

> 特定のポート番号に限定せずにSSH通信の拒否を行うため、サービスは [any] を選択しています。
> これによりSSHがどのポート番号を利用していた場合も、アプリケーション識別後に拒否されます。

⑦アクションの設定

➡ セキュリティポリシーアクションを指定します。

● 要件1

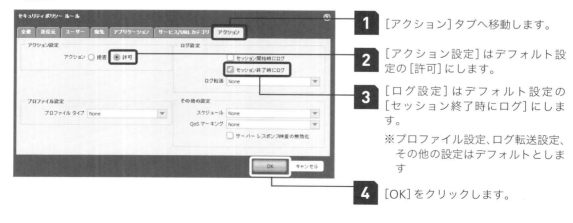

1. [アクション] タブへ移動します。
2. [アクション設定] はデフォルト設定の [許可] にします。
3. [ログ設定] はデフォルト設定の [セッション終了時にログ] にします。
   ※プロファイル設定、ログ転送設定、その他の設定はデフォルトとします
4. [OK] をクリックします。

3.4 >> App-IDセキュリティポリシーの設定例

● 要件2

1 [アクション]タブへ移動します。

2 [アクション設定]は[拒否]を選択します。

3 [ログ設定]はデフォルト設定の[セッション終了時にログ]にします。

※プロファイル設定、ログ転送設定、その他の設定はデフォルトとします

4 [OK]をクリックします。

⑧コミット処理

➡ 画面右上の[コミット]をクリックして設定反映を実施します。

【要件1、要件2共通】

3.5 セキュリティポリシー設定リファレンス

本節では、セキュリティポリシーの設定項目に関してまとめます。

3.5.1 全般タブ

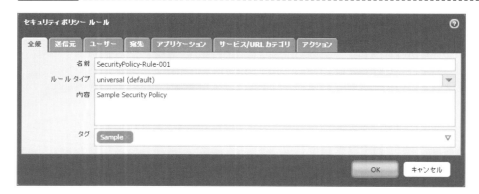

●表3.9 セキュリティポリシー全般設定項目

項目	説明
名前	ルールの名前を入力します（最大31文字）。名前の大文字と小文字は区別され、一意の名前である必要があります。半角英数字、スペース、ハイフン、アンダースコアのみが使用可能です。
ルールタイプ	ルールがゾーン内、ゾーン間、その両方のどれに適用されるかを指定します（デフォルトは [universal (default)]）。
内容	ポリシーの説明を入力します（最大255文字）。
タグ	ポリシーにタグを付ける場合に、プルダウンメニューから選択することで指定できます。

3.5 >> セキュリティポリシー設定リファレンス

3.5.2 送信元タブ

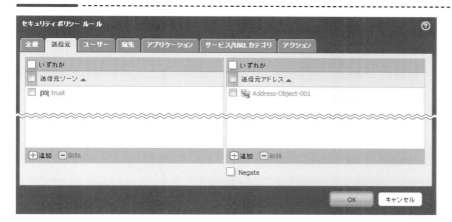

● 表3.10 セキュリティポリシー送信元設定項目

項目	説明
送信元ゾーン	送信元ゾーンを選択します。定義するゾーンは同じタイプである必要があります。[レイヤー2]ゾーンと[レイヤー3]ゾーンなど、異なるゾーンを含めることはできません。
送信元アドレス	[送信元アドレス]、[アドレスグループ]、[地域]を選択します（デフォルトは[いずれか]*7）。

3.5.3 ユーザータブ

● 表3.11 セキュリティポリシー送信元ユーザー/HIP設定項目

項目	説明
送信元ユーザー	送信元ユーザーまたはユーザーグループを選択します（デフォルトは[any]）。
HIPプロファイル	適用するする Host Information Profiles を選択します（デフォルトは[any]）。

*7　[いずれか]の選択肢は「any」を表し、「すべての」アドレスを一致条件とします。

3.5.4 宛先タブ

●表3.12 セキュリティポリシー宛先設定項目

項目	説明
宛先ゾーン	宛先ゾーンを選択します。定義するゾーンは同じタイプである必要があります。 ［レイヤー2］ゾーンと［レイヤー3］ゾーンなど、異なるゾーンを含めることはできません。
宛先アドレス	［宛先アドレス］、［アドレスグループ］、［地域］を選択します（デフォルトは［いずれか］）。

3.5.5 アプリケーションタブ

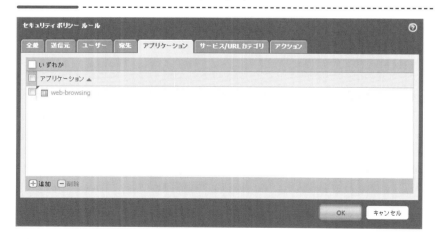

●表3.13 セキュリティポリシーアプリケーション設定項目

項目	説明
アプリケーション	［App-ID］、［アプリケーションフィルタ］、［アプリケーショングループ］を選択します（デフォルトは［いずれか］）。

3.5.6 サービス/URLカテゴリタブ

● 表3.14 セキュリティポリシーサービス/URLカテゴリ設定項目

項目	説明
サービス	[サービス]、[サービスグループ]を選択します（デフォルトは [application-default]）。
URLカテゴリ	URLカテゴリ（カスタムカテゴリを含む）を選択します（デフォルトは [いずれか]）。

3.5.7 アクションタブ

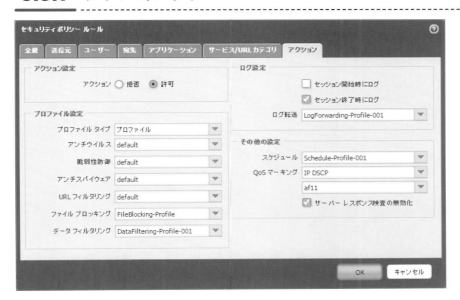

第3章 アプリケーション識別(App-ID)

●表3.15 セキュリティポリシーアクション/プロファイル/ログ設定項目[*8]

項目	説明
アクション設定	ルールに一致する通信のアクションを[許可]、[拒否]から選択します。
プロファイル設定	[アンチウイルス]、[脆弱性防御]、[アンチスパイウェア]、[URLフィルタリング]、[ファイルブロッキング]、[データフィルタリング]の各プロファイルを選択します(デフォルトは[None][*8])。 個別のプロファイル選択以外に、プロファイルグループでの選択もできます。
ログ設定	ルールに一致した通信のログアクションを、[セッション開始時にログ]、[セッション終了時にログ]から選択します(デフォルトは[セッション終了時にログ])。 ・[セッション開始時にログ] 　セッションの開始時にログ生成されます。 ・[セッション終了時にログ] 　セッションの終了時にログ生成されます。 また、該当ログをSyslogサーバーなどに転送させる設定も可能です(デフォルトは[None])。 転送する場合、ログ転送プロファイルを選択します。
その他の設定	ルールを適用するスケジュール、QOSマーキング設定を行えます。 ・[スケジュール] 　スケジュールプロファイルを選択することにより、ルールを適用する日時を指定できます(デフォルトは[None])。 ・[QoSマーキング] 　ルールに一致するパケットのQuality of Services(QoS)を設定します(デフォルトは[None])。 また、[サーバーレスポンス検査の無効化]にチェックを入れることにより、サーバーからクライアントへのパケットの検査を無効にすることが可能です(デフォルトは[オフ])。 サーバーからクライアントへ送信されるパケットの検査が無効化されるため、サーバーからのトラフィックが多い場合に(負荷が高い状況)有効な設定です。

[*8] [None]は「何も指定しない」を意味します。

3.6 App-IDログ

3.4で設定したセキュリティポリシーを使って実際に通信を流した際に、どのようなトラフィックログが出力されるかを見てみましょう。

3.6.1 【要件1】管理者セグメントからの通信

● 標準ポート（TCP22）でのSSH通信の場合

送信元	送信元ユーザー	宛先	宛先ポート	アプリケーション	アクション
192.168.100.1			22	ssh	allow
192.168.100.1			22	ssh	allow

SSHの標準ポートのTCP22でSSH通信を行った場合、アプリケーションが識別され、トラフィックログの［アプリケーション］列に「ssh」と表示されます。

［宛先ポート］は「22」、［アクション］は「deny」と表示され、通信は許可されます。

● 非標準ポート（TCP2022）でのSSH通信の場合

送信元	送信元ユーザー	宛先	宛先ポート	アプリケーション	アクション
192.168.100.1			2022	not-applicable	deny
192.168.100.1			2022	not-applicable	deny
192.168.100.1			2022	not-applicable	deny

サービスの設定が「application-default」であるため、デフォルトポートのTCP22以外のSSH通信は拒否されます。

このとき、トラフィックログの［アプリケーション］は「not-applicable」と表示されます。

これは、アプリケーションが識別される前にポート番号の不一致（デフォルトポートの22ではないため）で拒否されたためです。

アプリケーション識別前にIPアドレスやポートによるチェックが行われるため、これら値による拒否ルールにマッチした場合はアプリケーション識別は行われずにセッションが拒否されます。

第3章 アプリケーション識別（App-ID）

「3.2.1　アプリケーションプロトコルの検出と復号化」で説明したSSHトンネル通信は、SSHの復号化を行うことで、可視化や拒否をすることが可能です。（SSH復号化の詳細は、7.5節を参照してください）
通常（SSH復号化を行わない場合）であれば「ssh」と識別されるSSHトンネル通信を、SSH復号化設定により「ssh-tunnel」と識別可能となります。
「ssh-tunnel」を拒否するセキュリティポリシーを設定することで、SSHトンネル通信を拒否できます。

●図3.11　SSH復号化を行わない場合のログ出力例

宛先ポート	アプリケーション	アクション
22	ssh	allow

●図3.12　SSH復号化を行った場合のログ出力例

宛先ポート	アプリケーション	アクション
22	ssh-tunnel	deny

3.6.2 【要件2】一般社員セグメントからの通信

● 標準ポート（TCP22）でのSSH通信の場合

送信元	送信元ユーザー	宛先	宛先ポート	アプリケーション	アクション
192.168.200.1			22	ssh	deny
192.168.200.1			22	ssh	deny

　SSHの標準ポートであるTCP22でSSH通信を行った場合、アプリケーション識別が実施され、トラフィックログの［アプリケーション］に「ssh」と表示されます。
　［宛先ポート］は「22」、［アクション］は「deny」と表示され、通信は拒否されます。

● 非標準ポート（TCP2022）でのSSH通信の場合

送信元	送信元ユーザー	宛先	宛先ポート	アプリケーション	アクション
192.168.200.1			2022	ssh	deny
192.168.200.1			2022	ssh	deny

　この場合、サービスをanyとしたセキュリティポリシールールと一致します。これは明示的にポート2022を拒否するルールにマッチするものではないため、非標準ポートのTCP2022でSSH通信を行った場合でも、アプリケーション識別が実施されトラフィックログの［アプリケーション］に「ssh」と表示されます。
　［宛先ポート］は「2022」、［アクション］は「deny」と表示され、通信は拒否されます。

第 **4** 章

脅威防御
(Content-ID)

本章ではアプリケーション上を流れるデータやファイルについてシグネチャマッチングなどの条件により脅威防御を行うコンテンツ識別（Content-ID）の各機能について紹介します。パロアルトネットワークスの統合脅威防御を構成する、アンチウイルス、アンチスパイウェア、脆弱性防御、URL フィルタリング、ファイルブロッキング、WildFire、ゾーンプロテクションと DoS プロテクションの各機能について概要と設定手順について説明します。

第4章　脅威防御（Content-ID）

4.1 統合脅威防御の必要性

　アプリケーション、マルウェア、その他従来の検出方法を回避する機能を持った攻撃など、さらなる進化を遂げた脅威に企業のネットワークが脅かされています。

　脅威となるアプリケーションには、ポートをホッピングするもの[*1]、標準でないポートを使用するもの、他アプリケーション内でトンネリングするものや、プロキシによるトンネルやSSLなどの暗号化に隠れるものなどがあります。

　さらに従来のファイアウォールやアンチウイルスソフト、その他のセキュリティ製品で行われている防御機能を容易にすり抜けて検知されない洗練されたマルウェアの脅威にも脅かされています。

　パロアルトネットワークスは他のアンチウイルスやファイアウォールなどのセキュリティソリューション製品には見られない脅威防御検知機能を提供することで、これらの脅威に対処します。全ポートにおいて全トラフィックのアプリケーション識別を行い、セキュリティ回避技術に左右されることなくアプリケーション脅威を排除することができます。その上で外部から脅威を侵入させない入口対策としてアンチウイルス、アンチスパイウェア、脆弱性防御、URLフィルタリング、ファイルおよびデータのブロッキング・フィルタリングなどさまざまな防御メカニズムを活用して、既知の脅威を発見し、コントロールします。

　またWildFireで未知のファイルに対してサンドボックス分析を実行し、未知および標的型のマルウェアを見つけ出すとともに、感染後の出口対策としてボットネット特有の感染パターンを識別してレポートを提供します。

　これら入口対策および出口対策により、攻撃のいずれかの手順ですり抜けられたとしても、別の手順で遮断することが可能な「多層防御」が実現できます。

　サイバー攻撃は、図4.1のように「サイバーキルチェーン」とも呼ばれる、ユーザーの誘い込み、エクスプロイト、バックドアのダウンロード、バックチャネルでのC&C通信、という連続したプロセスによって成り立っています。

　昨今の攻撃に対抗するために、サイバーキルチェーンのすべてのプロセスにおいて対策を打つ多層防御を実装することで、脅威の侵入および感染リスクを減らすことが可能です。

[*1] ファイアウォールによるブロックを回避するため、アプリケーションが能動的に通信で使用できるポートを探す動作をポートホッピングと呼びます。

4.1 >> 統合脅威防御の必要性

●図4.1 多層脅威防御

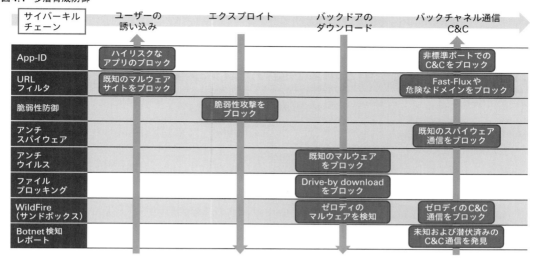

アンチウイルス（Anti-Virus）とは「ウイルス対策」という意味で、コンピュータウイルスを監視したり駆除したりする機能です。

ウイルス、ワーム、トロイの木馬、スパイウェアなど不正かつ有害な動作を行う意図で作成された悪意あるソフトを総称してマルウェアと呼びますが、インターネット経由の通信を行うことでさまざまなマルウェアに感染する危険性が高まります。マルウェアに感染してしまうと以下のような事象が起きる可能性があります。

- OSのシステムファイルやアプリケーションの実行ファイルなどの重要ファイルが破壊されて復旧不能になる。
- メールソフトのアドレス帳に登録してある人全部にマルウェアやシェルコードが含まれるファイルが添付されたメールを送信してしまう。
- 感染したパソコンから更新したWebサイトにウイルスが埋め込まれ、サイトの閲覧者が感染してしまう。
- 遠隔操作されるマルウェアに感染した場合、外部から監視、制御される。
- ボットネットに感染し、知らないうちにスパムメール送信やDDOS攻撃に参加させられてしまう。または会社の機密情報の入ったサーバーへのアクセスの踏み台となる。
- パソコンに保存された個人情報やパスワードを使って本人になりすまされ、クレジットカードの不正使用被害に遭う。

10年ほど前までは、LOVELETTERウイルスのような感染を広げて喜ぶ愉快犯型のマルウェアが多かったのですが、近年は大規模犯罪組織による金銭目当ての情報搾取を目的とするマルウェアが非常に増えています。

第 4 章　脅威防御（Content-ID）

　このようなマルウェアに感染することを防ぐため、アンチウイルス（ウイルス対策）を導入することが望ましいです。

4.1.1　ゲートウェイ型とホスト型のアンチウイルス

　アンチウイルスはホスト型とゲートウェイ型に大別できます。パソコンやサーバーにインストールするウイルス対策ソフトによるソリューションをホスト型アンチウイルスと呼びますが、これはほとんどの社内端末に導入されていることでしょう。社内端末ではなく、ネットワークゲートウェイにアンチウイルスを導入することで社内ネットワークへのマルウェアの侵入を防ぐことができ、さらに社内端末から発信されたマルウェアのチェックも行うことが可能です。

　ゲートウェイ型は内部ネットワークと外部ネットワークの境界において、大量のエンドツーエンドセッションを同時に、高速にウイルススキャンを行い、ネットワーク間におけるウイルス伝播を最小限に食い止めるのが目的です。日々発見されるセキュリティホールを悪用して開発されていくマルウェアは、どのアンチウイルスソリューションを持ってしても100%遮断できる保証はなく、特にゲートウェイ型ではその性質上、スキャンできる対象が限られています。

　一方、ホスト型では自身で受信したオブジェクトのみをスキャンするため、パフォーマンスに関しては重視されません。ホスト上にて解凍、復号、パスワード解除されたオブジェクトすべてをスキャンする必要があるため、ゲートウェイ型に比べてホスト型ではシグネチャのカバレッジが重要な検討要件となっていました。

　パロアルトネットワークスで提供するのはゲートウェイ型のアンチウイルスです。

4.1.2　ゼロデイマルウェア（未知のマルウェア）

　最近ではVirusTotal[*2]のようなアンチウイルスエンジンをまとめているサイトがあり、このようなサービスにファイルをアップロードすると世界中の何十種類というアンチウイルスソフトの最新定義ファイルを使ってファイルがウイルスとして検知されるか調べることが可能で、組織的に活動するサイバー攻撃者はこのようなサイトを使って作成したファイルがいずれかのアンチウイルスエンジンによって検出されないかどうかチェックを行い、どのエンジンでも検出されないことを確認してから攻撃に使います。

　パロアルトネットワークスが調査した結果では、WildFireで検出されたマルウェアの振る舞いを持つファイルのうち、どのエンジンでも検出されないもの（このようなファイルをゼロデイマルウェアと呼ぶ）の割合は7割に達します。検出された翌日になると、各アンチウイルスベンダーが検体を

[*2] https://www.virustotal.com/ja/

入手してシグネチャを生成することによりその割合は下がりますが、それでも4割以上のファイルは翌日以降もどのベンダーのエンジンでも検出されないままです。

この結果からも、アンチウイルスのみでは未知のマルウェアへの対策が行えていないのが現状です。そのため、WildFireのような未知のマルウェア対策を実施する必要があるわけです。

> **参考** 攻撃者（Attacker）とは
>
> サイバー攻撃で攻撃者（Attacker）というと首謀者だけではなく、マルウェアに感染した端末も攻撃者（Attacker）となります。首謀者は"actor"と呼ばれます。目的を達成するために組織的に、または複数の手法を組み合わせた攻撃のことをcampaign（キャンペーン）と呼びます。攻撃の手口やパターン、使用されたマルウェアなどをまとめたものをTTP（Tactics, Techniques and Procedures：戦術、技術および手順）と呼びます。

4.1.3 パロアルトネットワークスのアンチウイルス

パロアルトネットワークスのアンチウイルス機能では、以下のプロトコル上で転送されるウイルスを検知し防御します。

- HTTP
- FTP
- SMTP
- MAP
- POP3
- SMB

上記プロトコルのいずれかを使用したアプリケーションによって転送されたファイルはアンチウイルス機能による検査が可能です。検査はストリームベース分析により行われます。これはファイアウォール上でファイルのキャッシュやファイル全体の保持を行わず、ファイルがファイアウォールを通過するときにリアルタイムで分析されるというものです。

4.1.4 ストリームベースとファイルベース

ゲートウェイ型アンチウイルスには、「ファイルベース」と「ストリームベース」の2種類の方式があります。ファイルベースではスキャンする対象のオブジェクト（ファイル）データをバッファに蓄積し、オブジェクトを構成するすべてのデータを受信し終わって初めてスキャンを開始します。一方、ストリームベースではスキャンを開始するためにファイル全体をメモリにロードするまで待機せず、ファイルの先頭パケットを受信後すぐにスキャンを開始します。またスキャン後のファイル送信も、ファイル全体のスキャン完了を待たずにスキャンが終了したパケットから送信します。これにより

ファイルベーススキャンに比べ、待ち時間を大幅に削減し、低遅延を実現します。

　パロアルトネットワークスの次世代ファイアウォールではストリームベースが使われています。ストリームベースでは高速低遅延というメリットはありますが、ファイルを蓄積しないという性質上、特定の圧縮ファイルを展開してスキャンすることができません。zipまたはgzipのファイル圧縮方式では、ファイルをチャンクと呼ばれる可変長のブロックに分割してチャンクごとに圧縮を行っているため、ストリームベースであってもブロック単位で圧縮解除を行ってスキャンを行うことが可能です。PAN-OSではzipおよびgzipファイルについて、二重圧縮(圧縮ファイルの圧縮)までをスキャンすることが可能です。

●図4.2　ストリームベースとファイルベース

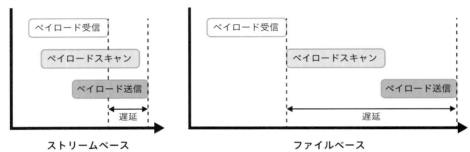

注意　Webメール添付の圧縮ファイルについて
Webメールに添付された圧縮ファイルは一重圧縮のみスキャン可能です。

4.1.5　アンチウイルスのデフォルトプロファイル

　ユーザートラフィックに対してアンチウイルスを機能させるには、アンチウイルスプロファイルを作成してセキュリティポリシールールに適用する必要があります。PAN-OSには、"default"と呼ばれる名前のアンチウイルスプロファイルで使用できる事前定義プロファイルがあります。このプロファイルには各プロトコル用にデフォルトのアクションが設定されています。デフォルトアクションはプロトコルごとに異なり、パロアルトネットワークスの最新の推奨に従っています。各プロトコルの現時点でのデフォルトアクションは表4.1のとおりです。

●表4.1 アンチウイルスのデフォルトアクション

プロトコル	デフォルトアクション
SMTP	アラート
SMB	ブロック
POP3	アラート
IMAP	アラート
HTTP	ブロック
FTP	ブロック

　SMTP、POP3、IMAPのデフォルトアクションがアラートとして設定されている理由は、これらプロトコルに対する専用のアンチウイルスゲートウェイソリューションが存在し、特にPOP3とIMAPに関してはセッション全体に影響を与えずにファイルを消去したりストリーム上で感染したファイル転送を適切に終了したりすることがファイアウォールでは行えないためです。

　これらプロトコルに対するアクションは、カスタムプロファイルを作成することでカスタマイズすることが可能です。

　デフォルトのアンチウイルスプロファイルはSMTP、POP3、IMAP向けのアンチウイルスをメールサーバー上などですでに運用していれば使用できます。事前定義されたプロファイルは読み取り専用であるため、例外を定義したい場合はプロファイルのコピーを作成および編集して使用するようにします。

　SMTPについては、メールサーバーなどでアンチウイルスを適用していない場合、カスタムアンチウイルスプロファイルを定義し、感染した添付ファイルにブロックアクションを適用することが可能です。この場合、ブロックされたメッセージを再送しないようにSMTPの541レスポンスを送信元SMTPサーバーへ返送します。

4.1.6　誤検知と例外

　通常、アンチウイルスシグネチャの誤検知（false-positive）率は非常に低いですが、シグネチャはパターンマッチングを前提としているため、無害なファイルの中身に同じパターンの文字列が存在する場合はウイルスとして検知されてしまいます。誤検知や不必要な検知が発生した場合、アンチウイルスプロファイルにウイルス例外を定義することで、特定の脅威IDを検査から除外することができます。同様に、特定のアプリケーションを検査対象から除外することができます。このような場合、除外用のプロファイルを作成し、そのプロファイルを適用するファイアウォールルールを作成することで誤検知などによる不必要なシグネチャによる影響を受けるコネクションへの対処とすることが可能です。

4.1.7 ユーザー通知

ブラウザを使ったHTTP通信でユーザーがリクエストしてサーバーが応答したオブジェクト（ファイル）をファイアウォールがスキャンし、そのオブジェクトがマルウェアと判定された場合、ユーザーのブラウザ上に"Virus Download Blocked"メッセージが表示されます。このメッセージとページレイアウトはカスタマイズ可能です。

● 図4.3　デフォルトで用意されたユーザー通知画面

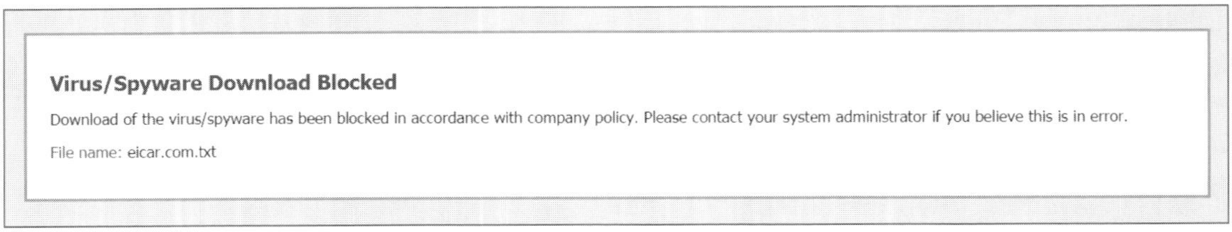

Virus/Spyware Download Blocked
Download of the virus/spyware has been blocked in accordance with company policy. Please contact your system administrator if you believe this is in error.
File name: eicar.com.txt

● 図4.4　カスタマイズしたユーザー通知画面の例

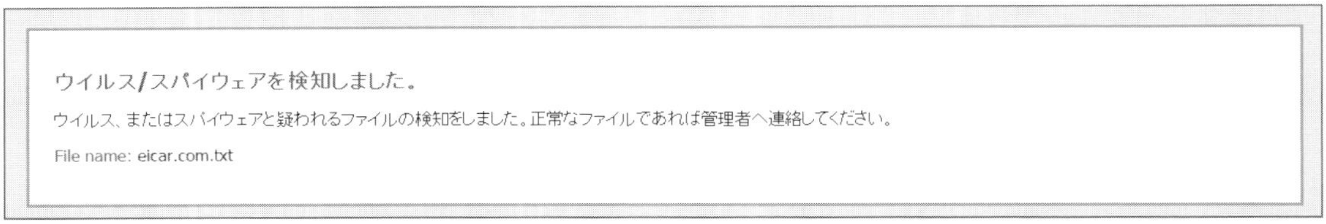

ウイルス/スパイウェアを検知しました。
ウイルス、またはスパイウェアと疑われるファイルの検知をしました。正常なファイルであれば管理者へ連絡してください。
File name: eicar.com.txt

ユーザー通知画面のカスタマイズ

ユーザー通知画面のカスタマイズはアンチウイルスだけでなく、ファイルブロッキング、URLフィルタリング、キャプティブポータル等ユーザー通知画面をカスタマイズすることが可能です。
以下がカスタマイズ可能なユーザー通知画面です。

● 表4.2　ユーザー通知一覧

対象ページ	説明
Antivirus/Anti-spyware Block Page	ウイルス/アンチスパイウェア検知時のページ
アプリケーションブロックページ	セキュリティポリシールールでアプリケーションがブロックされたときのページ
キャプティブポータル認証ページ	キャプティブポータルでの認証時に表示するページ
ファイルブロッキング続行ページ	ファイルブロッキングプロファイルのアクションが[continue]と指定される場合に表示されるページ ページ内のContinueボタンをクリックするとファイルをダウンロードできます。
ファイルブロッキングブロックページ	指定したダウンロード禁止ファイルを検出した場合に表示するページ
GlobalProtectポータルのヘルプページ	GlobalProtectユーザー用のヘルプページ。
GlobalProtectポータルのログインページ	GlobalProtectポータルのログイン時のページ。
GlobalProtectウェルカムページ	GlobalProtectポータルにログインしようとしているページ
SSL証明書エラー通知ページ	SSL証明書が無効になっていることを示すページ
SSL復号オプトアウトページ	通信が調査のためSSL復号化されていること示す、警告ページ

4.1 >> 統合脅威防御の必要性

対象ページ	説明
URLフィルタリングおよびカテゴリー致ブロックページ	禁止されたURLカテゴリへのアクセスを検出した場合に表示するページ
URLフィルタリングの続行とオーバーライドページ	いったんアクセスを保留にさせておくページです。[続行]もしくは、事前に知らされたパスワードを入力することで該当の宛先へアクセスが続行できます。
URLフィルタリングセーフサーチの適用ブロックページ	[セーフサーチを適用]オプションが有効になっているURLフィルタリングプロファイルによってアクセスがブロックされたことを示すページ

ユーザー通知画面をカスタマイズする場合は、まずカスタマイズ通知画面のHTMLファイルを作成します。これはカスタマイズ前のページをエクスポートし、それをベースに編集するとよいです。その後以下の手順でインポートして反映させます

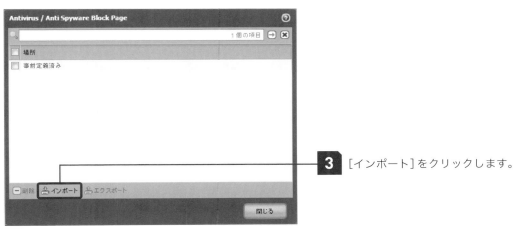

第 4 章　脅威防御（Content-ID）

4　選択をクリックし、インポートするhtmlファイルを指定します。また、[宛先]は反映させるVsysを指定しますが、ファイアウォール全体に適用させたい場合は[shared]に指定します。

※インポート可能なhtmlはテキストの内容が21845文字までとなります。

5　右上のコミットボタンをクリックし、設定を反映させます。

4.2 >> アンチウイルスプロファイル設定

4.2 アンチウイルスプロファイル設定

ファイアウォールでアンチウイルス機能を有効にします。ウイルス検知はセキュリティポリシーで指定されるため、通信を許可するセキュリティポリシールールを作成します。ファイアウォール上のすべてのアンチウイルスシグネチャを有効にし、一致するすべてのウイルスをブロックする設定を行います。今回は以下の要件を満たす設定を実施してみましょう。

- 3.4.2項で作成したセキュリティポリシー（ポリシー名：SecurityPolicy-001）にアンチウイルス機能を追加する。
  ※ネットワーク構成および詳細なセキュリティポリシー設定については3.4.2項を参照。
- 検査対象のプロトコルはすべて（FTP、HTTP、IMAP、POP3、SMB、SMTP）
- シグネチャと一致する通信が発生した場合、FTP、HTTP、SMBはBlockアクション、SMTP、IMAP、POP3はAlertアクションを実施。

以下の手順で設定を行います。

①アンチウイルスプロファイルの設定　　　③コンフィグレーションのコミット
②セキュリティポリシールールへの適用　　④脅威ログの確認

4.2.1 アンチウイルスプロファイルの設定手順

①アンチウイルスプロファイルの設定

➡ シグネチャに一致する通信をすべてブロックするアンチウイルスプロファイルを設定します。

▼ [Objects]タブ > 左のメニューより[セキュリティプロファイル] > アンチウイルス

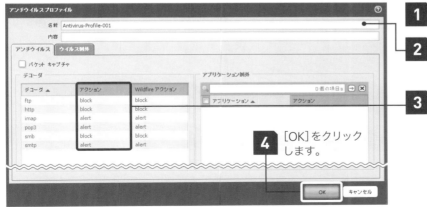

1 画面下部の[追加]をクリックします。

2 [名前]項目にプロファイル名を入力します（例：Antivirus-Profile-001）。

3 [アンチウイルス]タブよりデコーダ内の[アクション]項目を、ftp、http、smbはblock、smtp、imap、pop3はalertに変更します。
※WildFireアクションも同じ設定にします。

4 [OK]をクリックします。

②セキュリティポリシールールへの適用

→ アンチウイルスプロファイルを作成しただけではアンチウイルスは機能しません。検査対象としたいセキュリティポリシールールへアンチウイルスプロファイルを適用します。

▼ [Policies]タブ＞左のメニューより[セキュリティ]＞アンチウイルス機能を有効にする任意のポリシー名

1 プロファイルの適用を行うポリシー名（[名前]項目）のリンクをクリックします（例：SecurityPolicy-001）。

2 3.4.2項の設定（SecurityPolicy-001）はSSHのみの許可となっているため、ポリシー変更を行います。[アプリケーション]タブにてアプリケーションをSSHからWeb-browsingとdnsへ変更し、インターネットへ接続できるようにします。必要に応じてntp等のアプリケーションも指定します。

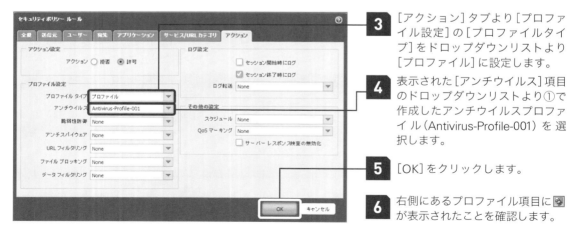

3 [アクション]タブより[プロファイル設定]の[プロファイルタイプ]をドロップダウンリストより[プロファイル]に設定します。

4 表示された[アンチウイルス]項目のドロップダウンリストより①で作成したアンチウイルスプロファイル（Antivirus-Profile-001）を選択します。

5 [OK]をクリックします。

6 右側にあるプロファイル項目に が表示されたことを確認します。

③コンフィグレーションのコミット

→ 右上のコミットボタンにて設定反映を実施します。

4.2 >> アンチウイルスプロファイル設定

④脅威ログの確認

➡ テスト用のウイルスファイルを使用してアンチウイルス機能動作の確認を行います。

1 「http://www.eicar.org/85-0-Download.html（eicarテストサイト）」
へアクセスします。

2 画面下部にある「Download area using the standard protocol http」の「eicar.com」、「eicar.com.txt」、「eicar_com.zip」、「eicarcom2.zip」のいずれかをクリックし、ダウンロードします。

3 クライアントのWebブラウザ上にウイルスと思われるファイルを検知した旨のページが表示されることを確認します。

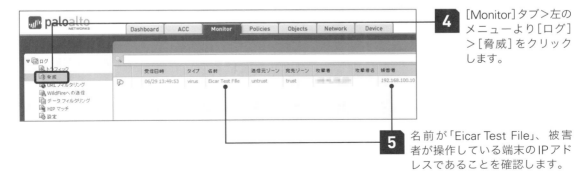

4 [Monitor]タブ＞左のメニューより[ログ]＞[脅威]をクリックします。

5 名前が「Eicar Test File」、被害者が操作している端末のIPアドレスであることを確認します。

159

第4章　脅威防御（Content-ID）

　アンチウイルス例外設定

特定のアプリケーション、シグネチャ（脅威ID）を指定することで、アプリケーション単位で指定したアクションの実施や、指定したシグネチャの検知を除外する設定が可能です。

▼ ［Object］タブ＞［セキュリテイプロファイル］＞［アンチウイルス］＞［アンチウイルス］タブ

● 図4.5　Web-browsingで検知した脅威はすべてブロックする設定例

▼ ［Object］タブ＞［セキュリテイプロファイル］＞［アンチウイルス］＞［ウイルス例外］タブ

● 図4.6　脅威ID_100000「Eicar Test File」の検知を除外する例

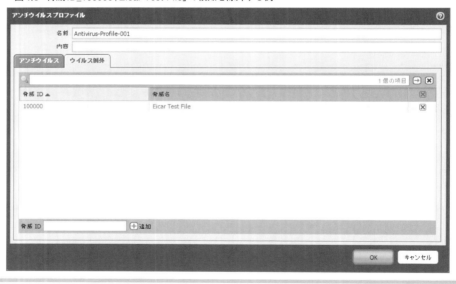

4.3 アンチウイルスプロファイル設定項目

　アンチウイルス機能は任意のアプリケーションを検査対象外とすることも可能であり、任意のシグネチャについても検知対象外とすることも可能です。
　WildFireサブスクリプションを保持しており、WildFireより入手したシグネチャを利用する場合もアンチウイルスプロファイルで設定します。

▼ GUI画面より、[Objects]タブ＞左のメニューより[セキュリティプロファイル]＞[アンチウイルス]タブ

● 表4.3　アンチウイルスプロファイル基本設定項目

項目	説明
名前	任意の名前を追加します。
内容	プロファイルの説明などを記入できます。
[アンチウイルス]タブ	
パケットキャプチャ	識別したパケットに対するキャプチャ取得できます。
デコーダ	
デコーダ	FTP、HTTP、IMAP、POP3、SMB.SMTPという6つの通信プロトコルに対するデコーダを持っていて、それぞれに対してアクションを定義することができます。
アクション	default（XXX）となっている場合は、特に設定しないときは（）内のアクションで制御することになります。[allow（許可）]、[alert（警告）]、[block（ブロック）]の3種類
WildFireアクション	WildFireで作成されたシグネチャに対してもアクションを指定することが可能です。[allow（許可）]、[alert（警告）]、[block（ブロック）]の3種類

第 4 章　脅威防御（Content-ID）

項目	説明
アプリケーション例外	
アプリケーション	ここに指定したアプリケーションだけ、通信プロトコルごとに指定したアクションとは別のアクションを指定することができます。
アクション	例外指定したアプリケーションへのアクションを指定します。 ［default（属する通信プロトコルデコーダ欄で指定したアクションと同じ）］、［allow（許可）］、［alert（警告）］、［block（ブロック）］

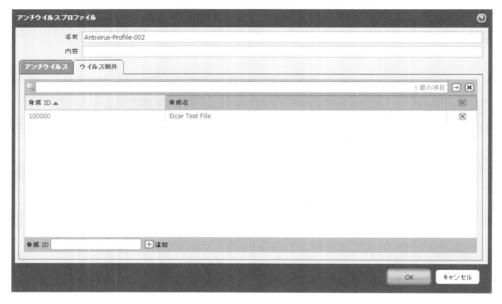

●表4.4　ウイルスシグネチャ例外設定項目

項目	説明
［ウイルス例外］タブ	
脅威ID	例外指定する脅威を脅威IDで指定します。ThreatIDは脅威ログの詳細ログビューの中の［脅威詳細］に記載されています。 脅威IDを指定し、追加をクリックすることで、指定した脅威IDを例外指定できます。［100000 - 2999999］の範囲がウイルス検知の脅威IDとなります

4.4 アンチスパイウェア

アンチスパイウェア機能はスパイウェアおよびマルウェアのネットワーク通信を検知し防御します。アンチウイルス機能は特定プロトコル上で通信されるマルウェアのファイルそのものについてパターンマッチングにより検出を行いますが、アンチスパイウェア機能では特定のプロトコルに限定されておらず、マルウェア（スパイウェア）が発信する各種phone-home通信（スパイウェアから外部攻撃者への通信）を検知します。

4.4.1 アンチスパイウェアプロファイル

ユーザートラフィックに対してアンチスパイウェアを機能させるには、アンチスパイウェアプロファイルを作成してセキュリティポリシールールに適用する必要があります。アンチスパイウェアプロファイルには事前定義済みのものと、管理者が作成するカスタムの2種類があります。

● 表4.5　アンチスパイウェアプロファイル

プロファイル名	説明
default	すべてのcritical、high、medium、lowの重大度のスパイウェアイベントにデフォルトのアクションを適用します。Informationalの重大度のスパイウェアイベントは検出しません。 ※重大度は表4.10脆弱性防御シグネチャを参照
strict	critical、high、mediumの重大度のスパイウェアイベントにブロック応答を適用し、lowとinformationalの重大度のスパイウェアイベントに対してはデフォルトアクションを使用します。
カスタム	ひとつ以上のルールまたは例外として指定したアンチスパイウェアシグネチャを含めて作成します。一致するトラフィックのパケットキャプチャを有効にすることも可能で、痕跡収集やトラブルシューティング用に使用できます。

ほとんどの場合、事前定義プロファイルを使用すればよいです。トラフィックのブロックが許可されていない環境では、スパイウェアイベントのアラートのみを対象としたカスタムプロファイルを定義します。また、誤検知による無効化やCPU負荷抑制などのため明らかに不要なシグネチャを除外するためにシグネチャの例外を作成したい場合もカスタムプロファイルにて定義します。

4.4.2 アンチスパイウェアシグネチャ

アンチスパイウェアのシグネチャアップデートは、スパイウェア本体の場合は「アンチウイルス」のアップデートに、phone-homeなど通信パターンのアップデートは「アプリケーションと脅威」のアップデートに含まれます。アンチスパイウェア用のカスタムシグネチャも作成可能で、"GUI画面より、[Objects]タブ＞左のメニューより［カスタムオブジェクト］＞［スパイウェア］"で作成することが可

能です。

4.4.3 DNSシンクホール

DNSシンクホールはアンチスパイウェアのシグネチャを使用して、悪意のあるDNSドメインに対するDNSクエリの発行元を明示化させる機能です。

DNSシンクホールを利用すると、ファイアウォールは悪意のあるDNSドメインへのDNSクエリを検出した場合に通信拒否をせず、あえて擬似IPアドレスを返します。これにより感染端末は擬似IPアドレス宛の通信をさせるようにします。管理者はログより擬似IPアドレスへ何度もアクセスを試みる感染端末を確認することができます。PAにて用意された擬似IPアドレスであるため、悪意のあるドメインへは通信はされておらず、空の通信を実施しているので影響もないものといえます。

4.4.4 パッシブDNSモニタリング

ファイアウォールのパッシブDNSセンサーを利用して、DNS情報をパロアルトネットワークスに送信し、マルウェアドメインでないかを分析させることができる機能です。

パロアルトネットワークスで調査し結果マルウェアと判断された場合はDNSシグネチャが生成され、収集した情報はPAN-DB URLフィルタリングや、WildFireなどでも共有されます。

パロアルトネットワークスのプラットフォーム全体における脅威検知能力の向上につながるため、この機能の有効化が推奨されます。

● 図4.7 DNSシンクホールとパッシブDNSモニタリング

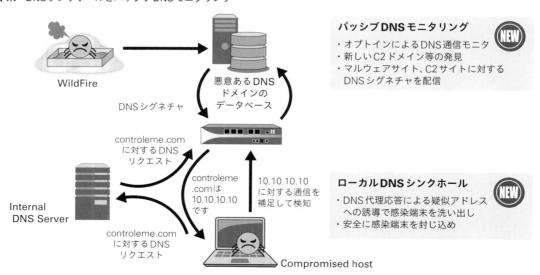

4.5 アンチスパイウェアプロファイル設定

ファイアウォールでアンチスパイウェア機能を有効にします。ファイアウォールでスパイウェアを検知するには、通信を許可するセキュリティポリシールールにアンチスパイウェアプロファイルを適用する必要があります。今回は以下の要件を満たす設定を実施してみましょう。

- 3.4.2項で作成したセキュリティポリシー（ポリシー名：SecurityPolicy-001）にアンチスパイウェア機能を追加する。
  ※ネットワーク構成および詳細なセキュリティポリシー設定については3.4.2項を参照。
- 検査対象とする重大度はすべて（Critical、High、medium、low、informational）
- シグネチャと一致する通信が発生した場合は、Critical、HighはBlockアクション、medium、low、informationalはAlertアクションを実施。

以下の手順で設定を行います。

①アンチスパイウェアプロファイル作成　　③コンフィグレーションのコミット
②セキュリティポリシーへの適用　　　　　④脅威ログの確認

4.5.1 アンチスパイウェアプロファイルの設定手順

①アンチスパイウェアプロファイル作成

➡ シグネチャと一致した通信をすべてブロックするアンチスパイウェアプロファイルを作成します

▼ [Objects] タブ > 左のメニューより [セキュリティプロファイル] > アンチスパイウェア

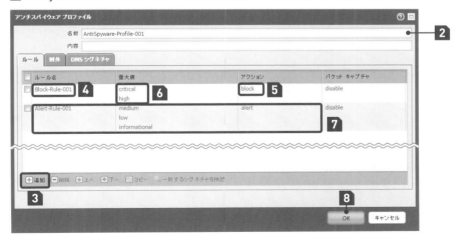

第4章 脅威防御（Content-ID）

1 画面下部の［追加］をクリックします。

2 ［名前］項目に任意のプロファイル名を入力します（例：AntiSpyware-Profile-001）。

3 ［ルール］タブ内の［追加］をクリックします。

4 ［ルール］名に任意のルール名を入力します（例：Block-Rule-001）。

5 アクション項目をドロップダウンリストから［ブロック］を選択します。

6 重大度は［Critical、High］を選択します。

7 同じ手順で重大度［medium、low、informational］のアクションをAlertにする設定を行います（例：Alert-Rule-001）。

8 ［OK］をクリックします。

②セキュリティポリシールールへの適用

→ アンチスパイウェアプロファイルを作成したのみでは機能しません。検査対象としたいセキュリティポリシールールへアンチスパイウェアプロファイルを適用します。

▼ ［Policies］タブ＞左のメニューより［セキュリティ］＞アンチスパイウェア機能を有効にする任意のポリシー名

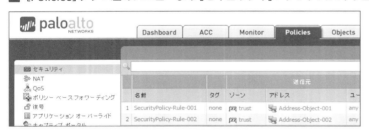

1 プロファイルの適用を行うポリシー名（［名前］項目）のリンクをクリックします（例：SecurityPolicy-001）。

2 3.4.2項の設定（SecurityPolicy-001）はSSHのみの許可となっているため、ポリシー変更を行います。［アプリケーション］タブにてアプリケーションをSSHからWeb-browsingとdnsへ変更し、インターネットへ接続できるようにします。必要に応じてntp等のアプリケーションも指定します。

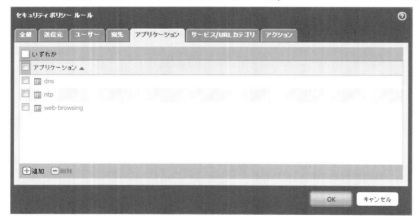

4.5 >> アンチスパイウェアプロファイル設定

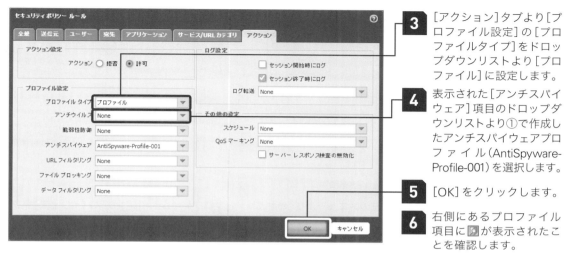

3 [アクション]タブより[プロファイル設定]の[プロファイルタイプ]をドロップダウンリストより[プロファイル]に設定します。

4 表示された[アンチスパイウェア]項目のドロップダウンリストより①で作成したアンチスパイウェアプロファイル(AntiSpyware-Profile-001)を選択します。

5 [OK]をクリックします。

6 右側にあるプロファイル項目に 📷 が表示されたことを確認します。

③コンフィグレーションのコミット

➡ 右上のコミットボタンにて設定反映を実施します。

■ ④脅威ログの確認

スパイウェア検知がされた場合は[脅威]ログに結果が出力されます。

[Monitor]タブ＞左のメニューより[ログ]＞[脅威]をクリックします。

167

4.6 アンチスパイウェアプロファイル設定項目

アンチスパイウェアプロファイルはプロファイル内にルールベースで作成します。

任意のスパイウェアカテゴリ、重大度のみブロックする等、詳細な条件設定が可能です。

また、任意のシグネチャを個別でアクションを変更や、パケットキャプチャを取得する等例外設定をすることも可能です。

▼ GUI画面より、[Objects]タブ>左のメニューより[セキュリティプロファイル]>[アンチスパイウェア]タブ

●表4.6　アンチスパイウェアプロファイル基本設定項目

項目	説明
名前	任意の名前を追加します。
内容	プロファイルの説明などを記入できます。
[ルール]タブ	
ルール名	任意のプロファイル名を指定します。
脅威名	すべてのシグネチャを照合する場合は[any]と入力します。入力されたテキストをシグネチャ名に含むシグネチャで照合します。
カテゴリ	ルールで識別するスパイウェアのカテゴリを指定します。すべての場合は[any]を選択します。他に[adware][backdoor][botnet][browser-hijack][data-theft][keylogger][networm][p2p-communication][spyware]の中から選択することができます。
アクション	脅威に対するアクションを指定します。[デフォルト][許可][Alert][ブロック]から選択します。詳細は表4.10を参照してください。

4.6 >> アンチスパイウェアプロファイル設定項目

項目	説明
パケット キャプチャ	識別したパケットに対するキャプチャ取得できます。以下から選択します。 | パラメータ	説明
single-packet	ひとつのパケットをキャプチャ
extended-capture	1～50個のパケットをキャプチャ
disable	キャプチャしない	
重大度	指定した重大度に一致する場合にのみシグネチャを適用する場合に重大度を選択します。[any(All severities)][critical][high][medium][low][informational]の中から選択できます。重大度の詳細については表4.10を参照してください。

●表4.7　スパイウェアシグネチャ例外設定項目

項目	説明
[例外]タブ	
すべての シグネチャの表示	登録されているすべてのシグネチャを表示させます。表示することで、シグネチャごとにアクション・パケットキャプチャ取得の有無などを指定することができます。
有効化	設定するルールから例外とするシグネチャにチェックを入れるとそのシグネチャはルールから例外とされます。
IP Address Exemptions	指定したIPアドレスが送信元もしくは宛先となっている際に、例外ルールで指定したアクションが優先的に動作します。シグネチャあたり最大100個のIPアドレスを追加できます。
アクション	シグネチャごとにアクションを指定することができます。[alert][allow][block-ip][default(XXX)][drop][drop-all-packets][reset-both][reset-client][reset-server]から選択できます。各アクションの内容については表4.10のアクションパラメータを参照してください。
パケットキャプチャ	パケットキャプチャの取得。[disable][single-packet][extended-capture]から選択できます。詳細は表4.6を参照してください。

169

第 4 章 脅威防御（Content-ID）

● 表 4.8 　 DNS シグネチャ設定項目

項目	説明
[DNS シグネチャ] タブ	
DNS クエリに対する アクション	既知のマルウェアサイトに対して DNS ルックアップが実行されたときに実行するアクションを指定します。 [default（alert）][許可][ブロック][シンクホール]
※シンクホールを 選択した場合	管理者は、ファイアウォールがローカル DNS サーバーよりもインターネット側にある（ファイアウォールが DNS クエリの発行元を認識できない）場合も含め、DNS トラフィックを使用してネットワーク上の感染ホストを識別することが可能となり、安全にマルウェアに感染した端末を隔離することができます。
シンクホール　IPv4	シンクホールとして使用する IPv4 アドレスを指定します。
シンクホール　IPv6	シンクホールとして使用する IPv6 アドレスを指定します。
パケットキャプチャ	パケットキャプチャの取得。[disable][single-packet][extended-capture] から選択できます。
パッシブ DNS モニタリングを有効にする	DNS クエリやレスポンスをモニタリングすることで、過去に攻撃に使われていたアドレスを見つけやすくする、ドメイン名などが頻繁に変更されているものなどを見つけやすくするために、パロアルトネットワークスに DNS 情報を送信して、脅威インテリジェンスと脅威防御機能の向上を図るための機能を有効にします。
脅威 ID	例外指定する脅威を脅威 ID で指定します。ThreatID は脅威ログの詳細ログビューの中の [脅威詳細] に記載されています。 脅威 ID を指定し、追加をクリックすることで、指定した脅威 ID を例外指定できます。

4.7 脆弱性防御（IPS）

　パロアルトネットワークスの脅威防御機能のひとつである脆弱性防御（Vulnerability Protection）は一般にIPSと呼ばれる機能で、クライアントサーバーシステム上の脆弱性に対するネットワークを利用した攻撃を検出し防御することができます。

　IPS（Intrusion Protection System）は「侵入防御システム」という意味の用語で、ここでいう「侵入」とはOSやアプリケーションの脆弱性を悪用して攻撃を実行するコードを用いることでネットワークや端末へ不正侵入することをさします。

　もともとIDS（Intrusion Detection System：侵入検知システム）と呼ばれる、同様の不正侵入を検出してアラートを出して管理者へ報告するというシステムが発祥であり、その後アラートだけではなく、悪意ある通信そのものを遮断するシステムとしてIPSが登場しました（4ページに記したように、もともとパロアルトネットワークスの創業者であるNir Zukは世界初のIPSアプライアンスをリリースしたOneSecureの創業者でもあります）。

　IDSやIPSでは、「シグネチャ（signature）」と呼ばれる攻撃パターンのデータベースが使われ、ネットワーク上を流れるトラフィックをパターンマッチさせて検出します。

　脆弱性はシステムやサービスに特化しているものと汎用なものがあり、特定のポートに依存するのではなく、OS、プロトコル、アプリケーション単位で実装の欠陥や仕様上の問題として発生します。

4.7.1　脆弱性防御プロファイル

　ユーザートラフィックに対して脆弱性防御を機能させるには、脆弱性防御プロファイルをセキュリティポリシールールに適用する必要があります。脆弱性防御プロファイルには事前定義済みのものと、管理者が作成するカスタムの2種類があります。

●表4.9　脆弱性防御プロファイル

プロファイル名	説明
default	clientおよびserverに関するすべてのcritical、high、mediumの重大度の脆弱性にデフォルトのアクションを適用します。Lowおよびinformationalの重大度の脆弱性防御イベントは検出しません。
strict	clientおよびserverに関するcritical、high、mediumの重大度の脆弱性にブロック応答を適用し、lowとinformationalの脆弱性防御イベントに対してはデフォルトアクションを使用します。
カスタム	ひとつ以上のルールまたは例外として指定した脆弱性防御シグネチャを含めることができます。一致するトラフィックのパケットキャプチャを有効にすることも可能で、痕跡収集やトラブルシューティング用に使用できます。

4.7.2 脆弱性防御シグネチャ

　脆弱性防御プロファイルではルールベースを作成することによって、適用するシグネチャを指定することができます。PAN-OSでは、執筆時時点で7,000種類近くの脆弱性防御シグネチャIDがあります。具体的にどのようなシグネチャがあるかを確認したい場合、GUIの"Objects＞セキュリティプロファイル＞脆弱性防御＞追加"で表示される脆弱性防御プロファイルウィンドウにて"例外"タブを選択し、「すべてのシグネチャの表示」をチェックすることで確認できます（図4.8）。この設定画面では、本来は誤検知が発生してしまったような場合に当該シグネチャIDの使用を無効化するためのものですが、パラメータごとにフィルタリングもできるため特定のシグネチャを確認したい場合にも利用できます。

　脆弱性防御シグネチャは"[Device]タブ＞[ダイナミック更新]＞[アプリケーションおよび脅威]"のアップデートで更新されます。通常、このアップデートは一週間に一度行われます。突発的な重大な脆弱性に対しては、その確認後24時間以内に緊急アップデートがリリースされることもあります。脅威防御サブスクリプションを購入している場合のみ、脆弱性シグネチャを含むアップデートを取得できますが、購入していない場合はアプリケーション（App-ID）のアップデートのみになります。ダイナミック更新の詳細については2.3.5項を参照してください。

　各IDには表4.10に示されるパラメータが定義されています。IPS機能を有効にした場合、通信パターンがこのいずれかと一致するとブロックやアラートなど指定されたアクションを実施します。

●図4.8　脆弱性防御プロファイルの"例外"タブ

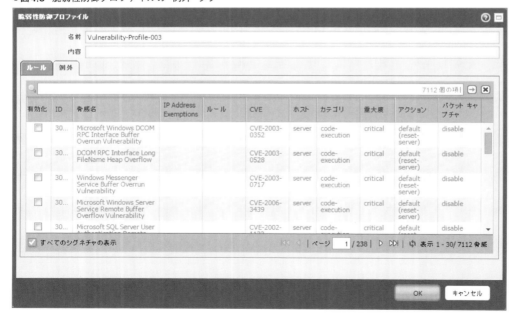

4.7 >> 脆弱性防御（IPS）

● 表4.10 脆弱性防御シグネチャ

パラメータ	説明
脅威名	シグネチャ適用する脅威名のテキスト文字列を指定します。たとえば "Login Attempt" と指定すれば "Windows SMB Login Attempt" や "SSH2 Login Attempt" が一致します。
CVE	指定したCVE（Common Vulnerabilities and Exposures）に一致する場合にのみシグネチャを適用します。CVE形式は "CVE-yyyy-xxxx"（yyyyは西暦、xxxxは一意識別子）で表現されます。たとえば2011年の脆弱性をフィルタするには "2011" と入力します。
ホストタイプ	ホストタイプはクライアント側（client）、サーバー側（server）、いずれか（any）の3種類あり、ルールのシグネチャをどちら側のフローに限定するかを指定します。たとえば "client" の場合、Microsoft Officeなどクライアントに関する脆弱性シグネチャであり、サーバーからクライアントへ向かうフローのトラフィックのみにシグネチャを適用します。

カテゴリ	指定した脆弱性カテゴリに一致する場合にのみシグネチャを適用する。カテゴリには以下がある。	
	カテゴリ	説明
	brute-force	「総当たり攻撃」とも呼ばれ、パスワードを解読するため辞書ツールなどを使ってさまざまな文字列を次々と試していく攻撃手法
	code-execution	サーバーに不正なデータを送り付けることで、遠隔地からコードを実行させることができるようになる攻撃
	dos	DoS攻撃。大量のパケットを送り付けて攻撃先コンピュータのCPU負荷やメモリ使用率を上げてサービス実行を妨げる
	info-leak	攻撃者が悪意あるスクリプトなどの埋め込まれたメールやマルウェアに誘導するURLを送り付ける攻撃。攻撃成功により機密情報搾取などが行われる
	overflow	プログラムを実行するメモリ上に確保されるバッファ領域を超えて情報を格納させることで、悪意あるプログラムへ誘導させる攻撃手法
	sql-injection	Webアプリケーションに対し、データベース操作言語であるSQLを使って不正にデータベースを操作する攻撃手法

重大度	各シグネチャには以下に示す重大度が定義される。重大度に応じてデフォルトアクションが異なる。指定した重大度にも一致する場合にのみシグネチャを適用するには、ルールで重大度を選択する。	
	重大度	説明
	critical	広く配布されたソフトウェアのデフォルトのインストール状態で影響を受け、サーバーのルート権限を搾取し、攻撃者が攻撃に必要な情報を広く利用可能である脆弱性
	high	criticalになる可能性を持っているが、攻撃するのが難しかったり、上位権限を獲得できなかったり、攻撃対象が少なかったりするなど、攻撃者にとって攻撃する魅力を抑制するいくつかの要因がある脆弱性
	medium	DoS攻撃のように情報搾取までいかない潜在的攻撃や、標準ではない設定、人気のないアプリケーション、なりすまし、非常に限られた環境からしか攻撃できない場合mediumとなる
	low	ローカルまたは物理的なシステムアクセスを必要とするか、クライアント側のプライバシーやDoSに関する問題、システム構成やバージョン、ネットワーク構成の情報漏出を起こすような影響の小さい脅威
	informational	実際には脆弱性ではないかもしれないが、より深い問題が内在する可能性があり、セキュリティ専門家に注意を促すことが報告される疑わしいイベント

アクション	脆弱性検知時に実行するアクションを選択する。アクションには以下がある。	
	アクション	説明
	Alert	脆弱性検知時に脅威ログを記録する
	許可	脆弱性検知時でも脅威ログを記録せずに許可する
	デフォルト	シグネチャで事前定義されたデフォルトアクションを実施し、脅威ログを記録する
	ブロック	脆弱性検知時に脅威ログを記録して通信を停止する
	デフォルトアクションには以下があり、例外のアクション設定では上述の[alert]、[allow（許可）]も選択可能。	
	アクション	説明
	drop	脆弱性検知したパケットをドロップする
	drop-all-packets	脆弱性検知時以降のパケットをすべてドロップする
	reset-both	クライアント側とサーバー側の両方のフローに対してRSTパケットを送ってリセットを行う
	reset-client	クライアント側にRSTパケットを送ってリセットを行う
	reset-server	サーバー側にRSTパケットを送ってリセットを行う
	また上記アクション以外に "block-ip" があり、脆弱性シグネチャの場合、検出から一定期間（設定により1〜3600秒）は当該セッションからのパケットをブロックする。このアクションは主にDoS攻撃対策用。	

第 4 章　脅威防御（Content-ID）

パラメータ	説明
ベンダーID	指定したベンダーIDに一致する場合にのみシグネチャを適用する。 たとえば、MicrosoftのベンダーIDの形式はMSyy-xxx（yyは西暦下二桁で、xxxは一意識別子）であり、2009年のMicrosoft関連シグネチャを一致させるには「MS09」と入力する。
パケットキャプチャ	識別されたパケットをキャプチャするには、このチェックボックスをオンにする。

 ホストタイプ"server"について

"server"はApacheなどサーバーに関する脆弱性シグネチャであり、クライアントからサーバーへ向かうトラフィックのみにシグネチャを適用します。

4.7.3　シグネチャのチューニング

　脆弱性防御を導入する場合、防御するトラフィックに悪影響を与えないように注意します。脆弱性防御シグネチャは研究チームが収集した既知の情報に基づいて開発され、広範なリグレッション[*3]テストを受けていますが、一部のシグネチャは汎用的な通信を対象としており、誤った設定が行われたサービスやバグのあるアプリケーションのトラフィックとパターンマッチングしてしまうことがあります。社内開発されたWebアプリケーションのようなカスタマイズされたアプリケーションではこれが起きやすいです。また、正常通信であるがパターンと一致してしまうもの、すでに端末側で修正パッチを適用した脆弱性のもの、攻撃ではない通信を記録する監査目的のものなど、不必要なシグネチャIDも存在します。そのため、実環境においてアラートのみをアクションとする事前検証を行わずに多くのシグネチャに対してブロック有効化するのは一般的には好ましくなく、不要なブロックが行われてしまうリスクが生じます。

　脆弱性防御を導入する際は、検証期間を設けて運用時にどのシグネチャIDをどのアクションで適用するかチューニングすることを推奨します。特に、サービスの可用性が重要である環境においては、脆弱性防御を完全に動作させて適切に機能させるために検証フェーズが必要となります。

　または、インライン構成（ブロッキングモード）にすることでネットワークにどのような影響を与えるのかを調査するために最初はアラートのみで運用する、あるいはTapモードでカスタム脆弱性防御プロファイルを導入する方法もあります。このときのプロファイルでは、各シグネチャのアクションを"alert"に設定します。

[*3] バグや誤検知を修正するために追加や編集したコードが新たなバグや誤検知を招いてしまうことをさします。このようなことを防ぐために行う試験がリグレッションテストです。

4.7 >> 脆弱性防御（IPS）

4.7.4 カスタムシグネチャ

パロアルトネットワークスの研究チームによって生成される脆弱性シグネチャの他に、ユーザー定義によるカスタムシグネチャを作成することも可能です。"Objects＞カスタムオブジェクト＞脆弱性"で追加することができます。

● 図4.9 カスタムシグネチャ設定画面

カスタムシグネチャはHTTP、SMTP、IMAP、FTP、POP3、SMB、MSSQL、MSRPC、RTSP、SSH、SSL、Telnet、Unknown-TCP、Unknown-UDPの各プロトコル上のペイロードに対して、フィールド値（たとえば「ペイロード長」や「バージョン」など）の大小、正規表現によるパターンマッチングのルールを定義することで作成します。

これにより、たとえばHTTPのRequestヘッダ内のHostフィールドに特定の文字列が存在した場合にヒットさせる、というような使い方が可能になります。

「標準シグネチャ」では、現在のトランザクションのみをスキャン対象とするか、セッション全体を対象とするかを選択でき、各ルールをAnd条件やOr条件で絞り込ませることが可能です。さらに複数のシグネチャIDをAnd条件やOr条件で統合させ、指定した秒数で何件ヒットしたかを定義した「組み合わせシグネチャ」を作成できます。

4.8 脆弱性防御プロファイル設定

ファイアウォールで脆弱性を検知するには、通信を許可するセキュリティポリシールールに脆弱性防御プロファイルを適用する必要があります。今回は以下の要件を満たす設定を実施してみましょう。

- 3.4.2項で作成したセキュリティポリシー（ポリシー名：SecurityPolicy-001）にアンチスパイウェア機能を追加する。
  ※ネットワーク構成および詳細なセキュリティポリシー設定については3.4.2項を参照。
- 検査対象とする重大度はすべて（Critical、High、medium、low、informational）
- クライアント側、サーバー側両方のシグネチャを有効にする。
- シグネチャと一致する通信が発生した場合は、Critical、HighはBlockアクション、medium、low、informationalはAlertアクションを実施。

以下の手順で設定を行います。

① 脆弱性防御プロファイル作成　　　　③コンフィグレーションのコミット
② セキュリティポリシールールへの適用　④脅威ログの確認

4.8.1 脆弱性防御プロファイルの設定手順

①脆弱性防御プロファイル作成

➡ シグネチャに一致する通信をすべてブロックする脆弱性プロファイルを設定します。

▼ [Objects]タブ＞左のメニューより[セキュリティプロファイル] ＞ [脆弱性防御]

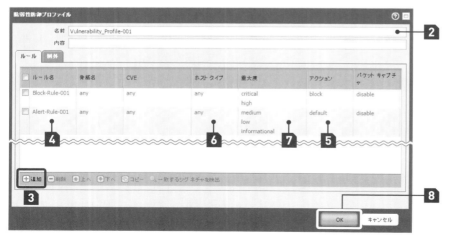

4.8 >> 脆弱性防御プロファイル設定

1 画面下部の[追加]をクリックします。

2 [名前]項目に任意のプロファイル名を入力します（例：Vulnerability_Profile-001）。

3 [ルール]タブ内の[追加]をクリックします。

4 [ルール名]に任意のルール名を入力します（例：Block-Rule）。

5 [アクション]項目をドロップダウンリストから[ブロック]を選択します。

6 [ホストタイプ]が[any]になっていることを確認します。

7 重大度は[Critical、High]を選択します。

8 同じ手順で重大度[medium、low、informational]のアクションをAlertにする設定を行います（例：Alert-Rule）。

9 [OK]をクリックします。

②セキュリティポリシールールへの適用

→ 脆弱性防御プロファイルを作成しただけでは機能しません。検査対象としたいセキュリティポリシールールへ脆弱性防御プロファイルを適用します。

▼ [Policies]タブ＞左のメニューより[セキュリティ]＞脆弱性防御機能を有効にする任意のポリシー名

1 プロファイルの適用を行うポリシー名（[名前]項目）のリンクをクリックします（例：SecurityPolicy-001）。

2 3.4.2項の設定（SecurityPolicy-001）はSSHのみの許可となっているため、ポリシー変更を行います。[アプリケーション]タブにてアプリケーションをSSHからWeb-browsingとdnsへ変更し、インターネットへ接続できるようにします。必要に応じてntp等のアプリケーションも指定します。

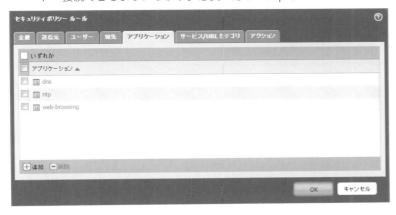

第 4 章　脅威防御（Content-ID）

3　[アクション] タブより [プロファイル設定] の [プロファイルタイプ] をドロップダウンリストより [プロファイル] に設定します。

4　表示された [脆弱性防御] 項目のドロップダウンリストより①で作成した脆弱性防御プロファイル（Vulnerability_Profile-001）を選択します。

5　[OK] をクリックします。

6　右側にある [プロファイル] 項目に 🔳 が表示されたことを確認します。

③コンフィグレーションのコミット

➡ 右上のコミットボタンにて設定反映を実施します。

④脅威ログの確認

➡ 検索サイトを使用して影響度が低い脆弱性を利用した攻撃を実施し、テストを行います。ここでは ID 30852 の "HTTP/etc/passwd Access Attempt" というイベントを確認します。

1　「http://www.yahoo.co.jp （Yahoo! 検索サイト）」へアクセスします。

2　「etc/passwd」を検索する。

3　[Monitor] タブ > 左のメニューより [ログ] > [脅威] をクリックします。

4　名前が「HTTP/etc/passwd Access Attempt」、攻撃者が操作している端末の IP アドレスであることを確認します。

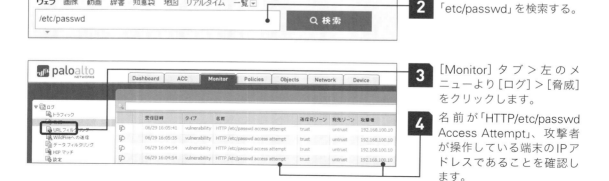

4.9 脆弱性防御プロファイル設定項目

脆弱性防御プロファイルは、適用するシグネチャに関するルールベースを記述することで作成します。

特定のCVEに一致する場合や、指定したベンダーIDに一致する場合にアクションを実施するなど詳細な条件設定が可能です。

また、例外処理として特定のシグネチャのみアクションを変更したり、指定したIPアドレスが含まれる場合には例外として設定されたアクションを優先して実施させたりすることも可能です。

▼ GUI画面より、[Objects]タブ＞左のメニューより[セキュリティプロファイル]＞[脆弱性防御]タブ

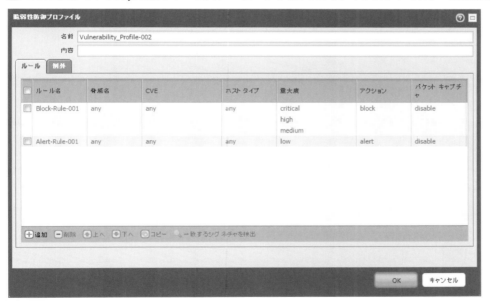

● 表4.11 脆弱性防御プロファイル基本設定項目

項目	説明
名前	任意の名前を追加します。
内容	プロファイルの説明などを記入できます。
[ルール]タブ	
ルール名	任意のプロファイル名を入力します。
脅威名	すべてのシグネチャを照合する場合は[any]と入力します。入力されたテキストをシグネチャ名に含むシグネチャで照合します。
アクション	脅威に対するアクションを指定します。[デフォルト][Allow][Alert][Block]から選択します。詳細は表4.10を参照してください。

第 4 章　脅威防御（Content-ID）

項目	説明
ホストタイプ	ルールをクライアント側、サーバー側、どちらも（any）に限定するかどうかを指定します。
パケットキャプチャ	パケットキャプチャの取得。[disable][single-packet][extended-capture]から選択できます。詳細は表4.6を参照してください。
カテゴリ	ルールで識別する脆弱性のカテゴリを指定します。すべての場合は[any]を選択します。他に[brute-force][code-execution][command-execution][dos][info-leak][overflow][scan][sql-injection]の中から選択することができます。詳細は表4.10を参照してください。
CVE	指定したCVEに一致する場合にのみシグネチャを適用する場合、CVE番号を入力します。
ベンダーID	指定したベンダーIDに一致する場合にのみシグネチャを適用する場合、ベンダーIDを入力します。
重大度	指定した重大度に一致する場合にのみシグネチャを適用する場合に重大度を選択します。[any（All severities）][critical][high][medium][low][informational]の中から選択できます。詳細は表4.10を参照してください。

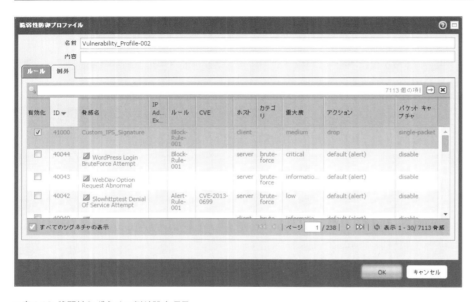

●**表4.12 脆弱性シグネチャ例外設定項目**

項目	説明
[例外]タブ	
すべてのシグネチャの表示	登録されているすべてのシグネチャを表示させます。表示することで、シグネチャごとにアクション・パケットキャプチャ取得の有無などを指定することができます。
有効化	設定するルールから例外とするシグネチャにチェックを入れるとそのシグネチャはルールから例外とされます。
IP Address Exemptions	指定したIPアドレスが送信元もしくは宛先となっている際に、例外ルールで指定したアクションが優先的に動作します。シグネチャあたり最大100個のIPアドレスを追加できます。
アクション	シグネチャごとにアクションを指定することができます。[alert][allow][block-ip][default（XXX）][drop][drop-all-packets][reset-both][reset-client][reset-server]から選択できます。詳細は表4.10を参照してください。
パケットキャプチャ	パケットキャプチャの取得。[disable][single-packet][extended-capture]から選択できます。詳細は表4.6を参照してください。
脅威名（鉛筆マーク）	総当たり攻撃用シグネチャの単位時間あたりのヒット数やしきい値の適用先を指定できます。ヒット数は[回数]と[単位時間（秒数）]で指定できます。集約基準は[source][destination][source-and-destination]から選択できます。

4.10 URLフィルタリング

URLフィルタリング機能は、HTTP通信においてクライアントがサーバーにリクエストを送る際、リクエストURLを検査して、そのURLにアクセス可能かどうかを判断し、好ましくないWebサイトへのアクセスを遮断したり、アクセスログを取得したりする機能です。

たとえば携帯電話の通信事業者では、主に未成年者向けに有害サイトへのアクセスを行わせない契約オプションを用意していますが、これにもURLフィルタリング機能が使われています。

URLフィルタリング機能ではURLとカテゴリの組み合わせを持つURLデータベースを使用します。カテゴリには「ビジネス」「金融」「アダルト」「ギャンブル」「マルウェア」などメーカーによって50～100種類ほどあります。

また、常にブロックされる(またはアラートが生成される)Webサイトの「ブロックリスト」や、常に許可されるWebサイトの「許可リスト」を定義することができます。

URLフィルタリング自体は、パソコンやモバイルデバイスにインストールする専用ソフトウェアや、プロキシ機器上で動作するURLフィルタリング、または専用アプライアンスも他社より販売されており、上記サイトやカテゴリ単位でのアクセス制御はいずれの製品も可能です。

4.10.1 他社URLフィルタリング製品との違い

プロキシや専用ネットワーク製品で動作する他社のURLフィルタリングとの比較として、パロアルトネットワークスのURLフィルタリングはアプリケーション識別やユーザー識別と連携できるのが特徴です。

他社製品ですと、ポート80(HTTP)やポート443(HTTPS)、ポート25(SMTP)など特定のポート番号をリッスン[*4]しており、当該ポートを宛先とするセッションに関してのみURLフィルタリングを行います。したがってポートホッピングやトンネリングが行われると、ポート番号が変わってしまうためURLフィルタリングを行うことができません。また、プロキシアプリケーションの利用や、URLデータベースに登録されていない匿名プロキシサイト[*5]へのアクセスによりURLフィルタリングが回避される場合もあります。

パロアルトネットワークスのソリューションでは、ポート番号に依存せず、プロトコルに関わらずすべての通信をスキャンできるので、ポートホッピングやポート偽造によるURLフィルタリング回

[*4] リッスン(Listen)とは特定のポート番号が開いている、特定のポート番号で待機していることをさします。
[*5] 送信元のIPアドレスを宛先に対して隠して匿名性を高めているプロキシをさします。

避を防げます。またASProxyのような匿名プロキシアプリケーションやHamachiのような暗号化トンネリングアプリケーションのようにURLフィルタリングを回避されるようなトラフィックが来た場合、それらアプリケーションをブロックすることが可能です。

> **参考** **暗号化トンネリングアプリケーションとプロキシアプリケーション**
> 識別可能な暗号化トンネリングアプリケーションとプロキシアプリケーションです。
> 詳細はApplipediaサイト（https://applipedia.paloaltonetworks.com/）で確認が可能です。
> ※App-IDシグネチャによって内容は変動します。

●表4.13 暗号化トンネリングアプリケーションとプロキシアプリケーション

暗号化トンネリングアプリケーション		プロキシ	
authentic8-silo	open-vpn	aol-proxy	labnol-proxy
browsec	packetix-vpn	asproxy	megaproxy
checkpoint-vpn	pagekite	avoidr	opendoor
ciscovpn	panos-global-protect	bypass	phproxy
cyberghost-vpn	ping-tunnel	bypassthat	pingfu
droidvpn	rdp2tcp	camo-proxy	privax
dtls	realtunnel	cgiproxy	proxeasy
firephoenix	reduh	circumventor	proxono
forward	remobo	coralcdn-user	psiphon
freedome	secure-access	dontcensorme	scotty
freenet	security-kiss	dostupest	skydur
frozenway	spotflux	fly-proxy	socks
gbridge	ssh	freegate	socks2http
gpass	ssh-tunnel	ghostsurf	suresome
gtunnel	ssl	glype-proxy	surrogafier
hamachi	steganos-vpn	gnu-httptunnel	telex
hola-unblocker	swipe	goagent	tor2web
hotspot-shield	tcp-over-dns	gpass-proxy	ultrasurf
i2p	tinyvpn	guardster	vtunnel
ibm-mobile-connect	tor	hopster	your-freedom
ipsec	tunnelbear	hosproxy	zelune
kerio-vpn	vipnet-vpn	http-proxy	zenmate
mobility-xe	vnn	http-tunnel	
ms-sstp	vtun	httport	
mult-ip	wallcooler-vpn	jap	
ngrok		kproxy	

4.10.2　パロアルトネットワークスのURLフィルタリング

ファイアウォールのセキュリティポリシールールが有効になると、内部のホストやユーザーに対してWebアクセスを許可するURLフィルタリングプロファイルがそれらルールに適用され、不必要な

4.10 >> URLフィルタリング

Webサイトへのアクセスを制御できるようになります。最も基本的なのは、明らかに悪意あるものとして分類されたサイトへのアクセスをブロックすることです。他には、多くのアクセス数があるためサイバー犯罪者によるマルウェア伝播に好まれリスク増加をもたらすWebカテゴリやWebサイトへのアクセスのブロックがあります。たとえば、ファイル共有サイト、ユーザーフォーラムやソーシャルメディアサイトがあります。

URLフィルタリングはセキュリティルール上に直接カテゴリを設定するか、URLフィルタリングプロファイルを定義しルールごとに有効にすることで行えます。URLフィルタリング用に利用可能なデフォルトプロファイルがひとつあり、以下のカテゴリへのアクセスをブロックします。

● 表4.14 デフォルトプロファイルでブロックするカテゴリ

PAN-DB	BrightCloud
Abused-drugs	Abused-Drugs
Adult	Adult and Pornography
Gambling	Online-gambling
Hacking	Hacking
Malware	Malware Sites
Phishing	Phishing and Other Frauds
Questionable	Questionable
Weapons	Weapons

企業のセキュリティや許容できる利用ポリシーに従ってカテゴリをフィルタするカスタムプロファイルを作成することができます。

URLフィルタリング機能を使うとログエントリが大量に生成される可能性があります。ログの量を減らすために、コンテナページだけをログ生成するようURLフィルタリングプロファイルを設定することができます。これは、リクエストされたWebページのファイル名が特定のMIMEタイプに一致するURIに対するログのみを生成するというものです。デフォルトでは、以下のMIMEタイプが含まれます。

- application/pdf
- application/soap+xml
- application/xhtml+xml
- text/html
- text/plain
- text/xml

それ以外のコンテナページ用MIMEタイプを追加することもできます。
コンテナページのロギングが有効になっている場合、アンチウイルスや脆弱性防御によって検知さ

れた脅威に対する関連URLログエントリが常に現れないことに注意してください。

4.10.3 URLフィルタリングデータベース

　パロアルトネットワークスの次世代ファイアウォールで利用できるURLフィルタリングデータベース（カテゴリデータベース）にはPAN-DBとBlightCloudの2種類があり、それぞれ別のサブスクリプションとして提供されています。ライセンス有効期限のタイミングで異なるデータベースに切り替えることが可能です。

■ BrightCloud

　2010年にWebroot社に買収されたBlightCloud社のデータベースが、2009年にリリースされたPAN-OS2.1からサポートされました。

　BrightCloudのデータベースは毎日更新され、管理インターフェイスからダウンロードおよびインストールができます。パフォーマンス最適化のため、アクセス頻度の多いサイト上位2000万件をファイアウォール上のディスクにローカルデータベースとして保持し、それ以外をクラウド上のデータベースで保持しています。URL識別時はローカルデータベースにエントリがないか検索されますが、当該URLがローカルデータベースに存在しない場合はクラウドデータベースにリクエストして判定されます。それでもなお、リクエストが失敗したり、クラウド上にも存在しない場合は特殊なカテゴリになります（表4.18特殊カテゴリを参照）。

　BrightCloudの場合はアプライアンスをインターネットに接続しないオフライン構成でも利用することができます。オフラインの場合、サポートサイトからデータベースを管理用PCにダウンロードし、それをファイアウォールの管理インターフェイスに送ってインストールします。さらにBrightCloudではIPレピュテーションサービスが提供され、クラウドにおいてリアルタイムなIP評価情報を利用できます。

● 表4.15　BrightCloudのカテゴリデータベース

カテゴリ名	説明
Abortion	中絶擁護派や中絶合法化反対のサイトを含む、主な目的がユーザに妊娠中絶について情報を与えるサイト、その特定見解を表現するサイト、中絶のサポートまたは反対のサイト。
Abused Drugs	ヘロイン、コカイン、その他街で取引される麻薬など、違法、不正、濫用された薬物に関して議論や救済法を提供するサイト。シンナー遊び、処方薬の不正使用、その他合法物質の濫用といった「合法麻薬」に関する情報。
Adult and Pornography	性的または猥褻な興味を刺激する目的で、性的に露骨な材料を含むサイト。大人のおもちゃ、CD-ROM、ビデオを含むアダルト製品。本質的に性的なニュースグループやフォーラムを含むオンライングループ。エロチックな小説や性的な行為のテキスト説明。ビデオチャット、エスコートサービス、ストリップクラブを含むアダルトサービス。性的に露骨な芸術。
Alcohol and Tobacco	アルコール飲料、タバコ製品、それに関連する用具に関する販売サポートや販売促進に関する情報を提供するサイト。
Auctions	主に個人間で行われる商品の提供と買い入れをサポートするサイト。案内広告は含まない。

4.10 >> URLフィルタリング

カテゴリ名	説明
Bot Nets	ネットワーク攻撃が実行されるボットネットワークの一部であると確認されたURLで、通常IPアドレス。攻撃はスパムメール、DoS、SQLインジェクション、プロキシハイジャック、その他の不要な通信が含まれます。
Business and Economy	商社、ビジネス情報、経済学、マーケティング、ビジネス管理、企業家精神を扱うサイト。企業のWebサイトを含む。
Cheating	カンニングに関するサイト、または無料の作文、試験のコピー、盗作を含む素材を含むサイト。
Computer and Internet Info	一般的なコンピュータやインターネットサイト、技術情報に関するサイト。
Computer and Internet Security	コンピュータまたはインターネットセキュリティサイト、セキュリティ討議グループに関するサイト。
Confirmed SPAM Sources	スパムメールの送信元であるサイト（通常IPアドレス）。
Content Delivery Networks	主な目的が画像、リンク、ビデオ、テキストといった第三者のコンテンツを配信するサイト。
Cult and Occult	呪文、呪い、魔法の力、悪魔、超自然的な存在を用いることにより、実在の出来事に作用するか影響する手法、手法の指導、その他情報を与えるか助長するサイト。魔術崇拝や魔法のような他の信仰を記載したサイトを含む。
Dating	個人的関係を確立することを中心とする出会い系サイト。
Dead Sites	httpクエリに応答を返さない、廃止サイト。
Dynamically Generated Content	エンドユーザのブラウザから情報（通常cookie）を読み込み、その情報を基にコンテンツを生成するサイト。
Educational Institutions	保育園、幼稚園、小学校、中学校、高校教育のコンテンツや情報を含むサイト、大学のWebサイト。
Entertainment and Arts	映画、ビデオ、テレビ、音楽およびプログラミング・ガイド、本、コミック、映画、劇場、ギャラリー、アーティスト、娯楽の批評に関する情報を与えるか助長するサイト。芸術公演（演劇、演芸、オペラ、シンフォニーなど）。博物館、ギャラリー、アーティストサイト（彫刻、写真撮影など）。タレントや有名人に関するサイトを含む。
Fashion and Beauty	オンラインのファッションやグラマー雑誌、美容と化粧品。
Financial Services	銀行業務サービス（オンラインまたはオフライン）やローンなどその他金融情報。会計、保険数理士、銀行、抵当、一般の保険会社を含む。市場情報、仲介、取引サービスを提供するサイトは含まない。
Gambling	実在または仮想の金銭を使うオンラインギャンブルや宝くじのWebサイト。掛け金の預け入れ、宝くじの参加、賭博、ナンバーくじ参加の情報やアドバイス。仮想カジノ、オフショア・ギャンブル投機、スポーツ賭博。高額の懸賞金を提供するか、本質的な賭博を要求する仮想スポーツや空想リーグ。現地でギャンブルが行えないホテルやリゾートのサイトは、「旅行」または「現地情報」に分類される。
Games	ゲームのプレーまたはダウンロード、テレビゲーム、コンピュータゲーム、電子ゲーム、ヒント、ゲームのアドバイスや改造コードを得る方法に関する情報やサポートを提供するサイト。ゲーム専門の雑誌や、ボードゲーム販売に特化したサイトを含む。
Government	政治、政治機関、課税や救急サービスといった政治サービスに関する情報を提供するサイトや後援サイト。各省庁の法律を議論、説明するサイトを含む。市町村、郡、州、国家政府、国際的政府機関のサイトを含む。
Gross	嘔吐物やその他身体機能、血まみれの衣類などを含むサイト。
Hacking	ハッキング、通信機器やソフトウェアへの違法または疑わしいアクセスや使用に関する情報を提供するサイト。検知または正規ライセンス料金を避けてコンピュータ装置、プログラム、データ、Webサイトにアクセスすることを議論するサイト。
Hate and Racism	ナチス、ネオナチ、クークラックスクランなどのような憎悪犯罪や人種差別のコンテンツや言葉を含むサイト。
Health and Medicine	フィットネスや福祉といった全般的な健康。病気や健康状態に関する医学情報や参考情報。歯科、視力、その他医学関連サイト。一般的な精神医学や精神的な幸福。病院、医療保険。随意選択手術や美容手術を含む医学技法。
Home and Garden	メンテナンス、ホームセキュリティ、装飾、料理、家庭用エレクトロニクス、デザイン、その他を含む住まいに関する論点をカバーしているサイト。
Hunting and Fishing	スポーツハンティング、銃クラブ、釣りサイト。
Illegal	犯罪活動、捕まらないようにする方法、著作権や知的財産権の侵害等に関するサイト。

第 4 章　脅威防御（Content-ID）

カテゴリ名	説明
Image and Video Search	写真や画像検索のリソースを提供するサイト、オンライン・フォトアルバム、デジタル写真交換、画像ホスティングのリソースを提供するサイト。
Individual Stock Advice and Tools	証券取引、投資資産（オンラインまたはオフライン）の管理を提供または広告するサイト。金融投資戦略、相場、ニュースを提供するサイトを含む。
Internet Communications	インスタントメッセージング、インターネット電話クライアント、VoIPクライアント、VoIPサービスを含むサイト。
Internet Portals	広くインターネットコンテンツを集積したWebサイト。msnやyahooのように、通常ある分野のWebサイトに興味を持ったエンドユーザの最初のアクセスページとして用いられる。アダルトサイトは含まない。
Job Search	職探し支援、見込みの雇用主や従業員を探している雇用者を検索するツールを提供するサイト。
Keyloggers and Monitoring	ユーザのキー・ストローク追跡やウェブ閲覧傾向をモニタするソフトウェアエージェントの使用法を提供するか議論するサイト。
Kids	子供や10代向けに特化して構成されたサイト。
Legal	法律事務所のサイトを含む、法律Webサイトと法律問題を議論または分析するサイト。
Local Information	レストラン、地域/地方情報、その土地の観光地や各種施設を含むシティ・ガイドおよび旅行者のための情報。
Malware Sites	実行可能ファイル、スクリプト、ウイルスを含むマルウェアを感染させるサイト。
Marijuana	マリファナの使用、栽培、歴史、文化に関するサイト。
Military	軍事戦略サイトや軍の歴史サイトのような、軍の話題を議論するサイトを含む、軍部や軍隊について情報を与えるか助長するサイト。
Motor Vehicles	自動車批評、車両購買、販売情報、部品カタログ。オートバイ、ボート、クルマ、トラック、RVを含む車両の自動取引、写真、議論。車両改造、修理、カスタマイズに関する雑誌。オンラインの自動車ファンクラブ。
Motor Vehicles	自動車批評、車両購買、販売情報、部品カタログ。オートバイ、ボート、クルマ、トラック、RVを含む車両の自動取引、写真、議論。車両改造、修理、カスタマイズに関する雑誌。オンラインの自動車ファンクラブ。
Music	音楽を販売するサイトを含む、ダウンロード用音楽配信サイト。
News and Media	主に情報を報道するか、現在の出来事の解説やその日の最新号を含むサイト。ラジオ局や雑誌を含む。オンライン新聞、ヘッドライン・ニュースサイト、ニュースワイヤ・サービス、カスタマイズされたニュースサービス、天気サイト。
Nudity	人間の裸体やセミヌードの描写を含むサイト。これら描画は性的な意図や意味がある必要はなく、芸術的性質のヌード絵画や写真ギャラリーを載せたサイトを含むことがある。個人のヌード写真を含むヌーディストやヌーディストサイトを含む。
Online Greeting cards	オンライン・グリーティングカードのサイト。
Open HTTP Proxies	HTTPプロキシとして使用可能なサイト（通常IPアドレス）。
Parked Domains	動作中ではないが、ウェブホストが応答するドメイン。広告ネットワークからクリック課金を使っているドメインのトラフィックを換金したり、ドメイン名を売ることで利益を得る「不法占拠者」によって占有されたりするドメインを含む。コンテンツのないサイト、休止アカウントのサイト、「工事中」のサイト、フォルダやディレクトリ・リストのみを表示するサイトを含む。
Pay to Surf	特定のリンク、メール、ウェブページをクリックするか閲覧することで現金や賞品をユーザに支払うサイト。
Peer to Peer	ピアツーピア（P2P）クライアントがダウンロードできるか、ピアツーピアのコンテンツがホスティングされたサイト。
Personal sites and Blogs	ブログといった個人またはグループにより投稿される個人のWebサイト。いくつかのコンテンツは大人向けのものがありえる。
Personal Storage	ドキュメント、写真、その他個人情報を含む個人用オンラインストレージを提供するサイト。
Philosophy and Political Advocacy	哲学と政策支援を議論、推奨するサイト。
Phishing and Other Frauds	多くの場合ユーザから個人情報を収集するための、フィッシング、ファーミング、その他の正規サイトにみせかけたサイト。このようなサイトは非常に短期間しか使われない。
Private IP Addresses	企業や個人に割り当てられたIPアドレスのブロック。

4.10 >> URLフィルタリング

カテゴリ名	説明
Proxy Avoidance and Anonymizers	プロキシサーバ機能をバイパスする方法、URLフィルタやプロキシサーバを回避する手段でURLにアクセスする方法に関する情報を提供するサイト。フィルタリングを回避するウェブベースの変換サイト。ウェブページやWebサイトの古いバージョンを保存するウェブ・アーカイブサイト。
Questionable	人や資産に対する物理的な危害、あるいはその擁護者を表す、またはそのような危害を生じる方法について指示するサイト。その擁護者に敵意または攻撃性を表すサイト、または人種、宗教、性、国籍、種族的出身、その他特徴に基づき個人やグループを中傷するサイトを含む。盗用目的の期末レポートや読書感想文といった学究的なコンテンツの購入を助長するサイトを含む。犯罪や犯罪行為を助長するサイトを含む。ユーザによる投資や参加で簡単にお金が増えると約束する「一攫千金」サイトを含む。
Real Estate	不動産や所有権の賃貸または売買に関する情報を提供するサイト。家を売買する情報。不動産仲介業者、賃貸またはリロケーションサービス、家の修繕に関するサイト。
Recreation and Hobbies	縫物、飛行機プラモデルといった、娯楽的な趣味。ハイキング、キャンプ、ロッククライミングといった屋外レクリエーション活動、特定の芸術、工芸、技術を中心とした情報や流行。特定の趣味やレクリエーション活動に関するオンライン出版物、趣味専門のオンラインのクラブ、協会、フォーラム。従来のボードゲーム、カードゲーム、非オンラインゲームやそれらのファン。品種に特化したサイト、トレーニング、ショー、愛護協会を含む動物やペット関連サイト。
Reference and Research	オンライン辞書、地図、国勢調査、年間、図書館目録、系譜に関連するサイトや科学的な情報を含む個人的、専門的、教育的な参考文献を含むサイト。
Religion	伝統宗教、新興宗教。教会やユダヤ教会のほか礼拝所といった準宗教的な内容の情報を与えるか助長するサイト。魔術崇拝、魔法（カルト、オカルト）といった代替宗教や、無神論者哲学（政治、活動家のグループ）を含むサイトは含まない。
Search Engines	ユーザがキーワード、画像、フレーズを含む方法で検索が行えるWebサイト。
Sex Education	生殖、性的発育、安全な性行為慣行、性的関心、避妊に関する情報（写実的なものも含む）を提供するサイト。性欲増進に使用される製品、より良いセックスに関する情報を提供するサイトを含む。避妊具の適正使用を推奨する、または性行為感染症を議論する、テキストまたは画像によるサイト。
Shareware and Freeware	オープンソース・ソフトウェアを含む無料、または試験用や開発援助寄与を求めるために無料である、ソフトウェアのダウンロードを提供するサイト。
Shopping	デパート、小売店、会社のカタログ、オンラインで消費者や企業がショッピングできるその他サイト。主に商品やサービスを得る手段を与えるか、抗告するサイト。
Social Networking	ユーザが互いに交流しあうユーザコミュニティのある、メッセージや画像の投稿、その他コミュニケーションを行うソーシャルネットワーキングサイト。これらサイトは以前は「個人サイトとブログ」の一部だったが、差別化とより詳細なポリシー提供のため新しいカテゴリへ移動された。
Society	大衆の中で特定のグループに関連するさまざまな話題を扱うWebサイト。これらは通常、社会のある層に、何かしらの「特定の関心事」の分野を示し、ポリシー上良性であると考えられ、他カテゴリには包括されない。
SPAM URLs	スパムが含まれるURL。
Sports	チームや大会のWebサイト、国際、国内、大学、プロフェッショナルのスコア、スケジュール、スポーツ関連のオンライン雑誌、会報、コンピュータスポーツ。
Spyware and Adware	スパイウェアやマルウェアに関連するサイト。エンドユーザや組織に公表されていない、明確な同意のない、広告配信の情報収集、トラッキング、実行に関する情報を提供または促進するサイト。同意なしでアドウェアやスパイウェアをエンドユーザのコンピュータに配信するサイト。
Streaming Media	音楽やビデオを各種フォーマットで販売、配信、ストリーミングを行うサイト。これらのダウンロードやビューワーを提供するサイトを含む。公開されないパーソナルウェブカメラや観光地や交通のリアルタイム・ビューを含むサイト。
Swimsuits & Intimate Apparel	水着や下着、その他きわどい衣服の画像を含むか販売を提供するサイト。
Training and Tools	オンライントレーニング、職業訓練、ソフトウェアトレーニング、技術トレーニング、教師情報（レッスンプランなど）を含む通信教育と職業学校に関するサイト。
Translation	ユーザが他言語のURLページを閲覧できるURLおよび言語変換サイト。これらのサイトは、対象ページのコンテンツが翻訳URLの文脈範囲で表示されるので、ユーザをフィルタリングから回避させることができる。これらサイトは以前、「プロキシ回避と匿名プロキシ」の一部であったが、差別化とより詳細なポリシー提供のため新しいカテゴリへ移動された。
Travel	航空会社、フライト予約代理店、旅行予約の検索や実施、車両レンタル、旅行先の説明、ホテルやカジノのプロモーションを含む、旅行計画に関する販売促進や機会提供するサイト。レンタカー会社。

第4章 脅威防御（Content-ID）

カテゴリ名	説明
Unconfirmed SPAM Sources	スパムの送信元と思われるサイト（通常IPアドレス）。
Violence	ゲームやコミックの暴力や自殺を含む、暴力の擁護、描写、方法に関するサイト。
Weapons	銃、ナイフ、格闘技用具のような武器を販売、批評、説明、またはそれらの作成、使用、アクセサリー、改造に関する情報を与えるサイト。
Web Advertisements	オンライン広告やバナーを提供するサイト。
Web based email	ウェブベースのEメールクライアントを提供するサイト。
Web Hosting	クライアントにウェブホスティングサービスを提供するサイト。

■ PAN-DB

2012年にリリースされたPAN-OS5.0で、パロアルトネットワークス自社製のデータベースであるPAN-DBがサポートされました。

PAN-DBはパロアルトネットワークスにより生成管理されるデータベースです。高速フィルタリング処理のためURLデータベースはキャッシュがメモリ上に展開されるだけで、常にクラウドと同期をとるため、ファイアウォールのインターネット接続が必須となります。

●表4.16 PAN-DBのカテゴリデータベース

カテゴリ名	説明
Abortion	中絶に反対または賛成、中絶手続きに関する詳細、中絶を援助またはサポートするフォーラムに関する情報やグループのサイト、中絶推進の結果/効果に関する情報を提供するサイト。
Abused Drugs	合法および非合法を問わず薬の乱用を促進するサイト、薬関連の道具の使用や販売、薬の製造や販売に関連するサイト。
Adult	性的に露骨な内容、文章（言葉を含む）、芸術、または本質的に性的表現がきわどい製品、オンライングループやフォーラム。ビデオチャット、エスコートサービス、ストリップクラブを含むアダルトサービスを宣伝するサイト。
Alcohol and Tobacco	アルコールやたばこ製品、関連用品の販売、製造、使用に関連するサイト。
Auctions	個人間での商品売買を促進するサイト。
Business and Economy	マーケティング、経営、経済、起業や事業経営に関するサイト。
Computer and Internet Info	コンピュータとインターネットに関する一般的な情報。
Content Delivery Networks	広告、メディア、ファイルなどのようなコンテンツを第三者に配信することを主に行うサイト。
Dating	出会い系、オンラインデートサービス、アドバイス、その他個人的な広告を提供するウェブサイト。
Educational Institutions	学校、短期大学、大学、学区、オンラインクラス、その他の学術機関の公式Webサイト。
Entertainment and Arts	映画、テレビ、ラジオ、ビデオ、プログラミングガイド・ツール、マンガ、芸能、博物館、アートギャラリーのサイト。エンターテインメント、有名人、業界のニュースに関するサイトも含まれます。
Financial Services	オンラインバンキング、ローン、住宅ローン、債務管理、クレジットカード会社、保険会社などの個人金融情報やアドバイスに関するWebサイト。株式市場、証券会社、取引サービスに関するサイトは含まれない。
Gambling	本物または仮想のお金の交換を容易にする宝くじやギャンブルのWebサイト。賭けのオッズやプールに関する情報、ギャンブルに関する指導や助言を提供するサイト。ギャンブルを行わないホテルやカジノの企業サイトはTravelにカテゴリ化される。
Games	ビデオやコンピュータゲームをオンライン再生やダウンロードできるサイト、ゲーム批評、ヒント、裏技を提供するサイト。非電子ゲームの教育、ボードゲームの販売や交換、関連する出版物やメディアに関するサイト。オンライン懸賞や景品を扱うサイトを含む。
Government	地方自治体、州政府、国家政府の公式Webサイト。関係機関、サービス、法律に関するサイトを含む。
Hacking	通信機器やソフトウェアに対して、違法または疑わしいアクセスや利用に関するサイト。ネットワークやシステムが侵害される可能性のあるプログラムの開発や配布、手順の助言やヒントに関するサイト。また、ライセンスやデジタル著作権システムをバイパスさせるサイトも含まれる。

4.10 >> URLフィルタリング

カテゴリ名	説明
Health and Medicine	一般的な健康に関する情報、問題、伝統医学や現代医学の助言、治癒、治療に関する情報を含むサイト。さまざまな医療分野、慣行、設備、専門家のためのサイトが含まれる。医療保険、美容整形に関するサイトも含まれる。
Home and Garden	住まいの修繕や管理、建築、設計、建設、装飾、ガーデニングに関する情報、製品、サービスを提供するサイト。
Hunting and Fishing	狩猟や釣りの情報、説明、販売、関連装置や関連用品に関するサイト。
Internet Communications and Telephony	ビデオチャット、インスタントメッセージ、電話機能のサービスをサポートまたは提供するサイト。
Internet Portals	通常、広範なコンテンツやトピックをまとめることでユーザーに対して開始点となるサービスを提供するサイト。
Job Search	求人情報や雇用評価、面接のアドバイスやヒント、雇用主と候補者の両方に対する関連サービスに関するサイト。
Legal	法律、法律サービス、法律事務所、その他法律関連の問題に関する情報、分析、助言に関するサイト。
Malware	悪意あるコンテンツ、実行可能ファイル、スクリプト、ウイルス、トロイの木馬、コードを含むサイト。
Military	軍事部門、軍人募集、現在や過去の作戦、関連道具に関する情報や解説のサイト。
Motor Vehicles	自動車、オートバイ、ボート、トラック、RVに関して批評、販売、取引、改造、部品、その他関連する議論に関する情報。
Music	音楽の販売、配布、情報に関するサイト。音楽アーティスト、グループ、レーベル、イベント、歌詞、音楽ビジネスに関するその他の情報に関するWebサイトを含む。
News	オンライン出版物、ニュースワイヤー（オンラインでニュースを送受信するシステム）サービス、その他、現在のイベント、天候、時事問題を集約したサイト。新聞、ラジオ局、雑誌、ポッドキャストを含む。
Nudity	作品として性的な意図や意味があるかによらず、人体のヌードやセミヌードを含むサイト。参加者の画像を含むヌーディストやヌーディストサイトも含まれる。
Online Storage and Backup	ファイルの無料オンラインストレージをサービスとして提供するWebサイト。
Parked	限られたコンテンツやクリックスルー広告をホストするURL。ホストに対して収入を生むことがあるが、一般にはエンドユーザにとって有用なコンテンツやサイトが含まれていない。工事中のサイトやフォルダのみのページを含む。
Peer-to-Peer	ターゲットファイルへのデータ、ダウンロードしたプログラム、メディアファイル、その他ソフトウェアアプリケーションへのピアツーピア共有アクセスまたはクライアントを提供するサイト。
Personal Sites and Blogs	個人やグループによる、私的なWebサイトやブログ。
Phishing	フィッシングやファーミングによりユーザーから個人情報を取得する、見かけ上は信頼できそうなサイト。
Private IP Addresses	このカテゴリにはRFC1918 "Address Allocation for Private Intranets" で定義されたIPアドレスを含む。
Proxy Avoidance and Anonymizers	プロキシサーバやその他方式でURLフィルタリングやURL監視をバイパスするサイト。
Questionable	下品なユーモア、特定層の個人やグループをターゲットにした不快なコンテンツ、犯罪行為、違法行為、手早く金持ちになれる、といったものを含むサイト。
Real Estate	不動産賃貸、販売、関連する助言や情報に関するサイト。不動産業者、企業、レンタルサービス、不動産情報、リフォーム関連のサイトが含まれる。
Reference and Research	個人、専門家、学術系のリファレンスポータル、コンテンツ、サービス。オンライン辞書、地図、年間、国勢調査、図書館、系譜、科学情報が含まれる。
Religion	各種宗教、関連活動やイベントに関する情報。宗教団体、関係者や礼拝場所に関するWebサイトを含む。
Search Engines	キーワード、フレーズ、その他パラメータを使用して検索インターフェイスを提供するサイト。検索結果として情報、Webサイト、画像、ファイルを返す。
Sex Education	生殖、性的発育、安全な性行為慣行、性病、避妊、より良いセックスに関する情報、関連する製品や道具に関する情報。関係するグループ、フォーラムや組織のためのWebサイトを含む。
Shareware and Freeware	無料または寄付を受け付けるソフトウェア、スクリーンセーバー、アイコン、壁紙、ユーティリティ、着メロ、テーマ、ウィジットへのアクセスを提供するサイト。また、オープンソースプロジェクトが含まれる。

第 4 章　脅威防御（Content-ID）

カテゴリ名	説明
Shopping	商品やサービスの購入を促進するサイト。オンライン小売業者、百貨店、小売店、カタログ販売のWebサイト、価格を集約してモニタするサイトも含まれる。
Social Networking	ユーザーが互いにメッセージや写真を投稿したり、人々のグループとコミュニケーションしたりするユーザーコミュニティやサイト。ブログや個人サイトは含まれない。
Sports	スポーツイベント、選手、コーチ、関係者、チームや団体、スポーツのスコア、スケジュール、関連ニュース、関連用具に関する情報。ファンタジースポーツや仮想スポーツリーグに関するサイトも含まれる。
Stock Advice and Tools	株式市場に関する情報、株式やオプション取引、ポートフォリオ管理、投資戦略、相場、関連ニュースに関する情報。
Streaming Media	無料または有料のストリームオーディオまたはストリームビデオコンテンツサイト。テレビ局のWebサイトはentertainment and artsにカテゴリ化される。
Swimsuits and Intimate Apparel	水着や下着、その他きわどい衣服の情報や画像を含むサイト
Training and Tools	オンライン教育やトレーニング、関連資料を提供するサイト。
Translation	ユーザー入力やURL翻訳の両方を含む翻訳サービスを提供するサイト。これらサイトは、目的ページのコンテンツが翻訳URLの一部に表示されるものとして、ユーザーにフィルタリング回避させることもできます。
Travel	旅行の助言、お得な情報、価格情報、旅先情報、観光、関連サービスに関する情報のサイト。ホテル、現地の観光スポット、カジノ、航空会社、クルージング、旅行代理店、レンタカーに関して価格情報や予約ツールを提供するサイトを含む。
Weapons	兵器やその使用に関する、販売、批評、説明、取扱のサイト。
Web Advertisements	広告、メディア、コンテンツ、バナーが含まれる。
Web Hosting	Web開発、出版、販売促進、トラフィックを増やすためのその他方法に関する情報を含む、無料または有料のWebページのホスティングサービス。
Web-based Email	電子メールの受信ボックスへのアクセスを与えるか、電子メールを送受信できるWebサイト。

表4.17にBrightCloudとPAN-DBのデータベースの比較を記載します。

●表4.17　各データベースの比較

項目	PAN-DB	BrightCloud
URLエントリ数（FW内DP/FW内MP/クラウド）	80k-200k/300k-4.2M/55M	5k-100k/1M/250M
カテゴリ数	61（※1）	84（※1）
ネットワーク要件	インターネット接続必須	スタンドアロン/インターネット接続
アップデート頻度	随時	日時
データベース提供元	Palo Alto Networks Inc.	Webroot Inc.
WildFireからのマルウェアサイト情報のフィードバック	有	無
言語サポート	日本語/中国語など12カ国語（適宜追加予定）	全言語共通データベース
カテゴリ変更リクエスト方法	デバイス管理画面 専用サイトへアクセス サポートへエスカレーション	専用サイトへアクセス サポートへエスカレーション

※1　unknown等のカテゴリも含めた数。適宜変更有。

なおURLデータベースのカテゴリ以外に、表4.18のような特殊カテゴリが存在し、これらに対するアクションも指定可能です。

●表4.18 特殊カテゴリ

特殊カテゴリ	説明
not-resolved	リクエストURLがファイアウォール上のURLデータベース内に存在しないため、ファイアウォールがカテゴリ確認のためにクラウドデータベースに接続を試みたが失敗した
private-ip-address	サブドメインを含まないURLのうち、そのIPアドレスがプライベートIPであるか、クラウド上にURLのルートドメインに対するエントリがないもの
unknown	新しく作成されたWebサイトなど、リクエストURLがどのカテゴリにも分類されておらず、URLフィルタリングデータベースやURLクラウドのデータベースに存在しないもの

4.10.4 カスタムURLカテゴリ

　URLフィルタリング機能では、サブスクリプションを購入することで取得可能なURLデータベースの他に、許可リスト、ブロックリスト、カスタムURLカテゴリを利用することが可能です。

　許可リストは当該URLがどのカテゴリに属していたとしても、明示的にアクセスを許可する場合に利用します。取引先や業務上必要となるサイトなど、カテゴリ分類に誤りがあった場合にブロックされるのを防ぎます。

　ブロックリストは当該URLへのアクセスを明示的にブロックさせたい場合の他、そのアクセスに対してアクセスログ取得、続行ページやオーバーライドページ[*6]を適用したい場合に利用します。たとえば、ポリシーでGamblingカテゴリへのアクセスはブロックしているが、そのカテゴリ内の特定のURLは業務で利用するユーザーがいるため、オーバーライドのアクションを適用してパスワードを知っているユーザーのみがアクセスできる、という設定を行うことができます。

　またURLエントリに"*"（アスタリスク）を記述したブロックリストを作成し、アクションとして「アラート」を設定することで、すべてのURLへのアクセスログを取得することができます。

　カスタムURLカテゴリは"Objects＞カスタムオブジェクト＞URLカテゴリ"において設定可能で、URLデータベースに存在しないunknownカテゴリと分類されてしまうサイトや、ユーザーが独自に収集した怪しいサイトなどについて独自カテゴリリストを作成することができます。

　ブロックリスト、許可リスト、カスタムURLカテゴリで作成可能な合計のURLエントリ数は第1章の1.5節で示す表のように、モデルによって異なります。

[*6] 詳細は、196ページの参考「ユーザー通知画面について」を参照してください。

4.10.5 データベース識別の順番

URLフィルタリング向けにいくつかのデータベースがありますが、あるURLに対してアクションを判定する場合の解決順序は以下のようになります。

- BrightCloud

●図4.10　BrightCloudデータベース識別順番イメージ

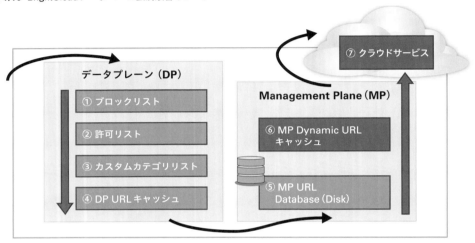

- PAN-DB

●図4.11　PAN-DBデータベース識別順番イメージ

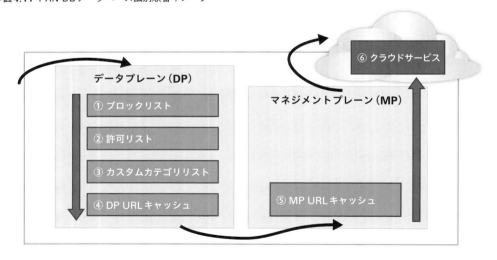

4.11 URLフィルタリングプロファイル設定

ファイアウォールでURLフィルタリング機能を有効にします。URLフィルタリングはセキュリティポリシーで設定されるため、事前に通信を許可するセキュリティポリシールールを作成します。今回は以下の要件を満たす設定を実施してみましょう。

- 3.4.2項で作成したセキュリティポリシー（ポリシー名：SecurityPolicy-001）にアンチスパイウェア機能を追加する。
  ※ネットワーク構成および詳細なセキュリティポリシー設定については3.4.2項を参照。
- オークションサイトへの通信を遮断する。
- オークションサイト以外への通信は許可とする。

以下の手順で設定を行います。

①URLフィルタリングプロファイル作成　　③コンフィグレーションのコミット
②セキュリティポリシールールへの適用　　④URLフィルタリングログの確認

4.11.1 URLフィルタリングプロファイルの設定手順

①URLフィルタリングプロファイル設定

➡ オークションサイトへアクセスしようとする通信をブロックするURLフィルタリングプロファイルを設定します。

▼ [Objects]タブ＞左のメニューより[セキュリティプロファイル]＞[URLフィルタリング]

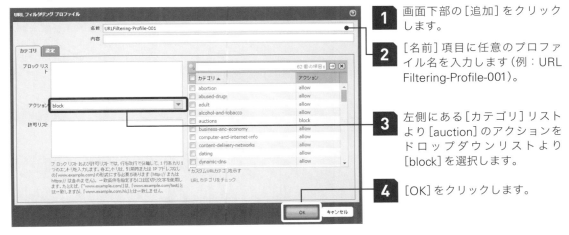

1. 画面下部の[追加]をクリックします。
2. [名前]項目に任意のプロファイル名を入力します（例：URLFiltering-Profile-001）。
3. 左側にある[カテゴリ]リストより[auction]のアクションをドロップダウンリストより[block]を選択します。
4. [OK]をクリックします。

②セキュリティポリシールールへの適用

➡ URLフィルタリングプロファイルを作成しただけでは、機能しません。URLフィルタリング検査の対象にしたいセキュリティポリシールールへURLフィルタリングプロファイルを適用します。

▼ [Policies]タブ＞左のメニューより[セキュリティ]＞URLフィルタリング機能を有効にする任意のポリシー名

1 プロファイルの適用を行うポリシー名（[名前]項目）のリンクをクリックします（例：SecurityPolicy-001）。

2 3.4.2項の設定（SecurityPolicy-001）はSSHのみの許可となっているため、ポリシー変更を行います。[アプリケーション]タブにてアプリケーションをSSHからWeb-browsingとdnsへ変更し、インターネットへ接続できるようにします。必要に応じてntp等のアプリケーションも指定します。

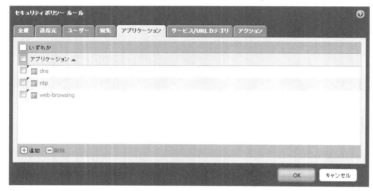

3 [アクション]タブより[プロファイル設定]の[プロファイルタイプ]をドロップダウンリストより[プロファイル]に設定します。

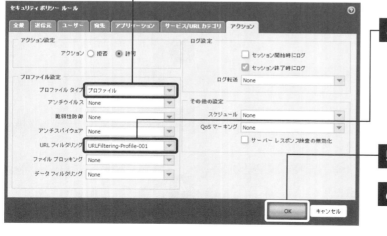

4 表示された[URLフィルタリング]項目のドロップダウンリストより①で作成したURLフィルタリングプロファイル（URLFiltering-Profile-001）を選択します。

5 [OK]をクリックします。

6 右側にある[プロファイル]項目に が表示されたことを確認します。

③ コンフィグレーションのコミット

➡ 右上のコミットボタンにて設定反映を実施します。

④ URLフィルタリングログの確認

➡ 任意のオークションサイトへアクセスを試み、通信がブロックされるか確認します。

● 図4.12 オークションカテゴリブロック前のアクセス状態

1 「http://auctions.yahoo.co.jp/（Yahooオークションサイト）」へアクセスします。

2 ブロック対象となるオークションサイトへアクセスしようとした旨のページが表示されることを確認します。

第 4 章　脅威防御（Content-ID）

3　[Monitor] タブ＞左のメニューより [ログ] ＞ URL フィルタリングをクリックします。

4　URL が「auctions.yahoo.co.jp/」、送信元が操作している端末の IP アドレスであることを確認します。

 ユーザー通知画面について

URL フィルタリングで任意のカテゴリのアクションを「block」、「continue」、「override」を選択するとユーザー通知画面が表示されます。

- block（ブロック）：通信をブロックした旨の通知がされます。
- continue（続行）：ページにある Continue をクリックすると該当のページへアクセス可能になります。アクセスして問題ないページか再度確認させるために使用します。
- override（オーバーライド）：[Device] ＞ [セットアップ] ＞ [コンテンツ ID] にある「URL 管理オーバーライド」で設定されたパスワードを入力することでアクセス可能になります。限られたメンバーにのみアクセス権を保持させるために使用します。

このメッセージとページレイアウトはカスタマイズ可能です。
詳細は「4.2.7　ユーザー通知」を参照してください。

4.12 URLフィルタリングプロファイル設定項目

URLフィルタリングプロファイルは、カテゴリごとにアクションを設定します。

ブロックリストまたは許可リストに明示的にURLを記載することで、各カテゴリによるアクション動作よりも優先してブロックまたは許可するアクションが実施されます。

▼ GUI画面より、[Objects]タブ＞左のメニューより[セキュリティプロファイル]＞[URLフィルタリング]タブ

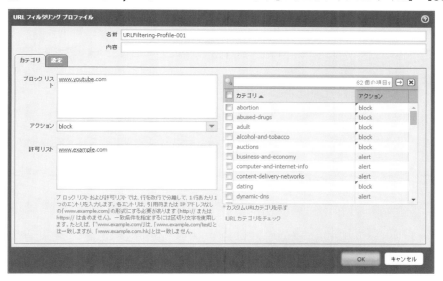

● 表4.19 URLフィルタリングプロファイル設定項目

項目	説明
名前	任意の名前を追加します。
内容	プロファイルの説明などを記入できます。
ライセンス有効期限のアクション	URLフィルタリングサブスクリプションが有効期限切れになった場合に実行するアクションを選択できます。 アクションは[ブロック][許可]から選択できます。
ダイナミックURLフィルタリング	・BrightCloudのURLフィルタリングライセンスを使用している場合、ローカルデータベースで解決できなかったURLをクラウドデータベースへアクセスし、URLを解決する機能です。クラウドへアクセスするため、インターネットへアクセスできる必要があります。 ・PAN-DBを使用している場合は常に有効であり設定変更できません。
コンテナページのみロギング	指定したコンテンツタイプに一致するURLをロギングします。
ブロックリスト	ブロックしたいURLをIPアドレス、ドメインで入力します。 "."、"/"、"?"、"&"、"="、";"、"+"の各文字は区切り文字と認識されます。"http://www.example.com/xxx/yyy/zzz.txt"とマッチさせたい場合、"http://www.example.com/xxx"、"http://www.example.com/xxx/yyy"、"http://www.example.com/xxx/yyy/zzz"のように区切り文字直前まで記述します。区切り文字直後にはワイルドカード"*"が使用できます（例："http://www.example.com/*"、"http://www.example.com/xxx/yyy/zzz.*"）。

第 4 章　脅威防御（Content-ID）

項目	説明
動作	ブロックリストのアクションを選択します。 [alert] [block] [continue] [override] から選択できます。
許可リスト	許可したい URL を IP アドレス、ドメインで入力します。上記「ブロックリスト」の説明と同様の区切り文字やワイルドカードが適用されます。
動作	許可リストのアクションを選択します。 [alert] [allow] [block] [continue] [override] から選択できます。
URL カテゴリをチェック	URL、IP アドレスのカテゴリ情報を確認できる Web サイトへアクセスできます。

4.13 PAN-DB URL カテゴリ変更リクエスト

PAN-DB利用時に分類されるカテゴリに誤りがあることを発見した場合、カテゴリ変更リクエストを行うことでパロアルトネットワークスへ正しいカテゴリへの変更依頼を行うことができます。
以下に管理画面と専用サイトからのリクエスト方法を解説します。

4.13.1 管理画面からのリクエスト

1 [Monitor] > [ログ] > [URLフィルタリング] へアクセスします。

2 カテゴリ変更リクエストを行いたいURLログの🔍をクリックし、ログ詳細画面を表示します。

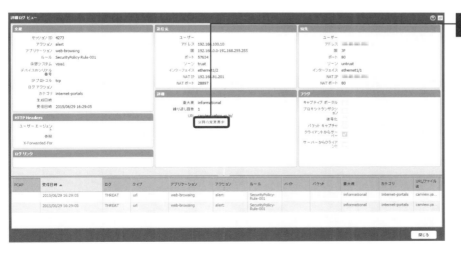

3 [ログ詳細] 画面の「分類の変更要求」をクリックします。

第 **4** 章　脅威防御（Content-ID）

4　リクエスト用画面が表示されますので、変更後のカテゴリ、管理者のメールアドレス、コメントを入力し、「送信」をクリックします。

5　リクエスト送信後、入力したメールアドレス宛に「no-reply-url-feedback@paloaltonetworks.com」より確認のメールが送信されます。その後48時間〜数日の間に変更リクエストの結果がメールで送信されます。リクエスト内容によっては結果に時間がかかる、カテゴリ変更が行われない場合がありますのでご留意ください。

4.13.2　専用サイトからのリクエスト

1　「https://urlfiltering.paloaltonetworks.com/testASite.aspx」にアクセスします。

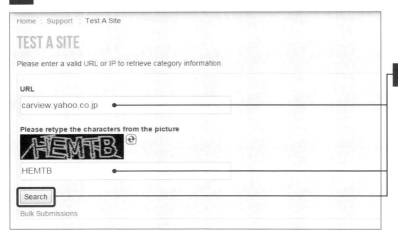

2　表示されたカテゴリ確認画面に従ってカテゴリを変更したいURL情報と、表示されたCAPTCHA CODEを入力し、[search]をクリックします。

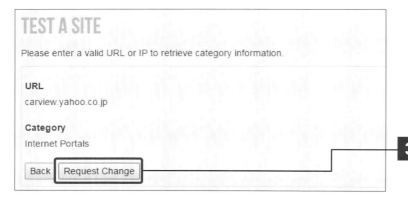

3　現在のカテゴリが表示されます。変更リクエストを行う場合は[Request Change]をクリックします。

200

4.13 >> PAN-DB URLカテゴリ変更リクエスト

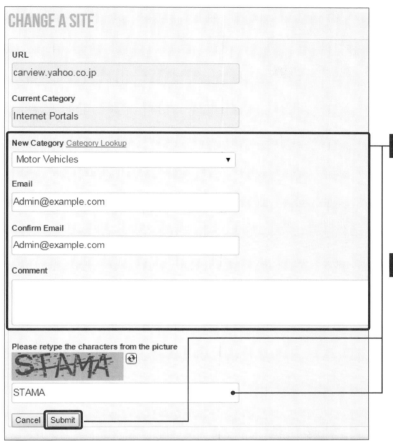

4 リクエスト用画面が表示されますので、変更後とするカテゴリ、管理者のメールアドレス、コメント、画面に表示されたCHAPCHA CODEを入力し、[Submit]をクリックします。

5 リクエストを送信後、入力したメールアドレス宛に「no-reply-url-feedback@paloaltonetworks.com」より確認のメールが送信されます。その後48時間〜数日の間に変更リクエストの結果がメールで送信されます。リクエスト内容によっては結果に時間がかかるか、カテゴリ変更が行われない場合がありますのでご留意ください。

4.14 ファイルブロッキングとデータフィルタリング

情報漏えいなどのリスクのあるマルウェアや脆弱性を突くコードが含まれたエクスプロイトファイルなどを組織内部に侵入させないために、アンチウイルス機能を使ってシグネチャベースで悪意あるファイルを見つけてブロックする、という手法がありますが、不必要なファイルを組織内に流入させないようにすればマルウェアに感染するリスクは減ります。また、マルウェアそのものではなくても、組織で許可していないアプリケーションソフトをユーザーがインターネットからダウンロードして使用してしまうと、新たなマルウェア侵入経路や情報漏えい経路となる可能性があります。このようなリスクを減らすために、特定のファイル種別については悪質なファイルであろうとなかろうとブロックしてしまう、またはログに残す、という機能がファイルブロッキングです。また、ファイル種別ごとに内部から外部へのアップロードを制御することも可能です。またデータフィルタリングは、ファイアウォール上でアプリケーションデータ内のファイルを検査することで、特定の文字列を含む内部の機密ファイルや機密データを外部に流出させないようにすることができる機能です。

4.14.1 DLPとは？

送信メール本文やファイル共有でやりとりするドキュメントファイルなど、ネットワーク上で転送されるアプリケーションデータを検査して、特定のファイルや文字列が存在した場合にアラート、セッション遮断、ロギングなどの処理を行う機能をDLP（Data Loss Prevention）または「情報漏えい対策」と呼びます。

パロアルトネットワークスが提供するDLP機能としては、ファイルブロッキングとデータフィルタリングのふたつがあります。これら機能はサブスクリプション不要で利用可能です。なお、SSL暗号化されているセッションにおいてはSSL復号化を実施しないとこれら機能の検査を行うことはできません。

4.14.2 ファイルブロッキング

ファイルブロッキングプロファイルを使用することで、指定したアプリケーション（App-IDで検出されたもの）上の特定ファイルタイプを検知し、ファイルの送出を防止することができます。

ファイルブロッキング機能では、図4.13のようにセッションフロー方向も見ることによって、セッションごとにダウンロードかアップロードを判断します。これにより、「インターネットから組織内部へのダウンロードはチェックするが、組織内部からインターネットへのアップロードはチェックし

ない」やその逆のパターンでポリシーを記述することが可能です。

● 図4.13 セッションフロー

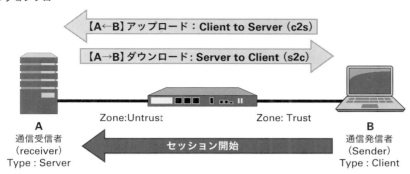

ファイルブロッキングでは4.14.4項に示すファイルタイプをサポートしていますが、ファイル拡張子でファイルタイプを判別するのではなく、ファイルの中身を確認することでファイルタイプを識別しています。したがってファイル拡張子を偽造されたとしても検査したいファイルタイプを抽出することができます。

他のセキュリティプロファイルと同様に、ファイルブロッキングプロファイルはルールごとに有効にすることができ、それにより特定のネットワークセグメント、ユーザー、ユーザーグループに対するファイル転送のきめ細かい制御を適用できます。

ファイルブロッキングは会社の資産であるパソコンに従業員が追加でソフトウェアをダウンロードしてインストールすることを防ぐために特に有用であり、またドライブバイダウンロード[7]の防御も可能です。具体的にはcontinueアクションを使用して、ブラウザ経由でインターネット上からユーザーの意図しない実行ファイルがダウンロードされようとした場合に警告用の続行ページをブラウザに表示させるようにします。

---

[7] ドライブバイダウンロードとは図4.14のようにサイトに不正なソフトウェアを内在させておき、ユーザーに気付かれずにWebブラウザなどを通してソフトウェアをダウンロードさせる行為をさしています。

第 4 章　脅威防御（Content-ID）

● 図4.14　ドライブバイダウンロード攻撃の流れ

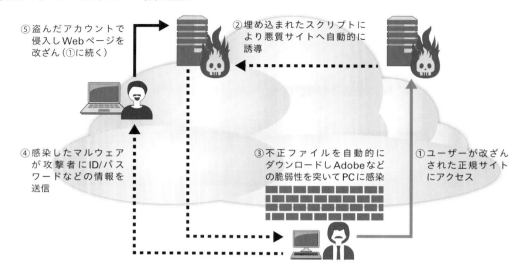

　事前定義ファイルブロッキングプロファイルは存在しませんが、簡単に設定できます。
　4.16節に記載するWildFireについて、ファイアウォールを通過する特定のファイルのコピーをWildFireクラウドへ転送したい場合にもファイルブロッキング機能を使う必要があります。

4.14.3　ファイル検出時のアクション

　ファイルブロッキング機能においてファイル検出時に行うアクションとして選択可能なものを表4.20に示します。

● 表4.20　ファイルブロッキングのアクション

アクション	説明
alert	指定したファイルタイプを検出した場合、データフィルタリングログを生成する。
block	指定したファイルタイプを検出した場合、そのファイルをブロックし、クライアントにブロックページを送出する（ブラウザ経由でファイルをやりとりした場合にブラウザ上にブロックページが表示される）。データフィルタリングログも生成される。
continue	指定したファイルタイプを検出した場合、クライアントに続行ページを送出する（ブラウザ経由でファイルをやりとりした場合にブラウザ上に続行ページが表示される）。ユーザーはページ内のContinueボタンをクリックするとファイルをダウンロードできる。データフィルタリングログも生成される。
forward	指定したファイルタイプを検出した場合、ファイルのコピーをWildFire（クラウドまたはWF-500）に送信する。データフィルタリングログも生成される。
continue-and-forward	指定したファイルタイプを検出した場合、クライアントに続行ページを送出する（ブラウザ経由でファイルをやりとりした場合にブラウザ上に続行ページが表示される）。ユーザーはページ内のContinueボタンをクリックするとファイルをダウンロードでき、ファイルがダウンロードされるとそのコピーをWildFireへ送信する。データフィルタリングログも生成される。

4.14 >> ファイルブロッキングとデータフィルタリング

 ブロックページ、続行ページについて
ファイルブロッキングで使用されるブロックページ、続行ページのレイアウトはカスタマイズ可能です。詳細は4.2.7ユーザー通知を参照してください。

4.14.4 ファイルブロッキング対応ファイルタイプ

ファイルブロッキング機能でサポートしているファイルタイプは以下のとおりです。

●表4.21 ファイルブロッキングに対応したファイルタイプ

ファイルタイプ	ファイルの説明
apk	Androidアプリケーションパッケージファイル
avi	Microsoft AVI (RIFF) ファイル形式のビデオファイル
avi-divx	DivXコーデックでエンコードされたAVIファイル
avi-xvid	XviDコーデックでエンコードされたAVIファイル
bat	MSDOSバッチファイル
bmp-upload	ビットマップイメージファイル（アップロードのみ）
cab	Microsoft Windowsキャビネットアーカイブファイル
cdr	Corel DrawファイルクラスJavaファイル
cmd	Microsoftコマンドファイル
dll	Microsoft Windowsダイナミックリンクライブラリ
doc	Microsoft Officeドキュメント（Office 2003以前）
docx	Microsoft Officeドキュメント（Office 2007以降）
dpx	Digital Picture Exchangeファイル
dsn	Database SourceNameファイル
dwf	Autodesk Design Web Formatファイル
dwg	Autodesk Auto CADファイル
edif	Electronic Design Interchange Formatファイル
encrypted-doc	暗号化されたMicrosoft Officeドキュメント（Office 2003以前）
encrypted-docx	暗号化されたMicrosoft Officeドキュメント（Office 2007以降）
encrypted-office2007	暗号化されたMicrosoft Office2007ファイル
encrypted-pdf	暗号化されたAdobe PDFドキュメント
encrypted-ppt	暗号化されたMicrosoft Office PowerPoint（Office 2003以前）
encrypted-pptx	暗号化されたMicrosoft Office PowerPoint（Office 2007以降）
encrypted-rar	暗号化されたrarファイル
encrypted-xls	暗号化されたMicrosoft Office Excel（Office 2003以前）
encrypted-xlsx	暗号化されたMicrosoft Office Excel（Office 2007以降）
encrypted-zip	暗号化されたzipファイル
exe	Microsoft Windows実行ファイル
flv	Adobe Flashビデオファイル
gds	Graphics Data Systemファイル
gif-upload	GIFイメージファイル（アップロードのみ）
gzip	gzipユーティリティで圧縮されたファイル
hta	HTMLアプリケーションファイル
iso	ISO-9660標準に基づくディスクイメージファイル

第 4 章　脅威防御（Content-ID）

ファイルタイプ	ファイルの説明
iwork-keynote	Applei Work Keynote ドキュメント
iwork-numbers	Applei Work Numbers ドキュメント
iwork-pages	Applei Work Pages ドキュメント
jar	Java A Rchive
jpeg-upload	JPG/JPEG イメージファイル（アップロードのみ）
lnk	Microsoft Windows ファイルのショートカット
lzh	lha/lzh ユーティリティで圧縮されたファイル
mdb	Microsoft Access データベースファイル
mdi	Microsoft Document Imaging ファイル
mkv	Matroska Video ファイル
mov	Apple Quicktime ムービーファイル
mp3	MP3 オーディオファイル
mp4	MP4 オーディオファイル
mpeg	MPEG-1/MPEG-2 で圧縮されたムービーファイル
msi	Microsoft Windows インストーラパッケージファイル
msoffice	Microsoft Office ファイル（doc、xls、ppt、pub、pst）
ocx	Microsoft ActiveX ファイル
pdf	Adobe ポータブルドキュメントファイル
PE	Microsoft Windows Portable Executable ファイル（exe、dll、com、scr、ocx、cpl、sys、drv、tlb）
pgp	PGP ソフトウェアで暗号化されたセキュリティキーまたはデジタル署名
pif	実行命令が格納されている Windows プログラム情報ファイル
pl	Perl スクリプトファイル
png-upload	PNG イメージファイル（アップロードのみ）
ppt	Microsoft Office PowerPoint プレゼンテーション（Office 2003 以前）
pptx	Microsoft Office PowerPoint プレゼンテーション（Office 2007 以降）
psd	Adobe Photoshop ドキュメント
rar	Winrar で作成された圧縮ファイル
reg	Windows レジストリファイル
rm	Real Networks リアルメディアファイル
rtf	Windows リッチテキスト形式ドキュメントファイル
sh	Unix シェルスクリプトファイル
stp	Standardforthe Exchangeof Product モデルデータ 3D グラフィックファイル
tar	Unixtar アーカイブファイル
tdb	Tanner Database
tif	Windows タグイメージファイル
torrent	BitTorrent ファイル
wmf	ベクターイメージを保存する Windows メタファイル
wmv	Windows メディアビデオファイル
wri	Windows Write ドキュメントファイル
wsf	Windows スクリプトファイル
xls	Microsoft Office Excel（Office 2003 以前）
xlsx	Microsoft Office Excel（Office 2007 以降）
zcompressed	Unix の圧縮された Z ファイル（uncompress で解凍）
zip	Winzip/pkzip ファイル

4.14.5 データフィルタリング

データフィルタリングは、クレジットカード番号をはじめとするWebページやファイル内の機密情報が保護されたネットワークから送出されないように制御する機能です。重要なプロジェクト名など指定した文字列に基づいてフィルタリングすることもできます。

> **注意**
> フィルタリングで使用される文字列はUTF-8のUnicodeで処理されます。英数字の文字列（ASCIIコード）であればプロファイルで指定した文字列をそのままフィルタリングすることができますが、日本語の2バイト文字でUTF-8以外の文字コードに対してフィルタリングしたい場合は、文字コードごとに16進数エンコードした文字列をプロファイルのカスタムパターンに設定して利用する必要があります。

データフィルタリングでは、たとえば"web-browsing"アプリケーションで"doc"と"docx"ファイルがアップロードされる場合にのみ"confidential"という文字列が含まれるものをチェックする、というように誤検知を減らすためにアプリケーションやファイルタイプを特定してフィルタリングを行うよう設定するのが一般的です。

データフィルタリング設定では、デフォルトまたはカスタムのデータパターンを利用してプロファイルを作成します。デフォルトのデータパターンには表4.22のふたつがあります。

● 表4.22 デフォルトデータパターン

データパターン	説明
CC番号	ハッシュアルゴリズムを使用してクレジットカード番号を識別する。たとえば16桁のカード番号について、最終桁のチェックディジットを使ったハッシュアルゴリズムと一致する場合のみ、そのデータをクレジットカード番号として検出するため、誤検知が減少する。
SSN番号	米国社会保障番号を検出するため、アルゴリズムを使用してフォーマットに関係なく9桁の番号をフィルタする。[SSN番号]と[SSN番号（ダッシュを除く）]のふたつがあり、前者は"123-45-6789"というダッシュ付、後者は"123456789"というダッシュなしの数字列をフィルタする。

4.14.6 重みとしきい値

データフィルタリングでは、たとえば1回だけクレジットカード番号がやりとりされただけではアクションを行わず、同一セッション上で10回以上やりとりされた場合に初めてアラートやブロックを行う、というようなしきい値を設定できます。また、検出するデータごとに「重み（weight）」を設定することで重要度の異なる複数のデータに対して柔軟にしきい値を適用できるようになります。たとえば"confidential"という文字列は重みが20、クレジットカード番号は10とします。ここでアクション実施のしきい値を100に設定した場合、同一セッション内で"confidential"を含む文書が5回やりとりされる（20×5 = 100）か、"confidential"が4回でさらにクレジットカード番号が2回やりとりされる（20×4 + 10×2 = 100）としきい値に達し、アクション実行されることになります。

4.15 ファイルブロッキングプロファイル設定

ファイアウォールでファイルブロッキング機能を有効にします。ファイルブロッキングはセキュリティポリシールールで適用されるため、事前に通信を許可するセキュリティポリシールールを作成します。今回は以下の要件を満たす設定を実施してみましょう。

- 3.4.2項で作成したセキュリティポリシー（ポリシー名：SecurityPolicy-001）にアンチスパイウェア機能を追加する。
  ※ネットワーク構成および詳細なセキュリティポリシー設定については3.4.2項を参照。
- exeファイルのダウンロードを試みる通信を遮断する。
- exe以外のファイルはアクション対象外とする。

以下の手順で設定を行います。

①ファイルブロッキングプロファイルの設定　　③コンフィグレーションのコミット
②セキュリティポリシールールへの適用　　　　④ログの確認

4.15.1 ファイルブロッキングプロファイルの設定手順

①ファイルブロッキングプロファイルの設定
　➡ exeファイルをダウンロードしようする通信をブロックするファイルブロッキングプロファイルを設定します

▼ [Objects]タブ＞左のメニューより[セキュリティプロファイル]＞ファイルブロッキング

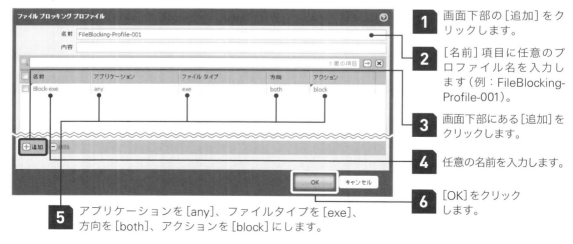

1. 画面下部の[追加]をクリックします。
2. [名前]項目に任意のプロファイル名を入力します（例：FileBlocking-Profile-001）。
3. 画面下部にある[追加]をクリックします。
4. 任意の名前を入力します。
5. アプリケーションを[any]、ファイルタイプを[exe]、方向を[both]、アクションを[block]にします。
6. [OK]をクリックします。

4.15 >> ファイルブロッキングプロファイル設定

②セキュリティポリシールールへの適用

➡ ファイルブロッキングプロファイルを作成しただけでは機能しません。ファイル検査の対象としたいセキュリティポリシールールへファイルブロッキングプロファイルを適用します。

▼ [Policies]タブ>左のメニューより[セキュリティ]>ファイルブロッキング機能を有効にする任意のポリシー名

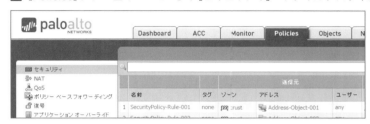

1 プロファイルの適用を行うポリシー名（[名前]項目）のリンクをクリックします（例：SecurityPolicy-001）。

2 3.4.2項の設定（SecurityPolicy-001）はSSHのみの許可となっているため、ポリシー変更を行います。[アプリケーション]タブにてアプリケーションをSSHからWeb-browsingとdnsへ変更し、インターネットへ接続できるようにします。必要に応じてntp等のアプリケーションも指定します。

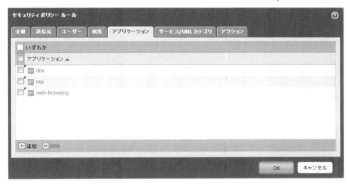

3 [アクション]タブより[プロファイル設定]の[プロファイルタイプ]をドロップダウンリストより[プロファイル]に設定します。

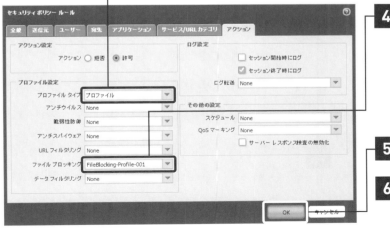

4 表示された[ファイルブロッキング]項目のドロップダウンリストより①で作成したファイルブロッキングプロファイル（FileBlocking-Profile-001）を選択します。

5 [OK]をクリックします。

6 右側にあるプロファイル項目に 🔳 が表示されたことを確認します。

第 4 章　脅威防御（Content-ID）

③コンフィグレーションのコミット

➡ 右上のコミットボタンにて設定反映を実施します。

④ログの確認

➡ exeファイルをダウンロードする通信を発生させ、ブロックされることを確認します。

1 「http://wildfire.paloaltonetworks.com/publicapi/test/pe（WildFireテストファイル）」へアクセスします。

2 ブラウザのエラー画面が表示されます。
※その他「SkypeSetup.exe」等のexeファイルをダウンロードするテストも実施してみてください。以下のようにexeファイルをダウンロードしようとした旨のページが表示されることを確認できます。アクセス先によっては正常にユーザー通知画面が表示されないこともあります。

File Transfer Blocked
Transfer of the file you were trying to download or upload has been blocked in accordance with company policy. Please contact your system administrator if you believe this is in error.
File name: SkypeSetup.exe

3 [Monitor]タブ＞左のメニューより[ログ]＞[データフィルタリング]をクリックします。

4 ファイル名が「wildfire-test-pe-file.exe」、宛先が操作している端末のIPアドレスであることを確認します

4.16 WildFire

最近のマルウェアは洗練されたネットワーク攻撃の多くで使われており、従来のセキュリティソリューションを回避する機能を持ち合わせています。特に図4.15で示される手順で攻撃を成立させる標的型攻撃に対しては、4.1節でも紹介したパロアルトネットワークスが提供する多層防御による対策が不可欠です。これは感染の予防、ゼロデイマルウェア（過去に他のアンチウイルスベンダーによって発見されていないマルウェア）や標的型攻撃（特定の業界や企業を標的としたマルウェア）の検出、アクティブな感染の特定や遮断を含みます。

●図4.15 標的型攻撃の流れ

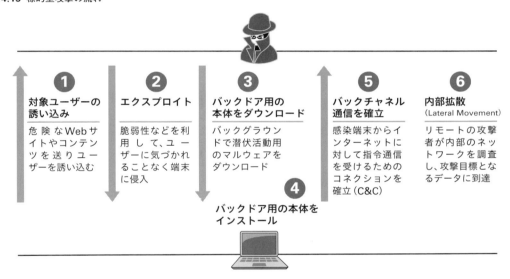

パロアルトネットワークスのWildFireエンジンは、WildFireシステム内の仮想環境で直接ファイルを動作させ、その振る舞いを観察することで未知のマルウェアを検出します。WildFire機能でもパロアルトネットワークスのApp-ID技術を活用し、メールの添付ファイルやブラウザベースのダウンロードだけに限らず、ファイアウォールで識別されたアプリケーション上でやりとりされるファイルを検査対象とします。

WildFireはクラウド上の脅威インテリジェンス（情報源）であり、世界中の顧客に置かれたパロアルトネットワークスのファイアウォールから日々ファイルを収集してゼロデイマルウェアや攻撃者によって使用されるTTP（Tactics, Techniques and Procedures：脅威戦術、技法、手順）に関する情報を分析してデータベースとして保持します。分析の結果検出したマルウェアの将来的な感染から保護

するために即座に(目安15分〜1時間)シグネチャを生成し、ファイアウォールは同期します。ファイアウォールへはマルウェアシグネチャ以外にも、TTPとして使用されるC&Cサーバーやマルウェア配信元サイトに関するURLやDNS関連情報などもPAN-DBやDNSシグネチャ(アンチスパイウェアシグネチャ内に存在)が適宜フィードバックされるため、多層防御で活用されるデータベースは常に最新の脅威に対応したものとなります。

　未知のマルウェアがネットワーク上で検知されると、ファイアウォールは電子メール通知、syslog通知、SNMP trapの送信による即時アラートを行うことが可能です。これにより誰がマルウェアをダウンロードしたかすぐにユーザーを識別でき、大規模被害を引き起こしたり他ユーザーに伝播したりする前にリスクを回避することができます。

　また、WildFireによって生成されたシグネチャは、すべて自動的に脅威防御サブスクリプションおよびWildFireサブスクリプションで保護されているパロアルトネットワークス ファイアウォールへ配信され、自社ネットワークで発見されなかった場合でもマルウェアからの自動保護を実現します。パロアルトネットワークスは現在、毎週数千のゼロデイマルウェアを発見し、シグネチャを生成しており、この数は増加し続けています。

　WildFireはクラウドベースだけでなくオンプレミスソリューションとしても利用可能です。

●図4.16　WildFireのしくみ

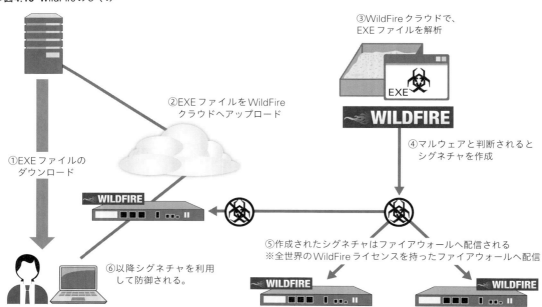

4.16.1 WildFireで分析できるファイル

　PAN-OS 6.0時点ではPOP3、IMAP、SMTP、FTP、HTTPのプロトコル上で通信されるファイルをWildFireクラウドへ転送可能です。WildFireは最大10MBまでのファイルサイズの実行ファイル（.exeや.dll）を分析できます。PAN-OS6.0からは、Office、PDF、Javaアプレット、APKファイルの分析も可能です。WildFire分析エンジンにこれら種類のファイルを転送するには、"forward"または"continue-and-forward"アクションでファイルブロッキングプロファイルを作成する必要があります。

> 参考：SSL-Decryption機能で復号化されたファイルをWildFireに転送する場合は［Device］＞［セットアップ］＞［Content-ID］＞［コンテンツID設定］設定ボックスにある［復号化されたコンテンツの転送を許可］にする必要があります。

●図4.17　コンテンツID設定画面

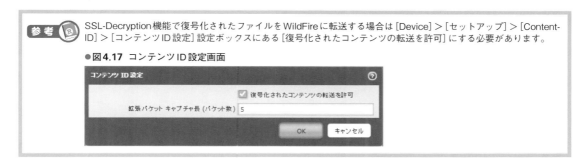

4.16.2 WildFireシグネチャ

　WildFireサブスクリプションを購入している場合、通常のアンチウイルスプロファイルにてWildFireで検出されたマルウェアに対するより迅速な保護が有効になります。具体的には最短15分間隔でファイアウォールが更新サーバーに対して新規シグネチャが存在しないか問い合わせを行い、あれば更新してシグネチャを適用できるようになります。

　WildFireで自動生成されたシグネチャはその後アンチウイルスシグネチャに統合され、翌日のアンチウイルスデータベースとして配信されます。WildFireサブスクリプションを持っておらず、脅威防御サブスクリプションを持っている場合は、翌日のシグネチャアップデートで更新することになり、タイムラグが発生します。

第 4 章　脅威防御（Content-ID）

4.17　WildFire設定

インターネットからダウンロードされる、未知のマルウェアと疑われる実行ファイルをWildFireへ問い合わせする設定を行います。

以下の手順で設定を行います。

①WildFireへ送信する情報の設定
②ファイルブロッキングプロファイル設定
③セキュリティポリシールールへの適用
④コンフィグレーションのコミット
⑤ログの確認

4.17.1　WildFire設定手順

■①WildFireへ送信する情報の設定

デフォルトですべてのセッション情報がWildFireへ送信され、分析や将来の解析の参考情報として利用します。

プライバシーの問題などにより送信したくない情報があれば、本設定でチェックを外します。

▼ GUI画面より、[Device]タブ＞左のメニューより[セットアップ] ＞ [WildFire]タブ

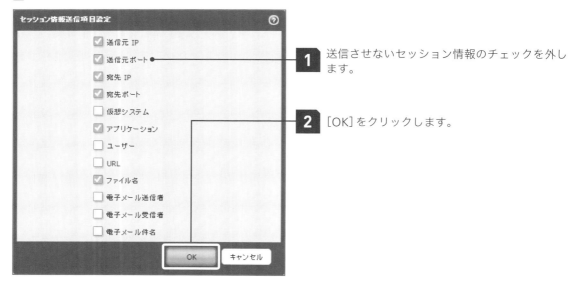

1　送信させないセッション情報のチェックを外します。

2　[OK]をクリックします。

4.17 >> WildFire 設定

■ ②ファイルブロッキングプロファイル設定

ファイルを検知した際にWildFireへ送信する設定を行います。今回の例ではマルウェアの実体として利用されることの多いexeファイルを対象とします。

▼ GUI画面より、[Objects]タブ＞左のメニューより[セキュリティプロファイル]＞[ファイルブロッキング]タブ

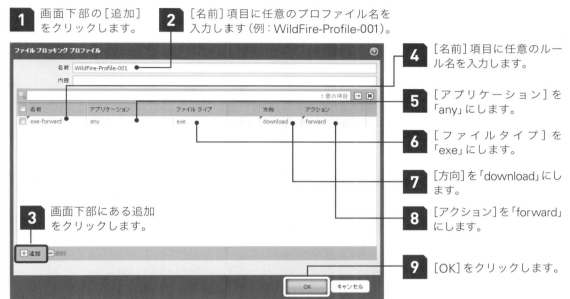

1. 画面下部の[追加]をクリックします。
2. [名前]項目に任意のプロファイル名を入力します（例：WildFire-Profile-001）。
3. 画面下部にある追加をクリックします。
4. [名前]項目に任意のルール名を入力します。
5. [アプリケーション]を「any」にします。
6. [ファイルタイプ]を「exe」にします。
7. [方向]を「download」にします。
8. [アクション]を「forward」にします。
9. [OK]をクリックします。

■ ③セキュリティポリシールールへの適用

ファイルブロッキングプロファイルを作成しただけでは機能しません。ファイル検査の対象としたいセキュリティポリシールールへファイルブロッキングプロファイルを適用します。

▼ [Policies]タブ＞左のメニューより[セキュリティ]＞ファイルブロッキング機能を有効にする任意のポリシー名

1. プロファイルの適用を行うポリシー名（[名前]項目）のリンクをクリックします（例：SecurityPolicy-001）。

第 4 章　脅威防御（Content-ID）

2 3.4.2項の設定（SecurityPolicy-001）はSSHのみの許可となっているため、ポリシー変更を行います。[アプリケーション]タブにてアプリケーションをSSHからWeb-browsingとdnsへ変更し、インターネットへ接続できるようにします。必要に応じてntp等のアプリケーションも指定します。

3 [アクション]タブより[プロファイル設定]の[プロファイルタイプ]をドロップダウンリストより[プロファイル]に設定します。

4 表示された[ファイルブロッキング]項目のドロップダウンリストより②で作成したファイルブロッキングプロファイル（WildFire-Profile-001）を選択します。

5 [OK]をクリックします。

6 右側にある[プロファイル]項目に が表示されたことを確認します。

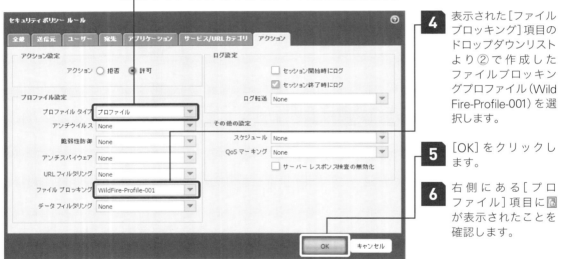

■ ④コンフィグレーションのコミット

右上のコミットボタンにて設定反映を実施します。

■ ⑤ログの確認

テストexeファイルをダウンロードする通信を発生させ、WildFireへファイルが送信されることを確認します。

1 「http://wildfire.paloaltonetworks.com/publicapi/test/pe（WildFireテストファイル）」へアクセスします。

4.17 >> WildFire 設定

2 Webブラウザのダウンロード機能が実行されますのでキャンセルします。

3 [Monitor]タブ＞左のメニューより[ログ]＞[データフィルタリング]をクリックします。

	受信日時	ファイル名	名前	送信元ゾーン	宛先ゾーン	送信元	宛先	宛先ポート	アプリケーション	アクション
	06/29 18:27:45	wildfire-test-pe-file.exe	Windows Executable (EXE)	untrust	trust		192.168.100.10	59558	web-browsing	forward
	06/29 18:27:41	wildfire-test-pe-file.exe	Windows Executable (EXE)	untrust	trust		192.168.100.10	59558	web-browsing	wildfire-upload-success
	06/29 18:18:37	wildfire-test-pe-file.exe	Windows Executable (EXE)	untrust	trust		192.168.100.10	59313	web-browsing	deny
	06/29 18:18:24	SkypeSetup.exe	Windows Executable (EXE)	untrust	trust		192.168.100.10	59309	web-browsing	deny

4 ファイル名が「wildfire-test-pe-file.exe」、アクションが「wildfire-upload-succ^ess」となっているログを確認します

5 [Monitor]タブ＞左のメニューより[ログ]＞[WildFireへの送信]をクリックします。
ファイル名に「wildfire-test-pe-file.exe」、カテゴリに「malicious」と表示されたログを確認します。

	受信日時	ファイル名	送信元ゾーン	宛先ゾーン	攻撃者	攻撃者名	被害者	宛先ポート	アプリケーション	ルール	カテゴリ
	06/29 18:35:20	wildfire-test-pe-file.exe	untrust	trust			192.168.100.10	59558	web-browsing	SecurityPolicy-Rule-001	malicious

WildFireのカテゴリについて

[WildFireへの送信]はWildFireへ送信し、解析した結果のログが表示されます。有害なファイルか、無害なファイルかの判断はカテゴリ項目で判断します。

・benign：無害と判断されたファイル
・malicious：有害な可能性があると判断されたファイル

今回使用した「wildfire-test-pe-file.exe」は意図的にmalisiousと判断されるよう作成されたテストファイルとなっています。一部ウイルス製品では有害と判断される可能性もありますが、テストファイルなので影響はほとんどありません。

benign結果ログについて

デフォルトではWildFireへ送信したファイルの解析結果はmaliciousと判断されたファイルのみ[WildFireへの送信]に記録されます。Benignと判断されたログも出力させたい場合はGUI画面より、[Device]タブ＞左のメニューより[セットアップ]＞[WildFire]タブにて「安全なファイルのレポート」にチェックを入れてコミットします。

●図4.18 WildFire一般設定

4.18 ゾーンプロテクションとDoSプロテクション

PAN-OSは当初よりゾーンごとのDoS攻撃対策が行えるゾーンプロテクション機能を持っていました。ゾーンプロテクションはゾーン単位での制御であるため、送信元や宛先単位での制御が行えませんでした。そこでPAN-OS 4.0より、新たにルールベースのDoS攻撃対策が行えるDoSプロテクション機能が追加され、ゾーンだけでなく送信元のアドレスやユーザー、宛先アドレス、サービス（ポート番号）を一致条件とするDoSプロテクションルールを記述することで、ルールに一致した特定セッションのみを対象とする、より細かなDoS防御が行えるようになりました。

このような背景により、DoSプロテクションとゾーンプロテクションで防御する対象の通信や設定方法は非常に似ています。

4.18.1 DoS攻撃とは

DoSとはDenial of Serviceの略で、サービスを不能にさせるという意味です。ここでいうサービスとはサーバーが提供するアプリケーションサービスのことで、たとえばクライアントのHTTPリクエストに対してサーバーが正しくHTTPレスポンスを返せれば、サービスが提供できていることになります。DoS攻撃とは、サーバーやネットワーク機器に対して攻撃を行うことで、正常な応答処理が行えないようにして、アプリケーションサービスを利用できない状態にすることです。「サービス不能攻撃」や「サービス妨害攻撃」とも呼びます。

サーバーやネットワーク機器は処理能力が有限であるため、一度に大量のアクセスが来ると処理しきれなくなります。これは正常に利用している場合でも起こる可能性があるため、一般的にはアクセス数を予想してどの程度の処理能力が必要かを設計します。

DDoS（Distributed DoS：分散サービス妨害）攻撃では、マルウェアに感染させた大量の「ボット」（ボットネットとも呼ばれる）に命令して、設計された処理能力をはるかに上回る通信（トラフィック）をいっせいに発生させることで攻撃対象システムを処理不能状態にしてしまいます。

また、DoS攻撃では、OSやプログラムの脆弱性（セキュリティホール）を利用して、少ない通信量でもシステムに異常を起こさせる場合があります。

4.18.2 ゾーンプロテクションプロファイル

ゾーンプロテクションプロファイルは特定のネットワークゾーンに追加で適用可能な保護手法を設定する機能を提供します。

4.18 >> ゾーンプロテクションとDoSプロテクション

表4.23の保護メカニズムを使用できます。

● 表4.23 ゾーンプロテクションプロファイルで使用できる手法

保護手法	説明
フラッド防御	DoSプロテクションプロファイルのフラッド防御機能と同様にフラッディング攻撃を防止
偵察行為防御	ポートスキャンやホストスイープを検知して遮断
パケットベースの攻撃保護	IPレベルの特定の攻撃に対する保護を提供

ゾーンプロテクションプロファイルは、ゾーン全体に適用されます。したがって、ゾーンプロテクションプロファイルを適用した場合に引き起こされる問題を事前に調査しておくことが重要です。

4.18.3　DoSプロテクションプロファイル

DoSプロテクション機能はネットワークで発生するDoS（Denial-of-Service）攻撃を検出し保護します。DoSプロテクションの手法は表4.24のふたつが用意されています。

● 表4.24 DoSプロテクションプロファイルで使用できる手法

保護手法	説明
フラッド防御 (Flood Protection)	ネットワークにパケットが殺到することで、ハーフオープンセッションまたはリクエストに応答できなくなるサービスが大量に発生してしまうフラッディング攻撃を検出し防御します。この種の攻撃では、送信元アドレスが詐称されていることが多いです。フラッド防御では集計条件（aggregate）や分類条件（classified）に基づいて設定されたしきい値を超えるとすぐにパケットのブロックを開始します。
リソース保護 (Resource Protection)	セッション枯渇攻撃を検出して防ぎます。この種の攻撃は一般に、可能な限り多くの完全確立されたセッションを生成するため大量の送信元ホスト（ボット）を使用して行われます。標的のホストへ有効に見えるリクエストを送信するためにセッションが使われるため検出するのが難しいです。リソース保護では集計条件または分類条件により利用可能なセッション数を制限できます。

ひとつのDoSプロテクションプロファイルにおいて、ふたつの手法を併用することが可能です。

正しいDoSプロテクションプロファイルの定義は、どのサービスが保護を必要とするか、処理対象が何になるかに大きく依存します。環境によって異なるため、ある程度の事前分析が必要になります。設定例を以下の項目で示します。

どの環境でも、以下の要件について注意してください。

・デフォルトのしきい値
・最低レート
・集計条件（aggregate）または分類条件（classified）のプロファイルのいずれか
・SYN-cookieまたはRandom Early Dropのいずれか

デフォルトのDoSプロテクションしきい値は推奨値ではありません。DoS攻撃からの保護プロファイルを適用する実際の環境（ゾーンやホスト）に基づいたセッションデータでしきい値を設定する必要があります。この基準となるデータを取得する適切な方法として、ファイアウォールからNetflow

第 4 章　脅威防御（Content-ID）

アナライザへNetflowレポーティングを行う設定をすることが挙げられます。

> **注意**
> 保護メカニズムとしてデフォルトのアクティベーションレート設定（アクティベーションレート＝0）を選択した場合、SYN-Cookieはデフォルトでアクティブになっています。

> **参考**
> SYN Cookieでは、クライアントからSYNパケットを受信したときにはTCPコネクション確立処理を行わず、TCPヘッダの内容をハッシュした値をシーケンス番号に入れてSYN-ACKを返します。その後、クライアントから正しい確認応答番号が入ったACKを受信して初めて、セッション情報をメモリに展開します。このようにすることで、ヘッダ内容が改ざんされた攻撃パケットに対するメモリリソース消費を防ぐことができます。
> Random Early Dropは1秒あたり許容可能なSYNパケット数を定義し、その値に達する前にランダムにSYNパケットをドロップします。

4.19 ゾーンプロテクション設定

ファイアウォールでゾーンプロテクション機能を有効にする設定を行います。ゾーンプロテクション機能は受信ゾーンで指定します。

今回は図3.10（133ページ）の構成で以下の要件を満たす設定を実施してみましょう。

- Untrustゾーンへ流入する通信に対してICMPフラッドを検知可能にする。
- 10000（パケット数/秒）のフラッド攻撃を検知した場合にアラートログを出力させる（デフォルト値）。
- さらに40000（パケット数/秒）のフラッド攻撃を検知した場合に通信を遮断させる（デフォルト値）。

以下の手順で設定を行います。

①ゾーンプロテクションプロファイル作成
②ゾーンへの適用
③コンフィグレーションのコミット

4.19.1 ゾーンプロテクション設定手順

①ゾーンプロテクション設定手順

➡ プロファイル名を入力し、ゾーンプロテクションを作成します。

▼ [Network]タブ＞左のメニューより[ネットワークプロファイル] > [ゾーンプロテクション]

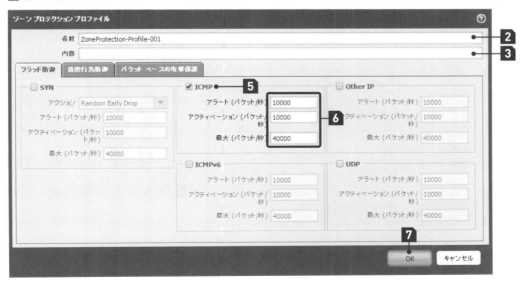

第4章　脅威防御（Content-ID）

1 画面下部の[追加]をクリックします。

2 [名前]項目に任意のプロファイル名を入力します（例：ZoneProtection-Profile-001）。

3 [タイプ]は「Aggregate」を指定します。

4 [フラッド防御]＞[ICMPフラッド]をクリックします。

5 [ICMP Flood]にチェックを入れて有効にします。

6 「アラームレート（パケット数/秒）」、「アクティベーションレート（パケット数/秒）」、「最大レート（パケット数/秒）」、「ブロック期間（s）」を設定します。
※今回はデフォルト値で設定を行います。表示されている値はデフォルト値であるためそのままにします。

7 [OK]をクリックします。

②ゾーンへの適用

➡ ゾーンプロテクションは任意のゾーンへ入ってくる通信が検査対象となります。

攻撃通信が流入する恐れのあるゾーンへ適用させます。今回はインターネット側のゾーンであるUntrustゾーンを指定します。

▼ [Network]タブ＞左のメニューより[ゾーン] ＞ Untrustゾーン

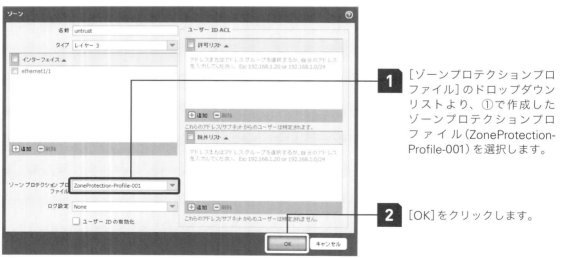

1 [ゾーンプロテクションプロファイル]のドロップダウンリストより、①で作成したゾーンプロテクションプロファイル（ZoneProtection-Profile-001）を選択します。

2 [OK]をクリックします。

③コンフィグレーションのコミット

➡ 右上のコミットボタンにて設定反映を実施します。

4.20 DoSプロテクションプロファイル設定

ファイアウォールでDoSプロテクション機能を有効にするには、DoSプロテクションポリシーを作成します。

今回は図3.10（133ページ）の構成で以下の要件を満たす設定を実施してみましょう。

- UntrustゾーンからTrustゾーンに対してICMPによるフラッド攻撃を検知可能にする。
- 10000（パケット数/秒）のフラッド攻撃を検知した場合にアラートログを出力させる（デフォルト値）。
- さらに40000（パケット数/秒）のフラッド攻撃を検知した場合に通信を300秒間遮断させる（デフォルト値）。

以下の手順で設定を行います。

①DoSプロテクションプロファイル作成
②DoSプロテクションポリシー
③コンフィグレーションのコミット

4.20.1 DoSプロテクションプロファイルの設定手順

①DoSプロテクションプロファイル作成

➡ ICMPを利用したフラッド攻撃が検知可能になるようDoSプロテクションプロファイルを設定します。

▼ [Objects]タブ＞左のメニューより[セキュリティプロファイル] > [DoSプロテクション]

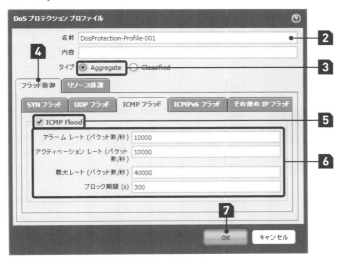

第 4 章　脅威防御（Content-ID）

1 画面下部の[追加]をクリックします。

2 [名前]項目に任意のプロファイル名を入力します（例：DosProtection-Profile-001）。

3 [タイプ]は「Aggregate」を指定します。

4 [フラッド防御]＞[ICMPフラッド]をクリックします。

5 [ICMP Flood]にチェックを入れて有効にします。

6 「アラームレート（パケット数/秒）」、「アクティベーションレート（パケット数/秒）」、「最大レート（パケット数/秒）」、「ブロック期間（s）」を設定します。
※今回はデフォルト値で設定を行います。表示されている値はデフォルト値であるためそのままにします。

7 [OK]をクリックします。

②DoSプロテクションポリシーの作成

→ Dosプロテクションは専用のポリシーを作成し、ルールの内容に一致した通信を検査します。

▼ [Policies]タブ＞左のメニューより[Dosプロテクション]

1 画面下部の[追加]をクリックします。

2 [名前]項目に任意のルール名を入力します。

4.20 >> DoS プロテクションプロファイル設定

3 [送信元]タブにて[送信元ゾーン]として[Untrust]ゾーンを追加します。

4 [宛先]タブにて[宛先ゾーン]として[Trust]ゾーンを追加します。

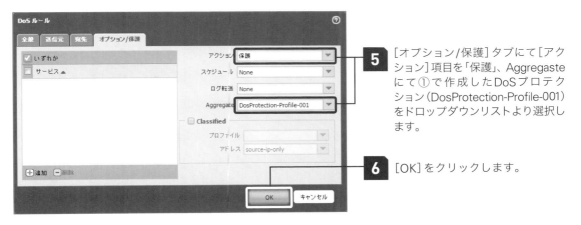

5 [オプション/保護]タブにて[アクション]項目を「保護」、Aggregasteにて①で作成したDoSプロテクション(DosProtection-Profile-001)をドロップダウンリストより選択します。

6 [OK]をクリックします。

第4章　脅威防御（Content-ID）

③コンフィグレーションのコミット
➡ 右上のコミットボタンにて設定反映を実施します。

第 **5** 章

ログとレポート

パロアルトネットワークスのファイアウォールは、通信情報をリアルタイムでログに保存しています。ネットワーク管理者はログを確認することで、ネットワークの通信状況を即座に分析することが可能となります。また、その結果はレポートとして生成することができ、経営者への報告書として活用することもできます。ここでは、ファイアウォールのログ、レポートに関する機能について説明します。

第5章　ログとレポート

5.1 ログとレポートの概要

　ファイアウォールをネットワークに導入することで、設定したルールに基づき、ファイアウォールがトラフィックを制御します。また、ケーブルの抜き差しや負荷の高い処理によってファイアウォール自体の状態にも変化が現れる場合もあります。それらをログデータとして保存し、レポートとして利用することができます。たとえば、次のような場合に役立ちます。

- PDFサマリーレポートを毎日見ていたところ、ある日急にSSLの通信量が増えたので何が起きたのかを確認したい。
- 業務でさまざまなアプリケーションを利用しているが、アプリケーションごとの利用状況を把握したい。
- 情報漏えい対策として、社内で禁止しているアプリケーションを利用しているユーザーがいるかを確認したい。
- 業務に関係のないアプリケーションの利用が多いユーザーを特定したい。
- 脅威のアクセスがどのくらいあるのか、また不正アクセスの兆候を把握したい。

　モデルごとのHDD（Hard Disk Drive/ハードディスクドライブ）とSSD（Solid State Drive/ソリッドステートドライブ）の容量は以下のとおりです。

●表5.1　モデルごとのHDD/SSD容量

	HDD	SSD	RAID化
PA-200	−	16GB	不可
PA-500	160GB	−	不可
PA-2000シリーズ	160GB	−	不可
PA-3000シリーズ	−	120GB	不可
PA-4000シリーズ	160GB	−	不可
PA-5000シリーズ	−	120GB（標準） 240GB（拡張）	オプションで RAID 1構成可能

目安として、3000人ユーザーが100Mbpsの回線を利用している場合、ファイアウォールのHDDの容量が約2週間でいっぱいになります。ログデータを長期で保管したい場合は、SyslogサーバーやPanoramaなどの外部サーバーへログを転送することを検討してください。

5.2 Dashboard

　DashboardはWeb UIログイン後に最初に表示される画面です。ウィジットと呼ばれるログ、状態、統計情報など監視要素で構成され、用途に合わせて表示するウィジットを選択することでDashboardをカスタマイズすることが可能です。

　各ウィジットは「アプリケーション」「システム」「ログ」の3つのカテゴリにわかれており、それらを2列もしくは3列レイアウトで表示させることができます。

5.2.1 アプリケーション

①上位アプリケーション

　ファイアウォールを流れるアプリケーションを過去1時間に確立されたセッション数の多い順にグラフィカルに表示されます。アプリケーション名にカーソルを合わせると、セッション数・バイト数などの情報が表示されます。クリックするとACC画面に移動します。

▼ Dashboard上部の［ウィジット］＞［アプリケーション］＞［上位アプリケーション］

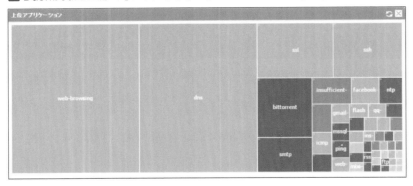

②上位のハイリスクアプリケーション

過去1時間のセッション数の多い順番で脅威リスクの高いアプリケーション（リスクが4または5のもの）がグラフィカルに表示されます。

▼ Dashboard上部の［ウィジット］＞［アプリケーション］＞［上位のハイリスクアプリケーション］

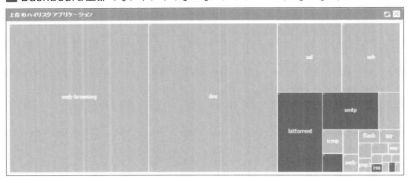

③ACCリスクファクタ

過去60分間にファイアウォールを流れたすべてのアプリケーションの平均リスクが表示されます。リスクは1～5で、値が大きいほどリスクが高いことになります。

▼ Dashboard上部の［ウィジット］＞［アプリケーション］＞［ACCリスクファクタ］

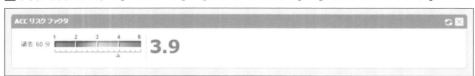

5.2.2 システム

①一般的な情報

ファイアウォールのIPアドレスやシリアル番号などの全体的な情報が表示されます。

▼ Dashboard上部の [ウィジット] > [システム] > [一般的な情報]

②インターフェイス

インターフェイスの状態が表示されます。アップしている場合は緑、ダウンしている場合は赤、未設定の場合は灰色で表示されます。インターフェイスにカーソルを合わせると、リンク速度およびデュプレックスなどの情報が表示されます。

▼ Dashboard上部の [ウィジット] > [システム] > [インターフェイス]

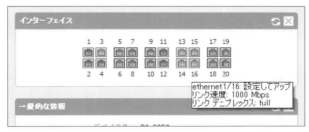

③システムリソース

コントロールプレーンCPUおよびデータプレーンCPUの各使用率と、セッション数が表示されます。

第 5 章　ログとレポート

▼ Dashboard上部の［ウィジット］＞［システム］＞［システムリソース］

④高可用性

　High Availabilityの設定を施している場合、対向機器の状態や対向機器とのバージョンの一致・不一致などの情報が表示されます。

▼ Dashboard上部の［ウィジット］＞［システム］＞［高可用性］

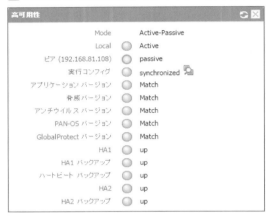

⑤ロック

　設定ロック、コミットロックがされた場合にロックをかけた管理者名、ロックのタイプなどの情報が表示されます。

▼ Dashboard上部の［ウィジット］＞［システム］＞［ロック］

管理者	タイプ	作成済み	ログイン
admin	commit	2015/06/27 21:56:29	yes

⑥ログインしている管理者

　現在ログインしている管理者の情報が表示されます。

▼ Dashboard上部の［ウィジット］＞［システム］＞［ログインしている管理者］

管理者	送信者 IP	クライアント	セッション開始	アイドル状態
admin	192.168.1.100	Web	06/27 19:45:28	00:42:33s
admin	192.168.83.13	Web	06/27 21:08:06	00:00:50s
admin	192.168.81.10	Web	06/27 21:51:38	00:00:00s
admin	192.168.81.10	Web	06/27 21:28:27	00:21:20s

5.2 >> Dashboard

5.2.3 ログ

①脅威ログ

セキュリティプロファイルでアクションをBlockまたはAlertに設定した脅威について、脅威の名前、重大度、日時が過去1時間の直近10件分表示されます。

▼ Dashboard上部の［ウィジット］>［ログ］>［脅威ログ］

名前	重大度	日時
TCP-Over-DNS Traffic Evasion Application Detection	informational	06/24 22:10:46
FTP Login Failed	informational	06/24 22:10:44
DNS ANY Request	informational	06/24 22:10:43
FTP Login Failed	informational	06/24 22:10:41
Use of insecure SSLv3.0 Found in Server Response	informational	06/24 22:10:41
Use of insecure SSLv3.0 Found in Server Response	informational	06/24 22:10:40
Use of insecure SSLv3.0 Found in Server Response	informational	06/24 22:10:40
TCP-Over-DNS Traffic Evasion Application Detection	informational	06/24 22:10:39
TCP-Over-DNS Traffic Evasion Application Detection	informational	06/24 22:10:29
DGA NXDOMAIN response	informational	06/24 22:10:29

②URLフィルタリングログ

URLフィルタリングプロファイルでアクションをAlert以上に設定したURLカテゴリについて、アクセスしたURL、カテゴリ、日時が表示されます。

▼ Dashboard上部の［ウィジット］>［ログ］>［URLフィルタリングログ］

URL	カテゴリ	日時
	adult-and-pornography	06/24 22:13:18
sc_project=1124345&resolution=1280&h=1024&camefrom=&u=http:/translation2.paralink.com/newbot.asp&t=PROMT-Online&java=1&security=353a4c14&sc_random=0.23623616870976118&sc_snum=2&invisible=1	spyware-and-adware	06/24 22:13:17
sc_project=1124078&resolution=1280&h=1024&camefrom=&u=http:/translation2.paralink.com/newbot.asp&t=PROMT-Online&java=1&security=835b2414&sc_random=0.717163757982624&sc_snum=1&invisible=1	spyware-and-adware	06/24 22:13:16
	online-gambling	06/24 22:12:36
	spyware-and-adware	06/24 22:12:13
	adult-and-pornography	06/24 22:12:09
	questionable	06/24 22:11:58
87a58e896f24f.jpg	weapons	06/24 22:11:56
	weapons	06/24 22:11:51
	weapons	06/24 22:11:51

③データフィルタリングログ

ファイルブロッキングプロファイルおよびデータフィルタリングプロファイルでアクションをBlockまたはAlertに設定したものについて、ファイル名、名前、日時が過去1時間の直近10件分表示されます。

第 5 章　ログとレポート

▼ Dashboard上部の［ウィジット］＞［ログ］＞［データフィルタリングログ］

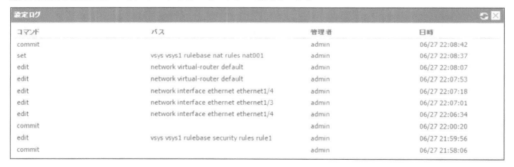

④設定ログ

コンフィグレーションに変更があった際のログが過去1時間の直近10件分表示されます。

▼ Dashboard上部の［ウィジット］＞［ログ］＞［設定ログ］

⑤システムログ

システム上のログが過去1時間の直近10件分表示されます。

▼ Dashboard上部の［ウィジット］＞［ログ］＞［システムログ］

5.3 >> ACC（アプリケーションコマンドセンター）

5.3 ACC（アプリケーションコマンドセンター）

　ACC（アプリケーションコマンドセンター）はネットワークの現状と利用状況の概要を知るためのツールです。

　ファイアウォール上を流れるトラフィックを「アプリケーション」「URLフィルタリング」「脅威防御」「データフィルタリング」「HIPマッチ」の分類から、それぞれの切り口で履歴や傾向を表示させることができます。ファイアウォールは15分ごとにログから要約ログを作成し、ACCに表示させます。アプリケーションやアドレス情報など、ACCで表示されるリスト内部の情報にはクリック可能な要素があり、それらをクリックすると、当該要素によりフィルタされたレポートが表示されます。この操作を「ドリルダウン」と呼びます。

> **注意**
> ACCトップページで表示される情報は、筐体内部の統計情報をベースに作成されていますが、ドリルダウン後に表示される詳細情報（ACCトップページのリンクをクリックして表示されるページの情報）はトラフィックログをベースに作成されており、セキュリティポリシーで「ログを取らない」ように設定した通信は集計対象外になります。そのため、同じアプリケーションでもACCトップページとドリルダウン後の詳細情報でセッション数などの情報が異なる場合があります。

5.3.1 ACC表示条件

　ACC画面上部にはACCの表示条件を決定する「日時」、「ソート基準」、「トップ」の3つのドロップダウンリスト存在します。それぞれの値を変更すると、その条件に合ったレポートが表示されます。

● 図5.1 ［ACC］タブ

第5章 ログとレポート

● 表5.2 ACC表示条件と操作アイコン

項目	説明
仮想システム	仮想システムを使用している場合は、閲覧したい仮想システムを選択できます。
日時	過去15分～先月までの範囲またはカスタム範囲で、任意の期間を選択できます。
ソート基準	セッション、バイト、脅威のどれを基準にしてソートするかを指定できます。
トップ	5～500までの範囲で上位何件を表示するかを選択できます。デフォルトは25です。
→	日時、ソート基準、トップを選択した後にクリックします。指定した日時、ソート基準、上位トップ数の条件を適用して、結果が表示されます。
+	送信元IP、宛先ゾーンやリスクでフィルタを作成できます。

5.3.2 アプリケーション

ACC表示条件で指定した条件にマッチしたアプリケーション統計情報に対して、「アプリケーション」「高リスクアプリケーション」「カテゴリ」「サブカテゴリ」「テクノロジ」「リスク」の6つの基準でソートして表示させることができます。

▼ [ACC]タブ > [アプリケーション]

①アプリケーション

ファイアウォールを通過したアプリケーションの統計情報が表示されます。

②高リスクアプリケーション

ファイアウォールを通過したアプリケーションのうちリスクが4もしくは5のアプリケーションの統計情報が表示されます。

③カテゴリ

ファイアウォールを通過したアプリケーションをカテゴリで分類した場合の統計情報が表示されます。表5.3のようなカテゴリがあります。

5.3 >> ACC（アプリケーションコマンドセンター）

● 表5.3　アプリケーションのカテゴリ一覧

カテゴリ	説明
business-system	ビジネスアプリケーション
collaboration	コミュニケーションアプリケーション
general-internet	インターネットツールアプリケーション
media	マルチメディアアプリケーション
networking	ネットワークプロトコルアプリケーション
unknown	App-ID シグネチャに該当しないアプリケーション

④サブカテゴリ

ファイアウォールを通過したアプリケーションをサブカテゴリで分類した場合の統計情報が表示されます。各カテゴリ内には表5.4～5.8のサブカテゴリがあります。

● 表5.4　[business-system] のサブカテゴリ

サブカテゴリ	説明	例
auth-service	認証サーバーアプリケーション	LDAP、RADIUSなど
database	データベースアプリケーション	SQLなど
erp-crm	企業資源管理アプリケーション	saleseforceなど
general-business	一般的な業務で使用されるアプリケーション	adobe-creative-cloudなど
management	システムの運用、監視アプリケーション	Syslogなど
office-programs	ワープロ、表計算、プレゼンテーション等のオフィスアプリケーション	ms-officeなど
software-update	ソフトウェアアップデートを実施するアプリケーション	adobe-updateなど
storage-backup	データ記録アプリケーション	Microsoft SMB Protocolなど

● 表5.5　[collaboration] のサブカテゴリ

サブカテゴリ	説明	例
email	電子メールアプリケーション	hotmail、Gmailなど
instant-messaging	インスタントメッセンジャーアプリケーション	yahoo-webmessengerなど
internet-conferencing	プレゼンテーション、チャット、オンライン会議アプリケーション	Microsoft Lyncなど
social-business	情報共有アプリケーション	Microsoft SharePointなど
social-networking	ソーシャルネットワーキングサービスアプリケーション	Twitter、mixiなど
voip-video	インターネット通話アプリケーション	Skypeなど
web-posting	インターネット投稿アプリケーション	2ch、FC2ブログなど

第5章 ログとレポート

● 表5.6 [general-internet] のサブカテゴリ

サブカテゴリ	説明	例
file-sharing	ファイル共有アプリケーション	winny、Bittrrentなど
internet-utility	ユーティリティアプリケーション	Webブラウザ（InternetExproler、Firefoxなど）、yahoo-toolbarなど

● 表5.7 [media] のサブカテゴリ

サブカテゴリ	説明	例
audio-streaming	音楽配信アプリケーション	iTunesなど
gaming	ゲームアプリケーション	Minecraft、プレイステーションネットワークなど
photo-video	画像、動画配信アプリケーション	youtube、ニコニコ動画、flickrなど

● 表5.8 [networking] のサブカテゴリ

サブカテゴリ	説明	例
encrypted-tunnel	暗号化通信アプリケーション	ssl、sshなど
infrastructure	サービス基盤構築アプリケーション	dhcp、ntp、dnsなど
ip-protocol	IPプロトコルアプリケーション	icmpなど
proxy	プロキシサーバーアプリケーション	http-proxyなど
remote-access	リモートアクセスアプリケーション	Microsoft Remote Desktopなど
routing	ルーティングプロトコルアプリケーション	RIP、OSPF、BGPなど

⑤テクノロジ

　ファイアウォールを通過したアプリケーションをテクノロジで分類した場合の統計情報が表示されます。表5.9のようなテクノロジがあります。

● 表5.9 アプリケーションのテクノロジ

テクノロジ	説明
browser-based	Webブラウザに依存して動作するアプリケーション
client-server	クライアント・サーバー通信モデルを使用したアプリケーション
network-protocol	システム間の通信に使用され、ネットワーク操作をするアプリケーション
peer-to-peer	サーバーを介することなく他クライアントと直接やり取りするアプリケーション

⑥リスク

　ファイアウォールを通過したアプリケーションをリスクで分類した場合の統計情報が表示されます。

5.3 >> ACC（アプリケーションコマンドセンター）

リスクの算出方法
アプリケーションごとに定義された3つの動作特性に基づいて重み付けがされており、Yesの項目の数×重み付けの値で計算した値によってリスクレベル（1=最低〜5=最高）を判定します。リスク値はアプリケーションごとに設定変更することができます。

5.3.3　URLフィルタリング

ACC表示条件で指定した条件にマッチしたURLフィルタリング統計情報に対して、「URLカテゴリ」「URL」「ブロックされたURLカテゴリ」「ブロックされたURL」の4つの基準でソートさせて表示させることができます。

▼ [ACC]タブ > [URLフィルタリング]

①URLカテゴリ
ファイアウォール経由でアクセスされたURLに対するカテゴリ単位の統計情報が表示されます。

②URL
ファイアウォール経由でアクセスされたURLの統計情報が表示されます。

③ブロックされたURLカテゴリ
ファイアウォール経由でアクセスを試みたがブロックされたURLカテゴリの統計情報が表示されます。

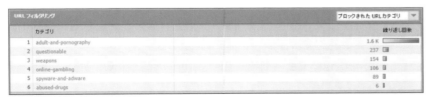

④ブロックされたURL

ファイアウォール経由でアクセスを試みたがブロックされたURLの統計情報が表示されます。

5.3.4 脅威防御

ACC表示条件で指定した条件にマッチした脅威防御統計情報に対して、「脅威」「タイプ」「スパイウェア」「スパイウェアフォンホーム」「スパイウェアダウンロード」「脆弱性」「ウイルス」の7つの基準でソートさせて表示させることができます。

▼ [ACC]タブ＞[脅威防御]

①脅威

脅威全体でソートした場合の統計情報が表示されます。

②タイプ

脅威のタイプを基準にしてソートした場合の統計情報が表示されます。表5.10のような脅威タイプがあります。

● 表5.10 脅威タイプ一覧

脅威タイプ	説明
virus	ウイルス検知
spyware	スパイウェア検知
vulnerability	脆弱性攻撃検知

5.3 >> ACC（アプリケーションコマンドセンター）

脅威タイプ	説明
scan	ゾーンプロテクションプロファイルにてスキャン検出
flood	ゾーンプロテクションプロファイルにてフラッド検出

③スパイウェア

スパイウェアのみでソートした場合の統計情報が表示されます。

④スパイウェアフォンホーム

スパイウェアの感染時の振る舞いを基準にしてソートした場合の統計情報が表示されます。

⑤スパイウェアダウンロード

スパイウェアのダウンロードを基準にしてソートした場合の統計情報が表示されます。

⑥脆弱性

脆弱性のみでソートした場合の統計情報が表示されます。

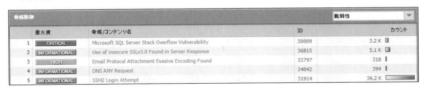

⑦ウイルス

ウイルスのみでソートした場合の統計情報が表示されます。

第 5 章　ログとレポート

5.3.5　データフィルタリング

ACC表示条件で指定した条件にマッチしたデータフィルタリング統計情報に対して、「コンテンツ/ファイルタイプ」「タイプ」「ファイル名」の3つの基準でソートさせて表示させることができます。

▼ [ACC]タブ＞[データフィルタリング]

①コンテンツ/ファイルタイプ

コンテンツ/ファイルのタイプごとにソートした場合の統計情報が表示されます。

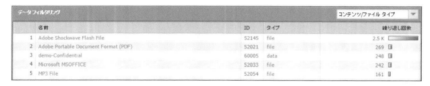

②タイプ

データフィルタリングタイプごとにソートした場合の統計情報が表示されます。表5.11のようなタイプがあります。

● 表5.11　データフィルタリングタイプ一覧

データフィルタリングタイプ	説明
file	ファイル種別ログ
data	データフィルタリングプロファイルにてデータパターン検出

③ファイル名

ファイル名でソートした場合の統計情報が表示されます。

5.3.6 ドリルダウンページ

詳細な情報を表示するには、アプリケーションコマンドセンター内のリンクのいずれかをクリックします。詳細ページが開き、最上位の項目の情報やそれに関連する項目の詳細なリストが表示されます。これにより、アクセスが多い国やどのルールにマッチする通信が多いか、といった傾向を確認することが可能となります。

①アプリケーション

アプリケーション名をクリックすると詳細な情報を参照できるドリルダウンページが表示されます。

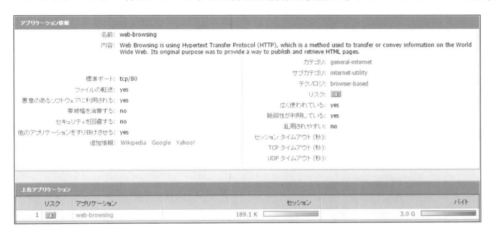

● 表5.12 アプリケーション詳細情報一覧

項目	説明
アプリケーション情報	選択したアプリケーションに関する概要情報を表示します。
上位アプリケーション	各通信の送信元の上位をリスト表示します。[送信元のホスト名]はDNS
上位の送信元	各通信の送信元の上位をリスト表示します。[送信元のホスト名]はDNS逆引きの結果、[送信元ユーザー]はUser-IDのユーザー名です。
上位の宛先	各通信の宛先の上位をリスト表示します。[宛先ホスト名]はDNS逆引きの結果、[宛先ユーザー]はUser-IDのユーザー名です。
上位の送信元国	各通信の送信元国の上位をリスト表示します。各国NIC（ネットワークインフォメーションセンター）に割り当てられたIPアドレスの範囲で識別します。
上位の宛先国	各通信の宛先国の上位をリスト表示します。各国NIC（ネットワークインフォメーションセンター）に割り当てられたIPアドレスの範囲で識別します。

第5章　ログとレポート

項目	説明
上位のセキュリティルール	各通信がどのセキュリティルールにマッチしたかの上位をリスト表示します。
上位の入力ゾーン	各通信がどのゾーンから入ってきたかの上位をリスト表示します。
上位の出力ゾーン	各通信がどのゾーンから出ていったのか上位をリスト表示します。
上位のURLフィルタリング	各通信がURLフィルタリングに該当したカテゴリ上位をリスト表示します。
脅威防御	各通信中で検出された脅威/コンテンツ名の上位を重大度と合わせてリスト表示します。
データフィルタリング	各通信中に含まれるコンテンツの上位をコンテンツタイプと合わせてリスト表示します。

②URLフィルタリング

カテゴリをクリックすると詳細な情報を参照できるドリルダウンページが表示されます。

リスク	アプリケーション	セッション	バイト
1	ssl	24.0 K	516.4 M
2	web-browsing	22.1 K	288.7 M
3	blackboard	6.4 K	245.4 M
4	web-crawler	1.3 K	10.1 M
5	smtp	57	1.2 M
6	webdav	51	214.4 K
7	yum	35	81.6 K
8	adobe-meeting	27	173.5 K
9	flash	17	31.1 M
10	rss	12	423.1 K
11	apt-get	11	35.7 M
12	asf-streaming	9	1015.9 K
13	http-audio	8	68.3 K
14	unknown-tcp	5	4.5 K
15	ibm-bigfix	2	3.9 K
16	itunes-base	1	1.1 K

● 表5.13　URLフィルタリング詳細情報一覧

項目	説明
上位アプリケーション	各通信の送信元の上位をリスト表示します。[送信元のホスト名]はDNS
上位の送信元	各通信の送信元の上位をリスト表示します。[送信元のホスト名]はDNS逆引きの結果、[送信元ユーザー]はUser-IDのユーザー名です。
上位の宛先	各通信の宛先の上位をリスト表示します。[宛先ホスト名]はDNS逆引きの結果、[宛先ユーザー]はUser-IDのユーザー名です。
上位の送信元国	各通信の送信元国の上位をリスト表示します。各国NIC(ネットワークインフォメーションセンター)に割り当てられたIPアドレスの範囲で識別します。
上位の宛先国	各通信の宛先国の上位をリスト表示します。各国NIC(ネットワークインフォメーションセンター)に割り当てられたIPアドレスの範囲で識別します。
上位のセキュリティルール	各通信がどのセキュリティルールにマッチしたかの上位をリスト表示します。
上位の入力ゾーン	各通信がどのゾーンから入ってきたかの上位をリスト表示します。
上位の出力ゾーン	各通信がどのゾーンから出ていったのか上位をリスト表示します。

③脅威防御

脅威/コンテンツ名または脅威/コンテンツタイプをクリックすると詳細な情報を参照できるドリルダウンページが表示されます。

5.3 >> ACC（アプリケーションコマンドセンター）

●表5.14 脅威防御詳細情報一覧

項目	説明
上位攻撃者	各通信の攻撃者の上位をリスト表示します。
上位の被害者	各通信の被害者の上位をリスト表示します。
上位攻撃国	各通信の攻撃国の上位をリスト表示します。
上位の被害者国	各通信の被害者国の上位をリスト表示します。
上位の入力ゾーン	各通信がどのゾーンから入ってきたかの上位をリスト表示します。
上位の出力ゾーン	各通信がどのゾーンから出ていったのか上位をリスト表示します。

④データフィルタリング

名前またはタイプをクリックすると詳細な情報を参照できるドリルダウンページが表示されます。

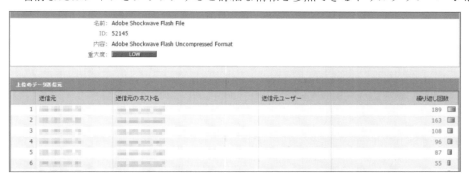

●表5.15 データフィルタリング詳細情報一覧

項目	説明
上位のデータ送信元	各通信の送信元の上位をリスト表示します。[送信元のホスト名]はDNS逆引きの結果、[送信元ユーザー]はUser-IDのユーザー名です。
上位のデータ宛先	各通信の宛先の上位をリスト表示します。[宛先ホスト名]はDNS逆引きの結果、[宛先ユーザー]はUser-IDのユーザー名です。
上位のデータ送信元国	各通信の送信元国の上位をリスト表示します。 各国NIC（ネットワークインフォメーションセンター）に割り当てられたIPアドレスの範囲で識別します。
上位のデータ宛先国	各通信の宛先国の上位をリスト表示します。 各国NIC（ネットワークインフォメーションセンター）に割り当てられたIPアドレスの範囲で識別します。

第5章 ログとレポート

項目	説明
上位の入力ゾーン	各通信がどのゾーンから入ってきたかの上位をリスト表示します。
上位の出力ゾーン	各通信がどのゾーンから出ていったのか上位をリスト表示します。

⑤ HIPマッチ

　HIPをクリックすると詳細な情報を参照できるドリルダウンページが表示されます。プルダウンメニューより、HIPオブジェクトを選択した状態でHIPをクリックすると、ドリルダウンページではHIPオブジェクトおよびHIPレポートが表示されます。プルダウンメニューより、HIPプロファイルを選択した状態でHIPをクリックすると、ドリルダウンページではHIPプロファイルおよびHIPレポートが表示されます。

● 表5.16 HIPマッチ詳細情報一覧

項目	説明
HIPオブジェクト	HIPオブジェクトに一致した接続元のユーザー情報を表示します。
HIPプロファイル	HIPオブジェクトに一致した接続元のユーザー情報を表示します。
HIPレポート	HIPオブジェクトに一致した接続元のユーザー情報を表示します。HIP名は表示されません。

5.4 ローカルログの表示

デフォルトではすべてのログファイルがファイアウォールで生成されてローカル（ファイアウォールのHDDまたはSSD内部の保存領域）に保存されます。それらのログファイル内のログはWeb UIにて閲覧することができます。

5.4.1 ログ画面

Web UIの[Monitor]タブ＞[ログ]＞[トラフィック]をクリックすると以下の画面が現れます。図中の①から⑥の各要素について説明します。

▼ [Monitor]タブ＞左のメニューより[ログ]＞[トラフィック]

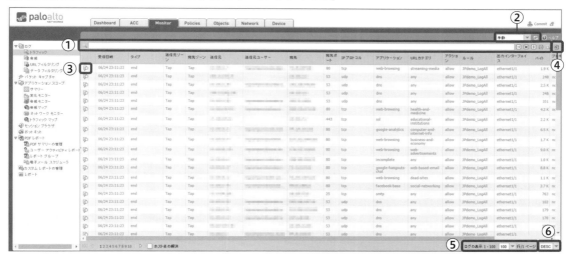

①フィルタアイコン

アドレスやアプリケーションなどログリスト内の項目でカーソルを合わせたときに下線が現れるいずれかの項目をクリックすると、その項目の値をキーとしたフィルタを作成することができます。フィルタ欄（①部分のテキストボックス）に直接入力も可能です。

たとえば、アプリケーションの「web-browsing」と「ssl」の通信のみを表示させたい場合は、or条件を使って下記のように入力します。

```
( app eq web-browsing ) or ( app eq ssl )
```

第5章　ログとレポート

「ssl」通信の中で送信元IPアドレスが10.10.10.10の通信を表示させたい場合は、and条件を使って下記のように入力します。

```
( app eq ssl ) and ( addr.src in 10.10.10.10 )
```

また、記述したフィルタを保存したり、保存したフィルタを後で利用したりすることも可能です。

●表5.17　フィルタエリア内のアイコン

アイコン	内容
→	フィルタの実行
✕	フィルタの削除
＋	フィルタの作成
🗎	フィルタの保存
📂	フィルタのロード

②表示リフレッシュ

表示を一定間隔でリフレッシュさせるための設定です。デフォルトでは手動となっており、間隔リスト横のリロードマークをクリックすることで手動リフレッシュされます。自動リフレッシュの間隔は10秒、30秒、60秒から指定できます。

③ログ詳細表示

各ログの一番左端にある🔍マークをクリックすると詳細ログが表示されます。

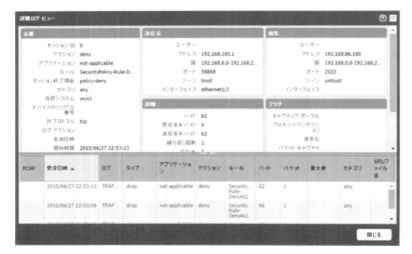

④CSV出力

をクリックすることで、ログをCSV形式で出力し、エクスポートすることが可能です。エクスポート可能なログの最大行数は、[Device]タブ>[セットアップ]>[管理]>[ロギングおよびレポート設定]>[CSVエクスポートの最大行数]にて設定することが可能です。ログ表示のフィルタを行っている場合は、フィルタ結果が有効になった状態でCSVファイルでのエクスポートが可能です。

⑤ログの表示行数指定

1ページに表示できるログ行数を最大100行までで指定できます。デフォルトでは20行です。

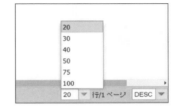

⑥DSEC/ASEC

ログの昇順（ASEC）に表示するか、降順（DSEC）に表示するかを指定できます。

その他として、ログ上部の項目の部分にカーソルを合わせると下向き三角が現れます。

それを選択すると以下の指定ができます。

カラム	ログ上部の項目を必要にあわせて増減できます。
列の調整	各項目の幅を自動的に最適化してくれます。

5.4.2 各種ログ

①トラフィックログ

ファイアウォールを通過するすべてのトラフィックは、セキュリティポリシーによって許可される必要があり、ログもそのセキュリティポリシーにマッチしたログが表示されます。セキュリティルールに明示的な拒否ポリシーがある場合は、それについてのログも記録されますが、暗黙の拒否にマッチしたトラフィックのログは記録されません。セキュリティポリシーのデフォルト設定では、セッション終了時のログを記録し、セッションの合計時間および転送量をひとつのログに含めることができます。

 セキュリティポリシーの設定は、[Policies]タブで行います（2.6.3項参照）。

第 5 章　ログとレポート

▼ [Monitor] タブ > 左のメニューより [ログ] > [トラフィック]

②脅威ログ

ファイアウォールでセキュリティポリシーに設定されるセキュリティプロファイル（アンチウイルス、アンチスパイウェア、脆弱性、URLフィルタリング、ファイルブロッキング、データフィルタリング、またはDoSプロテクション）にトラフィックがマッチした場合、脅威ログにイベントが書き込まれます。

脅威名をクリックするとその脅威の詳細が表示されます。誤検知が見つかった場合などのため、この詳細表示画面でIPアドレスやセキュリティプロファイル自体を免除する設定をすることもできます。また、セキュリティプロファイルでパケットキャプチャを取得するように設定した場合、緑色の下向き矢印をクリックするとパケットキャプチャを取得することができます。

▼ [Monitor] タブ > 左のメニューより [ログ] > [脅威]

③URLフィルタリングログ

セキュリティポリシーに設定されたURLフィルタリングプロファイルにマッチするすべてのトラフィックがURLフィルタリングログに記録されます。ログに表示されるURLフィルタリングのイベントは［Alert］［Block］［Continue］［Override］の4つです。

▼ ［Monitor］タブ＞左のメニューより［ログ］＞［URLフィルタリング］

④WildFireへの送信ログ

WildFire[*1]にアップロードおよび解析されたファイルの情報が出力されます。ログ自体は、解析完了後に出力されます。

▼ ［Monitor］タブ＞左のメニューより［ログ］＞［WildFireへの送信］

---

*1 WildFireについては、「第4章 脅威防御」を参照してください。

⑤データフィルタリングログ

　ファイルブロッキングとデータフィルタリングのプロファイルで指定したアクションに対するイベントが出力されます。ファイルブロッキングのイベントの場合は、ファイル名とファイルの種類がログデータに含まれ、データキャプチャを設定することで、フィルタによってブロックされたデータを収集することができます。キャプチャしたデータを表示する際にパスワードを要求させることも可能です。

▼ [Monitor] タブ＞左のメニューより [ログ] ＞ [データフィルタリング]

⑥HIPマッチログ

　GlobalProtectで接続を行うクライアントに適用されたHIPのログが表示されます。

▼ [Monitor] タブ＞左のメニューより [ログ] ＞ [HIP]

5.4 >> ローカルログの表示

⑦設定ログ

管理者によるコンフィグレーションの設定変更などがあった場合にイベントが表示されます。表示される項目には、ホスト（変更を行ったユーザーのIPアドレス）、クライアントのタイプ（XML、WebまたはCLI）、実行されたコマンドのタイプ、コマンドが成功したか失敗したか、変更前後の値が含まれます。

▼ [Monitor]タブ＞左のメニューより[ログ] > [設定]

受信日時	管理者	ホスト	クライアント	コマンド	結果	設定パス	変更前	変更後	Seqno
06/27 23:28:27	admin	192.168.83.13	Web	commit	Submitted				156
06/27 23:28:00	admin	192.168.83.13	Web	move	Succeeded	vsys vsys1 rulebase security rules PermitALL			155
06/27 23:28:00	admin	192.168.83.13	Web	set	Succeeded	vsys vsys1 rulebase security rules PermitALL		PermitALL { to [any]; from [any]; source [any]; destinatio	154
06/27 23:24:11	admin	192.168.83.13	Web	commit	Submitted				153
06/27 23:23:41	admin	192.168.83.13	Web	edit	Succeeded	vsys vsys1 rulebase security rules SecurityPolicy-Rule-DenyALL disabled	disabled ;	disabled yes;	152
06/27 23:16:45	admin	192.168.83.13	Web	commit	Submitted				151
06/27 23:16:21	admin	192.168.83.13	Web	edit	Succeeded	network interface ethernet ethernet1/3	ethernet1/3 { layer3 { ip { 192.168.100.25... { } } } }	ethernet1/3 { layer3 { ip { 192.168.200.254/24 { } } } }	150
06/27 22:50:19	admin	192.168.83.13	Web	commit	Submitted				149
06/27 22:49:54	admin	192.168.83.13	Web	rename	Succeeded	vsys vsys1 rulebase security rules SecurityPolicy-Rule-003-Denyall	SecurityPolicy-Rule-003-Denyall	SecurityPolicy-Rule-DenyALL	148
06/27 22:49:54	admin	192.168.83.13	Web	edit	Succeeded	vsys vsys1 rulebase security rules SecurityPolicy-Rule-003-Denyall	SecurityPolicy-Rule-003-Denyall { }	SecurityPolicy-Rule-003-Denyall { }	147
06/27 22:49:33	admin	192.168.83.13	Web	rename	Succeeded	vsys vsys1 rulebase security rules SecurityPolicy-Rule-003-Deny	SecurityPolicy-Rule-003-Deny	SecurityPolicy-Rule-003-Denyall	146
06/27 22:49:33	admin	192.168.83.13	Web	edit	Succeeded	vsys vsys1 rulebase security rules SecurityPolicy-Rule-003-Deny	SecurityPolicy-Rule-003-Deny { }	SecurityPolicy-Rule-003-Deny { }	145

⑧システムログ

システムのイベントが表示されます。

▼ [Monitor]タブ＞左のメニューより[ログ] > [システム]

受信日時	タイプ	重大度	イベント	オブジェクト	内容
06/27 23:29:37	general	informational	general		User admin accessed Monitor tab
06/27 23:29:33	sslmgr	informational	sslmgr-config-p1-success		SSLMGR daemon configuration load phase-1 succeeded.
06/27 23:29:33	satd	informational	satd-config-p1-success		SATD daemon configuration load phase-1 succeeded.
06/27 23:29:31	ras	informational	rasmgr-config-p1-success		RASMGR daemon configuration load phase-1 succeeded.
06/27 23:29:30	vpn	informational	ike-config-p1-success		IKE daemon configuration load phase-1 succeeded.
06/27 23:29:12	routing	informational	routed-config-p1-success		Route daemon configuration load phase-1 succeeded.
06/27 23:29:07	general	informational	auth-success		User 'admin' authenticated. From: 192.168.81.10.
06/27 23:29:06	general	informational	general		User admin logged in via Web from 192.168.81.10 using https
06/27 23:28:48	general	informational	general		Session for user admin via Web from 192.168.81.10 timed out
06/27 23:28:27	general	informational	general		Commit job started, user=admin, command=commit, client type=2, Commit parameters: force=false, device_network=true, shared_object=true. Commit All Vsys. .
06/27 23:26:41	general	informational	general		User admin accessed Monitor tab
06/27 23:26:17	general	informational	general		Commit job succeeded for user admin
06/27 23:25:50	general	informational	general		Config installed
06/27 23:25:48	sslmgr	informational	sslmgr-config-p2-success		SSLMGR daemon configuration load phase-2 succeeded.
06/27 23:25:48	vpn	informational	ike-config-p2-success		IKE daemon configuration load phase-2 succeeded.
06/27 23:25:48	satd	informational	satd-config-p2-success		SATD daemon configuration load phase-2 succeeded.

5.5 外部サーバーへのログ転送

　出力されたログはファイアウォール内部に保存しておくこともできますが、容量がいっぱいになると古いものから自動的に削除されてしまうため、ログデータの長期保管には適していません。監査などで、ある一定期間のログデータの保管が必要な場合にはSyslogサーバーなど外部サーバーにログを転送することで、長期保管が可能になります。また、重大なシステムイベントや脅威など即時通知してほしいイベントが発生した場合にはSNMPトラップを生成するか、電子メールアラートを送信できます。もし複数のパロアルトネットワークスのファイアウォールからログデータを集約してレポートを作成する場合には、Panorama[*2]マネージャーまたはPanoramaログコレクタにログを転送することもできます。

● 図5.2　外部サーバーとの連携

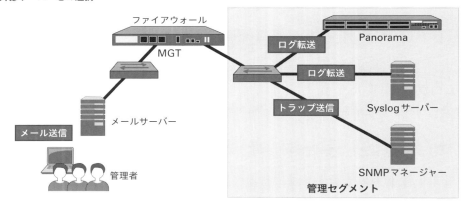

外部サーバーにログを転送するには3つのステップが必要です。

- ステップ1.　サーバープロファイル作成：サーバープロファイルを作成します。
- ステップ2.　ログ転送プロファイル作成：ステップ1で作成したサーバープロファイルを選択したログ転送プロファイルを作成します。
- ステップ3.　セキュリティポリシーへの適用：ステップ2で作成したログ転送プロファイルをセキュリティポリシーで選択します。

　5.5.1～5.5.3に各ステップを説明します。

[*2] パロアルトネットワークスの統合管理製品であるPanoramaを利用すると、複数台のパロアルトネットワークスのファイアウォールをPanorama上で一元管理（設定やポリシーの適用、アプリケーション・ユーザー・コンテンツの可視化、ログ作成、レポート発行）することができるようになります。

5.5 >> 外部サーバーへのログ転送

5.5.1 サーバープロファイル作成

■ Syslogサーバープロファイルの作成

ファイアウォールで生成されるログを外部のSyslogサーバーに転送する場合、以下の手順でSyslogサーバーと接続するために必要な情報を設定したサーバープロファイルを作成します。

▼ [Device]タブ > 左のメニューより [サーバープロファイル] > [Syslog]

①画面下部の[追加]をクリック

②名前の入力

→ [Syslogサーバープロファイル]ダイアログにて以下の設定を実施します。

1 [名前]に任意の名前を入力します。

③Syslogサーバー設定

→ [サーバー]タブにて、ダイアログ下部の[追加]をクリックします。

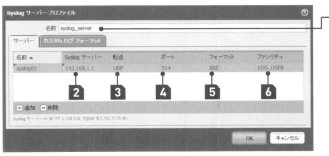

1 [名前]に、任意の名前を入力します。

2 [Syslogサーバー]に、SyslogサーバーのIPアドレスまたはFQDNを入力します。

3 [転送]では、Syslogサーバーとの通信方法として[UDP][TCP][SSL]のいずれかを選択します(デフォルトは[UDP])。

4 [ポート]では、Syslogメッセージを送信する際の宛先ポート番号を入力します(デフォルトは[514])。

5 [フォーマット]では、使用するSyslogメッセージフォーマットとして[BSD]または[IETF]から選択します(デフォルトは[BSD])。

6 [ファシリティ]で、ログメッセージの種類を[LOG_USER][LOG_LOCAL0~7]の9つから選択します。
※Syslogサーバーが複数台ある場合は、③を台数分実施します。

255

第5章　ログとレポート

④Syslogメッセージのフォーマットカスタマイズ（オプション）

➡ ファイアウォールが送信するSyslogメッセージのフォーマットをカスタマイズする場合は、[カスタムログフォーマット]タブにて、以下の設定を実施します（任意）。

設定、システム、脅威、トラフィック、HIPマッチそれぞれのログタイプに対してログのフォーマットを設定することが可能です。

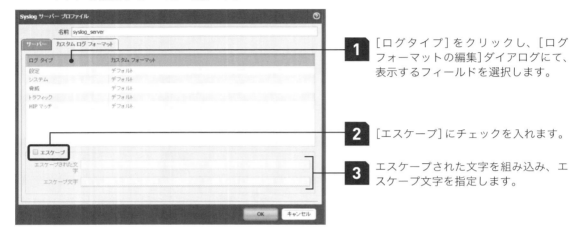

1 [ログタイプ]をクリックし、[ログフォーマットの編集]ダイアログにて、表示するフィールドを選択します。

2 [エスケープ]にチェックを入れます。

3 エスケープされた文字を組み込み、エスケープ文字を指定します。

⑤すべての設定が完了したら[OK]をクリック

■ SNMPトラップサーバープロファイルの作成

ファイアウォールで発生したログやアラートなどをSNMPトラップとして送出する場合、以下の手順でSNMPマネージャーに接続するために必要な情報を設定したサーバープロファイルを作成します。

▼ [Device]タブ＞左のメニューより[サーバープロファイル]＞[SNMPトラップ]

①画面下部の[追加]をクリック

5.5 >> 外部サーバーへのログ転送

②SNMPトラップサーバープロファイル設定

→ [SNMPトラップサーバープロファイル]ダイアログにて以下の設定を実施します。

1 [名前]に任意の名前を入力します。

2 [バージョン]で、使用中のSNMPのバージョン([V2c]または[V3])を指定します(デフォルトは[V2c])。

③ダイアログ下部の[追加]をクリック

- [SNMP V2c]の場合

1 [名前]に任意の名前を入力します。

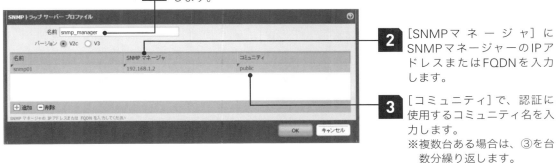

2 [SNMPマネージャ]にSNMPマネージャーのIPアドレスまたはFQDNを入力します。

3 [コミュニティ]で、認証に使用するコミュニティ名を入力します。
※複数台ある場合は、③を台数分繰り返します。

- [SNMP V3]の場合

1 [名前]に任意の名前を入力します。

2 [SNMPマネージャ]にSNMPマネージャーのIPアドレスまたはFQDNを入力します。

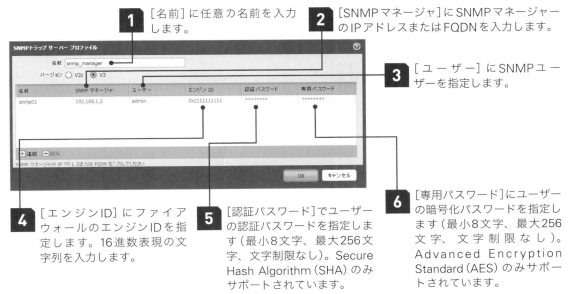

3 [ユーザー]にSNMPユーザーを指定します。

4 [エンジンID]にファイアウォールのエンジンIDを指定します。16進数表現の文字列を入力します。

5 [認証パスワード]でユーザーの認証パスワードを指定します(最小8文字、最大256文字、文字制限なし)。Secure Hash Algorithm(SHA)のみサポートされています。

6 [専用パスワード]にユーザーの暗号化パスワードを指定します(最小8文字、最大256文字、文字制限なし)。Advanced Encryption Standard(AES)のみサポートされています。

■ SNMPのセットアップ

外部SNMPマネージャーからファイアウォールの設定情報や統計情報を取得する場合、以下の手順でファイアウォールをSNMPエージェントとしてSNMPマネージャーから受信したSNMP GET要

第5章　ログとレポート

求への応答を許可する設定を行います。

▼ [Device]タブ＞左のメニューより[セットアップ]＞[操作]タブ＞[SNMPのセットアップ]
① **[SNMPのセットアップ]ダイアログにて以下の設定を実施**

1 [場所]でファイアウォールの場所を入力します。

2 [連絡先]で管理者の名前またはメールアドレスを入力します。

3 [イベント固有のトラップ定義を使用]にチェックを入れます。

4 [バージョン]で、使用中のSNMPのバージョン（[V2c]または[V3]）を指定します（デフォルトは[V2c]）。

- [SNMP V2c]の場合

1 [SNMPコミュニティ名]で、認証に使用するコミュニティ名を入力します（デフォルトは[public]）。

- [SNMP V3]の場合

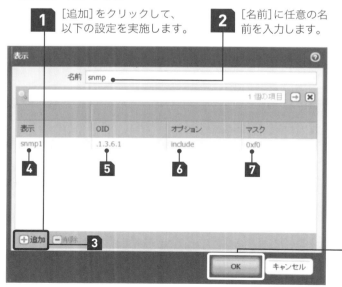

1 [追加]をクリックして、以下の設定を実施します。

2 [名前]に任意の名前を入力します。

3 [追加]をクリックして、以下の設定を実施します。

4 [表示]でビューの名前を指定します。

5 [OID]でオブジェクト識別子（OID）を指定します。

6 [オプション]で、OIDをビューに含めるのか、ビューから除外するのかを選択します。

7 [マスク]で、OIDに適用するフィルタのマスク値を16進数形式で指定します。

8 すべて完了したら[OK]をクリックします。

9 [追加]をクリックして、以下の設定を実施します。

5.5 >> 外部サーバーへのログ転送

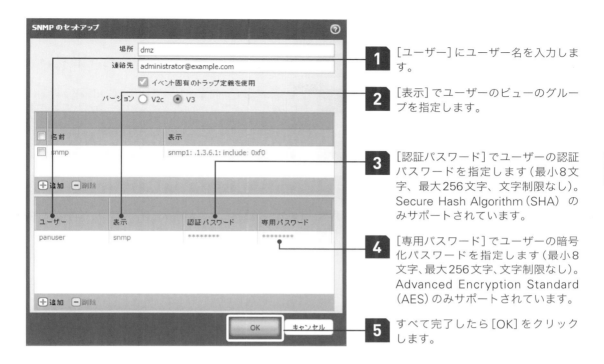

1 [ユーザー]にユーザー名を入力します。

2 [表示]でユーザーのビューのグループを指定します。

3 [認証パスワード]でユーザーの認証パスワードを指定します（最小8文字、最大256文字、文字制限なし）。Secure Hash Algorithm（SHA）のみサポートされています。

4 [専用パスワード]でユーザーの暗号化パスワードを指定します（最小8文字、最大256文字、文字制限なし）。Advanced Encryption Standard（AES）のみサポートされています。

5 すべて完了したら[OK]をクリックします。

■ 電子メールサーバープロファイルの作成

使用する電子メールサーバーのサーバープロファイルを作成します。

▼ [Device]タブ＞左のメニューより[サーバープロファイル]＞[電子メール]

①画面下部の[追加]をクリック

②[電子メールサーバープロファイル]ダイアログ設定

→ [電子メールサーバープロファイル]ダイアログにて以下の設定を実施します。

259

第5章 ログとレポート

1 名前：任意の名前を入力

2 [サーバー]タブにてダイアログ下部の[追加]をクリック

3 名前：任意の名前を入力

4 電子メール表示名：電子メールの送信者として表示される名前を入力

5 送信者IP：送信元メールアドレスなどを入力

6 宛先：電子メールを受信する相手のメールアドレスを入力

7 その他の受信者：別の電子メールを受信する相手のメールアドレスを入力

8 電子メールゲートウェイ：SMTPサーバーのIPアドレスまたはFQDNを入力

9 [カスタムログフォーマット]タブにて以下を設定(特に指定がなくても可)

10 設定、システム、脅威、トラフィック、HIPマッチそれぞれのログタイプに対してログのフォーマットを設定することが可能です。

11 [ログタイプ]をクリックし、[ログフォーマットの編集]ダイアログにて、表示するフィールドを選択します。

12 [エスケープ]にチェックを入れます。

13 エスケープされた文字を組み込み、エスケープ文字を指定します。

③すべての設定が完了したら[**OK**]をクリック

■ Panorama転送用設定

Panoramaにログを転送する場合、以下の手順を実施します。

▼ [Device]タブ > 左のメニューより[セットアップ] > [管理]タブ

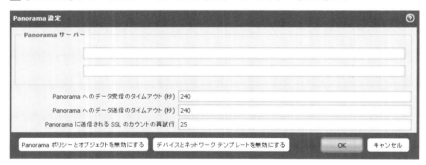

①[**Panorama設定**]セクションの右上の歯車マークを選択

②**PanoramaのIPアドレス入力**

→ [Panorama設定]ダイアログにて、[Panoramaサーバー]欄にPanoramaのIPアドレスを入力します。

③**2台目のPanoramaのIPアドレス入力**

→ 複数台ある場合は、もう一台のPanoramaのIPアドレスを下の欄に入力します。

④すべての設定が完了したら[**OK**]をクリック

5.5.2 ログ転送プロファイル作成

トラフィックログや脅威ログの転送を有効にするために、ログ転送プロファイルを作成します。ログ転送をトリガーするセキュリティポリシーにこのログ転送プロファイルを適用することで、セキュリティポリシー内の特定のルールに一致するログが記録され、転送できるようになります。外部サーバーにログを転送したい場合に作成します。

▼ [Objects]タブ > 左のメニューより[ログ転送]
①画面下部の[追加]をクリック

②[ログ転送プロファイル]ダイアログ設定
　➡ [ログ転送プロファイル]ダイアログにて以下の設定を実施します。

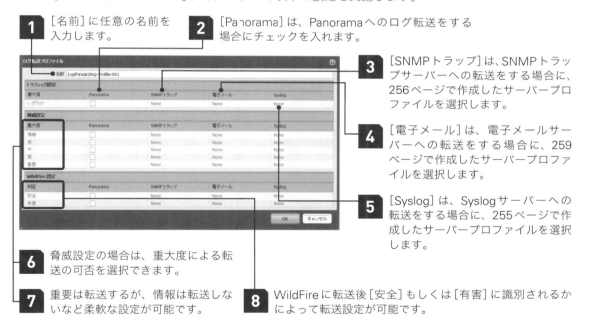

1 [名前]に任意の名前を入力します。

2 [Panorama]は、Panoramaへのログ転送をする場合にチェックを入れます。

3 [SNMPトラップ]は、SNMPトラップサーバーへの転送をする場合に、256ページで作成したサーバープロファイルを選択します。

4 [電子メール]は、電子メールサーバーへの転送をする場合に、259ページで作成したサーバープロファイルを選択します。

5 [Syslog]は、Syslogサーバーへの転送をする場合に、255ページで作成したサーバープロファイルを選択します。

6 脅威設定の場合は、重大度による転送の可否を選択できます。

7 重要は転送するが、情報は転送しないなど柔軟な設定が可能です。

8 WildFireに転送後[安全]もしくは[有害]に識別されるかによって転送設定が可能です。

5.5.3 セキュリティポリシーへの適用

ログ転送を有効にしたいセキュリティルールに5.5.2項で作成したログ転送プロファイルを適用します。

▼ [Policies]タブ＞左のメニューより[セキュリティ]

①**セキュリティルールのオプション設定**
　→ ログ転送させたいセキュリティルールの[アクション]タブを選択します。

②**ログ転送プロファイルの選択**
　→ [ログ設定]セクションの[ログ転送]にて、5.5.2項で作成したログ転送プロファイルを選択します。

③**すべての設定が完了したら[OK]をクリック**

④**右上の[コミット]ボタンにて設定反映を実施**

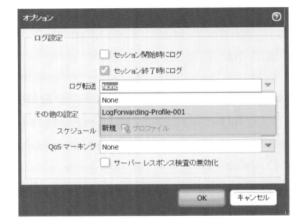

5.6 アプリケーションスコープの利用

アプリケーションスコープレポートを利用すると、ネットワークの以下の状況を知ることができます。

- アプリケーション使用状況とユーザーアクティビティの変化
- ネットワーク帯域幅の大部分を占有しているユーザーやアプリケーション
- ネットワーク脅威の時系列変化や攻撃元

どの時間帯にどのアプリケーションの利用が集中しているかといったアプリケーションの利用状況確認、どのような脅威が流入しているかの把握、業務とは関係のない通信が原因で本来の業務で使用するアプリケーションの動作が不安定になった場合の原因特定などに役立ちます。

以下のアプリケーションスコープレポートが利用可能です。

- サマリーレポート
- 変化モニターレポート
- 脅威モニターレポート
- ネットワークモニターレポート
- トラフィックマップレポート

5.6.1 サマリーレポート

利用の増えたアプリケーション、その逆に利用の減ったアプリケーションや帯域幅を消費しているアプリケーションなどの情報が参照できます。日々の運用の中で、アプリケーションの利用傾向やネットワークの利用状況を確認するときなどに参照します。

▼ [Monitor] タブ > 左のメニューより [アプリケーションスコープ] > [サマリー]

グラフ内でアプリケーションや脅威などの情報をクリックすると、その情報をフィルタ条件としたACC画面にジャンプします。

[サマリー] ページでは以下の6つのグラフを参照することができます。

- 利用が増えたアプリケーショントップ5（過去60分 vs 前日）
- 利用が減ったアプリケーショントップ5（過去60分 vs 前日）
- 帯域幅を消費している送信元 トップ5（過去60分）
- 帯域幅を消費しているアプリケーショントップ5（過去24時間）

- 帯域幅を消費しているアプリケーションカテゴリトップ5（過去24時間）
- 脅威トップ5（過去24時間）

5.6.2 変化モニターレポート

対象となる期間と比較する時間帯を指定して、トラフィック状態や脅威傾向の変化が参照できます。デフォルトでは、24時間前の情報と比較して、直前の1時間に使用量が増加した上位のアプリケーションを示しています。上位のアプリケーションはセッション数によって決定され、パーセント別にソートされます。ユーザーのアプリケーション利用の変化をモニターすることで、管理者がユーザーの異常挙動を発見する時間を短縮することができます。

▼ [Monitor] タブ＞左のメニューより [アプリケーションスコープ] ＞ [変化モニター]

●表5.18 変化モニターレポートのアイコンの説明

項目	説明
上部バー	
トップ 10 ▼	上位からいくつの項目を表示するかを指定
アプリケーション ▼	レポート項目タイプを [アプリケーション] [アプリケーションカテゴリ] [送信元] [宛先] から選択
増加アプリケーション	指定期間を比較し、増加した項目を表示
利用が減ったアプリケーション	指定期間を比較し、減少した項目を表示
新規	指定期間を比較し、新たに検出された項目を表示
ドロップ	指定期間を比較し、検出されなくなった項目を表示
フィルタ なし ▼	フィルタにより [なし] [ビジネスシステム] [コラボレーション] [一般的なインターネット] [メディア] [ネットワーク] [不明] から選択し、選択した項目のみの表示。[なし] を選択するとすべてのエントリが表示されます。
010 101	セッション情報またはバイト情報のどちらを表示するかを指定
ソート:	パーセンテージまたは実増加のどちらでエントリをソートするかを指定
下部バー	
比較 過去1時間 ▼ 同じ期間の終了まで 24時間 ▼ 以前	変化モニターの比較対象期間を指定

5.6.3 脅威モニターレポート

選択した期間にわたって上位を占める脅威の数が表示されます。デフォルトでは、過去6時間の上位10の脅威タイプを示しています。自社のネットワークに対してどのような脅威がどれだけ検知されたのかを把握するときに参照します。

5.6 >> アプリケーションスコープの利用

▼[Monitor]タブ＞左のメニューより[アプリケーションスコープ]＞[脅威モニター]

●表5.19 脅威モニターレポートのアイコンの説明

項目	説明
上部バー	
トップ 10 ▼	上位からいくつの項目を表示するかを指定
脅威 ▼	レポート項目タイプを[脅威][脅威カテゴリ][送信元][宛先]から選択
フィルタ	フィルタにより[すべての脅威タイプ][ウイルス][スパイウェア][脆弱性][ファイル]から選択し、選択した項目のみを表示
グラフ	グラフ形式を[積み重ね棒グラフ][積み重ね面グラフ]から選択
下部バー	
過去 6 時間 過去 12 時間 過去 24 時間 過去 7 日 過去 30 日	脅威モニターの対象期間を指定

5.6.4 脅威マップレポート

地図上で通信先の国ごとに脅威の数と重大度の平均値を図示します。ファイアウォールに緯度・経度情報を設定することが可能で、設定した緯度・経度にあわせて表示場所が変わります。色は脅威の重大度を表し、丸は脅威の多さにより大きさが変わります。どの地域から脅威（攻撃）があったのかなどを確認したい場合に参照します。

▼[Monitor]タブ＞左のメニューより[アプリケーションスコープ]＞[脅威マップ]

●表5.20 脅威マップレポートのアイコンの説明

項目	説明
上部バー	
トップ 10 ▼	上位からいくつの項目を表示するかを指定
受信した脅威	受信した脅威の表示
送信した脅威	送信した脅威の表示
フィルタ	フィルタにより[すべての脅威タイプ][ウイルス][スパイウェア][脆弱性][ファイル]から選択し、選択した項目のみの表示
下部バー	
過去 6 時間 過去 12 時間 過去 24 時間 過去 7 日 過去 30 日	脅威マップの対象期間を指定

5.6.5 ネットワークモニターレポート

指定した期間にネットワークを占有していたアプリケーションおよび占有していた帯域を表示します。ユーザーからアプリケーションの動作が遅くなった、インターネットへの接続が不安定になったといった申告があった場合など、その原因を調査する際に有効です。また、利用が少ない時間帯での

第 5 章　ログとレポート

メンテナンス時間の確保や帯域の増速を検討する上での参考にもなります。

▼ [Monitor] タブ＞左のメニューより [アプリケーションスコープ] ＞ [ネットワークモニター]

●表5.21　ネットワークモニターのアイコンの説明

項目	説明
上部バー	
トップ 10 ▼	上位からいくつの項目を表示するかを指定
アプリケーション ▼	レポート項目タイプを [アプリケーション] [アプリケーションカテゴリ] [送信元] [宛先] から選択
フィルタ なし ▼	フィルタにより [なし] [ビジネスシステム] [コラボレーション] [一般的なインターネット] [メディア] [ネットワーク] [不明] から選択し、選択した項目のみの表示。[なし] を選択するとすべてのエントリが表示されます。
010 101	セッション情報またはバイト情報のどちらを表示するかを指定
	グラフ形式を [積み重ね棒グラフ] [積み重ね面グラフ] から選択
下部バー	
過去 6 時間　過去 12 時間　過去 24 時間　過去 7 日　過去 30 日	ネットワークモニターの対象期間を指定

5.6.6　トラフィックマップ

地図上で通信先の国ごとにセッション数やフロー数を図示します。ファイアウォールは緯度・経度情報を設定することが可能で、設定した緯度・経度にあわせて表示場所が変わります。色は脅威のリスク危険度を表し、丸はトラフィック量の多さにより大きさが変わります。

▼ [Monitor] タブ＞左のメニューより [アプリケーションスコープ] ＞ [トラフィックマップ]

●表5.22　トラフィックマップのアイコンの説明

項目	説明
上部バー	
トップ 10 ▼	上位からいくつの項目を表示するかを指定
受信トラフィック	受信トラフィックの表示
送信トラフィック	送信トラフィックの表示
010 101	セッション情報またはバイト情報のどちらを表示するかを指定
下部バー	
過去 6 時間　過去 12 時間　過去 24 時間　過去 7 日　過去 30 日	トラフィックマップの対象期間を指定

5.7 ボットネットレポート

　ボットネットとは、遠隔操作できる悪意のあるプログラム（ボット）に感染したコンピュータ群と攻撃者の命令を送信する指令サーバーで構成されるネットワークのことで、ボットに感染したコンピュータは指令サーバーに操られ、指令を受けると、コンピュータ内の情報を送信したり、他のコンピュータに対して攻撃や感染活動を行ったりします。ボットの中には、追跡されると自動的に消滅したり、自分自身を自動的にアップデート（新しい機能を追加、不具合を修正など）したりする機能を持つものもあり、見つかりにくいようにできています。また、ボットは、ウイルス対策ソフトのプロセスリストに含まれるプロセスを見つけると、そのプロセスを削除したり、ウイルス対策ソフトが定義ファイルを更新するのを妨害したりします。ソースコードがインターネット上に公開されているため、あまりにも亜種が多く、パターンファイルの作成が追いつかないといったこともシグネチャでの検出を困難にしています。これに対して、パロアルトネットワークスのファイアウォールでは、振る舞いベースのメカニズムを使用して、ネットワーク内でボットに感染した可能性のあるホストを特定することができます。ファイアウォールは、取得したログ（トラフィック・脅威・URL・データフィルタリング）を使用して、「マルウェアURLへのアクセス」などの評価項目とマッチしたトラフィックの有無を確認し、存在した場合はボットネットに感染した場合の振る舞いに一致するホストを、ボットネット感染の可能性1～5のスコアで判別します（1が最も低く、5が最も高い）。ファイアウォールはスコアに基づいてソートされたホストリストを含むボットネットレポートを24時間ごとに生成します。

5.7.1　設定

　ボットに感染している可能性のあるコンピュータを識別するため、パロアルトネットワークスのファイアウォールは、既知のマルウェアサイトや不明なサイトからのファイルのダウンロード、ダイナミックDNSサイトの照会、新規登録ドメインへの通信、不明な（Unknown）アプリケーションの追跡、IRC通信といった複数の要素を分析します。以下に、ボットネット検査の対象として設定可能なトラフィック種別と検査内容について説明します。また、レポート設定についてもまとめます。

第5章 ログとレポート

▼ ［Monitor］タブ＞左のメニューより［ボットネット］＞画面右側のカレンダ下の［設定］

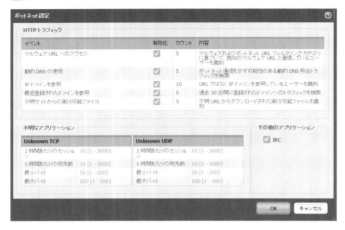

■ HTTPトラフィック

ボットネットは、検出や追跡を難しくするためにダイナミックDNSや新しいドメインをよく利用します。また、HTTPリクエストのホスト情報として通常はURLを利用しますが、ボットネット通信ではIPアドレスがよく使用されます。ボットネットの特徴を表す通信や通常とは異なる通信を行う送信元を追跡することで、ボットネットの疑いのあるコンピュータを検出することができます。HTTPトラフィックで検査対象とするイベントには、［有効化］にチェックを入れます。しきい値としてカウントを入力し、単一の送信元から設定したカウント数を超えるイベントが発生した場合にレポートに表示します。カウントは2から1000の間で設定することができます。

● 表5.23 HTTPトラフィックイベント設定項目

イベント	内容
マルウェアURLへのアクセス	マルウェアおよびボットネットURLフィルタリングカテゴリに基づいて、既知のマルウェアURLと通信しているユーザーを識別
動的DNSの使用	ボットネット通信を示す可能性のある動的DNS照合トラフィックを検索
IPドメインを参照	URLではなくIPドメインを参照しているユーザーを識別
最近登録されたドメインを参照	過去30日間に登録されたドメインへのトラフィックを検索
不明サイトからの実行可能ファイル	不明URLからダウンロードされた実行可能ファイルを識別

■ 不明なアプリケーション

ボットネットの通信は暗号化されていたり、App-IDでは識別できない未知のアプリケーションが利用されるケースが多いです。そのため、未知のアプリケーション（Unknown TCPおよびUnknown UDP）を追跡することでボットに感染したコンピュータを発見する手掛かりになります。

疑わしい通信の可能性がある不明なTCPまたはUDPのアプリケーションをチェック対象に含める場合、以下の情報を指定します（数値はデフォルト値）。単一の送信元から、このしきい値を超える

5.7 >> ボットネットレポート

Unknown TCPおよびUDPの通信が発生した場合、レポートに表示します。

●表5.24 不明なアプリケーションイベント設定項目

不明なTCP	
1時間あたりのセッション	10［1-3600 の間で指定］
1時間あたりの宛先数	10［1-3600 の間で指定］
最小バイト	50［1-200 の間で指定］
最大バイト	100［1-200 の間で指定］
不明なUDP	
1時間あたりのセッション	10［1-3600 の間で指定］
1時間あたりの宛先数	10［1-3600 の間で指定］
最小バイト	50［1-200 の間で指定］
最大バイト	100［1-200 の間で指定］

■ その他のアプリケーション

ボットと指令サーバー間では、IRC（インターネットリレーチャット）通信プロトコルが使用されることがあります。本設定は、ボット検知データと関連付けるための補足情報となります。

●表5.25 その他のアプリケーションイベント設定項目

IRC（インターネットリレーチャット）[*3]	IRCサーバーを疑わしいものとして対象に含める場合、チェックを入れます。

■ レポート設定

ボットネットレポートの対象となる期間やレポートの行数、レポート対象とする端末の条件などを設定します。

▼ ［Monitor］タブ＞左のメニューより［ボットネット］＞画面右側のカレンダ下の［レポート設定］

●表5.26 レポート設定項目

レポート設定	
ランタイムフレームのテスト	レポートの期間を選択します。［過去24時間］［昨日］から選択します。
今すぐ実行	クリックすると設定した条件でレポートを表示します。
行数	レポートの行数を指定します。5～500の間で選択します。
スケジュール設定	チェックを入れることで、毎日自動で生成されるようになります。
クエリー	レポート対象とするコンピュータをフィルタするパラメータを指定するため、レポートクエリーを作成します。 結合子：論理結合子（AND/OR）を指定します。 属性：送信元または宛先のゾーン、アドレス、ユーザーを指定します。 演算子：属性を値に関連付ける演算子を指定します。 値：照合する値を指定します。
Negate	指定したクエリー条件を除外する場合にチェックを入れます。

＊3 IRC（インターネットリレーチャット）
　　サーバーを通じてクライアントとクライアントがチャットを行うしくみ。

第 5 章　ログとレポート

5.8　PDFレポート

　PDFサマリーレポートは、完全カスタマイズ可能な1ページ型のサマリーレポートです。レポートで確認したい項目を自由に選択・配置することができます。従来のファイアウォールではこの機能はサポートされていませんが、パロアルトネットワークスのファイアウォールのこの機能を利用すると、管理者は日々発生する複数のタイプの異なるトラフィックを一元的に確認することができます。また、レポートをメールで送信することもできます。

5.8.1　PDFサマリーの管理

　PDFサマリーレポートには、各カテゴリの上位5件のデータに基づいて、既存のレポートから集められた情報が含まれています。このレポートには別のレポートでは表示されないトレンドチャートが表示されます。最大18のレポート情報を載せることが可能です。

▼ [Monitor]タブ＞左のメニューより[PDFレポート]＞[PDFサマリーの管理]
①画面下の[追加]をクリック
②サマリーレポートの名前を指定
　➡ サマリーレポートの任意の名前を指定します。
③レポート情報の選択
　➡ [PDFサマリーレポート]ダイアログにて各カテゴリから最大18のレポート情報を選択します。

●表5.27　PDFサマリーレポートの種類

レポートカテゴリ	レポート情報
脅威レポート	上位の攻撃者 上位の被害者 国別の上位の攻撃者 国別の上位の被害者 上位の脅威 上位のスパイウェア脅威 上位のウイルス 上位の脆弱性 High risk user - Top applications High risk user - Top threats High risk user - Top URL categories
アプリケーションレポート	上位のアプリケーションカテゴリ (円グラフ) 上位のテクノロジカテゴリ (円グラフ) 上位のアプリケーション 上位のHTTPトンネル対象アプリケーション 上位の拒否されたアプリケーション

5.8 >> PDF レポート

レポートカテゴリ	レポート情報
傾向レポート	帯域幅の傾向（棒グラフ） リスク傾向（折れ線グラフ） 脅威傾向（棒グラフ）
トラフィックレポート	上位のユーザー 上位の送信元 上位の宛先 上位の宛先国 上位の送信元国 上位の接続 上位の入力インターフェイス 上位の出力インターフェイス 上位の送信元ゾーン 上位の宛先ゾーン 上位のセキュリティルール 上位の UnKnown TCP 接続 上位の UnKnown UDP 接続 上位の拒否された送信元 上位の拒否された宛先
URL フィルタリングレポート	上位の Web サイト 上位の URL カテゴリ 上位の URL ユーザー 上位の URL ユーザーの振る舞い 上位のブロックされた Web サイト 上位のブロックされた URL カテゴリ 上位のブロックされた URL ユーザー 上位のブロックされた URL ユーザーの振る舞い
カスタムレポート	別途設定したカスタムレポートをサマリーレポートとして載せることも可能です。

④**選択完了したら [OK] をクリック**
⑤**画面右上の [コミット] をクリックし設定を反映**
⑥**[PDF サマリーレポート] の選択**
　➡ [Monitor] > [レポート] へ移動し、画面右側の [PDF サマリーレポート] を選択します。
⑦**レポート名の選択**
　➡ ②で指定したレポート名を選択します。
⑧**PDF レポートのダウンロード**
　➡ 画面右下のカレンダで表示したい日にちを選択すると PDF レポートがダウンロードされます。

5.8.2　ユーザーアクティビティレポート

　指定したユーザーが特定期間において、どのようなアプリケーションを使ったか、どのようなサイトにアクセスがあったのかなどの情報を PDF 形式のレポートとして取得することができます。たとえば、業務中に Twitter などの SNS の閲覧や YouTube などでの動画の閲覧が多いユーザーや、マルウェアをダウンロードした可能性のあるユーザーの通信状況を把握したい場合などに利用できます。

第5章　ログとレポート

▶ [Monitor] タブ＞左のメニューより [PDFレポート] ＞ [ユーザーアクティビティレポート]

①画面下の [追加] をクリック
②[ユーザーアクティビティレポート] ダイアログの設定

→ [ユーザーアクティビティレポート] ダイアログにて以下の項目を設定します。

●表5.28　ユーザーアクティビティレポート設定項目

項目	内容
名前	任意のレポート名を入力します（最大で31文字）。有効な名前は、アルファベット文字で始まる必要があり、大文字と小文字は区別されます。ユニークな名前で泣けければなりません。英字、数字、スペース、ハイフン(-)、アンダースコア(_) のみが使用できます。
タイプ	[ユーザー] [グループ] から選択します。 [ユーザー] を選択すると、レポート対象となるユーザー名もしくはIPアドレスを選択できるようになります。 [グループ] を選択すると、レポート対象となるユーザーグループ名を選択できるようになります。
Time Period	レポートの期間を選択します。 [過去15分] [過去1時間] [過去6時間] [過去12時間] [過去24時間] [昨日] [過去7日] [過去7暦日] [先週] [過去30日] [過去30暦日] [先月] [カスタム] の中から選択します。
Include Detailed Browsing	レポート対象ユーザーがTime Period期間でどのURLへアクセスしたかなどの詳細な情報をレポートに含める場合はチェックを入れます。

③[今すぐ実行] をクリック
④ユーザーアクティビティレポートのダウンロード

→ [ユーザーアクティビティレポートのダウンロード] をクリックし、PDFレポートをダウンロードします。

⑤レポートの出力

→ 以下のような内容のレポートが出力されます。

●表5.29　ユーザーアクティビティレポートの内容

項目	内容
アプリケーション使用率	レポート対象ユーザーが指定期間中に使用したアプリケーションのバイト数上位アプリケーションのカテゴリ、使用セッション数が記載されています。
URLカテゴリ別トラフィックサマリー	レポート対象ユーザーがアクセスしたサイトをURLカテゴリに分類した際に最も多く訪れた順のURLカテゴリ名とバイト数が記載されています。
URLカテゴリ別ブラウザサマリー	レポート対象ユーザーがアクセスしたサイトをURLカテゴリに分類した際に最も閲覧した時間が長かった順に、URLカテゴリと何回アクセスしたかという情報が掲載されています。
Webサイト別にサマリーを参照	レポート対象ユーザーがアクセスしたサイトの名前、アクセス回数とURLカテゴリと閲覧時間が掲載されています。
Webサイト別にブロックされたサマリー参照	レポート対象ユーザーが閲覧をブロックされたサイト情報が掲載されています。
詳細Web参照アクティビティ	レポート対象ユーザーが閲覧したサイトなどの詳細情報が掲載されています。

⑥レポート設定を保存するために [OK] をクリック

5.8.3 レポートグループ

ファイアウォールが生成するたくさんのレポートから、ピックアップしたいレポート群をグループにしてレポートセットを作成します。オプションでタイトルページを付けることができ、グループとして登録したすべてのレポートを含めたひとつのPDFレポートとして管理者に電子メールでスケジュール配信することが可能です。

▼ [Monitor]タブ>左のメニューより[PDFレポート] > [レポートグループ]

① 画面下の[追加]をクリック
② [レポートグループ]ダイアログの設定
　→ [レポートグループ]ダイアログにて以下の設定をします。

● 表5.30　レポートグループ設定項目

項目	内容
名前	レポートグループ名を入力します（最大で31文字）。有効な名前は、アルファベット文字で始まる必要があり、大文字と小文字は区別されます。ユニークな名前である必要があります。英字、数字、スペース、ハイフン(-)、アンダースコア(_)のみが使用できます。
タイトルページ	レポートにタイトルページを追加する場合にチェックを入れます。
タイトル	レポートタイトルとして表示される名前を入力します。
レポートの選択	レポートグループに含めるレポートを左側のリストから選択して[追加]をクリックし、右側のレポートグループ配下に移動します。[事前定義済み]、[カスタム]、[PDFサマリー]、[ログビュー]のレポートタイプを選択できます。 [ログビュー]内の各レポートは、カスタムレポートを作成するたびに自動的に生成されるレポートタイプで、カスタムレポートと同じ名前が使用されます。このレポートには、カスタムレポートの内容を作成するために使用されたログが表示されます。 ログビューデータを含めるには、レポートグループを作成するときに[カスタムレポート]リストにカスタムレポートを追加し、次に[ログビュー]リストから一致するレポート名を選択してログビューレポートを追加します。受信するレポートには、カスタムレポートデータの後に、カスタムレポートを作成するために使用したログデータも表示されます。

5.8.4 電子メールスケジューラ

生成したPDFレポートを設定した間隔（毎日もしくは曜日）で、指定したメールアドレス宛に送信させることができます。上長への報告など定期的にレポートを取得する必要がある場合にこの機能を活用できます。ファイアウォールへログインしてレポートを取得する必要がなく、レポートの取得を忘れるといったこともありません。また、レポートが保存できる容量は約200MBで、容量を超えると古いレポートは消去されます。本機能を利用してファイアウォールからレポートを取り出しておくことで管理者は必要な期間レポートを保存することができます。

第5章　ログとレポート

▼ [Monitor] タブ > 左のメニューより [PDFレポート] > [電子メールスケジューラ]

①画面下の [追加] をクリック
②[電子メールスケジューラ] ダイアログの設定

➡ [電子メールスケジューラ] ダイアログにて以下を設定します。

●表5.31　電子メールスケジューラ設定項目

項目	内容
名前	スケジュール名を入力します（最大で31文字）。有効な名前は、アルファベット文字で始まる必要があり、大文字と小文字は区別されます。ユニークな名前で泣ければなりません。英字、数字、スペース、ハイフン(-)、アンダースコア(_)のみが使用できます。
レポートグループ	設定したレポートグループをリストから選択します。
電子メールプロファイル	設定した電子メールサーバープロファイルをリストから選択します。
繰り返し	送信する頻度をリストから選択します。以下から選択可能です。[毎日][毎週月曜日][毎週火曜日][毎週水曜日][毎週木曜日][毎週金曜日][毎週土曜日][毎週日曜日]
電子メールアドレスのオーバーライド	指定したメールアドレスに送信されます。電子メールプロファイルで選択したメールアドレスよりも優先されます。

③テスト電子メールの送信

➡ [テスト電子メールの送信] ボタンをクリックすると、指定したアドレスに対してテストメールを送信することができます。正しいメールアドレスに送信できているかどうかを確認することができます。

> **注意　テスト電子メールの送信**
>
> 事前に電子メールサーバープロファイルを作成し、転送先のサーバーを指定する必要があります。詳細は5.5.1項を参照してください。
> [電子メールプロファイル]で指定した内容に沿ってテスト電子メールを送信します。電子メールの送信元はデフォルト管理インターフェイスとなります。管理インターフェイス以外のレイヤー3インターフェイスを送信元としたい場合は、インターフェイス管理プロファイルを設定する必要があります。インターフェイス管理プロファイルの設定は2.4.3項を参照してください。

5.9 カスタムレポートの管理

　パロアルトネットワークスのファイアウォールではさまざまな事前定義レポートが提供されていますが、レポート項目をカスタマイズしたユーザー独自のカスタムレポートを目的に合わせて作成することもできます。以下に、カスタムレポートの生成手順を記します。

5.9.1 カスタムレポートの生成

▼ [Monitor] > [カスタムレポートの管理]
① [追加] をクリック

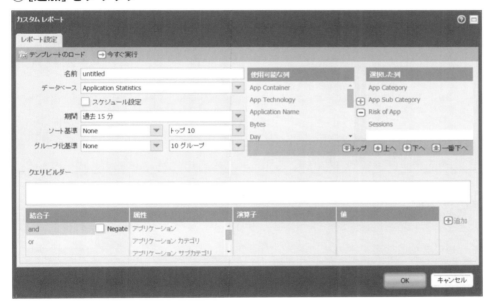

② テンプレートのロード
　➡ 既存のテンプレートから作成したい場合は、[テンプレートをロード]をクリックして、表示されたテンプレートから利用したいテンプレートを選択し、[ロード]をクリックします。

③ 設定内容を入力

第5章　ログとレポート

● 表5.32　カスタムレポートの設定項目

項目	内容
名前	レポート名を入力します（最大で31文字）。 大文字と小文字は区別されます。文字、数字、スペース、ハイフン、およびアンダースコアのみを使用します。 ※同じ名前のレポートを複数作成することはできません。
データベース	レポートの生成に使用するデータファイルを選択します。サマリーデータベーおよび詳細ログ（低速）のふたつのタイプがあります。 サマリーデータベースは、アプリケーション統計、トラフィック、脅威について作成されます。詳細ログ（低速）は、トラフィック、脅威、データフィルタリング、HIPマッチ、URLのログエントリに関するすべての属性の完全なリストです。詳細ログに関するレポートは実行に時間がかかるため、どうしても必要な場合にのみ使用してください。
スケジュール設定	レポートを毎晩実行する場合は、［スケジュール設定］のチェックを入れます。
期間	ドロップダウンリストから期間を選択します。［カスタム］を選択すると、日時で範囲を指定することができます。
ソート基準	ソートする条件を指定します。使用可能なオプションは、選択したデータベースによって異なります。
グループ化基準	上位のグループをいくつ表示させるかを指定します。使用可能なオプションは、選択したデータベースによって異なります。
列	［使用可能な列］からカスタムレポートに含めたい列を選択し、プラス記号アイコン＋をクリックすると、［選択した列］に移動します。［選択した列］の順番を入れ替える場合は矢印を使用します。 ［選択した列］から列を削除したい場合は、削除したい列を選択し、マイナス記号アイコン−をクリックします。
クエリビルダー	（任意）選択基準をさらに絞り込みたい場合に使用します。以下の設定を行った後、［追加］をクリックするとテキストボックスに条件が追加されます。 ●結合子：追加する式の前におく結合子（and/or）を選択します。 ●Negate：クエリーを否定（除外）したい場合は、チェックを入れます。 ●属性：データ要素を選択します。使用可能なオプションは、選択したデータベースによって異なります。 ●演算子：属性が適用されるかどうかを決定する基準を選択します（＝（equal）など）。使用可能なオプションは、選択したデータベースによって異なります。 ●値：照合する属性値を指定します。

④レポート設定のテスト

➡ レポート設定をテストするには、［今すぐ実行］をクリックします。タブが追加され、定義した設定のレポートが表示されます。

⑤レポートの設定を保存するには、［OK］をクリック

➡ たとえばアプリケーション統計について、過去1時間で利用されたアプリケーションのうち、セッション数が多かった上位5つのアプリケーションカテゴリを表示し、さらにアプリケーションカテゴリ別にトップ5件を表示したい場合は次のように設定します。

5.9 >> カスタムレポートの管理

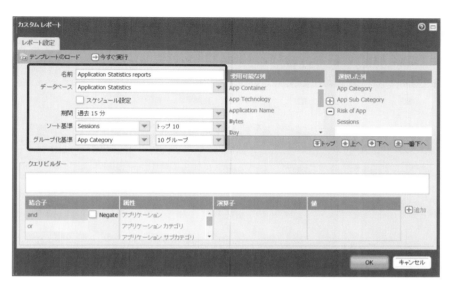

➡ [今すぐ実行]をクリックすると以下のようなレポートが表示されます。

➡ レポートは[PDF]、[CSV]、[XML]でエクスポート可能です。

5.10 レポート

ここでは、[アプリケーションレポート][トラフィックレポート][脅威レポート][URLフィルタリングレポート][PDFサマリーレポート]のサンプルを紹介します。パロアルトネットワークスのファイアウォールにはデフォルトで用意されたレポートが38種類あり、日付ごとに集計されたレポート結果を閲覧できます。レポートは[PDF]、[CSV]、[XML]でエクスポート可能です。

▼ [Monitor] > [レポート]

ウィンドウの右側にあるセクションで表示したいレポートを選択します。レポートを選択すると、前日のレポートが表示されます。レポートには統計情報の上位50件が表示されます。ページの右下にあるカレンダで参照したい日付を選択します。作成したカスタムレポートもこちらに表示されます。

5.10.1 アプリケーションレポート

アプリケーションレポートのサンプルを表示します。

●図5.3 アプリケーション

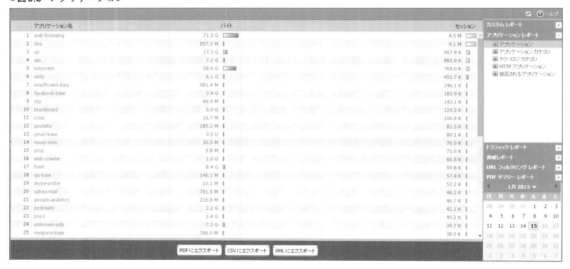

5.10.2 トラフィックレポート

トラフィックレポートのサンプルを表示します。

● 図5.4 セキュリティルール

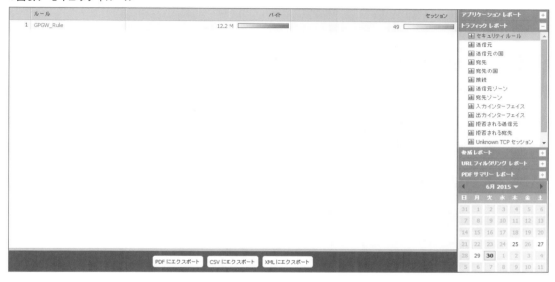

5.10.3 脅威レポート

脅威レポートのサンプルを表示します。

● 図5.5 ボットネット

5.10.4 URLフィルタリングレポート

URLフィルタリングレポートのサンプルを表示します。

●図5.6　URLカテゴリ

5.10.5 PDFサマリーレポート

PDFサマリーレポートのサンプルを表示します。右側にあるカレンダより、日付を選択してPDFをダウンロードします。

●図5.7　predefined

各種レポートの生成時間
日次レポートは、ファイアウォール上で設定された時刻を基に、毎日午前2時にデータを集計してレポートを生成します。
この生成時間は固定となるので、シグネチャの自動更新スケジュールを設定する場合はこの時間帯の指定は推奨されません。

第6章
ユーザー識別 (User-ID)

ユーザー識別（User-ID）はパロアルトネットワークスの次世代のファイアウォール機能で、IPアドレスの代わりにユーザー名やグループ名に基づいてポリシーの作成や、レポートの生成が可能です。ここでは、パロアルトネットワークスのユーザー識別機能と、ユーザーおよびグループベースのアクセスを設定する方法について説明します。

第 6 章　ユーザー識別（User-ID）

6.1　ユーザー識別の概要

　従来のファイアウォールでは送信元や宛先をIPアドレスで管理していました。ドメイン名やURLで宛先など指定できるものもありますが、それらはIPアドレス解決されますので、やはりIPアドレスによる管理となります。しかし、DHCPによる動的な割り当て、VPN接続やNATの使用、自宅のパソコンやモバイルデバイスからのアクセスなど、同一ユーザーが利用していたとしてもクライアントの送信元IPアドレスは刻々と変化します。

　通常、「このパソコンからであれば、誰でも人事部のサーバーへアクセスできる」というポリシーを設定したい会社は稀です。そのパソコンが盗まれたら簡単に情報漏えいが発生してしまうでしょう。たとえ共有のパソコンを使っているとしても、「このアカウントでログインしているユーザーであれば、人事部のサーバーへアクセスできる」というポリシーを設定したいはずです。ユーザー識別により「アカウント」、つまりユーザーIDによってアクセス制御が行えるようになります。

　クライアントとサーバーの間で通信を行う際、各セッションには送信元IPアドレスとアプリケーション識別情報が含まれますが、User-ID機能を有効にするとユーザー名を送信元IPアドレスにマッピングできるようになります（これをユーザーマッピングと呼びます）。ユーザーマッピングにより、セキュリティポリシールールを作成する際に、送信元ユーザー、送信元IPアドレス、アプリケーション識別情報を一致条件として使用することが可能になります。

　また、ユーザー情報をログに記録することができるので、各ユーザーの通信状況をユーザーアクティビティレポートとして出力することも可能です。つまり、「いつ」「どのユーザーが」「どの端末で」「どのアプリケーションを使用したか」といったユーザーアクティビティの可視化ができるようになります。レポート機能を使用するとユーザーの通信傾向などを把握することが容易になります。たとえば、業務中のTwitterなどのSNSの閲覧やYouTubeなどでの動画の閲覧、マルウェアのダウンロード、利用が禁止されているアプリケーションを使用しているユーザーを特定することができ、ユーザーによる情報漏えいなどのセキュリティ脅威の抑止にもなります。

6.1.1　ユーザーを識別するための収集情報

　User-ID機能を利用するにはまず、どのIPアドレスがどのユーザーのものなのかをマッピングする必要があります。パロアルトネットワークス ファイアウォールでは、以下のようなさまざまな方法でネットワーク上のユーザーと関連する情報を収集してユーザーマッピングを実現させています。

■ イベントログのモニタリング

ユーザーがActive Directory（AD）ドメイン、Microsoft Windowsサーバー、またはMicrosoft Exchangeサーバーの認証を受ける場合、必ずイベントログが生成されます。これらのサーバーをモニターして、対応するログオンイベントを確認することで、ネットワーク上のユーザーを識別することができます。Active Directoryと連携してイベントログを参照させる設定は6.5.1を参照してください。

●**表6.1** モニターしているセキュリティ監査に関連するイベントID（Windows Server 2003）

540	ネットワークログオン（Successful Network Logon）
672	認証チケットの許可（Authentication Ticket Granted）
673	サービスチケットの許可（Service Ticket Granted）
674	サービスチケットの更新（Ticket Granted Renewed）

●**表6.2** モニターしているセキュリティ監査に関連するイベントID（Windows Server 2008）

4624	ログオンの成功（Account Log On）
4768	認証サービス（Authentication Ticket Granted）
4769	サービスチケットの操作（Service Ticket Granted）
4770	サービスチケットの更新（Ticket Granted Renewed）

■ サーバーセッションのモニタリング

指定されたMicrosoft Exchange Server、ドメインコントローラ、またはNovell eDirectoryサーバーを継続的にモニターして、ネットワーク上でユーザーが確立したネットワークセッションを確認する方法もあります。ユーザーが正常にサーバーの認証を受けることができた場合、サーバーのセッションテーブルには、ユーザー名とネットワークの送信元となるネットワークソースが表示されます。

■ クライアントに対するプローブ

Microsoft Windows環境では、認証されたユーザーおよびサービスでWindows Management Instrumentation（WMI）を使用してクライアントシステムからログオンユーザーの情報を得ることができます（図6.1参照）。必要に応じてMicrosoft Windowsクライアントに対するプローブを行うことで、クライアントコンピュータにログオンしたユーザーの情報を得ることができます。

第 6 章　ユーザー識別（User-ID）

●**図6.1**　プローブのイメージ図

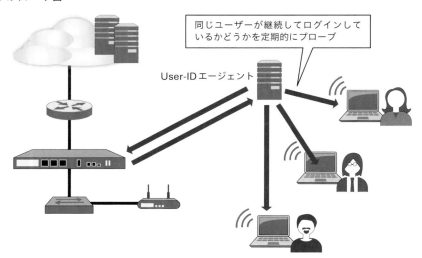

■ XML API

　User-ID機能およびオプションでサポートされている識別方法ではマッピングできないクライアントがある場合に、XML over SSLインターフェイスを使用できます。これにより、たとえばIEEE802.1xなど他社の認証サーバーからのユーザーIPマッピング情報を動的に取得するカスタムソリューションが実現できます（XML APIのコードの詳細は、パロアルトネットワークスが公開している『PAN-OS XML API使用ガイド』を参照してください）。

PAN-OS and Panorama XML API Reference Guide 6.1（英語）
https://live.paloaltonetworks.com/docs/DOC-8252

■ キャプティブポータル

　ログのモニタリング、セッションのモニタリング、またはクライアントに対するプローブのいずれによってもユーザーを識別できない場合、ファイアウォールでHTTPリクエストをリダイレクトしたり、ユーザーをWebフォームにより認証させてユーザーマッピングを行うことができます。Webフォームでは、NTLMチャレンジを使用してユーザーを透過的に認証できます。ユーザーの認証と応答は、Webブラウザまたは明示的なログインページによって自動的に行われます。キャプティブポータルの設定に関しては6.5.4を参照してください。

■ 共有コンピュータ（ターミナルサービスエージェント）

　ターミナルサービスエージェントは、Citrix XenApp（またはMetaframe Presentation Server）お

よびMicrosoft Terminal Service環境において複数のユーザーが同じターミナルサーバー経由で同時アクセスする場合に使用する機能です。

　ターミナルサービスエージェントをターミナルサーバーへインストールし、特定のポート範囲を各ユーザーへ割り当て、ユーザーは割り当てられたポートを送信元ポートとして利用して通信を行います。

　たとえばターミナルサーバーから送信元ポート番号が10100～10200である通信がファイアウォールに到達した場合、それはユーザーAである、というように、割り当てたポート範囲とユーザー名をテーブルで管理することで、ユーザー識別を行います。

　ターミナルサービスエージェントの設定についてはパロアルトネットワークスが公開している『PAN-OS管理者ガイド』を参照してください。

PAN-OS Administrator's Guide 6.0 (Japanese)
https://live.paloaltonetworks.com/docs/DOC-7494

■GlobalProtectによるユーザー識別

　GlobalProtectクライアントソフトウェアがインストールされたパソコンやモバイルデバイスの場合、ユーザーIPマッピング情報がファイアウォールに直接送信されます。GlobalProtectユーザーがVPNを使いファイアウォール経由で社内ネットワークにアクセスする場合、ユーザー認証が必ず行われるため、どのユーザーによる通信であるかは一目瞭然です。GlobalProtectに関する詳細は第8章を参照してください。

■Syslogによるユーザー識別

　PAN-OS 6.0から、User-IDエージェントがSyslogメッセージを受信することでユーザーIPマッピングが行える機能が追加されました。プロキシサーバー、無線LANコントローラ、NAC[*1]スイッチなどユーザー認証が行われるデバイスから、ユーザー名とIPアドレス情報が含まれたSyslogメッセージをファイアウォールに送ることで、その情報を基にUser-IDエージェントが管理するユーザーIPマッピング情報に追加するというものです。

　ネットワーク上のユーザーおよびグループを識別するために使用される手法はさまざまなものがありますが、それらを図6.2にまとめます。

[*1] NAC（ネットワークアドミッションコントロール）
　　ネットワークに接続する端末のセキュリティ状況をチェックして、セキュリティポリシーを満たさない端末をネットワークから隔離・遮断するなどして、ネットワークリソースへのアクセスを制御するしくみ。

第 6 章　ユーザー識別（User-ID）

● 図6.2　ユーザーマッピング

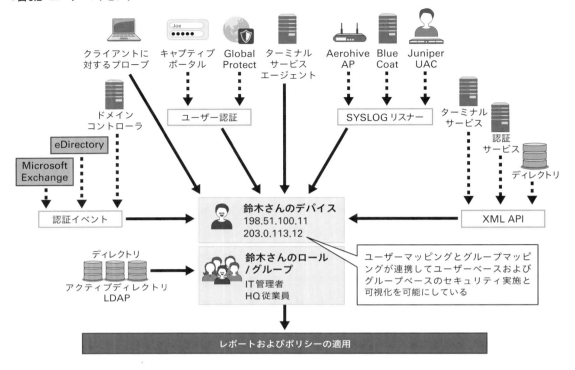

6.1.2　ユーザーおよびユーザーグループの識別

　ユーザー情報のみを識別する場合、ポリシー設定する際にユーザー単位でポリシーを作成しなければならないため、ポリシーの作成や変更などの管理にかなりの労力がかかってしまうことが想定されます。そこで、ユーザーをユーザーグループと関連付けてグループごとにポリシー制御を行うことで、新規ユーザー追加のたびにポリシーを書き換えなければならないという管理の煩雑さをなくすことができます。パロアルトネットワークス ファイアウォールは、さまざまな企業が利用している以下のようなディレクトリサービスに、LDAPやLDAP over SSLを使用してアクセスし、ユーザーグループ情報を収集することができます。

・Microsoft Active Directory
・Novell eDirectory
・LDAP
・Citrix Metaframe Presentation ServerまたはXenApp
・Microsoft Terminal Services

・Sun ONE Directory Server

6.1.3　KnownユーザーとUnknownユーザー

　セキュリティポリシーの送信元ユーザーにてユーザー識別されたユーザー名を利用する場合、Active Directoryやキャプティブポータルで識別されるユーザー名やグループ名以外に、表6.3のオプションも利用できます。

　特にknown-userとunknown-userに関しては、ユーザー識別が行えたユーザー（つまり社内のユーザー）には社内アプリケーションを利用させ、それ以外のユーザーには利用させない、といったポリシーを作成する上で有用です。

●表6.3　セキュリティポリシーで選択できるユーザーオプション

オプション	説明
any	すべてのユーザー
pre-logon	GlobalProtectにおいてVPN接続されているがユーザー識別が行われていないコネクションのトラフィック
known-user	User-IDで識別されたすべてのユーザーまたはグループのトラフィック
unknown-user	User-IDでユーザーを識別できなかったトラフィック。たとえば社外ゲストやサーバーの通信など。

第6章　ユーザー識別（User-ID）

6.2　ユーザー識別の流れ

　Active Directoryを使用する場合、ひとつ以上のUser-IDエージェントを導入し、ドメインコントローラやExchangeサーバー上のユーザーログオンイベントを監視し、IPアドレスとユーザー名のマッピングを行うことにより、User-IDをエンドユーザーに対して透過的に行うことができます。この情報はその後ファイアウォールに渡され、ユーザー/グループマッピングを実行し、ユーザー名やユーザーグループを適切なポリシールールとマッチングさせます。

　Active Directory連携によるユーザー識別の流れを説明します。

●図6.3　ユーザー識別を利用したネットワーク

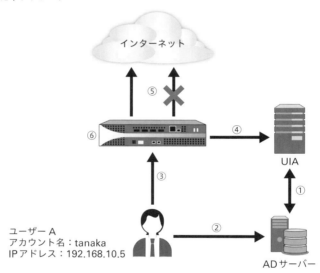

　IPアドレス192.168.10.5でインターネットにアクセスするtanakaというActive Directoryユーザーのユーザー識別例を説明します。

① ディレクトリサービスからユーザー名とIPアドレスを確認してユーザーマッピングを行うプログラムであるUser-IDエージェント（UIA）が、Active Directoryサーバーのセキュリティログを継続的（デフォルトで1秒間隔）で読み取ります。

② ユーザーAがtanakaというアカウントでドメインにログオンします。UIAは"tanaka"でログインしたセキュリティログを読み取り、ユーザーIPマッピング情報を記録します。

③ ユーザーAが192.168.10.5という送信元IPアドレスでインターネット上のサーバーへのアクセス

を実行します。

④ ファイアウォールはこの送信元IPアドレスについてUser-IDエージェントに問い合わせを行い、User-IDエージェントはユーザーIPマッピング情報から192.168.10.5にマッピングされた"tanaka"というユーザー情報を返します。

⑤ ファイアウォールは取得したユーザーIPマッピング情報から192.168.10.5にマッピングされた"tanaka"というユーザー情報を基にセキュリティポリシーのルックアップを行います。

⑥ ファイアウォールはユーザーのアクセス情報などをログとして取得します。

6.2.1 User-IDエージェントとエージェントレス

User-IDエージェントは表6.4の2種類あります。

●表6.4 Windows User-IDエージェント

種類	説明	ネットワーク規模
Windows User-IDエージェント（Windows端末上で動作するソフトウェア）	ユーザー識別を行うWindowsドメインに参加するWindows端末上、またはドメインコントローラにUser-IDエージェントソフトウェアをインストールして利用する。設定例は6.5.1を参照。	すべて
PAN-OS統合User-IDエージェント（エージェントレス）	PAN-OS 5.0の新機能で、User-IDエージェント機能がPAN-OSに統合。PAN-OSはWindowsドメインに参加する必要がある。クライアントプローブはWMIのみ。設定例は6.5.2を参照。	小規模、検証環境

User-IDエージェントはActive Directoryのドメインコントローラ上にあるセキュリティログをデフォルト1秒間隔で読み込むことで、そのログエントリ中に含まれるユーザー名とIPアドレスを抽出してユーザーIPマッピング情報のリストを作成します。

6.3 キャプティブポータルの概要

　Active Directoryが使われない環境、ゲストユーザー対応[*2]、ドメインに参加できないLinuxなどのOSなど、User-IDエージェントでユーザーマッピングが行えない場合、キャプティブポータル（Captive Portal）を利用できます。

　キャプティブポータルは送信元、宛先、URLカテゴリ、サービスなどを指定したポリシーを設定し、そのポリシーと一致するHTTPまたはHTTPS通信がユーザー認証の対象となります。ユーザー認証は、Web認証、NTLM認証、クライアント証明書による認証のいずれかで行います。

　キャプティブポータルはセキュリティルールに一致するWeb通信のうち、それ以外の方法でユーザーマッピングが行われないトラフィックに対してのみ実施されます。

　図6.4では外部のLDAPサーバーと連携させてキャプティブポータルを行う例を示します。外部認証サーバーを使わない場合は、ファイアウォール内部に設定するローカルデータベースを利用することができます。

●図6.4　キャプティブポータルの流れ（LDAPサーバーと連携した場合のWeb認証の例）

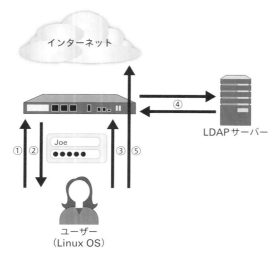

①ユーザーが外部へのアクセス（HTTPまたはHTTPS通信）を実行します。
②ファイアウォールがキャプティブポータル認証のログインページへリダイレクトします。
③ユーザーは、ユーザー名とパスワードを入力します。
④ファイアウォールはLDAPサーバーに認証情報を問い合わせし、LDAPサーバーは認証結果をファイアウォールに返します。
⑤認証に成功すれば、ファイアウォールに設定されたポリシーに基づいて、通信が許可されます。

> 注意　キャプティブポータルはファイアウォールとサーバーとの間にプロキシがある環境では利用できません。

[*2] 出張者など社員以外のユーザーを社内のネットワークに接続させる必要があるときに、アクセス可能な範囲を制限したアカウント（ゲストユーザー）で接続を許可する、といった対応を行う場合があります。たとえば社内でActive Directoryを使用している場合に、ドメインに参加していない社外ユーザーにもネットワークへの接続許可を行いたい場合にゲストユーザーアカウントを利用します。

6.4 ユーザー識別機能利用における注意事項

　ユーザー識別を実施する際は必ず1ユーザーに対してひとつのIPアドレスを利用することを強く推奨します。前述したように、Windowsのセキュリティログをモニターし、ドメインに参加したクライアントのIPアドレスとユーザー名をマッピングさせてユーザーIPマッピング情報を作成します。これは原則1対1で行われます。リモートアクセスなど1台のクライアントを複数のユーザーで利用する場合は、ユーザーIPマッピング情報が頻繁に変更されてしまいます。
　"なりすまし"となるような操作がされる場合もあります。

・ローカルログオン可能なユーザーを限定する
・1台のクライアントに対して複数のユーザーでログオンしない

　といった運用方法を検討してください。
　Microsoftターミナルサーバーなどへ同時アクセスする場合はターミナルサービスエージェントの利用を検討してください。

第6章 ユーザー識別(User-ID)

6.5 ユーザー識別の基本設定

　ユーザー識別の設定手順について解説します。よく使用されるActive Directory連携の設定について、6.5.1項ではUser-IDエージェントを利用するパターン、6.5.2項ではPAN-OS統合User-IDエージェントを利用するエージェントレスと呼ばれるパターンを記載します。また、6.5.3項ではユーザー対グループのマッピング情報を取得するための設定、6.5.4項ではドメインサーバーにログオンしていないクライアントがある環境で役立つキャプティブポータルの設定について説明します。

6.5.1 Active Directory連携設定（Windows User-IDエージェント利用）

　今回の例では以下の要件でActive Directoryとの連携設定を行い、ドメインユーザー情報を取得します。

- ファイアウォールを導入した直後のネットワーク構成図を以下とします。
- 事前にネットワーク設定、ポリシー設定、管理インターフェイス設定を済ませます。

●図6.5　構成図

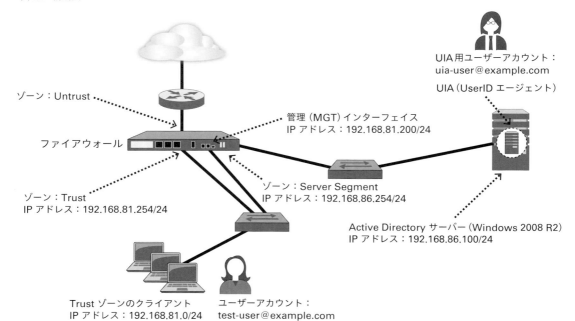

292

6.5 >> ユーザー識別の基本設定

- アプリケーション識別が有効になっていますが、ユーザー識別はまだ有効になっていません。
- Windows User-IDエージェントを使用してActive Directory連携を行い、ユーザー識別を行います。
  - ・User-IDエージェント用サービスアカウントを新規作成します。
  - ・User-IDエージェントは、Active Directoryサーバーへインストールします。
  - ・WMIによるクライアントへのプローブを行い、ログオフを管理します。
  - ・ファイアウォールとUser-IDエージェント間はデフォルトの5007/TCPの通信ポートを使用します。

  今回の例ではActive DirectoryサーバーにUser-IDエージェントをインストールしますが、同一ドメイン上のWindowsコンピュータ（クライアントOSおよびサーバーOS）にインストールすることも可能です。

以下の手順で設定を行います。

- Active Directoryサーバー設定
  ①User-IDエージェント用サービスアカウントの作成（Active Directoryサーバーでの設定）
- User-IDエージェントサーバー設定
  ②ドメイン参加用設定（User-IDエージェントをインストールするサーバーでの設定）
  ③Windows User-IDエージェントのインストール
  ④User-IDエージェントの設定
  ⑤Active Directoryの指定
- ファイアウォール設定
  ⑥送信元ゾーン（Trustゾーン）のUser-IDの有効化
  ⑦User-IDエージェント連携設定
- ユーザー情報取得確認
  ⑧CLI確認
  ⑨Web UI確認

① User-IDエージェント用サービスアカウントの作成（Active Directoryサーバーでの設定）

➡ Active Directoryとの連携に使用するサービスアカウントを作成します。以下の手順でドメインに対するフルコントロール権限を持った[Domain Admins]グループに所属するアカウントを作成してください。

第 6 章　ユーザー識別（User-ID）

▼ 作成したユーザーアカウントのプロパティ

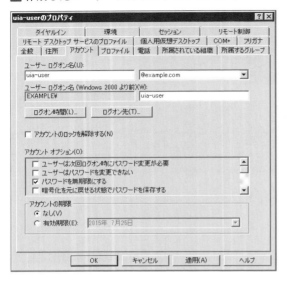

1 ［アカウント］タブにて、任意のアカウント（例：uia-user@example.com）を作成します。

2 ［パスワードを無期限にする］にチェックを入れます。チェックを入れない場合は、パスワード期限失効時にUser-IDエージェントがActive Directoryサーバーと連携できなくなるため、チェックを入れることを推奨します。

3 ［所属するグループ］タブで、作成したアカウントを［Domain Admins］グループに所属させます。

6.5 >> ユーザー識別の基本設定

 ドメイン参加用設定（User-IDエージェントをインストールするサーバーでの設定）

User-IDエージェントをActive Directory以外のWindowsコンピュータにインストールする場合は、ドメイン参加設定が必要になります。

1 Windowsコンピュータのネットワーク接続設定にて、DNSサーバーのIPアドレスとしてActive DirectoryサーバーのIPアドレスを指定しておきます。

2 ［コンピュータ名/ドメイン名の変更］にて、コンピュータ名を変更し、DNSサフィックス名（自社組織のドメイン名は、コマンドプロンプトの「ipconfig /all」コマンド結果の「プライマリDNS サフィックス」項で確認可能です）を変更します。

3 ドメイン参加時にユーザー情報を要求されるため、ドメインユーザー情報を入力します。入力後ドメイン参加に成功すると、サーバーリブートを促されます。画面に従いサーバーを再起動します。

4 リブートが完了したら、①で作成したユーザーでドメインにログオンします。

5 ユーザーアカウント制御（UAC）の無効化を実施します。［コントロールパネル］＞［ユーザーアカウント］＞［ユーザーアカウント制御の設定］にて、ユーザーアカウント制御を無効化します。

②Windows User-IDエージェントのインストール[*3]

➡ User-IDエージェントは、連携するActive Directoryサーバー自身、もしくは同一ドメインに所属するUser-IDエージェント用のWindowsマシンへインストールします。今回の例ではActive Directoryサーバーと同じシステムにインストールします。

＊3 User-IDエージェントインストーラの入手方法については購入先の代理店までお問い合わせください。

第 6 章　ユーザー識別（User-ID）

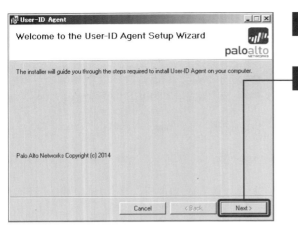

1 ドメインアカウント（User-IDエージェント）サービスアカウントでサーバーへログオンします。

2 ［UaInstall-*.*.*-*.msi（例：UaInstall-6.0.7-10.msi）］ファイルを実行すると、セットアップウィンドウが表れます。［次へ］をクリックします。

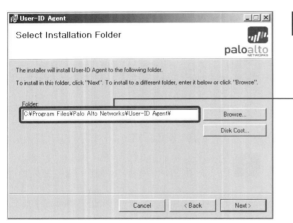

3 インストール先フォルダを指定します。デフォルトの設定を使用する場合はそのまま［次へ］をクリックします。インストール先フォルダを変更したい場合は、［参照］をクリックして別の場所を指定してから［次へ］をクリックします。

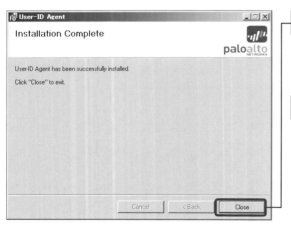

4 以降は、セットアッププロンプトにしたがい、［次へ］をクリックしてエージェントのインストールを実施します。インストールが完了し、以下の画面が表示されたら「閉じる」をクリックします。

5 インストール完了後、UIAを起動します。

6.5 >> ユーザー識別の基本設定

▼ [Start] > [すべてのプログラム] > [Palo Alto Networks] > [User-ID Agent]

③ **User-ID エージェントの設定**

➡ User-ID エージェントを Active Directory サーバーおよびファイアウォールと連携させるための設定を行います。

▼ [Start] > [すべてのプログラム] > [Palo Alto Networks] > [User-ID Agent] > [ユーザーID] > [セットアップ]

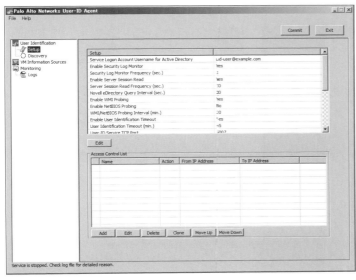

1 [Edit] をクリックします。

第6章　ユーザー識別（User-ID）

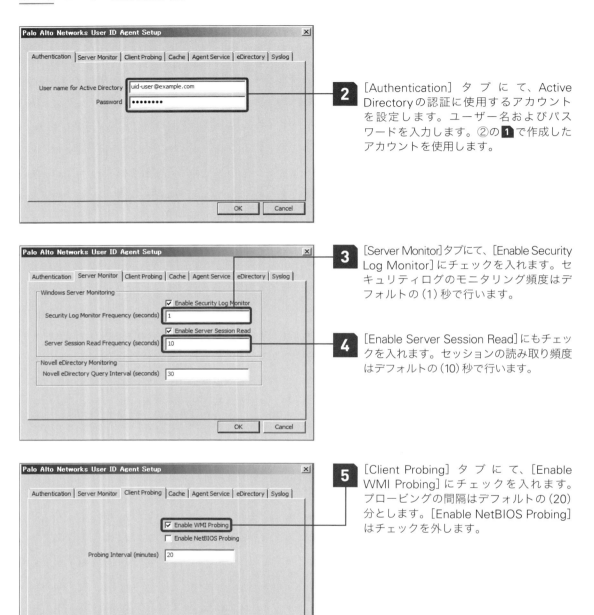

2 ［Authentication］タ ブ に て、Active Directoryの認証に使用するアカウントを設定します。ユーザー名およびパスワードを入力します。②の❶で作成したアカウントを使用します。

3 ［Server Monitor］タブにて、［Enable Security Log Monitor］にチェックを入れます。セキュリティログのモニタリング頻度はデフォルトの（1）秒で行います。

4 ［Enable Server Session Read］にもチェックを入れます。セッションの読み取り頻度はデフォルトの（10）秒で行います。

5 ［Client Probing］タ ブ に て、［Enable WMI Probing］にチェックを入れます。プロービングの間隔はデフォルトの（20）分とします。［Enable NetBIOS Probing］はチェックを外します。

 User-IDエージェントより各クライアントに対してプロービングを行い、ユーザーの応答監視設定を行っています。User-IDエージェントはログオフ処理を感知することはできません。プロービング機能を利用してユーザーのログオフ監視を実施します。

6.5 >> ユーザー識別の基本設定

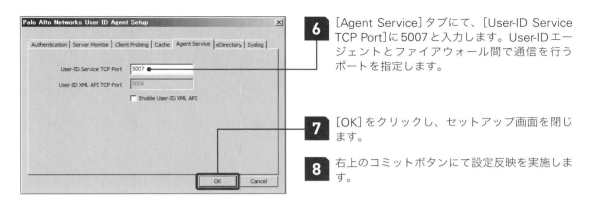

6 [Agent Service]タブにて、[User-ID Service TCP Port]に5007と入力します。User-IDエージェントとファイアウォール間で通信を行うポートを指定します。

7 [OK]をクリックし、セットアップ画面を閉じます。

8 右上のコミットボタンにて設定反映を実施します。

④ Active Directoryの指定

➜ User-IDエージェントがユーザーIPマッピング情報を収集するためにモニタするActive Directoryサーバーの指定を行います。

▼ 左メニューの[User Identification] > [Discovery]

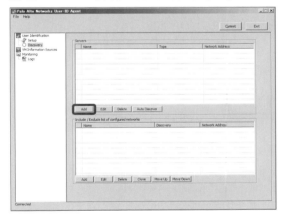

1 [Servers]項目の[Add]をクリックします。

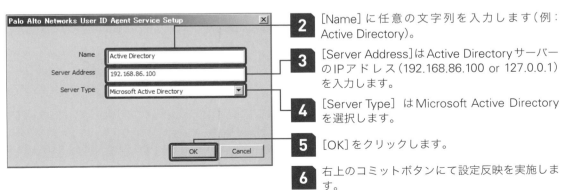

2 [Name]に任意の文字列を入力します(例:Active Directory)。

3 [Server Address]はActive ObjectサーバーのIPアドレス(192.168.86.100 or 127.0.0.1)を入力します。

4 [Server Type]はMicrosoft Active Directoryを選択します。

5 [OK]をクリックします。

6 右上のコミットボタンにて設定反映を実施します。

第 6 章　ユーザー識別（User-ID）

以上でUser-IDエージェント側での設定が完了となります。
続いてファイアウォール側の設定を行います。

⑤送信元ゾーン（Trustゾーン）のUser-IDの有効化

➡ ユーザー情報を識別できるようにするため、送信元ゾーンでUser-ID機能を有効にします。無効の場合、ユーザー名がトラフィックログ上に表示されませんので、本設定は必ず行ってください。

▼ [Network]タブ＞左のメニューより[ゾーン]

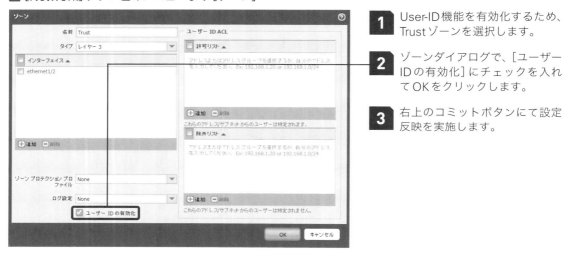

1 User-ID機能を有効化するため、Trustゾーンを選択します。

2 ゾーンダイアログで、[ユーザーIDの有効化]にチェックを入れてOKをクリックします。

3 右上のコミットボタンにて設定反映を実施します。

⑥User-IDエージェント連携設定

➡ ファイアウォールにおいてUser-IDエージェントと連携するための設定を行います。

▼ [Device]タブ＞左のメニューより[ユーザーID]＞[ユーザーIDエージェント]タブ

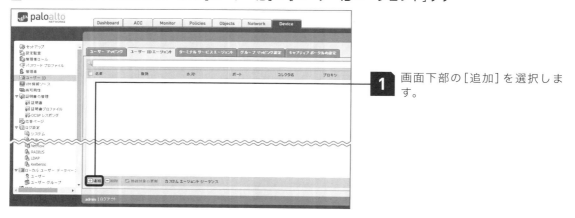

1 画面下部の[追加]を選択します。

6.5 >> ユーザー識別の基本設定

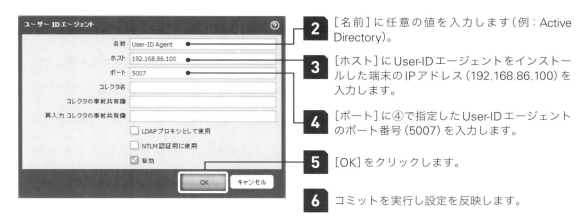

2 [名前]に任意の値を入力します(例:Active Directory)。

3 [ホスト]にUser-IDエージェントをインストールした端末のIPアドレス(192.168.86.100)を入力します。

4 [ポート]に④で指定したUser-IDエージェントのポート番号(5007)を入力します。

5 [OK]をクリックします。

6 コミットを実行し設定を反映します。

7 設定が完了し、UIAとの接続が確認できれば、[接続済み]欄が緑点灯となります。

⑦ CLI確認

→ CLI上でユーザーマッピングの動作を確認します。

■ Console、SSHなどでファイアウォールのCLIへログイン

1 "show user ip-user-mapping all"コマンドを実行します。User-IDエージェントと連携ができていればユーザー情報が出力されます。

※User-IDエージェントと通信を行ったため、[From]がUIAとなっています。コンソール接続については2.3.1項を参照してください。

⑧ Web UI確認

→ Web UI上でユーザーマッピングの動作を確認します。

■ [Monitor]タブ>左のメニューより[トラフィック]

1 ドメインに参加した端末(図6.5のTrustゾーンのクライアント)からインターネット上のサーバーへ通信を行います。

2 [Monitor]タブ>左のメニューより[トラフィック]をクリックします。

3 [送信元ユーザー]に通信したユーザー情報が出力されていることを確認します。

301

第 6 章　ユーザー識別（User-ID）

6.5.2　Active Directory連携設定（エージェントレス）

　6.5.1項ではUser-IDエージェントを利用する場合のユーザー識別の設定でしたが、PAN-OS5.0よりファイアウォール自体をUser-IDエージェントとして機能させることが可能になりました。これによりPAN-OS統合User-IDエージェントによる環境（エージェントレス）が構築できます。

　今回の例では、以下の要件でActive Directory連携の設定を実施します。

- ファイアウォールを導入した直後のネットワーク構成図を以下とします。
- 事前にネットワーク設定、ポリシー設定、管理インターフェイス設定を済ませます。
- アプリケーション識別が有効になっている環境ですが、ユーザー識別はまだ有効になっていません。

●図6.6　エージェントレス設定構成図

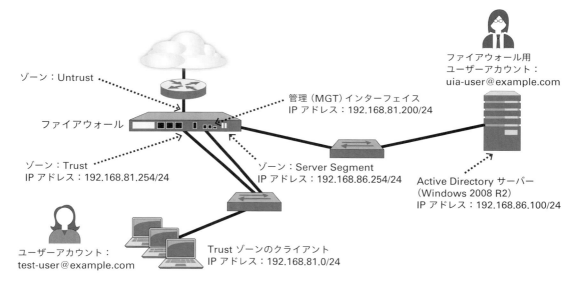

・PAN-OS統合User-IDエージェント用サービスアカウントを新規作成します。
・WMIによるクライアントへのプローブを行い、ログオフを管理します。
・ファイアウォールにてユーザーマッピングを行います。

以下の手順で設定を行います。

- Active Directoryサーバー設定
  ①PAN-OS統合User-IDエージェント用サービスアカウントの作成（Active Directoryサーバーでの設定）

6.5 >> ユーザー識別の基本設定

- ファイアウォール設定
  ②PAN-OS統合User-IDエージェントの設定
  ③Active Directoryの指定
  ④送信元ゾーン（Trustゾーン）のUser-IDの有効化
- ユーザー情報取得確認
  ⑤CLI確認
  ⑥Web UI確認

①PAN-OS統合User-IDエージェント用サービスアカウントの作成（Active Directoryサーバーでの設定）

➡ Active Directoryとの連携に使用するサービスアカウントを作成します。ドメインに対するフルコントロール権限を持った［Domain Admins］グループに所属するアカウントを作成してください。

▼ ［スタート］ > ［コントロールパネル］ > ［ユーザーアカウント］

1 ［アカウント］タブにて、任意のアカウントを作成します。

2 ［パスワードを無期限にする］にチェックを入れます。チェックを入れない場合はパスワード期限失効時にPAN-OS統合User-IDエージェントがActive Directoryサーバーと連携できなくなるため、チェックを入れることを推奨します。

第6章 ユーザー識別（User-ID）

3　［所属するグループ］タブで、作成したアカウントを
　　［Domain Admins］グループに所属させます。

②PAN-OS統合User-IDエージェントの設定

➡ ファイアウォールが直接Active Directoryサーバーと連携するための各種設定を行います。

▼ ［Device］タブ＞左のメニューより［ユーザーID］＞［ユーザーマッピング］＞［Palo Alto NetworksユーザーIDエージェント設定］＞　歯車マーク

1　［WMI認証］タブにて、Active Directoryとの連携に使用するアカウントを設定します。ユーザー名およびパスワードを入力します。①で作成したアカウントを使用します。
※ユーザー名はドメイン名/ユーザー名の形式で入力します（例：example.com/uia-user）

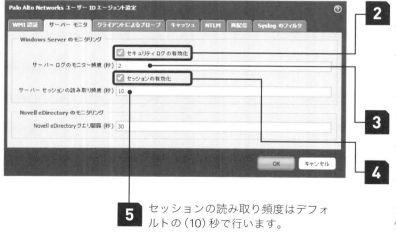

2　［サーバーモニタ］タブにて、Active Directoryのモニタリングを実施する設定を行います。Active Directoryのセキュリティログをモニターする［セキュリティログの有効化］にチェックを入れます。

3　セキュリティログのモニタリング頻度はデフォルトの(2)秒で行います。

4　［セッションの有効化］にもチェックを入れ、ドメインコントローラ上にあるサーバーセッションよりユーザーマッピング情報を作成するようにします。

5　セッションの読み取り頻度はデフォルトの(10)秒で行います。

304

6.5 >> ユーザー識別の基本設定

> Windows User-IDエージェントと比べてモニターや読み取り頻度が長めの間隔で設定されていますが、これはファイアウォールの負荷を軽減させるためです。

6 [クライアントによるプローブ]タブにて、[プローブの有効化]にチェックを入れWMIによるプローブを行います。[プローブ間隔]はデフォルトの(20)分とします。
※エージェントレスの場合はWMIによるプロービングのみサポートされています。

7 [OK]をクリックします。

8 コミットを実行し設定を反映します。

③サーバーモニタリング設定

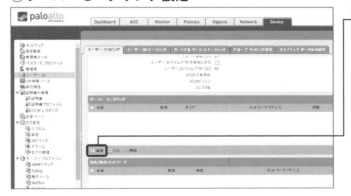

1 [サーバーモニタリング]の追加をクリックします。

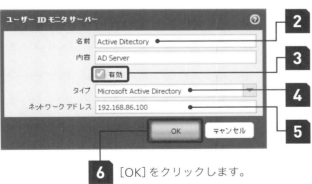

2 [名前]にサーバー名を入力します(例:Active Ditectory)

3 [有効]にチェックを入れます。

4 [タイプ]に[Microsoft Active Directory]を選択します。

5 [ネットワークアドレス]にActive DirectoryサーバーのIPアドレスを入力します(例:192.168.86.100)。

6 [OK]をクリックします。

305

第6章　ユーザー識別（User-ID）

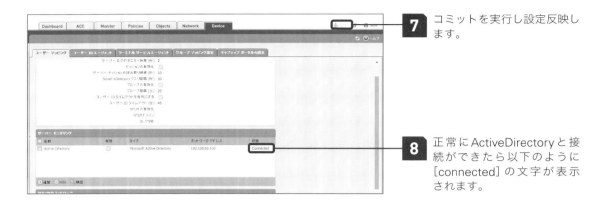

7 コミットを実行し設定反映します。

8 正常にActiveDirectoryと接続ができたら以下のように[connected]の文字が表示されます。

④送信元ゾーンのUser-IDの有効化

➡ ユーザー情報を識別できるように送信元ゾーン（Trustゾーン）でUser-ID機能を有効にします。

▼ [Network]タブ＞左のメニューより[ゾーン]

1 User-IDを有効化する送信元ゾーン（Trustゾーン）を選択します。

2 ゾーンダイアログで、[ユーザーIDの有効化]にチェックを入れてOKをクリックします。

3 コミットを実行し設定を反映します。

⑤CLI確認

➡ CLI上でユーザーマッピングの動作を確認します。

▼ Console、SSHなどでファイアウォールのCLIへログイン

1 "show user ip-user-mapping all"コマンドを実行します。User-IDエージェントと連携ができていればユーザー情報が出力されます。

※ファイアウォールが直接ActiveDirectoryと通信を行ったため、[From]がADとなっています。

6.5 >> ユーザー識別の基本設定

⑥ Web UI確認

➡ Web UI上でユーザーマッピングの動作を確認します。

▼ [Monitor]タブ＞左のメニューより[トラフィック]

送信元ゾーン	宛先ゾーン	送信元	送信元ユーザー	宛先ポート
Trust	Untrust	192.168.81.201	example\test-user	80
Trust	Untrust	192.168.81.201	example\test-user	80
Trust	Untrust	192.168.81.201	example\test-user	53
Trust	Untrust	192.168.81.201	example\test-user	53
Trust	Untrust	192.168.81.201	example\test-user	80
Trust	Untrust	192.168.81.201	example\test-user	53
Trust	Untrust	192.168.81.201	example\test-user	53

1 ドメインに参加した端末で通信を行います。

2 [Monitor]タブ＞左のメニューより[トラフィック]をクリックします。

3 [送信元ユーザー]に通信したユーザー情報が出力されていることを確認します。

6.5.3 グループ情報取得設定

ファイアウォールはアプリケーション名での通信制御ができますが、ユーザー名での制御も可能です。さらにユーザーが所属するグループ名でも通信制御を行うことができます。

今回の例では、以下の要件でグループ情報取得の設定を実施します。

- LDAP通信を行いActive Directoryよりグループ情報を取得します。
- 同一ディレクトリ情報を持つActive Directoryサーバーは単一プロファイル内に登録します。
- 異なるドメインなど、異なるディレクトリ情報を持つサーバーは、個別にプロファイルを作成して登録します。

● 図6.7 グループマッピング構成図

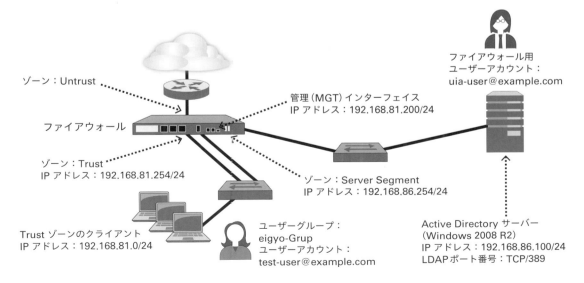

第6章 ユーザー識別（User-ID）

設定手順は以下のとおりです。

- グループ情報取得設定
  ①グループ情報取得設定（LDAP連携設定）
  ②グループ情報取得設定（グループマッピング設定）
  ③グループ情報取得確認（CLI）
  ④グループ情報取得確認（Web UI）

- セキュリティポリシー設定
  ⑤セキュリティポリシーへのグループ/ユーザーオブジェクトの設定

①グループ情報取得設定（LDAP連携設定）

➡ 認証サービスへの接続方法と、ユーザーの認証情報へのアクセス方法をファイアウォールに指示するためのサーバープロファイルを作成します。

▼ [Device]タブ＞左のメニューより[サーバープロファイル] > [LDAP]

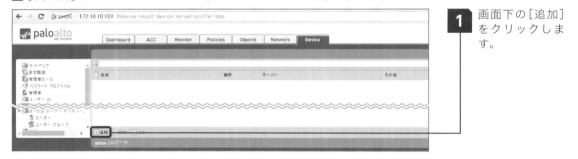

1 画面下の[追加]をクリックします。

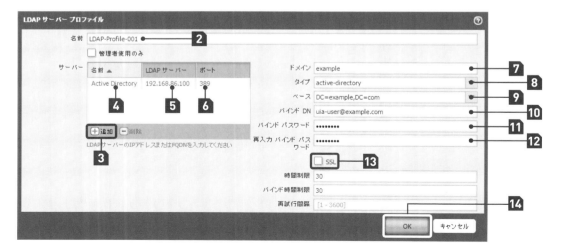

308

6.5 >> ユーザー識別の基本設定

2 [名前]にプロファイル名を入力します（例：LDAP-Profile-001）。

3 [サーバー]項目の[追加]を選択します（例：Active Directory）。

4 [サーバー]に任意のサーバー名を入力します。

5 [アドレス]にActive DirectoryのIPアドレス（192.168.86.100）を入力します。

6 [ポート]にActive DirectoryへLDAP接続するポート番号（389）を入力します。
※ LDAPSで接続する場合は（636）を入力します。また、[SSL]項目にチェックを入れます。

7 [ドメイン]は任意の入力となります。入力した場合はグループ名の後にドメイン名が付けられます。
※例：soumu-group/test.domain

8 [タイプ]はactive-directoryを選択します。

9 [ベース]にはグループ情報の検索を絞り込むため、ディレクトリサーバーのルートコンテキストを指定します。
※[サーバー]項目が正しく設定されている場合は自動的にActive Directoryよりルートコンテキストを取得します。その場合は[ベース]のプルダウンメニューから選択可能です。

10 [バインドDN]はActive Directoryのサーバーログオン名を入力します。
※ User-IDエージェント用に作成したサービスアカウント情報（例：uia-user@example.com）を使用します。「username@domain.local」や「CN=username,DC=domain,DC=local」などの表記で入力します。

11 [バインドパスワード]に[バインドDN]（**10**）で入力したアカウントのパスワードを入力します。

12 [再入力バインドパスワード]に再度**11**で指定したパスワードを入力します。

13 [SSL]はデフォルトでチェックが入っているので、チェックを外します。チェックされている場合、LDAPS（636）通信となります。
※ LDAP（389）で接続する場合は必ずチェックを外します。

14 [OK]をクリックします。

15 コミットを実行し設定を反映します。

> **注意**
> ドメイン名を入力するとLDAPサーバーから取得したユーザー情報にもドメインが付与されます（例：example¥test-user）。
> LDAPサーバーから取得したユーザー名とUser-IDエージェントより取得したユーザー名が一致していなければグループに所属されてないものと判断されます。
> "show user ip-user-mapping all"コマンドと"show user user-ids match-user "検索するユーザー名""コマンドを実行し、ユーザー名が一致していることを確認します。例ではexample¥test-userがeigyo-groupとusersに所属していることがわかります。

②グループ情報取得設定（グループマッピング設定）

➡ グループ情報の取得はActive Directoryサーバーに対してLDAPクエリを実行することで行われます。LDAPクエリが実行されるよう設定を行います。

第6章　ユーザー識別（User-ID）

▼ [Device]タブ＞左のメニューより[ユーザーID] ＞ [グループマッピング設定] ＞ [サーバープロファイル]タブ

1 画面下部の[追加]をクリックします。

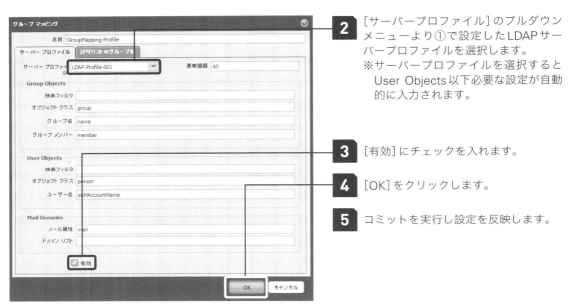

2 [サーバープロファイル]のプルダウンメニューより①で設定したLDAPサーバープロファイルを選択します。
※サーバープロファイルを選択するとUser Objects以下必要な設定が自動的に入力されます。

3 [有効]にチェックを入れます。

4 [OK]をクリックします。

5 コミットを実行し設定を反映します。

③グループ情報取得確認（CLI）

➡ CLI上でグループマッピングの動作を確認します。

▼ Console、SSHなどでファイアウォールのCLIへログイン

1 "show user group-mapping state "グループマッピングプロファイル名""コマンドを実行します。Active Directoryと連携ができていればグループ情報が出力されます。

※この例ではcn=eigyo-group, cn=users, dc=example, dc=comが確認できます。

6.5 >> ユーザー識別の基本設定

④グループ情報取得確認（Web UI）

➡ Web UI上でグループマッピングの動作を確認します。

▼ [Policies]タブ＞左のメニューより[セキュリティ]

1 任意のポリシーの[ユーザー]列の値をクリックします。

2 [追加]をクリックし、プルダウンメニューにグループ一覧が出力されていることを確認します。

⑤セキュリティポリシーへのグループ/ユーザーオブジェクトの設定

➡ 取得したユーザー情報やグループ情報はセキュリティポリシーのオブジェクトとして設定することができます。特定ユーザーからの通信のみ許可する、特定グループからの通信は拒否するなどの設定が可能です。

▼ [Policies]タブ＞[セキュリティ]＞任意のポリシーの[ユーザー]

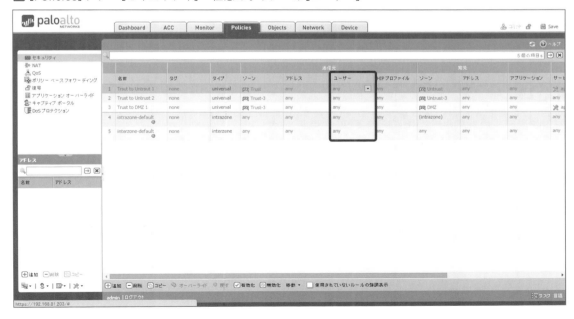

第 6 章　ユーザー識別（User-ID）

● グループ名を設定する場合

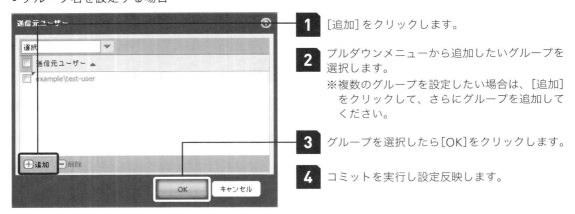

1. ［追加］をクリックします。
2. プルダウンメニューから追加したいグループを選択します。
   ※複数のグループを設定したい場合は、［追加］をクリックして、さらにグループを追加してください。
3. グループを選択したら［OK］をクリックします。
4. コミットを実行し設定反映します。

● ユーザー名を設定する場合

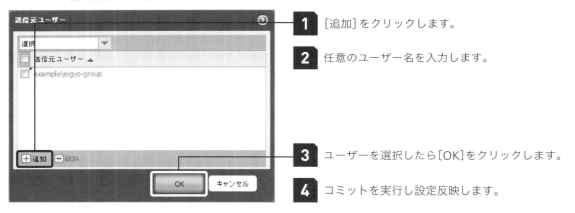

1. ［追加］をクリックします。
2. 任意のユーザー名を入力します。
3. ユーザーを選択したら［OK］をクリックします。
4. コミットを実行し設定反映します。

> **注意**
> グループ情報と違い、ユーザー名はリストで表示されません。また、ユーザー名は、CLIの"show user ip-user-mapping all"コマンドで出力されるユーザー名の記述のとおりに設定する必要があります。※test-userであれば「example¥test-user」と入力する必要があります。

6.5.4　キャプティブポータル設定

　キャプティブポータルの認証設定を行います。キャプティブポータルはActive Directoryなどのディレクトリサービスがない環境において非常に有効な機能です。

6.5 >> ユーザー識別の基本設定

● 図6.8 キャプティブポータル設定構成図

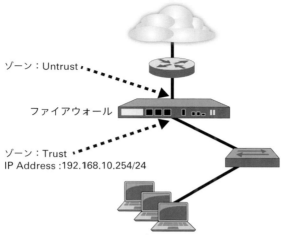

今回の例では、以下の要件でキャプティブポータルを実施します。

・ローカルデータベースを認証用データベースとする
・サーバー証明書として自己署名証明書を作成し、使用する
・HTTP通信が発生したときに認証ポータルをクライアントに表示する

以下の手順で設定を行います。

①サーバープロファイルまたはローカルユーザーデータベースの作成
②認証プロファイルの作成
③サーバー証明書作成
④キャプティブポータル設定
⑤送信元ゾーンのUser-IDの有効化
⑥キャプティブポータルポリシー設定
⑦キャプティブポータル認証方法
⑧ユーザー名とIPアドレスの連携状態確認

①サーバープロファイルまたはローカルユーザーデータベース作成

➡ 認証用のデータベースを作成します。キャプティブポータルで使用できるサーバープロファイルはRADIUS（表6.26参照）、LDAP（表6.27参照）、Kerberos（表6.28参照）があります。今回は「ローカルユーザーデータベース」を使用します。

313

第6章　ユーザー識別（User-ID）

▼ [Device]タブ＞左のメニューより[ローカルユーザーデータベース] > [ユーザー]

1. 画面下部の[追加]をクリックします。
2. [名前]にユーザー名（例：test）、[パスワード]にパスワード（例：password）を入力します。
3. [有効化]にチェックを入れます。
4. [OK]をクリックします。
5. Commitを実行し設定を反映します。

▼ [Device]タブ＞左のメニューより[ローカルユーザーデータベース] > [ユーザーグループ]

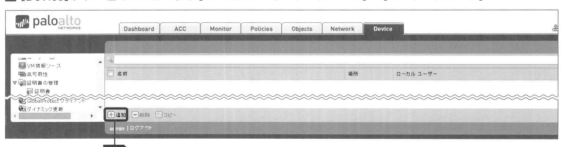

6. 画面下部の[追加]をクリックします。

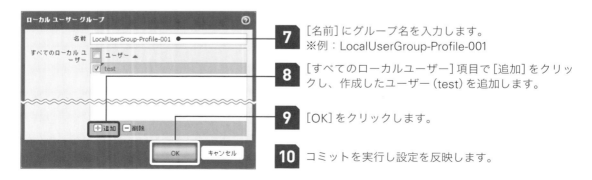

7. [名前]にグループ名を入力します。
   ※例：LocalUserGroup-Profile-001
8. [すべてのローカルユーザー]項目で[追加]をクリックし、作成したユーザー（test）を追加します。
9. [OK]をクリックします。
10. コミットを実行し設定を反映します。

6.5 >> ユーザー識別の基本設定

②認証プロファイルの作成

➡ キャプティブポータルで使用する認証プロファイルを設定します。

▼ [Device]タブ＞左のメニューより[認証プロファイル]

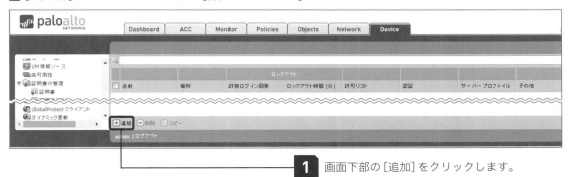

1 画面下部の[追加]をクリックします。

2 [名前]にプロファイル名を入力します。
※例：Authentication-Profile-001 など

3 [許可リスト]で作成したユーザーグループ、またはユーザーを選択します。
※デフォルトは[all]となっており、作成したユーザーすべてが対象となります。特に制限がなければそのまま[all]を指定します。

4 [認証]のプルダウンメニューで「ローカルユーザーデータベース」を選択します。※外部サーバーを利用する場合は作成したサーバープロファイルを選択します。

5 コミットを実行し設定を反映します。

③サーバー証明書作成

➡ キャプティブポータルに使用するサーバー証明書を作成します。

▼ [Device]タブ＞左のメニューより[証明書の管理]＞[証明書]

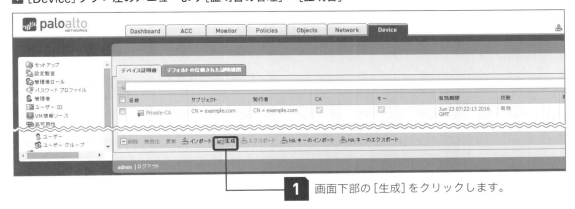

1 画面下部の[生成]をクリックします。

315

第6章　ユーザー識別（User-ID）

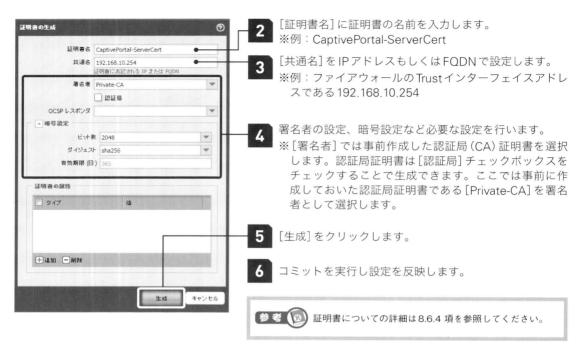

2 [証明書名]に証明書の名前を入力します。
※例：CaptivePortal-ServerCert

3 [共通名]をIPアドレスもしくはFQDNで設定します。
※例：ファイアウォールのTrustインターフェイスアドレスである192.168.10.254

4 署名者の設定、暗号設定など必要な設定を行います。
※[署名者]では事前作成した認証局（CA）証明書を選択します。認証局証明書は[認証局]チェックボックスをチェックすることで生成できます。ここでは事前に作成しておいた認証局証明書である[Private-CA]を署名者として選択します。

5 [生成]をクリックします。

6 コミットを実行し設定を反映します。

> **参考** 証明書についての詳細は8.6.4項を参照してください。

④インターフェイス管理プロファイル設定

▼ [Network]タブ＞左のメニューより[ネットワークプロファイル]＞[インターフェイス管理]

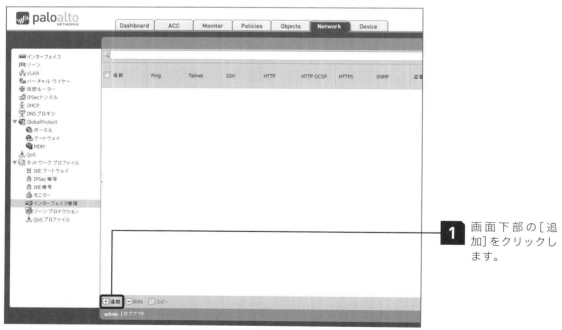

1 画面下部の[追加]をクリックします。

6.5 >> ユーザー識別の基本設定

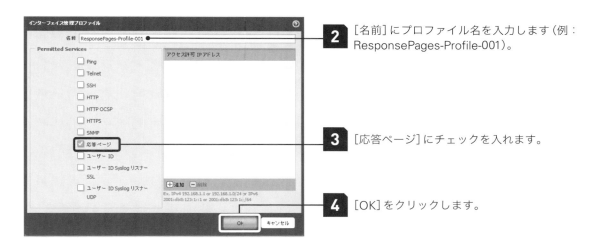

2 [名前]にプロファイル名を入力します（例：ResponsePages-Profile-001）。

3 [応答ページ]にチェックを入れます。

4 [OK]をクリックします。

⑤インターフェイス管理プロファイル適用設定

▼ [Network]タブ>左のメニューより[インターフェイス]>[Ethernet]タブ>Trsutゾーンのインターフェイス

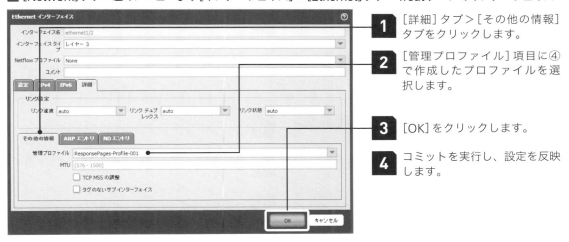

1 [詳細]タブ>[その他の情報]タブをクリックします。

2 [管理プロファイル]項目に④で作成したプロファイルを選択します。

3 [OK]をクリックします。

4 コミットを実行し、設定を反映します。

⑥キャプティブポータル設定

→ キャプティブポータルに使用するサーバー証明書と認証プロファイルを指定します。

▼ [Device]タブ>左のメニューより[ユーザーID]>[キャプティブポータル]タブ

1 歯車マークをクリックします。

第 6 章　ユーザー識別（User-ID）

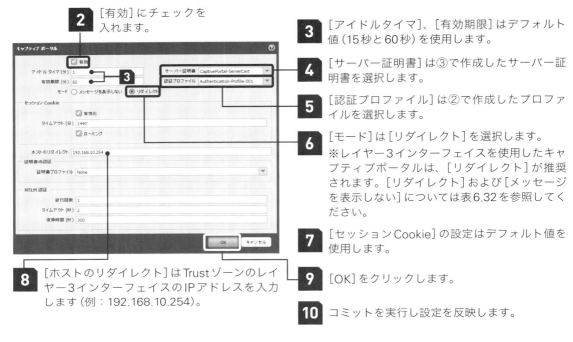

2　［有効］にチェックを入れます。

3　［アイドルタイマ］、［有効期限］はデフォルト値（15秒と60秒）を使用します。

4　［サーバー証明書］は③で作成したサーバー証明書を選択します。

5　［認証プロファイル］は②で作成したプロファイルを選択します。

6　［モード］は［リダイレクト］を選択します。
※レイヤー3インターフェイスを使用したキャプティブポータルは、［リダイレクト］が推奨されます。［リダイレクト］および［メッセージを表示しない］については表6.32を参照してください。

7　［セッションCookie］の設定はデフォルト値を使用します。

8　［ホストのリダイレクト］はTrustゾーンのレイヤー3インターフェイスのIPアドレスを入力します（例：192.168.10.254）。

9　［OK］をクリックします。

10　コミットを実行し設定を反映します。

⑦送信元ゾーンのUser-IDの有効化

→ ユーザー情報を識別できるようにゾーンにUser-ID機能を有効にします。

▼ ［Network］タブ＞左のメニューより［ゾーン］

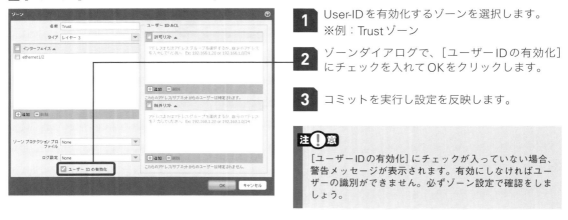

1　User-IDを有効化するゾーンを選択します。
※例：Trustゾーン

2　ゾーンダイアログで、［ユーザーIDの有効化］にチェックを入れてOKをクリックします。

3　コミットを実行し設定を反映します。

> 注意
> ［ユーザーIDの有効化］にチェックが入っていない場合、警告メッセージが表示されます。有効にしなければユーザーの識別ができません。必ずゾーン設定で確認をしましょう。

6.5 >> ユーザー識別の基本設定

⑧キャプティブポータルポリシー設定

➡ キャプティブポータルのポリシーを作成します。

▼ [Policies]タブ＞左のメニューより[キャプティブポータル]

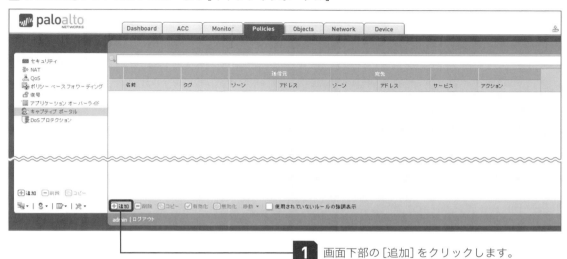

1 画面下部の[追加]をクリックします。

2 [全般]タブにて、[名前]にポリシー名を入力します。
※例：CaptivePortal-Rule

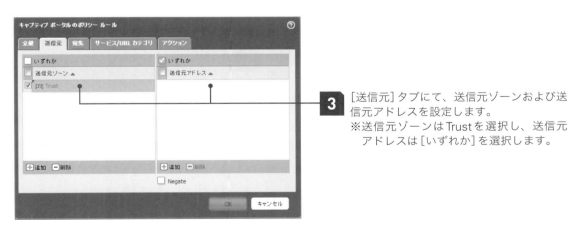

3 [送信元]タブにて、送信元ゾーンおよび送信元アドレスを設定します。
※送信元ゾーンはTrustを選択し、送信元アドレスは[いずれか]を選択します。

第 6 章　ユーザー識別（User-ID）

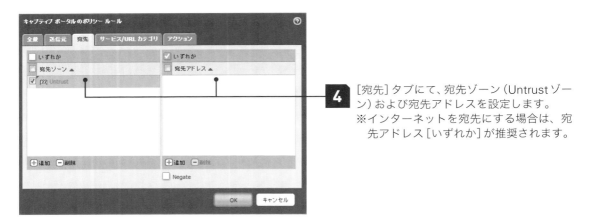

4 [宛先]タブにて、宛先ゾーン（Untrust ゾーン）および宛先アドレスを設定します。
　※インターネットを宛先にする場合は、宛先アドレス[いずれか]が推奨されます。

5 [サービス/URLカテゴリ]タブにて、サービスを[service-http]、URLカテゴリで[いずれか]にチェックを入れて設定します。
　※httpsアクセスに適用する場合は別途復号化設定が必要になります。URLカテゴリを使用する場合は別途URLフィルタリングDBもしくはカスタムURLカテゴリを設定する必要があります。

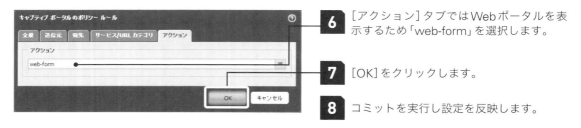

6 [アクション]タブではWebポータルを表示するため「web-form」を選択します。

7 [OK]をクリックします。

8 コミットを実行し設定を反映します。

6.5 >> ユーザー識別の基本設定

⑨キャプティブポータル認証方法

➡ 図6.8のTrustゾーンのクライアントからインターネット上のサーバーへ通信を行い、キャプティブポータル認証ができるか確認を行います。

1 端末よりインターネット上の任意のサイトへhttpアクセスを行います。

2 ブラウザの証明書エラーが表示された場合は無視します。
　※③で作成した自己署名証明書を使ってHTTPSリダイレクトが行われるため、ブラウザに証明書エラーが出力されます。

3 キャプティブポータルの認証画面が表示されます。
　※ローカルユーザーデータベースで作成したユーザー名およびパスワードで認証を行います。なお、ローカルデータベースの設定については6.6.4項の④を参照してください。

4 認証が成功すると元のアクセス先だったインターネット上のWebサイトにリダイレクトされ完了となります。

> **ヒント** 認証画面（レスポンスページ）について
> 認証画面は管理者自身で画面のデザインをカスタマイズすることが可能です。
> 詳細は第4章4.2.7ユーザー通知を参照してください。

● 図6.9 デフォルトのキャプティブポータル認証画面　　● 図6.10 カスタマイズされたキャプティブポータル認証画面

321

⑩ユーザー名とIPアドレスの連携状態確認

➡ ユーザーIPマッピング情報を確認します。

● CLI確認

▼ Console、SSHなどでファイアウォールのCLIへログイン

1 以下のコマンドを実行します。

```
show user ip-user-mapping all
```

2 キャプティブポータルで認証したユーザー名と端末のIPアドレスが関連付けられていることを確認します。
※キャプティブポータル認証を行ったため、[From]がCPとなっています。

● Web UI確認

▼ [Monitor]タブ＞左のメニューより[トラフィック]

1 [送信元ユーザー]に通信したユーザー情報が出力されていることを確認します。

6.6 ユーザー識別設定リファレンス

ユーザー識別（User-ID）の各機能の設定項目一覧です。

6.6.1 Windows User-IDエージェント連携設定項目

Windows User-IDエージェントの設定およびファイアウォールがエージェントからユーザーIPマッピング情報を取得するための設定です。Windows User-IDエージェントのセットアップには以下の設定項目があります。

■ Windows User-IDエージェント設定項目

▼ [Start] > [すべてのプログラム] > [Palo Alto Networks] > 左メニューの[User-ID Agent] > [User Identification] > [Setup] > [Edit]

① Authenticationタブ

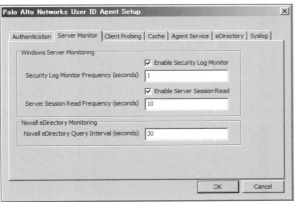

● 表6.5 Authentication設定項目

項目	説明
[Authentication]タブ	
User name for Active Directory	Active Directory、WMI、NetBIOSまたはeDirectoryの認証に使用するユーザー名を指定します。
Password	上記ユーザー名のパスワードを指定します。

② Server Monitorタブ

表6.6 Server Monitor 設定項目

項目	説明
[Server Monitor] タブ	
Windows Server Monitoring	
Enable Security Log Monitor	セキュリティログのモニタリングを実施する場合に、チェックボックスにチェックを入れます。認証サービス（Authentication Ticket Granted）などのWindowsセキュリティログをモニターし、IPアドレスとユーザー名のマッピングを行います。
Security Log Monitor Frequency (seconds)	セキュリティログのモニタリング頻度を指定します（デフォルトは1秒）。常に最新の情報を保つため、デフォルトの1秒間隔でセキュリティログを取得することが推奨されます。
Enable Server Session Read	サーバーセッションの読み取りを実施する場合に、チェックボックスにチェックを入れます。Active Directoryサーバーのアクティブなセッション情報からIPアドレスとユーザー名をマッピングし、新たなユーザーIPマッピング情報を作成する方法です。
Server Session Read Frequency (seconds)	Windowsサーバーセッションの読み取り頻度を指定します（デフォルトは10秒）。
Novell eDirectory Monitoring	
Novell eDirectory Query Interval (seconds)	Novell eDirectoryのクエリ間隔を指定します（デフォルト30秒）。

[Enable Security Log Monitor]、[Enable Server Session Read]を有効にすることで最新かつ多くのユーザーマッピング情報を作成することが可能となります。

③Client Probing タブ

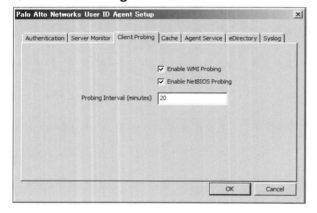

表6.7 Client Probing 設定項目

項目	説明
[Client Probing] タブ	
Enable WMI Proving	各ワークステーションのWMIによるプローブを有効にする場合、[Enable WMI Probing]にチェックを入れます。
Enable NetBIOS Probing	各ワークステーションのNetBIOSによるプローブを有効にする場合、[Enable NetBIOS Probing]にチェックを入れます。
Probing Interval (minutes)	プローブ間隔を分単位で指定します（デフォルトは20分）。Intervalを0に指定すると、この機能が無効になります。

クライアントに対するプロービングを設定することで、電源を落とした端末を認識することが可能です。ユーザーがログアウトしているにも関わらず同様のIPアドレスが発生した場合に、ログアウトしたユーザーがログに表示されてしまい、なりすましと類似した動作となりかねないため、[Enable WMI Proving]もしくは[Enable NetBIOS Probing]を有効にすることをお勧めします。

WMIによるプローブを行う場合は、ドメイン管理者アカウントでUser-IDエージェントサービスを設定し、プローブされるクライアントのWindowsファイアウォールにリモート管理を例外設定しておく必要があります。

NetBIOSによるプローブを行う場合は、プローブされるクライアントのWindowsファイアウォールでポートTCP/UDP139を許可し、"ファイルやプリンタの共有サービス"を有効にする必要があります。

④ Cache タブ

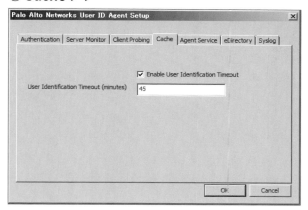

● 表6.8 Cache設定項目

項目	説明
[Cache]タブ	
Enable User Identification Timeout	ユーザー識別のキャッシュタイムアウトを有効にする場合、[Enable User Identification Timeout]にチェックを入れます。
User Identification Timeout (minutes)	タイムアウトが発生するまでの間隔を分単位で指定します（デフォルトは45分）。

 WMIやNet-BIOSが許可されていないクライアントに対して有効な設定となります。セキュリティログやサーバーセッションによる更新、WMIやNet-BIOS等のプロービングが実施されずデフォルト45分経つとUser-IDエージェントはユーザーIPマッピング情報から音沙汰のないマッピング情報を削除します。

⑤ Agent Service タブ

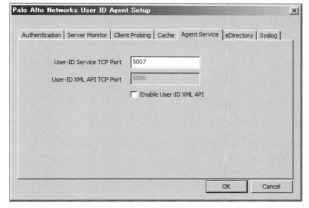

● 表6.9 Agent Service設定項目

項目	説明
[Agent Service]タブ	
User-ID Service TCP Port	ユーザー識別サービスのTCPポートを指定します（デフォルトは5007）。
User-ID XML API TCP Port	ユーザー識別XML APIのTCPポートを指定します（デフォルトは5006）。
Enable User-ID XML API	APIを使用する場合、[Enable User-ID XML API]にチェックを入れます。

第6章 ユーザー識別（User-ID）

⑥ eDirectory タブ

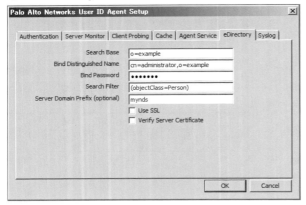

● 表6.10　eDirectory設定項目

項目	説明
［eDirectory］タブ	
Search Base	エージェントによるクエリの開始点またはルートコンテキストを指定します。
Bind Distinguished Name	LDAPサーバーにバインドするアカウントを指定します。
Bind Password	バインドアカウントのパスワードを指定します。エージェントは暗号化したパスワードを設定ファイルに保存します。
Search Filter	LDAPエントリの検索クエリを指定します（デフォルトは objectClass=Person）。
Server Domain Prefix（optional）	ユーザーを一意に識別するためのプレフィックスを指定します。
Use SSL	eDirectoryバインドにSSLを使用する場合にチェックを入れます。チェックを入れない場合、ポップアップウィンドウに入力するログインアカウントとパスワードはクリア テキストが使用される旨の警告が表示されます。
Verify Server Certificate	SSL使用時にeDirectoryサーバー証明書を使用する場合にチェックを入れます。

⑦ Syslog タブ

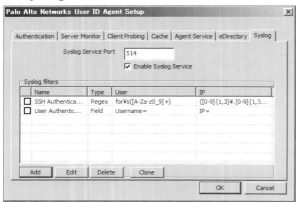

326

6.6 >> ユーザー識別設定リファレンス

● 図6.11 Syslogフィルタ設定項目

項目	説明
[Syslog]	
Syslog Service Port	syslogサーバへ通信を行う際の宛先ポート番号を指定します。
Enable Syslog Service	syslogメッセージを解析してユーザー識別を行う場合はチェックを入れます。
[Syslog Filters]	
Name	フィルタのプロファイル名を入力します。
Description	フィルタの説明を入力します。
Type	[Regex]もしくは[Field]を選択します。
[Regex]	syslogイベントメッセージを照合し、一致するログメッセージ内のユーザー名、IPアドレスを正規表現を用いてsyslogメッセージよりユーザー識別を行います。
[Field]	照合するsyslogイベントメッセージの文字列を指定し、一致するログメッセージ内のユーザー名、IPアドレスを文字列と区切り文字を用いてsyslogメッセージよりユーザー識別を行います。
[Regex]	
Event Regex	照合対象とするsyslogイベントの正規表現を入力します。
Username Regex	照合対象としたsyslogイベントからユーザー名とする正規表現を入力します。
Address Regex	照合対象としたsyslogイベントからIPアドレスとする正規表現を入力します。
[Field]	
Event String	照合対象とするsyslogイベントの文字列を入力します。
Username Prefix	照合対象としたsyslogイベント内でユーザー名と識別する文字列を入力します。
Username Delimiter	ユーザー名と識別するための区切り文字を入力します。
Address Prefix	照合対象としたsyslogイベント内でIPアドレスと識別する文字列を入力します。
Address Delimiter	IPアドレスと識別するための区切り文字を入力します。

⑧ Servers

▼ [Start] > [すべてのプログラム] > [Palo Alto Networks] > 左メニューの [User-ID Agent] > [User Identification] > [Discovery] > [Servers] の [Add]

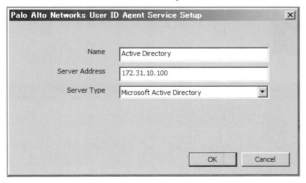

● 表6.11 Servers設定項目

項目	説明
名前	モニターするサーバーの名前を入力します。
有効	設定したサーバーをモニターする場合はチェックを入れます。
タイプ	Microsoft Active Directory、Microsoft Exchange、またはNovell eDirectoryいずれかを選択します。
ネットワークアドレス	モニターするサーバーのIPアドレスを入力します。

⑨ include/Exclude List of configured networks

▼ [Start] > [すべてのプログラム] > [Palo Alto Networks] > 左メニューの [User-ID Agent] > [User Identification] > [Discovery] > [Include/Exclude List of configured networks] の [Add]

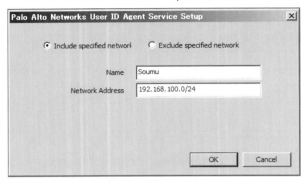

● 表6.12 Include/Exclude List of configured networks

項目	説明
名前	対象とするネットワークのプロファイル名前を入力します。
有効	包含または除外するネットワークを対象とする場合はチェックを入れます。
タイプ	Microsoft Active Directory、Microsoft Exchange、またはNovell eDirectoryいずれかを選択します。
検出	包含/除外いずれかを選択します。
ネットワークアドレス	対象とするネットワークアドレスを入力します。

■ User-IDエージェント連携設定項目

▼ [Device] タブ > 左のメニューより [ユーザーID] > [ユーザーマッピング] > [Palo Alto NetworksユーザーIDエージェント設定] > 歯車マーク

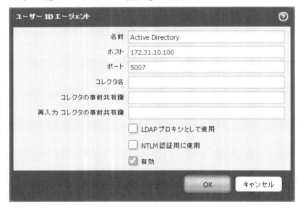

● 表6.13 ユーザーIDエージェント設定項目

項目	説明
名前	User-IDエージェントの識別に使用する名前を入力します。
ホスト	User-IDエージェントをインストールするWindows PCのIPアドレスを入力します。
ポート	リモートホストのUser-IDエージェントサービスを設定するポート番号を入力します。
コレクタの事前共有鍵	ユーザーマッピング情報を取得する他ファイアウォールに設定された事前共有鍵を入力します。
再入力コレクタの事前共有鍵	コレクタの事前共有鍵を再度入力します。
LDAPプロキシとして使用	ファイアウォールはLDAPクエリが直接実行されますが、キャッシュが最適な場合や、ファイアウォールからディレクトリサーバーに直接アクセスができない場合など、User-IDエージェントをLDAPプロキシとして使用する際にチェックします。
NTLM認証用に使用	Active Directoryドメインによるキャプティブポータルからの NTLM クライアント認証を検証するように設定したUser-IDエージェントを使用する際にチェックします。
有効	該当のUser-IDエージェント@プロファイルを有効にします。

6.6 >> ユーザー識別設定リファレンス

設定が完了し、UIAとの接続が確認できれば、[接続済み]欄が緑点灯となります。

6.6.2 User-IDエージェントレス設定項目

ファイアウォールから直接Windowsリソースへのアクセスに使用する、アカウントのドメイン認証情報を設定します。User-IDエージェント設定には以下の項目があります。

▼ [Device]タブ>左のメニューより[ユーザーID] > [ユーザーマッピング] > [Palo Alto NetworksユーザーIDエージェント設定] >歯車マーク

①WMI認証タブ

● 表6.14 WMI認証設定項目

項目	説明
[WMI認証]タブ	
ユーザー名	WMIクエリを実行する権限を持つユーザー名を指定します。
パスワード	上記ユーザー名のパスワードを指定します。
再入力パスワード	パスワードで入力した文字列を再度入力します。

②サーバーモニタタブ

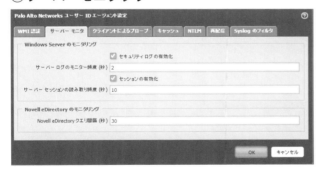

● 表6.15 サーバーモニタ設定項目

項目	説明
[サーバーモニタ]タブ	
Windows Serverのモニタリング	
セキュリティログの有効化	セキュリティログのモニタリングを実施する場合に、チェックボックスにチェックを入れます。
サーバーログのモニター頻度(秒)	セキュリティログのモニタリング頻度を指定します(デフォルトは1秒)。
サーバーセッションの有効化	サーバーセッションの読み取りを実施する場合に、チェックボックスにチェックを入れます。
サーバーセッションの読み取り頻度(秒)	Windowsサーバーセッションの読み取り頻度を指定します(デフォルトは10秒)。
Novell eDirectoryのモニタリング	
Novell eDirectoryクエリ間隔(秒)	Novell eDirectoryのクエリ間隔を指定します(デフォルト30秒)。

[セキュリティログの有効化][サーバーセッションの有効化]有効にすることで最新かつ多くのユーザーマッピング情報を作成することが可能となります。

③クライアントによるプローブタブ

● 表6.16 クライアントプローブ設定項目

項目	説明
[クライアントによるプローブ]タブ	
プローブの有効化	各Windows端末に対しWMIによるプローブを有効にする場合、[プローブの有効化]にチェックを入れます。
プローブ間隔（秒）	プローブ間隔を分単位で指定します（デフォルトは20分）。Intervalを0に指定すると、この機能が無効になります。

 クライアントに対するプロービングを設定することで、電源を落とした端末を認識することが可能です。ユーザーがログアウトしているにも関わらず同様のIPアドレスが発生した場合に、ログアウトしたユーザーがログに表示されてしまい、なりすましと類似した動作となりかねないため、有効にすることをお勧めします。

 WMIによるプローブを行う場合は、ドメイン管理者アカウントでUser-IDエージェントサービスを設定し、プローブされるクライアントのWindowsファイアウォールにリモート管理を例外設定しておく必要があります。

④キャッシュタブ

● 表6.17 キャッシュ設定項目

項目	説明
[キャッシュ]タブ	
ユーザーIDタイムアウトを有効にする	ユーザー識別およびグループのキャッシュ タイムアウトを有効にする場合、[ユーザーIDタイムアウトを有効にする]にチェックを入れます。
ユーザーIDタイムアウト（分）	タイムアウトが発生するまでの間隔を分単位で指定します（デフォルトは45分）。

 WMIが許可されていないクライアントに対して有効な設定となります。

 セキュリティログやサーバーセッションによる更新、WMIのプロービングが実施されずデフォルト45分経つと、User-IDエージェントはユーザーIPマッピング情報で利用されていないマッピング情報を削除します。

⑤ NTLMタブ

● 表6.18 NTLM認証設定項目

項目	説明
[NTLM]タブ	
NTLM認証処理の有効化	NTLMによる認証を行う場合に有効にします。
NTLMドメイン	NTLMのドメインを入力します。
管理ユーザー名	NTLMドメインアクセス権を持っているアカウント名を入力します。
パスワード	上記で入力したアカウントのパスワードを入力します。
再入力パスワード	再度パスワードを入力します。

⑥ 再配信タブ

● 表6.19 ユーザーマッピング情報再配信設定項目

項目	説明
[再配信]タブ	
コレクタ名	他のファイアウォールへユーザーマッピング情報を再配信する場合に使用します。コレクタ名はユーザーマッピング情報を引っ張ってくるファイアウォールでUser-IDエージェントを設定するときに使用します。
事前共有鍵	他のファイアウォールと共通の文字列を入力します。
再入力事前共有鍵	上記で入力した文字列を再度入力します。

 再配信は複数のファイアウォールで同じユーザーマッピング情報を保持したい場合に使用します。複数のファイアウォールで同じ事前共有鍵を設定し、他のファイアウォールへユーザーマッピング情報を再配信します。

⑦ Syslogのフィルタ

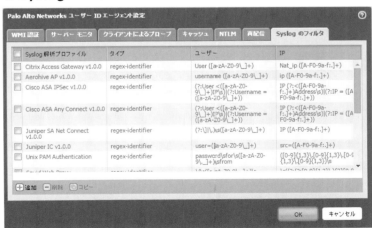

第6章 ユーザー識別（User-ID）

● **表6.20** Syslogフィルタ設定項目

項目	説明
[Syslog解析プロファイル]	
syslog解析プロファイル	フィルタのプロファイル名を入力します。
内容	フィルタの説明を入力します。
タイプ	[正規表現の識別子]もしくは[フィールド識別子]を選択します。
[正規表現の識別子]	syslogイベントメッセージを照合し、一致するログメッセージ内のユーザー名、IPアドレスを正規表現を用いてsyslogメッセージよりユーザー識別を行います。
[フィールド識別子]	照合するsyslogイベントメッセージの文字列を指定し、一致するログメッセージ内のユーザー名、IPアドレスを文字列と区切り文字を用いてsyslogメッセージよりユーザー識別を行います。
[正規表現の識別子]	
イベントの正規表現	照合対象とするsyslogイベントの正規表現を入力します。
ユーザー名の正規表現	照合対象としたsyslogイベントからユーザー名とする正規表現を入力します。
アドレスの正規表現	照合対象としたsyslogイベントからIPアドレスとする正規表現を入力します。
[フィールド識別子]	
イベントの文字列	照合対象とするsyslogイベントの文字列を入力します。
ユーザー名のプレフィックス	照合対象としたsyslogイベント内でユーザー名と識別する文字列を入力します。
ユーザー名の区切り文字	ユーザー名と識別するための区切り文字を入力します。
アドレスプレフィックス	照合対象としたsyslogイベント内でIPアドレスと識別する文字列を入力します。
アドレスの区切り文字	IPアドレスと識別するための区切り文字を入力します。

⑧ユーザーIDモニタサーバー

● **表6.21** ユーザーIDモニタサーバー設定項目

項目	説明
名前	PAN-OS統合User-IDエージェントでモニターする外部ディレクトリサーバーの名前を入力します。
有効	ファイアウォールが設定したサーバーをモニターする場合はチェックを入れます。
タイプ	Microsoft Active Directory、Microsoft Exchange、またはNovell eDirectory、Syslog Senderいずれかを選択します。
ネットワークアドレス	ファイアウォールがモニターするサーバーのIPアドレスを入力します。

⑨除外ネットワークを含める

● **表6.22** 除外ネットワーク設定項目

項目	説明
名前	対象とするネットワークのプロファイル名前を入力します。
有効	包含または除外するネットワークを対象とする場合はチェックを入れます。
検出	包含/除外いずれかを選択します。
ネットワークアドレス	対象とするネットワークアドレスを入力します。

 ⑨は許可リストまたは拒否リストに代わる設定です。包含が許可リストとなり除外が拒否リストとなります。除外に指定されたアドレスはユーザー名のマッピングを行わなくなります。特定のセグメントやIPアドレスなどをマッピング対象にする場合や除外する場合に使用します。

6.6.3 グループ情報取得設定

LDAPディレクトリに接続してユーザー対グループのマッピング情報を取得するためのサーバープロファイルを作成します。LDAPサーバープロファイル設定には以下の項目があります。

■ LDAPサーバー設定項目

▼ ［Device］タブ＞左のメニューより［サーバープロファイル］＞［LDAP］

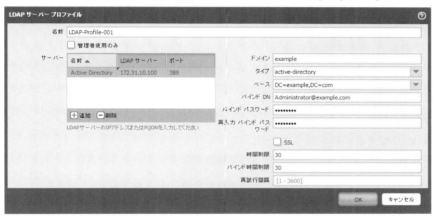

● 表6.23 LDAPサーバー設定項目

項目	説明
名前	プロファイル識別に使用する名前を入力します。一意の名前である必要があります。
管理者使用のみ	ファイアウォールの管理者認証のみに使用する場合にチェックを入れます。
サーバー（※）	
名前	LDAPサーバー名を指定します。
LDAPサーバー	LDAPサーバーのIPアドレスを指定します。
ポート	ポート番号を指定します（LDAPの389など）。
ドメイン	取得したグループに入力したドメイン名を関連付けます。 soumu-group/test.domain User-IDエージェントより取得したユーザーマッピング情報にもドメイン名が関連付けられており［ドメイン］で入力した文字列と同一でなければグループに所属しているとファイアウォールで認識されません。 ●以下はUser-Aはsoumu-groupに所属している認識されている 　グループ名：soumu-group/test.domain 　ユーザー名：User-A/test.domain ●以下はUser-Bはsoumu-groupに所属していないと認識されている 　グループ名：soumu-group/test.domain 　ユーザー名：User-B/test.local 設定する場合は事前にCLIで「show user ip-user-mapping all」で取得したユーザーマッピング情報のドメイン名を確認することを推奨します。
タイプ	サーバータイプを選択します。［active-directory］［e-directory］［sun］［other］から選択できます。
ベース	ユーザーまたはグループ情報の検索を絞り込むため、ディレクトリサーバーのルートコンテキストを指定します。
バインドDN	ディレクトリサーバーのログイン名（識別名）を指定します。
バインドパスワード	バインドアカウントのパスワードを指定します。

第6章 ユーザー識別（User-ID）

項目	説明
再入力バインドパスワード	間違い防止のために再度バインドアカウントのパスワードを指定します。
SSL	セキュアSSLまたはTLS（Transport Layer Security）通信を、ファイアウォールとディレクトリサーバー間で使用する場合にチェックを入れます。 デフォルトではチェックが入っているため、LDAP（TCP/389）を使用する場合は必ずチェックを外す必要があります。
時間制限	ディレクトリ検索を実行するときの時間制限を指定します。
バインド時間制限	ディレクトリサーバーに接続するときの時間制限を指定します。
再試行間隔	システムがLDAPサーバーへの接続試行に失敗してから、次に接続を試みるまでの間隔を指定します（1〜3600秒の間で指定）。

※最大3台のLDAPサーバーを指定できます。

> 同一ディレクトリ情報を持つ複数のActive Directoryサーバーは単一のLDAPサーバープロファイル内に登録します。
> 異なるドメインなど、異なるディレクトリ情報を持つサーバーは、個別にプロファイルを作成して登録します。

■ グループマッピング設定項目

▼ [Device]タブ＞左のメニューより[ユーザーID] ＞ [グループマッピング設定]タブ

6.6 >> ユーザー識別設定リファレンス

● 表6.24 グループマッピング設定項目

項目	説明
サーバープロファイルタブ	
サーバープロファイル	このファイアウォールのグループマッピングに使用するLDAPサーバープロファイルを選択します。
更新間隔	ファイアウォールからLDAPディレクトリサーバーに接続し、ファイアウォールポリシーで使用されるグループへの更新を取得する間隔を指定します（60〜86400（秒））。デフォルトは60秒です。頻繁にユーザーの所属グループが変わる場合は短く、特になければ通信が頻発するため、3600秒（1時間）程に設定しトラフィックの出力を軽減させます。
Group Objects	
検索フィルタ	取得および追跡対策グループの管理に使用できるLDAPクエリを指定します。
オブジェクトクラス	グループの定義を指定します。たとえば、デフォルトのobjectClass=groupで取得されるのは、ディレクトリに含まれていて、グループフィルタに一致し、objectClass=groupが設定されているすべてのグループオブジェクトです。
グループ名	グループ名を指定する属性を入力します。たとえば、Active Directoryの場合、この属性は「CN（CommonName）」になります。
グループメンバー	このグループメンバーを含む属性を指定します。たとえば、Active Directoryの場合、この属性は「member」になります。
User Objects	
検索フィルタ	取得および追跡対象ユーザーの管理に使用できるLDAPクエリを指定します。
オブジェクトクラス	ユーザーオブジェクトの定義を指定します。たとえば、Active Directoryの場合、objectClassは「user」になります。
ユーザー名	ユーザー名の属性を指定します。たとえば、Active Directoryの場合、デフォルトのユーザー名属性は「samAccountName」になります。
有効	グループマッピングでこのサーバープロファイルを有効にする場合、チェックします。

● 表6.25 許可リスト設定項目

項目	説明
許可リストのグループ化タブ	
許可リストのグループ化	LDAPツリーを参照して、ポリシーで使用するグループを探します。含める各グループを[使用可能なグループ]リストで選択し、追加アイコンをクリックして[含まれたグループ]リストに移動します。グループをリストから削除するには[-]アイコンをクリックします。ポリシーで使用できるようにするすべてのグループでこのステップを繰り返し、[OK]をクリックして含まれたグループのリストを保存します。

6.6.4 キャプティブポータル設定項目

キャプティブポータルを使用してIPアドレスとユーザー名のマッピングを行うための設定です。キャプティブポータルの設定には以下の項目があります。

■ サーバープロファイル設定
①RADIUSサーバー設定項目

▼ [Device]タブ＞左のメニューより[サーバープロファイル] > [RADIUS]

●表6.26 RAIUSサーバー設定項目

項目	説明
名前	プロファイル識別に使用する名前を入力します。一意の名前である必要があります。
管理者使用のみ	ファイアウォールの管理者認証のみに使用する場合にチェックを入れます。
ドメイン	RADIUSサーバーのドメインを入力します。このドメイン設定は、ユーザーがログイン時にドメインを指定しなかった場合に使用されます。
タイムアウト	認証リクエストがタイムアウトするまでの時間を入力します（1～30秒。デフォルトは3秒）。
再試行	タイムアウト後に行われる自動再試行回数を入力します（1～5回。デフォルトは3回）。自動試行がこの回数に達するとリクエストは失敗します。
ユーザーグループの取得	RADIUSのVSAを使用してファイアウォールへのアクセス権を持つグループを定義するには、このチェックボックスをオンにします。
サーバーペイン	適切な順序で各サーバーの情報を設定します。サーバーは上から下の順に認証試行が行われます。
サーバー	サーバーの識別に使用する名前を入力します。
IPアドレス	サーバーのIPアドレスを入力します。
シークレット	ファイアウォールとRADIUSサーバー間の接続の検証と暗号化に使用する鍵を入力します。再入力も入力します。
ポート	認証リクエストに使用するサーバーのポートを入力します。通常はポート1812を利用します。

②LDAPサーバー設定項目

▼ [Device] タブ > 左のメニューより [サーバープロファイル] > [LDAP]

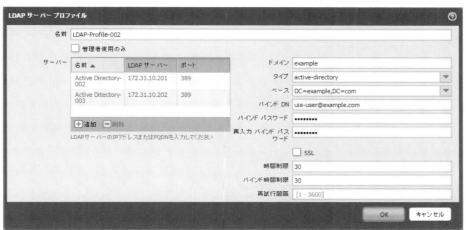

● 表6.27 LDAPサーバー設定項目

項目	説明
名前	プロファイル識別に使用する名前を入力します。一意の名前である必要があります。
管理者使用のみ	ファイアウォールの管理者認証のみに使用する場合にチェックを入れます。
サーバー（※）	
名前	LDAPサーバー名を指定します。
LDAPサーバー	LDAPサーバーのIPアドレスを指定します。
ポート	ポート番号を指定します（LDAPの389など）。
ドメイン	ユーザーに入力したドメイン名を関連付けます User-A/test.domain キャプティブポータル認証においては特に設定は必要ありません。
タイプ	サーバータイプを選択します。[active-directory] [e-directory] [sun] [other] から選択できます。
ベース	ユーザーまたはグループ情報の検索を絞り込むため、ディレクトリサーバーのルートコンテキストを指定します。
バインドDN	ディレクトリサーバーのログイン名（識別名）を指定します。
バインドパスワード	バインドアカウントのパスワードを指定します。
再入力バインドパスワード	間違い防止のために再度バインドアカウントのパスワードを指定します。
SSL	セキュアSSLまたはTLS（Transport Layer Security）通信を、ファイアウォールとディレクトリサーバー間で使用する場合にチェックを入れます。 デフォルトではチェックが入っているため、LDAP（TCP/389）を使用する場合は必ずチェックを外す必要があります。
時間制限	ディレクトリ検索を実行するときの時間制限を指定します。
バインド時間制限	ディレクトリサーバーに接続するときの時間制限を指定します。
再試行間隔	システムがLDAPサーバーへの接続試行に失敗してから、次に接続を試みるまでの間隔を指定します（1～3600秒の間で指定）。

※最大3台のLDAPサーバーを指定できます。

③ Kerberos 設定項目

▼ [Device] タブ > 左のメニューより [サーバープロファイル] > [Kerberos]

● 表 6.28　Kerberos サーバー設定項目

項目	説明
名前	プロファイル識別に使用する名前を入力します。一意の名前である必要があります。
管理者使用のみ	ファイアウォールの管理者認証のみに使用する場合にチェックを入れます。
管理者使用のみ	管理者認証に限り該当のサーバープロファイルを使用します。
レルム	ログイン名のホスト名を指定します。 username@domain.local　の「domain.local」をさします。最大 127 文字まで入力可能です。
ドメイン	アカウントのドメイン名を指定します。最大 63 文字まで入力可能です。
サーバー	
名前	Kerberos サーバー名を入力します。
Kerberos サーバー	Kerberos サーバーの IP アドレスもしくは FQDN を入力します。
ポート	Kerberos サーバーのポート番号を入力します。

④ ローカルデータベース設定項目

▼ [Device] タブ > 左のメニューより [ローカルユーザーデータベース] > [ユーザー]

● 表 6.29　ローカルデータベース設定項目

項目	説明
ローカルユーザー名	一意のユーザー名を入力します。大文字、小文字は区別され、文字、数字、スペース、ハイフン、アンダースコアのみ使用可能です。最大 32 文字入力可能です。
場所	Vsys を選択するか [共有] を選択してすべての仮想システムでプロファイルを使用可能にすることもできます。
すべてのローカルユーザー	該当のグループに追加するユーザーを選択します。

6.6 >> ユーザー識別設定リファレンス

⑤ローカルユーザーグループ設定項目

▼ [Device]タブ>左のメニューより[ローカルユーザーデータベース] > [ユーザーグループ]

● 表6.30 ローカルユーザーグループ設定項目

項目	説明
ローカルユーザーグループ名	一意のグループ名を入力します。大文字、小文字は区別され、文字、数字、スペース、ハイフン、アンダースコアのみ使用可能です。最大32文字入力可能です。
場所	Vsysを選択するか[共有]を選択してすべての仮想システムでプロファイルを使用可能にすることもできます。

■ 認証プロファイル設定項目

▼ [Device]タブ>左のメニューより[認証プロファイル]

● 表6.31 認証プロファイル設定項目

項目	説明
名前	プロファイル識別に使用する名前を入力します。一意の名前である必要があります。
場所	Vsysを選択するか[共有]を選択してすべての仮想システムでプロファイルを使用可能にすることもできます。
ロックアウト	
ロックアウト時間(分)	失敗回数が最大試行回数に達したときのユーザーのロックアウト時間を分単位で入力します(0～60分。デフォルトは0)。0を指定すると手動でロック解除するまでロックアウト状態が続きます。
許容ログイン回数	許容される最大ログイン試行失敗回数を入力します(1～10。デフォルトは0)。この回数に達するとユーザーはロックアウトされます。0にすると、無制限になります。

第6章 ユーザー識別(User-ID)

項目	説明
許可リスト	認証を明示的に許可するユーザーとグループを指定します。 [追加]をクリックして追加します。
認証	認証のタイプを選択します。以下を選択可能です。 なし：ファイアウォールで認証しません。 ローカルデータベース：ファイアウォールの認証データベースを使用します。 RADIUS：認証にRADIUSサーバーを使用します。 LDAP：認証方法としてLDAPを使用します。 Kerberos：認証方法としてKerberosを使用します。
サーバープロファイル	認証方法として、RADIUS、LDAP、Kerberosを選択した場合、ドロップダウンリストから①で作成したサーバープロファイルを選択します。

■ キャプティブポータル設定項目

▼ [Device]タブ＞左のメニューより[ユーザーID] ＞ [キャプティブポータルの設定] ＞ 歯車マーク

キャプティブポータル欄の歯車マークをクリックします。

●表6.32 キャプティブポータル設定項目

項目	説明
有効	キャプティブポータル認証を有効にする場合はオンにします。
アイドルタイマ（分）	キャプティブポータルページがタイムアウトするまでの時間を入力します（1～1440分。デフォルトは15分）。
有効期限（分）	タイムアウト間隔を指定します（範囲は1～1440分。デフォルトは60分）。
サーバー証明書	キャプティブポータルに使用するHTTP SSL証明書を選択します。
認証プロファイル	キャプティブポータルログイン用の認証方法を決定する認証プロファイルを選択します。

項目		説明
モード		メッセージを表示しない/リダイレクトのどちらかを選択します。
	[メッセージを表示しない]	レイヤー2インターフェイス、バーチャルワイヤー使用時に、キャプティブポータルを行いたい場合に設定します。ファイアウォールには宛先URLの証明書がないため、サイトへのアクセスを試みる場合、ユーザーのブラウザ側では証明書エラー表示がされるようになります。証明書エラーを表示させない場合にはレイヤー3インターフェイス設定を行い、[リダイレクト]設定を行う必要があります。
	[リダイレクト]	NTLM認証、セッションCookieを利用したセッションタイムアウトの制御をする場合は使用します。また、証明書エラーを表示させずにユーザーを透過的にリダイレクトする場合にも使用します。無線ネットワークから有線ネットワークへ頻繁にローミングするような環境であれば、セッションCookieを利用することが推奨されます。Cookieがタイムアウトした場合は再認証が必要になります。
セッションCookie		
有効化		リダイレクトがタイムアウトするまでの時間を設定するには、このチェックボックスをオンにします。
タイムアウト(分)		有効化がオンの場合、タイムアウトの時間を指定します(範囲は60〜10080分。デフォルトは1440分)。
ローミング		ブラウザが開いている間にIPアドレスが変化しても、Cookieを保持する場合(クライアントが有線ネットワークから無線ネットワークに移動した場合など)はこのチェックボックスをオンにします。ブラウザを閉じた場合、Cookieは失われます。
ホストのリダイレクト		リダイレクト先のIPアドレスを入力します。
証明書の認証		
証明書プロファイル		クライアント認証用の証明書プロファイルを選択します。
NTLM認証		
試行回数		NTLM認証が失敗するまでの試行回数を指定します。
タイムアウト(秒)		NTLM認証がタイムアウトするまでの秒数を指定します。
復帰時間(秒)		エージェントが使用できなくなってから、User-IDエージェントリストの最初のエージェントに対してファイアウォールが交信を再試行するまでの時間

■ レスポンスページ設定項目

リダイレクトモードを選択した場合のみ、キャプティブポータルの要求をリダイレクトするレイヤー3インターフェイスにそのインターフェイス用の管理プロファイルを関連付けて、応答ページを表示できるようにします。

第 6 章　ユーザー識別（User-ID）

▼ ［Network］タブ＞左のメニューより［ネットワークプロファイル］＞［インターフェイス管理］

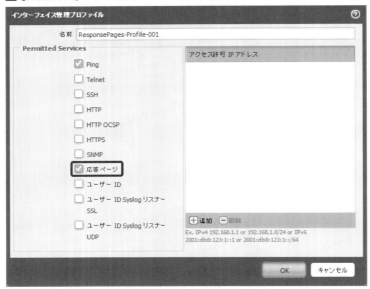

● 表6.33　インターフェイス管理プロファイル設定項目

項目	説明
名前	プロファイル識別に使用する名前を入力します。一意の名前である必要があります。
Permitted Services	このプロファイルが関連付けられるインターフェイスで有効にするサービスにチェックを入れます。［応答ページ］を有効にすると、キャプティブポータルおよびURLフィルタリングレスポンスページを配信するために使用する6080、6081ポートをレイヤー3インターフェイスで開放します。
アクセス許可IPアドレス	ファイアウォールを管理できるアドレスリストを入力します。

第7章 ポリシー制御

ファイアウォール上でトラフィックを制御するための基本的なセキュリティポリシーは第2章で、App-IDを利用したセキュリティポリシーの設定方法については第3章で紹介しました。

本章ではセキュリティポリシー以外のポリシー設定を必要とする、NAT、QoS、ポリシーベースフォワーディング（PBF）、復号、アプリケーションオーバーライド、キャプティブポータル、DoSプロテクションの各機能およびポリシー設定方法について説明します。

第7章 ポリシー制御

7.1 ポリシーの種類

　次世代ファイアウォールでは、以下の8タイプのポリシーがサポートされています。セキュリティポリシーの概要と設定手順については第3章3.3節を参照してください。

　セキュリティポリシー以外の7つに関して、以降の節に説明します。

● 表7.1 ポリシーの種類

ポリシー設定項目	説明
セキュリティ	ファイアウォール上を流れるトラフィックに対して、アプリケーション、ゾーンとアドレス（送信元と宛先）、任意のサービス（ポートとプロトコル）ごとにネットワークセッションをブロックまたは許可します。ゾーンでは、トラフィックを送受信する物理的または論理インターフェイスが識別されます。
NAT	送信元・宛先IPアドレスおよび、送信元・宛先ポートを変換（Network Address Translation）するポリシーを定義します。
QoS	QoS（Quality of Service）が有効になっているインターフェイスを通過するトラフィックの処理分類を定義します。
ポリシーベースフォワーディング	ルール処理後の送信インターフェイスを決定するPolicy Base Forwarding（PBF）を定義します。
復号	SSL/SSHトラフィックの復号化ポリシーを定義します。
アプリケーションオーバーライド	カスタムアプリケーションを定義します。
キャプティブポータル	識別されていないユーザーを識別、認証するポリシーを定義します。
DoSプロテクション	DoS（Deny of Service）攻撃に対する保護アクションを定義します。

7.2 NATポリシー

　レイヤー3インターフェイスでは、あらかじめ定義したネットワークアドレス変換(NAT)ポリシーに基づき、送信元IPアドレスおよび宛先IPアドレスのアドレス交換、送信元ポートおよび宛先ポートのポート変換が可能です。たとえば、内部(Trust)ゾーンからパブリック(Untrust)ゾーンへ送信されるトラフィックの送信元IPアドレスをプライベートアドレスからグローバル(パブリック)アドレスへ変換できます。バーチャルワイヤーインターフェイスでもNATはサポートされていますが、プロキシARPがサポートされていないため、隣接するデバイスが通信するサブネットとは異なるサブネットに送信元アドレスを変換することをお勧めします。隣接するデバイスは、バーチャルワイヤーのもう一方の終端のデバイスのインターフェイスに存在するIPアドレスのARPリクエストのみ解決できます。

　ファイアウォールにNATポリシーを設定する場合、NATトラフィックを許可するためのセキュリティポリシーの設定が必要です。NATセキュリティポリシーは、NAT後のゾーンとNAT前のIPアドレスに基づいて照合されます。

7.2.1　NATとは

　NATはNetwork Address Translationの略で、「ネットワークアドレス変換」と呼ばれる機能です。送信元NATと宛先NATの2種類があります。

●表7.2　NATの種類

項目	説明
送信元NAT	プライベートアドレスを持つ内部ユーザーが、インターネット上のグローバルアドレスのサーバーと通信する場合に使用。送信元IPアドレスを変換する。
宛先NAT	グローバルアドレスを持つインターネット上のクライアントが、プライベートアドレスを持つ内部ネットワーク上のサーバーと通信する場合に使用。宛先IPアドレスを変換する。

第 7 章　ポリシー制御

● **図7.1**　送信元NATの流れ

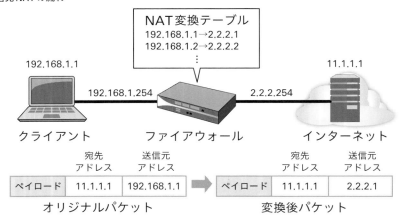

● **図7.2**　宛先NATの流れ

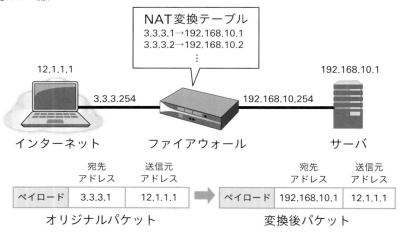

■ 送信元NATの種類

パロアルトネットワークスの次世代ファイアウォールでサポートする送信元NATには表7.3のような種別があります。

● **表7.3**　送信元NATの種別

NAT種別	説明
ダイナミックIP/ポート	NAPT（Network Address Port Translation）やIPマスカレードとも呼ばれる方式。外部ネットワークとの通信に利用できるグローバルIPアドレスの数がひとつしかない、または内部ネットワークのクライアント数より少ない場合、プライベートアドレスとグローバルアドレスを1対1に割り当てられない。このような場合、TCPやUDPの送信元ポート番号情報も変換して、複数のプライベートアドレスに対してひとつのグローバルアドレスでアドレス変換を行う。ここで変換されるポート番号の範囲は1025～65535で、ひとつのグローバルアドレスに対して最大64,000個のセッションがサポートされる。

NAT種別	説明
ダイナミックIP	動的NATとも呼ばれる。送信元のプライベートIPを、あらかじめ指定した変換後アドレスプール(特定のグローバルIPアドレスやサブネット)の中から動的に選んで変換する。送信元ポート番号は変換されない。プール内のアドレスを使い切ってしまうと通信がブロックされるが、フォールバック設定を行うと、使い切った場合にダイナミックIP/ポート方式に切り替えることも可能。プールは最大32,000個のIPアドレスがサポートされる。
スタティックIP	静的NATとも呼ばれる。プライベートとグローバルIPを1対1で固定変換する。送信元ポート番号は変換されない。通常、内部サーバーが外部と通信したい場合に使用される。

■ 宛先NATの種類

パロアルトネットワークスの次世代ファイアウォールでサポートする宛先NATには表7.4のような種別があります。

● 表7.4 宛先NATの種別

NAT種別	説明
スタティックIP	静的NATとも呼ばれる。プライベートとグローバルIPを1対1で固定変換する。宛先ポート番号は変換されない。通常、内部サーバーをインターネットに公開し、外部からアクセス可能としたい場合に使用される。
ポート転送	ひとつのグローバルIPアドレスを複数のプライベートサーバーに割り当てる。たとえばプライベートIPの異なるメール、Web、アプリケーションサーバーが内部にある場合、外部からそれらサーバーにアクセスするときはひとつのグローバルアドレス宛とし、25番ポート宛であればメールサーバーに、80番ポート宛であればWebサーバーに転送する、というように宛先ポート番号によって転送先を変更できる。

7.2.2 NATポリシーの動作

　NATルールは、ポリシーで設定されたNAT前のIPアドレスに関連付けられているゾーンを使用するように設定する必要があります。たとえば、内部サーバー(グローバルIPを介してインターネットユーザーがアクセス)への受信トラフィックを変換する場合、グローバルIPアドレスが存在するゾーンを使用してNATポリシーを設定する必要があります。この場合、送信元ゾーンと宛先ゾーンは同じになります。別の例を挙げると、ホストからグローバルIPアドレスへの送信トラフィックを変換する場合、これらのホストのプライベートIPアドレスに対応する送信元ゾーンを使用してNATポリシーを設定する必要があります。この照合はNATによってパケットが変更される前に行われるため、NAT前のゾーンが必要になります。

　セキュリティポリシーはNATポリシーとは異なり、NAT後のゾーンを使用します。NATは、送信元IPアドレスまたは宛先IPアドレスに影響する可能性があり、送信インターフェイスおよびゾーンが変更される場合があります。特定のIPアドレスを使用してセキュリティポリシーを作成する場合、ポリシーの照合ではNAT前のIPアドレスが使用されます。NATが適用されるトラフィックがゾーン間を移動する場合、そのトラフィックをセキュリティポリシーで明示的に許可する必要があります。

第7章 ポリシー制御

■ 送信元NATの例

● 図7.3 送信元NATの例

図7.3では、IPアドレス192.168.2.22のパソコンが内部ネットワークに存在し、このパソコンがインターネット上のサーバーに接続する場合を考えます。プライベートネットワークからのすべてのトラフィックの送信元がethernet1/4インターフェイスのグローバルアドレスに変換されるようにNATポリシーを設定します。

NATルールで使用される送信元および宛先ゾーンはNAT変換前のIPアドレスで考えます。図7.3の場合、内部ネットワークからインターネット宛の通信が対象なので、送信元ゾーンはTrust-L3、宛先ゾーンはUntrust-L3になります。このゾーン間の通信についてすべてをダイナミックIP/ポートでアドレス変換するルールが図中の表になります。

● 表7.5 送信元NATポリシーの例

	元のパケット						変換済みパケット	
名前	送信元ゾーン	宛先ゾーン	宛先インターフェイス	送信元アドレス	宛先アドレス	サービス	送信元変換	宛先変換
Source NAT	Trust-L3	Untrust-L3	any	any	any	any	dynamic-ip-and-port ethernet1/4	none

次にセキュリティポリシーを定義します。セキュリティポリシーの適用はNATポリシー実施後に行われるため、NAT変換後のゾーンを定義します。送信元NATでは送信元が内部ネットワーク、宛先がインターネットの場合が多いため、変換前も変換後も送信元ゾーンが内部ゾーン（図7.3ではTrust-L3）、宛先ゾーンがインターネット（図7.3ではUntrust-L3）と変わりません。

● 表7.6 送信元NAT使用時のセキュリティポリシーの例

	通信元				宛先				
名前	ゾーン	アドレス	ユーザー	HIPプロファイル	ゾーン	アドレス	アプリケーション	サービス	アクション
Internet Access	Trust-L3	192.168.2.0/24	any	any	Untrust-L3	any	any	any	✓

■ 宛先NATの例

● 図7.4 宛先NATの例

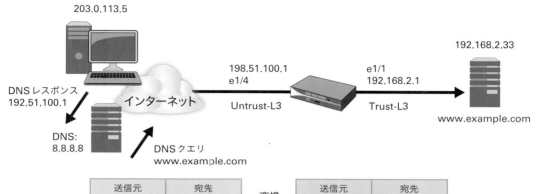

　図7.4にインターネット上のクライアントが宛先NATを利用して組織内部のWebサーバーにアクセスする例を示します。流れとしては、インターネット上に存在する端末（203.0.113.5）が、DNSサーバー（8.8.8.8）にWebサーバー"www.example.com"のIPアドレスを問い合わせます。DNSには、このドメイン名のWebサーバーのアドレスとしてファイアウォールのUntrust-L3ゾーンにあるインターフェイスのアドレスである198.51.100.1を登録しておき、DNSサーバーからはこのアドレスが端末に返されます。この通信について、ファイアウォール上で宛先NATを行って、宛先アドレスを実際のWebサーバーのプライベートIPである192.168.2.33に変換します。

　NATルールで使用される送信元および宛先ゾーンは送信元NATの場合と同様に、NAT前のIPアドレスで考えます。図7.4の例だと、インターネット上の端末からファイアウォール上のインターネット側インターフェイス宛の通信が対象なので、送信元ゾーンも宛先ゾーンもUntrust-L3になります。この通信について静的NATを行うルールが図中の表になります。

● 図7.5 宛先NATポリシーの例

			元のパケット					変換済みパケット	
名前	送信元ゾーン	宛先ゾーン	宛先インターフェイス	送信元アドレス	宛先アドレス	サービス	送信元変換	宛先変換	
Dst NAT	Untrust-L3	Untrust-L3	any	any	198.51.100.1	any	none	アドレス: 192.168.2.33	

　次にセキュリティポリシーを定義します。セキュリティポリシー適用はNATポリシー実施後に行われるため、NAT変換後のゾーンを定義します。宛先NATでは送信元がインターネットで宛先が内部ネットワークの場合が多く、変換前と変換後で宛先ゾーンが変わります。この場合、送信元ゾーンは変換前も変換後もインターネット側外部ゾーン（図7.4ではUntrust-L3）ですが、宛先ゾーンは変換前が外部ゾーン（図7.4ではUntrust-L3）で、変換後は内部ゾーン（図7.4ではTrust-L3）に変わります。

第7章 ポリシー制御

さらに、特定のIPアドレスを使用したセキュリティポリシーを作成する場合、そのIPアドレスはNAT変換前のアドレスを使用する必要があるため注意が必要です。

● 図7.6 宛先NAT使用時のセキュリティポリシーの例

7.2.3 送信元NATポリシーの設定手順

送信元NAT（Source NAT）のポリシーを作成します。今回は以下の構成でNATポリシーの設定を行います。

● 図7.7 構成図

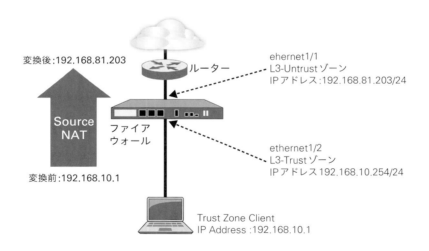

● 表7.7 ネットワーク設定表

インターフェイス	インターフェイスタイプ	IPアドレス	仮想ルーター	セキュリティゾーン
ethernet1/1	レイヤー3	192.168.81.203/24	VirtualRouter-001	L3-Untrust
ethernet1/2	レイヤー3	192.168.10.254/24	VirtualRouter-001	L3-Trust

● 表7.8 仮想ルーター設定表

名前	インターフェイス			
VirtualRouter-001	ethernet1/1 ethernet1/2			
スタティックルート				
名前	宛先	インターフェイス	タイプ	ネクストホップ
DefaultGateway	0.0.0.0/0	ethernet1/1	IPアドレス	192.168.81.254

7.2 >> NATポリシー

●表7.9　アドレスオブジェクト設定表

名前	タイプ	アドレス
Trust-NW-001	IPネットマスク	192.168.10.0/24

●表7.10　セキュリティポリシー設定表

名前	送信元ゾーン	送信元アドレス	宛先ゾーン	宛先アドレス	アプリケーション	サービス	アクション
SecurityPolicy-Rule-001	L3-Trust	Trust-NW-0C1	L3-Untrust	any	any	Application-default	許可

●表7.11　NATポリシー設定表

名前	元のパケット				変換済みパケット（送信元アドレスの変換）			
	送信元ゾーン	宛先ゾーン	送信元アドレス	宛先アドレス	変換タイプ	アドレスタイプ	インターフェイス	IPアドレス
SourceNAT-Rule-001	L3-Trust	L3-Untrust	Trust-NW-001	いずれか	ダイナミックIPおよびポート	インターフェイスアドレス	ethernet1/1	192.168.81.203/24

①セキュリティゾーン設定

▼ [Network]タブ＞左のメニューより[ゾーン]

1 表7.7のセキュリティゾーン項目およびインターフェイスタイプ項目を参照し、L3-Trustゾーンおよび L3-Untrustゾーンをそれぞれ作成します。

2 コンフィグレーションのコミットを実施します。

②インターフェイス設定

▼ [Network]タブ＞左のメニューより[インターフェイス] > [Ethernet]タブ

1 ethernet1/1およびethernet1/2の設定を行います。

2 表7.7に従い、それぞれインターフェイスタイプ、IPアドレス、セキュリティゾーンを設定します。仮想ルーター設定は③で実施するため一時的にnoneにします。

③仮想ルーター設定

▼ [Network]タブ＞左のメニューより[仮想ルーター]

1 画面下部の[追加]をクリックして新規に仮想ルーターを設定します。

2 表7.8の設定値を参照し、ethernet1/1およびethernet1/2をインターフェイスに指定し、スタティックルートタブでルーティング設定を行います。

3 設定後コンフィグレーションのコミットを実施します。

第 7 章　ポリシー制御

④アドレスオブジェクト設定

▼ [Objects] タブ > 左のメニューより [アドレス]

1 画面下部の [追加] をクリックしてアドレスオブジェクトを作成します。

2 表7.9の設定値を参照し、アドレスオブジェクトを作成します。

3 設定後コンフィグレーションのコミットを実施します。

⑤セキュリティポリシー設定

▼ [Policies] タブ > 左のメニューより [セキュリティ]

1 画面下部の [追加] をクリックしてセキュリティポリシーを作成します。

2 表7.10の設定値を参照し、L3-TrustからL3-Untrustへの通信許可ポリシーの作成を行います。

⑥ NATポリシー設定

▼ [Policies] タブ > 左のメニューより [NAT]

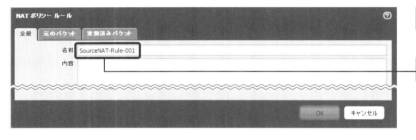

1 画面下部の [追加] をクリックしてNATポリシーを作成します。

2 [全般] タブの名前項目にNATポリシー名を入力します（例：SourceNAT-Rule-001）。

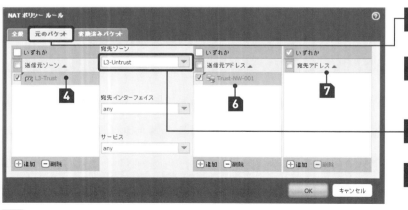

3 [元のパケット] タブで送信元、宛先の条件を設定します。

4 [送信元ゾーン] はL3-Trustを下部にある [追加] をクリックして選択します。

5 [宛先ゾーン] としてL3-Untrustを選択します。

6 [送信元アドレス] はTrust-NW-001を下部にある [追加] をクリックして選択します。

7 [宛先アドレス] は「いずれか」を選択します。

7.2 >> NATポリシー

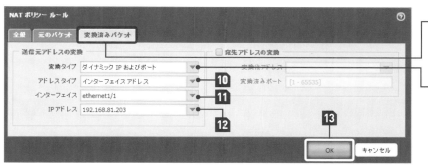

8 [変換済みパケット]タブで送信元アドレス変換設定を行います。

9 [変換タイプ]より[ダイナミックIPおよびポート]選択します。

10 [アドレスタイプ]より[インターフェイスアドレス]を選択します。

11 [インターフェイス]よりL3-Untrustインターフェイスを選択します（例：ethernet1/1）。

12 [IPアドレス]よりL3-UntrustインターフェイスのIPアドレスを選択します（例：192.168.81.203）。

13 [OK]をクリックします。

14 設定後コンフィグレーションのコミットを実施します。

⑦通信確認

1 送信元アドレス変換が実施されているか確認します。L3-Trustゾーン配下にある192.168.10.1のコンピュータからインターネットまたは任意の宛先へアクセスできることを確認します。

7.2.4 宛先NATポリシーの設定手順

宛先NAT（Destination NAT）のポリシーを作成します。今回は以下の構成でNATポリシーの設定を行います。

●図7.8 構成図

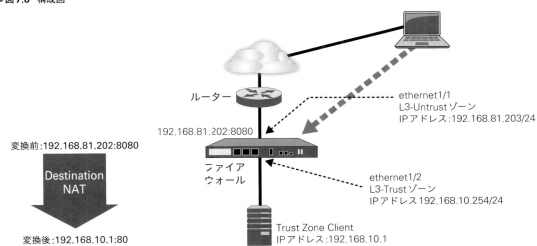

第7章　ポリシー制御

● 表7.12　ネットワーク設定表

インターフェイス	インターフェイスタイプ	IPアドレス	仮想ルーター	セキュリティゾーン
ethernet1/1	レイヤー3	192.168.81.203/24	VirtualRouter-001	L3-Untrust
ethernet1/2	レイヤー3	192.168.10.254/24	VirtualRouter-001	L3-Trust

● 表7.13　仮想ルーター設定表

名前	インターフェイス
VirtualRouter-001	ethernet1/1 ethernet1/2

スタティックルート				
名前	宛先	インターフェイス	タイプ	ネクストホップ
DefaultGateway	0.0.0.0/0	ethernet1/1	IPアドレス	192.168.81.254

● 表7.14　アドレスオブジェクト設定表

名前	タイプ	アドレス
WWW-Server-NAT-001	IPネットマスク	192.168.81.202
WWW-Server-001	IPネットマスク	192.168.10.1

● 表7.15　セキュリティポリシー設定表

名前	送信元ゾーン	送信元アドレス	宛先ゾーン	宛先アドレス	アプリケーション	サービス	アクション
SecurityPolicy-Rule-001	L3-Untrust	any	L3-Trust	WWW-Server-NAT-001	any	Application-default	許可

● 表7.16　NATポリシー設定表

名前	元のパケット			変換済みパケット（送信元アドレスの変換）	
	送信元ゾーン	宛先ゾーン	宛先アドレス	変換後アドレス	変換済みポート
DestinationNAT-Rule-001	L3-Untrust	L3-Untrust	WWW-Server-NAT-001	WWW-Server-001	80

①セキュリティゾーン設定

▼ [Network] タブ > 左のメニューより [ゾーン]

1 表7.12の設定値を参照し、L3-TrustゾーンおよびL3-Untrustゾーンをそれぞれ作成します。

2 コンフィグレーションのコミットを実施します。

②インターフェイス設定

▼ [Network] タブ > 左のメニューより [インターフェイス] > [Ethernet] タブ

1 ethernet1/1およびethernet1/2、ethernet1/3の設定を行います。

2 表7.12に従い、それぞれインターフェイスタイプ、IPアドレス、セキュリティゾーンを設定します。仮想ルーター設定は③で実施するため一時的にnoneにします。

7.2 >> NATポリシー

③仮想ルーター設定
▼ [Network]タブ＞左のメニューより[仮想ルーター]

1 画面下部の[追加]をクリックして新規に仮想ルーターを設定します。

2 表7.13の設定値を参照し、ethernet´/1およびethernet1/2をインターフェイスに指定し、スタティックルートタブでルーティング設定を行います。

3 設定後コンフィグレーションのコミットを実施します。

④アドレスオブジェクト設定
▼ [Objects]タブ＞左のメニューより[アドレス]

1 画面下部の[追加]をクリックしてアドレスオブジェクトを作成します。

2 表7.14の設定値を参照し、アドレスオブジェクトを作成します。

3 設定後コンフィグレーションのコミットを実施します。

⑤セキュリティポリシー設定
▼ [Policies]タブ＞左のメニューより[セキュリティ]

1 画面下部の[追加]をクリックしてセキュリティポリシーを作成します。

2 表7.15の設定値を参照し、L3-UntrustからL3-Trustへの通信許可ポリシーの作成を行います。

⑥NATポリシー設定
▼ [Policies]タブ＞左のメニューより[NAT]

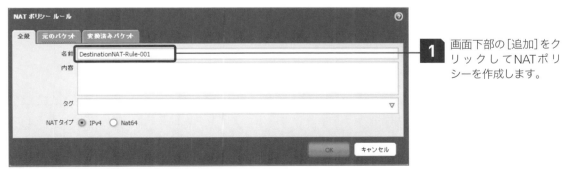

1 画面下部の[追加]をクリックしてNATポリシーを作成します。

2 [全般]タブの名前項目にNATポリシー名を入力します（例：DestinationNAT-Rule-001）。

第 7 章　ポリシー制御

3　［元のパケット］タブで送信元、宛先の条件を設定します。

4　［送信元ゾーン］は L3-Untrust を下部にある［追加］をクリックして選択します。

5　［宛先ゾーン］として L3-Untrust を選択します。

6　［宛先アドレス］は WWW-Server-NAT-001 を下部にある［追加］をクリックして選択します。

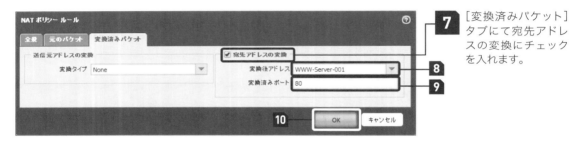

7　［変換済みパケット］タブにて宛先アドレスの変換にチェックを入れます。

8　［変換後アドレス］より WWW-Server-001 をドロップダウンメニューより選択します。

9　［変換済みポート］にポート番号80を入力します。

10　［OK］をクリックします。

11　設定後コンフィグレーションのコミットを実施します。

⑦通信確認

1　宛先アドレス変換が実施されているか確認します。L3-Untrustゾーンにあるコンピュータから192.168.81.202へアクセスを行い、通信できることを確認ます（例：http://192.168.81.202:8080）。

7.2.5　NATポリシーの設定項目

　アドレス変換を実施する対象パケットの条件付け設定、アドレス変換後の設定をします。アドレス変換前のパケットがポリシーに設定された条件に一致する場合は、変換済みパケットタブ内の定義に沿ってアドレスの変換処理を実施します。

7.2 >> NATポリシー

①全般タブ

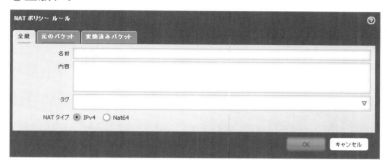

● 表7.17 NATポリシールール全般設定項目

項目	説明
名前	NATポリシー名を設定します（最大31文字）。
内容	ポリシーの説明を入力します（最大255文字）。
NATタイプ	IPv4アドレス間のNATには［IPv4］、またはIPv6アドレスとIPv4アドレス間には［Nat64］変換を指定します。
タグ	ポリシーにタグを付ける場合、［追加］をクリックしてタグを指定します。

 ひとつのNATルールでIPv4とIPv6のアドレス範囲を組み合わせることはできません。

 多数のポリシーを定義する場合、特定のキーワードでタグ付けを行うとポリシーを表示する場合に見やすくなります。たとえば、特定のセキュリティポリシーにDMZへのインバウンドのタグを付けたり、復号化ポリシーに「復号」と「復号なし」というタグを付けたり、特定のデータセンターに関するポリシーにその場所の名前を使用したりできます。

②元のパケットタブ

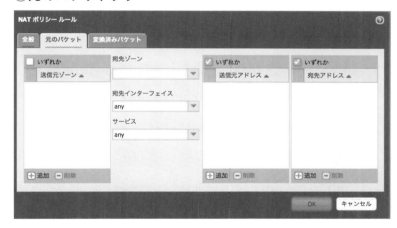

● 表7.18 NATポリシールール元のパケット設定項目

項目	説明
送信元ゾーン 宛先ゾーン	IPアドレス変換前のパケットの送信元ゾーンおよび宛先ゾーンを設定します。変換前のパケットの送信元/宛先ゾーンはルーティングテーブルを参照し、定義されます。たとえば、デフォルトルートがuntrustインターフェイス方向に設定されており、変換前のパケットの送信元IPアドレスがグローバルIPアドレス、宛先IFアドレスがuntrustインターフェイスのIPアドレスのような通信であれば送信元ゾーン:untrust、宛先ゾーン:untrustのような定義がされます。
宛先インターフェイス	変換前のパケットの出力インターフェイスを指定します。 例：Trust (ethernet1/2) ⇒ Untrust (ethernet1/1)であれば「ethernet1/1」を設定する等。

第7章　ポリシー制御

項目	説明
送信元アドレス 宛先アドレス	NAT変換したい元パケットの送信元アドレスと宛先アドレスの組み合わせを指定します。
サービス	NAT変換したい変換前のパケットのサービス（事前に定義されたサービスオブジェクト）を指定します。

③変換済みパケットタブ

●**表7.19** NATポリシールール変換済みパケット設定項目

項目	説明
送信元アドレスの変換	送信元の変換タイプは［ダイナミックIPおよびポート］［ダイナミックIP］［スタティックIP］［None］があります。 1．ダイナミックIPおよびポート： 送信元のIPアドレスおよび送信元ポート番号を変換する場合に使用します。 ・アドレスタイプ： ［インターフェイスアドレス］：インターフェイスに設定されたIPアドレスを送信元IPアドレスとして使用する場合に設定します。 ［変換後アドレス］：事前に設定したアドレスオブジェクト、または直接入力したIPアドレスを送信元IPアドレスとして使用する場合に設定します。※ダイナミックIPおよびポートの送信元NATでは、各IPアドレスで約64,000個の連続するセッションがサポートされます。 2．ダイナミックIP： 送信元のIPアドレスを変換する場合に使用します。ポート番号は変換されません。事前に設定したアドレスオブジェクト、または直接入力したIPアドレスを送信元IPアドレスとして使用する場合に設定します。※最大32,000個の連続したIPアドレスがサポートされます。 ・詳細（ダイナミックIPのフォールバック）： ［インターフェイスアドレス］：インターフェイスに設定されたIPアドレスを送信元IPアドレスとして使用する場合に設定します。 ［変換後アドレス］：事前に設定したアドレスオブジェクト、または直接入力したIPアドレスを送信元IPアドレスとして使用する場合に設定します。 ［None］：ダイナミックIPのフォールバック機能を使用しない場合に設定します。※設定をする場合はIPアドレスがプライマリプールのアドレスと重複しないことを確認します。 3．スタティックIP： 事前に設定したアドレスオブジェクト、または直接入力したIPアドレスを送信元IPアドレスとして使用する場合に設定します。同じアドレスが常に使用され、ポート番号は変更されません。 例）送信元IPアドレスの範囲：192.168.0.1〜192.168.0.10 　　変換用IPアドレスの範囲：10.0.0.1〜10.0.0.10 の場合、 　　IPアドレス192.168.0.2は必ず10.0.0.2に変換されます。アドレス範囲は事実上無制限です。 4．None 元のパケットタブの定義に一致したパケットのアドレス変換を実施させない場合に設定します。
宛先アドレスの変換	宛先のIPアドレス、または宛先ポート番号を変換する場合に使用します。 ［変換後アドレス］：事前に設定したアドレスオブジェクト、または直接入力したIPアドレスを宛先IPアドレスとして使用する場合に設定します。 ［変換済みポート］：宛先ポート番号を変換する場合に入力します。空欄の場合はポート番号の変換は行われません。

 特定のIPアドレスだけNAT動作を除外したい場合は、特定のIPアドレスのためのNATルールを作成し、変換済みパケットの変換タイプを「None設定（設定なし）」にすることで適用できます。

7.3 QoSポリシー

次世代ファイアウォールはアプリケーションの識別と管理を行うだけでなく、設定した値の帯域幅や優先度による QoS（Quality of Service）制御を、アプリケーションに適用できます。

QoS はネットワーク機器やセキュリティ装置の基本的な機能ですが、PAN-OS ではネットワークやサブネット単位だけではなく、選択したアプリケーション単位で QoS を提供できるのが特徴です。具体的には、昼休みの時間帯だけ Youtube へのアクセスを 1Mbps に制限する、というような設定が可能です。

QoS を使用して業務用アプリケーションの邪魔をせずに各種トラフィックを優先制御するには、ネットワーク上を流れるアプリケーションを正しく識別する必要があります。アプリケーション識別を行って各アプリケーション単位に QoS を提供することは、セキュリティ業界の新しい概念です。

QoS を導入する前に、会社にとって重要であるアプリケーション、帯域幅を多く使うもの、遅延やパケット損失に敏感なものについてトラフィック識別します。たとえば、電子商取引通信のような、収益を生み出すトラフィックに帯域幅を保証することが考えられます。このようなサービスはトランザクションを完遂し、顧客へのサービス遅延や中断が発生しないようにする必要があります。また、営業やサポート業務によって使われる VoIP（Voice over IP）トラフィックに対して低遅延を確保し、Hulu や YouTube などのストリーミングメディアサービスのような、ビジネスに重要ではないが帯域を多用するアプリケーションによって使用される帯域量を制限する必要があります。

7.3.1 クラス分類（Classification）と帯域幅制限（Bandwidth Limitation）

プライオリティキューへマッピングするために、受信パケットを QoS クラスに関連付ける処理を「クラス分類」と呼びます。セッションが生成されアプリケーションが決定された後に、パケットが QoS クラスに割り当てられます。

●図7.9　クラス分類の流れ

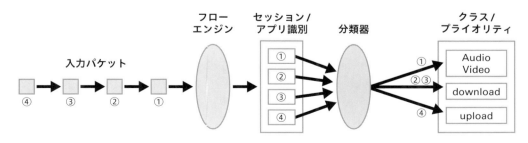

図7.9は、トラフィックフローとアプリケーションが分類器にかけられ、定義された転送クラスに割り当てられる流れを示しています。PAN-OSでは、Class1からClass8までの8つのクラスをサポートしており、QoSプロファイル内で定義します。サポートするキューの数はプラットフォームにより異なります。他社のファイアウォールデバイスでは、IP precedenceやDSCPマーキングによってパケットを分類しますが、この分類ではアプリケーションごとのQoS機能は提供できません。

7.3.2 フォワーディングクラス、プライオリティキュー、スケジュール

PAN-OSは、real-time、high、medium、lowの4つのプライオリティキューをサポートしており、QoSプロファイルごとに各クラスをいずれかのプライオリティキューに関連付けます。たとえば、デフォルトQoSプロファイルでは表7.20のような関連付けとなっています。この関連付けは、QoSプロファイル作成時に設定可能です[*1]。

●表7.20 デフォルトQoSプロファイルにおけるクラスとプライオリティキューの対応

QoSプロファイルクラス	プライオリティキュー
Class1	real-time
Class2	high
Class3	high
Class4	medium
Class5	medium
Class6	low
Class7	low
Class8	low

各クラスの最大帯域幅および保証帯域幅もQoSプロファイルで割り当て可能です。帯域幅はデバイス上の全出力インターフェイスで適用されます（つまり、インターフェイスごとにクラスの最大帯域幅などを変えることはできません）。帯域幅制限はクラスに設定されていますが、スケジューラがパケットをどのように処理するかはプライオリティキューによって決定されます。

キューが処理される頻度はスケジューラのアルゴリズムによって決定されます。スケジュールはキューの優先度とキューが持っているポジティブクレジットに基づいて、次にキュー処理されるパケットを選択します。PAN-OSはスケジューリングにHFSC（Hierarchical Fair Service Curve）アルゴリズムを使用します。このアルゴリズムはFreeBSDやほとんどのLinux実装で利用されています。HFSCは優先順位が付けられたキューにトラフィックをフィルタリングする機能と関連するキューのサイズを制限する機能を提供します。このアルゴリズムでは、遅延を低く抑えることは行いません。

[*1] QoSプロファイル設定は [Network] > [ネットワークプロファイル] > [QoSプロファイル] で行います。

QoSはプラットフォームによってソフトウェアで実装されるか、ソフトウェアとハードウェアの両方（ハイブリッド）で実装されます。PA-3000シリーズまでの下位モデルではソフトウェア実装、PA-5000シリーズとPA-7050ではネットワークプロセッサによるハードウェア処理を含むハイブリッド実装となります。そのため、PA-3000シリーズまでのモデルでQoSを実施するとパフォーマンスに与える影響が大きくなるため、注意が必要です。また、トンネルトラフィックはすべてソフトウェア実装により処理されます。

7.3.3 輻輳管理とパケットマーキング

PAN-OSでは、輻輳管理アルゴリズムとしてWRED（Weighted Random Early Detection）を採用しています。これによりテールドロップによる問題を回避し、早期に混雑を検出してキューの平均深さに関係する確率関数に基づき事前にパケットを破棄し始めることが可能です。

また、PAN-OSではIP precedenceやDSCPビットによる制御は行いませんが、上流のルーターなどがIPパケットに付与したIP precedenceやDSCPビットを保持します。また転送先デバイスにおけるクラス分類のために、セキュリティポリシーのアクション設定において、当該ルールにヒットしたパケットに対してIP precedenceやDSCPビットをマーキングすることも可能です。

7.3.4 出力インターフェイスにおけるQoS

パロアルトネットワークスの次世代ファイアウォールでは、QoSは出力インターフェイスで実装されます。

そのため、内部ネットワーク上のクライアントからインターネット上のサーバーとの通信を考えると、ファイルをクライアントからアップロードする場合は外側インターフェイス（図7.10のe1/1）上で、ファイルをサーバーからダウンロードする場合は内側インターフェイス（図7.10のe1/2）上でQoS制御されることになります。

第 7 章　ポリシー制御

●図7.10　出力インターフェイス

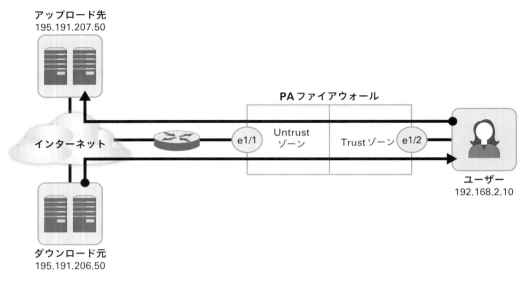

7.3.5　QoSポリシーの設定手順

7.2.3項で設定した構成にQoSポリシーを追加設定します。※詳細な設定は7.2.3項を参照してください。

- 「yahoo-douga」または「http-video」と識別されたトラフィックにQoSを行う
- 上記アプリケーション通信をClass5とするQoSポリシー設定を行う
- 「yahoo-douga」または「http-video」のトラフィックは0.1Mbpsのレート制限を行う

①QoSプロファイル設定

▼ [Networks]タブ＞左のメニューより[ネットワークプロファイル] ＞ QoSプロファイル

1 画面下部の[追加]をクリックします。

2 名前にQoSプロファイルの名前を入力します（例：QoS-Profile-001）。

3 クラスの下部にある[追加]をクリックします。

4 [クラス]のドロップダウンリストよりclass5を選択します。

5 優先順位をドロップダウンリストよりmediumを選択します。
※class5のみ使用するため、medium以外の優先度でも構いません。なお、QoSポリシーにマッチしない通信に関してはclass4の判定となります。

7.3 >> QoSポリシー

6 [最大保障帯域出力側]に0.1(Mbps)を入力します。

7 [OK]をクリックします。

②出力インターフェイスQoS設定
▼ [Networks]タブ＞左のメニューより[QoS]

1 画面下部の[追加]をクリックします。

2 [インターフェイス名]はL3-Trust側インターフェイスを選択します(例：ethernet1/2)。
※QoSは出力インターフェイスに適用されます。今回のトラフィックは動画のダウンロードとなるため、通信方向はL3-UntrustからL3-Trustとなります。つまり、出力インターフェイスはL3-Trustであるethernet1/2となります。反対にアップロードの場合はL3-Untrustであるethernet1/1となります。

3 [このインターフェイスのQoS機能をオンにする]にチェックを入れます。

4 [クリアテキスト]は①で作成したQoSプロファイルを選択します(例：QoS-Profile-001)。

5 [OK]をクリックします。

③QoSポリシー作成
▼ [Policies]タブ＞左のメニューより[QoS]

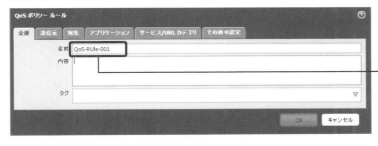

1 画面下部の[追加]をクリックしてQoSポリシーを作成します。

2 [全般]タブの名前項目にQoSポリシー名を入力します(例：QoS-Rule-001)。

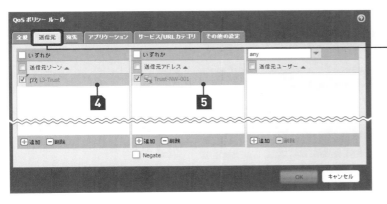

3 [送信元]タブで送信元の条件を設定します。

4 [送信元ゾーン]はL3-Trustを下部にある[追加]をクリックして選択します。

5 [送信元アドレス]はTrust-NW-001を下部にある[追加]をクリックして選択します。

第 7 章　ポリシー制御

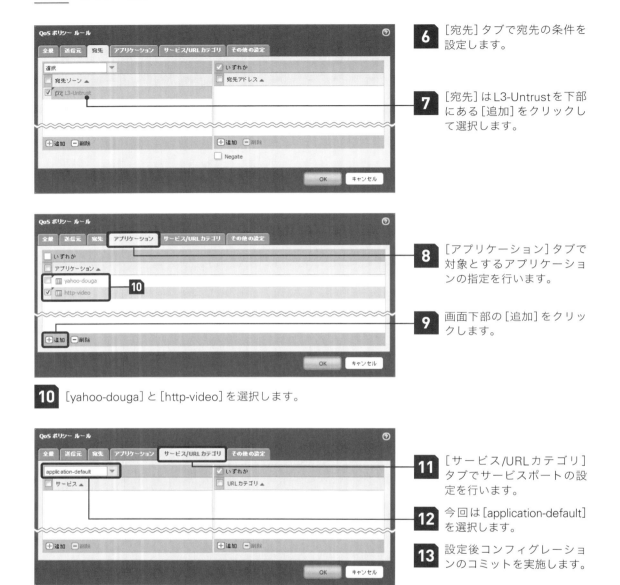

6	[宛先]タブで宛先の条件を設定します。
7	[宛先]はL3-Untrustを下部にある[追加]をクリックして選択します。
8	[アプリケーション]タブで対象とするアプリケーションの指定を行います。
9	画面下部の[追加]をクリックします。

10　[yahoo-douga]と[http-video]を選択します。

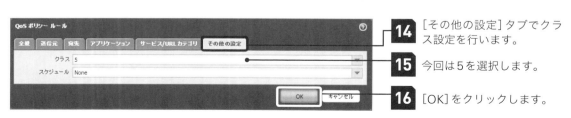

11	[サービス/URLカテゴリ]タブでサービスポートの設定を行います。
12	今回は[application-default]を選択します。
13	設定後コンフィグレーションのコミットを実施します。
14	[その他の設定]タブでクラス設定を行います。
15	今回は5を選択します。
16	[OK]をクリックします。

17　設定後コンフィグレーションのコミットを実施します。

7.3 >> QoSポリシー

⑤通信確認

1 QoSポリシーが正常に動作しているかリアルタイムQoSモニタリングで確認します。

7.3.6 QoSポリシーの設定項目

ポリシーに一致したトラフィックに対して帯域制限を行う設定をします。

①全般タブ

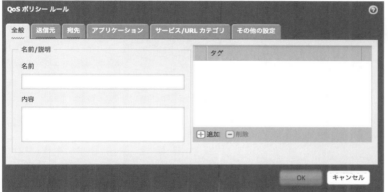

●表7.21 QoSポリシールール全般設定項目

項目	説明
名前	QoSポリシー名を入力します（最大31文字）。
内容	ポリシーの説明を入力します（最大255文字）。
タグ	ポリシーにタグを付ける場合、[追加]をクリックしてタグを指定します。

②送信元タブ

365

第7章 ポリシー制御

●表7.22 QoSポリシールール送信元設定項目

項目	説明
送信元ゾーン	個別に送信元ゾーンを選択する場合は、[追加]をクリックしてドロップダウンリストから、対象とする送信元ゾーンを選択します。すべてのゾーンを対象とする場合は、上部にある[いずれか]を選択します。
送信元アドレス	個別に送信元アドレス、アドレスグループ、地域を選択する場合は、[追加]をクリックしてドロップダウンリストから、対象とする送信元アドレス、アドレスグループ、地域を選択します。すべてのアドレスを対象とする場合は場合は、上部にある[いずれか]を選択します。デフォルトは[いずれか]です。
送信元ユーザー	[追加]をクリックして、ポリシーを適用する送信元ユーザーまたはユーザーグループを選択します。デフォルトは[any]です。 ※ユーザー情報を取得しなければ一覧に表示されません。ユーザー識別については第6章を参照してください。
Negate	このタブで指定した情報が一致しない場合にポリシーを適用するには、このチェックボックスをオンにします

③宛先タブ

●表7.23 QoSポリシールール宛先設定項目

項目	説明
宛先ゾーン	個別に宛先ゾーンを選択する場合は、[追加]をクリックしてドロップダウンリストから、対象とする宛先ゾーンを選択します。すべてのゾーンを対象とする場合は、上部にある[いずれか]を選択します。デフォルトは[いずれか]です。
宛先アドレス	個別に宛先アドレス、アドレスグループ、地域を選択する場合は、[追加]をクリックしてドロップダウンリストから、対象とする宛先アドレス、アドレスグループ、地域を選択します。すべてのアドレスを対象とする場合は場合は、上部にある[いずれか]を選択します。デフォルトは[いずれか]です。
Negate	このタブで指定した情報が一致しない場合にポリシーを適用するには、このチェックボックスをオンにします

④アプリケーションタブ

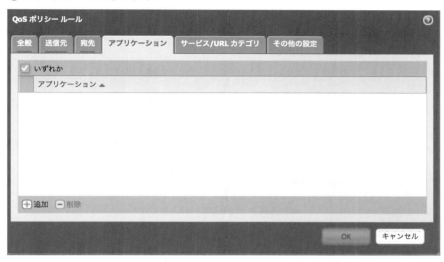

● 表7.24 QoSポリシールールアプリケーション設定項目

項目	説明
アプリケーション	個別にアプリケーションを選択する場合は、[追加]をクリックしてドロップダウンリストから、対象とするアプリケーションを選択します。すべてのアプリケーションを対象とする場合は、上部にある[いずれか]を選択します。デフォルトに[いずれか]です。

⑤サービス/URLカテゴリタブ

第 7 章　ポリシー制御

●表7.25　QoSポリシールールサービス/URLカテゴリ設定項目

項目	説明
サービス	特定のTCPやUDPのポート番号に制限するには、サービスを選択します。ドロップダウンリストから以下のいずれかを選択します。 ・any：選択したアプリケーションがすべてのプロトコルやポートで許可または拒否されます。 ・application-default：選択したアプリケーションが、パロアルトネットワークスによって定義されたデフォルトのポートでのみ許可または拒否されます。これは、許可ポリシーの推奨オプションです。 ・Select：[追加]をクリックします。既存のサービスを選択するか、[サービス]または[サービスグループ]を選択して新しいエントリを指定します。
URLカテゴリ	カテゴリを指定するには、[追加]をクリックし、ドロップダウンリストから特定のカテゴリを選択します。ユーザー自身で作成したカスタムカテゴリも選択可能です。すべてのカテゴリを対象とする場合は[いずれか]を選択します。デフォルトは[いずれか]です。

⑥その他の設定タブ

●表7.26　QoSポリシールールその他の設定項目

項目	説明
クラス	ルールに割り当てるQoSクラスを選択して、[OK]をクリックします。クラス特性は、QoSプロファイルで定義します。
スケジュール	適用するQoSポリシーのスケジュールを設定するには、カレンダアイコンを選択します。

7.3.7　QoS設定項目

ファイアウォールのインターフェイスの帯域制限設定を行います。

▼ [Network]タブ＞左メニューより＞QoS

①物理インターフェイスタブ

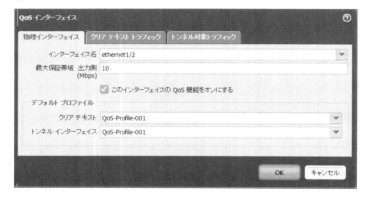

7.3 >> QoSポリシー

● 表7.27 物理インターフェイス設定項目

項目	説明
インターフェイス名	帯域制限を行う出力インターフェイスを選択します。
最大保障帯域　出力側（Mbps）	選択したインターフェイスから出力されるトラフィックの最大制限値入力します。
このインターフェイスのQoS機能をオンにする	出力インターフェイスに対してQoS機能を有効にする場合はチェックを入れます。
デフォルトプロファイル	
クリアテキスト	暗号化されていないクリアなトラフィック（平文トラフィック）に対して適用するQoSプロファイルを選択します。 後述のクリアテキストトラフィックタブで設定した内容に一致しないクリアなトラフィックはすべてここで指定されたQoSプロファイルに従って帯域制限が行われます。
トンネルインターフェイス	暗号化されたトラフィックに対して適用するQoSプロファイルを選択します。 後述のトンネル対象トラフィックタブで設定した内容に一致しない暗号化トラフィックはすべてここで指定されたQoSプロファイルに従って帯域制限が行われます。

②クリアテキストトラフィックタブ

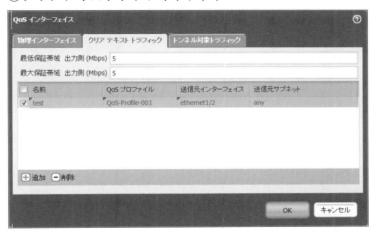

● 表7.28 クリアテキストトラフィック設定項目

項目	説明
最低保証帯域　出力側（Mbps）	選択されたインターフェイスから出力されるトラフィックに対して最低限保障する帯域幅を入力します。
最大保障帯域　出力側（Mbps）	選択したインターフェイスから出力されるトラフィックの最大制限値入力します。
名前	詳細設定を識別する名前を入力します。
QoSプロファイル	指定した送信元インターフェイス及び送信元サブネットに適用するQoSプロファイルを選択します。
送信元インターフェイス	送信元となるインターフェイスを設定します。指定されたインターフェイスに入ってくるトラフィックに対して、上記で指定したQoSプロファイルを適用させることが可能です。
送信元サブネット	送信元となるサブネットを指定します。指定された送信元サブネットのみ上記で指定したQoSプロファイルに適用させることが可能です。

③トンネル対象トラフィックタブ

● 表7.29 トンネル対象トラフィック設定項目

項目	説明
最低保証低域　出力側（Mbps）	選択されたインターフェイスから出力されるトラフィックに対して最低限保障する帯域幅を入力します。
最大保障帯域　出力側（Mbps）	選択したインターフェイスから出力されるトラフィックの最大制限値入力します。
トンネルインターフェイス	IPsecやGlobalProtectで使用するトンネルインターフェイスに対して帯域制限を実施する場合に選択します。
QoSプロファイル	選択したトンネルインターフェイスに適用するQoSプロファイルを指定します。

7.3.8 QoSプロファイル設定項目

▼ [Network] タブ > 左のメニューより > [ネットワークプロファイル] > [QoSプロファイル]

7.3 >> QoSポリシー

● 表7.30 QoSプロファイル設定項目

項目	説明
プロファイル名	QoSのプロファイル名を入力します（最大31文字）。
最大保障帯域　出力側	QoSプロファイルで許容されるトラフィックの最大制限値を入力します（Mbps）。QoS物理インターフェイス設定項目で［最大保証低域　出力側］に設定を行っている場合は、指定した値以下の数値を入力しなければなりません。
最低保証低域　出力側	QoSプロファイルで最低限保障する帯域幅を入力します（Mbps）。
クラス	
クラス	クラスを（class1～class8）より選択します。最大8クラスまで設定可能です。QoSポリシーで特定のクラスと判断されたトラフィックはこちらの設定内容に従って帯域制限が行われます。
優先順位	指定したクラスに対して［real-time］、［high］、［medium］、［low］の中から選択し優先度を決定します。
最大保障帯域　出力側	指定したクラスの最大制限値を入力します（Mbps）。QoS物理インターフェイス設定項目で［最大保証低域　出力側］に設定を行っている場合は、指定した値以下の数値を入力しなければなりません。
最低保証低域　出力側	指定したクラスの最低限保障する帯域幅を入力します（Mbps）。

第7章　ポリシー制御

7.4 ポリシーベースフォワーディング（PBF）

　通常ファイアウォールに流入するパケットは入力インターフェイスが属する仮想ルーターのルーティング情報によって出力インターフェイスが決まります。ポリシーベースフォワーディング（PBF: Policy Base Forwarding）ではルーティング情報ではなく、送信元のゾーン／アドレス／ユーザー、宛先のアドレス／サービス、アプリケーションの情報を基にルールを作成し、トラフィックが一致したルールのアクションに従ってパケット転送が行われます。

　PBFで使われる経路ではヘルスチェック監視が行われ、転送先との到達性がなくなったらルールを無効化したり、無効化して次のルールを使うようにしたりすることができます。たとえば、インターネット回線として通常使うプライマリ回線と、プライマリ回線が疎通不可能になった場合に使用するバックアップ回線があったとします。このような場合、プライマリ回線へトラフィックをフォワーディングさせるPBFルールを記述し、その次の行にバックアップ回線へフォワーディングさせるPBFルールを記述して利用することが可能です。

　また、業務用重要なアプリケーションはプライマリ回線へ、Youtubeのような優先度の低いストリーミングアプリケーションはセカンダリ回線へフォワーディングする、という使い方も可能です。

　アプリケーションベースでPBFを行う場合、アプリケーション識別で特定されるまでのセッション上のパケットはポートやプロトコルベースでルーティングされます。アプリケーション識別が実施されアプリケーションが特定されると、セッション上のそれ以降のパケットがPBFでフォワーディングされます。

7.4.1　ポリシーベースフォワーディングの設定手順

今回は以下の条件でポリシーベースフォワーディングの設定を行います。

・ポリシーベースフォワーディングを使用し、正系回線をメインに使用する。
・正系回線ルーターのゲートウェイへ死活監視を行う。
・万一正系回線が断線してしまった場合は副系回線を経由して通信を行うようにする。

7.4 >> ポリシーベースフォワーディング（PBF）

● 図7.11 構成図

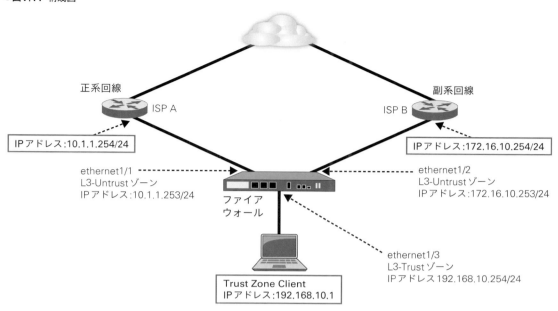

● 表7.31 ネットワーク設定表

インターフェイス	インターフェイスタイプ	IPアドレス	仮想ルーター	セキュリティゾーン
ethernet1/1	レイヤー3	10.1.1.253/24	VirtualRouter-001	L3-Untrust
ethernet1/2	レイヤー3	172.16.10.253/24	VirtualRouter-001	L3-Untrust
ethernet1/3	レイヤー3	192.168.10.254/24	VirtualRouter-001	L3-Trust

● 表7.32 仮想ルーター設定表

名前	インターフェイス			
VirtualRouter-001	ethernet1/1 ethernet1/2 ethernet1/3			
スタティックルート				
名前	宛先	インターフェイス	タイプ	ネクストホップ
DefaultGateway	0.0.0.0/0	ethernet1/2	IPアドレス	172.16.10.254

● 表7.33 アドレスオブジェクト設定表

名前	タイプ	アドレス
Trust-NW-001	IPネットマスク	192.168.10.0/24

● 表7.34 セキュリティポリシー設定表

名前	送信元ゾーン	送信元アドレス	宛先ゾーン	宛先アドレス	アプリケーション	サービス	アクション
SecurityPolicy-Rule-001	L3-Trust	Trust-NW-001	L3-Untrust	any	any	Application-default	許可

第7章　ポリシー制御

● 表7.35　ポリシーベースフォワーディングポリシー設定表

名前	送信元			宛先/アプリケーション/サービス		
	送信元ゾーン	送信元アドレス	宛先アドレス	アプリケーション		サービス
PBF-Rule-001	L3-Trust	Trust-NW-001	いずれか	いずれか		Application-default
転送						
アクション	出力インターフェイス	ネクストホップ	モニター	ネクストホップ/モニターIPが到達不可能な場合にこのルールを無効化		IPアドレス
転送	ethernet1/1	10.1.1.254	default	チェック		10.1.1.254

①セキュリティゾーン設定

▼ [Network]タブ＞左のメニューより[ゾーン]

1 表7.31の設定値を参照し、L3-TrustゾーンおよびL3-Untrustゾーンをそれぞれ作成します。

2 コンフィグレーションのコミットを実施します。

②インターフェイス設定

▼ [Network]タブ＞左のメニューより[インターフェイス] > [Ethernet]タブ

1 ethernet1/1およびethernet1/2、ethernet1/3の設定を行います。

2 表7.31に従い、それぞれインターフェイスタイプ、IPアドレス、セキュリティゾーンを設定します。仮想ルーター設定は③で実施するため一時的にnoneにします。

③仮想ルーター設定

▼ [Network]タブ＞左のメニューより[仮想ルーター]

1 画面下部の[追加]をクリックして新規に仮想ルーターを設定します。

2 表7.32の設定値を参照し、ethernet1/1およびethernet1/2、ethernet1/3をインターフェイスに指定し、スタティックルートタブでルーティング設定を行います。

3 設定後コンフィグレーションのコミットを実施します。

④アドレスオブジェクト設定

▼ [Objects]タブ＞左のメニューより[アドレス]

1 画面下部の[追加]をクリックしてアドレスオブジェクトを作成します。

2 表7.33の設定値を参照し、アドレスオブジェクトを作成します。

3 設定後コンフィグレーションのコミットを実施します。

7.4 >> ポリシーベースフォワーディング（PBF）

⑤セキュリティポリシー設定

▼ [Policies]タブ＞左のメニューより[セキュリティ]

1 画面下部の[追加]をクリックしてセキュリティポリシーを作成します。

2 表7.34の設定値を参照し、L3-TrustからL3-Untrustへの通信許可ポリシーの作成を行います。

⑥ポリシーベースフォワーディングポリシー設定

▼ [Policies]タブ＞左のメニューより[ポリシーベースフォワーディングポリシー]

1 画面下部の[追加]をクリックしてポリシーベースフォワーディングポリシーを作成します。

2 [全般]タブの名前項目にポリシーベースフォワーディングポリシー名を入力します（例：PBF-Rule-001）。

3 [送信元]タブで送信元の条件を設定します。

4 [ゾーン]はL3-Trustを、[送信元アドレス]はTrust-NW-001をそれぞれ下部にある[追加]をクリックして選択します。

第 7 章 ポリシー制御

5 [宛先/アプリケーション/サービス]タブで宛先の条件を設定します。

6 [宛先アドレス]は「いずれか」を、[アプリケーション]は「いずれか」を選択します。

7 [サービス]は上部のドロップダウンリストよりapplication-defaultを選択します。

8 [転送]タブで条件に一致したパケットを転送する先の情報を設定します。

9 [アクション]では転送を選択します。

10 [出力インターフェイス]は正系回線側であるethernet1/1を選択します。

11 [ネクストホップ]に正系回線側のネクストホップアドレスを入力します。

12 [モニター]にチェックを入れます。

13 [プロファイル]はドロップダウンリストよりdefaultを選択します。

14 [ネクストホップ/モニターIPが到達不可能な場合にこのルールを無効化]にチェックを入れます。

15 IPアドレスに正系回線側ルーターのIPアドレス(10.1.1.254)を入力します。

16 [OK]をクリックします。

17 設定後コンフィグレーションのコミットを実施します。

⑦通信確認

1 ポリシーベースフォワーディングを実施しているか確認します。たとえばL3-Trustゾーン配下にある192.168.10.1のコンピュータからインターネットにあるwww.yahoo.co.jpに対してTracerouteコマンドを実施します。

7.4.2 ポリシーベースフォワーディングの設定項目

ポリシーに一致したパケットを仮想ルーターより優先して、どこのネクストホップへ転送するかの設定を行います。

①全般タブ

●表7.36 ポリシーベースフォワーディングルール全般設定項目

項目	説明
名前	ポリシーベースフォワーディングポリシー名を入力します（最大31文字）。
内容	ポリシーの説明を入力します（最大255文字）。
タグ	ポリシーにタグを付ける場合、［追加］をクリックしてタグを指定します。

②送信元タブ

● 表7.37 ポリシーベースフォワーディングルール送信元設定項目

項目	説明
タイプ	送信元条件を [ゾーン] もしくは [インターフェイス] で指定します。ドロップダウンリストより選択いずれかを選択します。
送信元ゾーン／インターフェイス	[タイプ] 項目で [ゾーン] もしくは [インターフェイス] を選択し、送信元条件を設定します。[追加] をクリックしてドロップダウンリストから、対象とする送信元ゾーン／インターフェイスを選択します。 ※ポリシーベースフォワーディングは、レイヤー3タイプのゾーン／インターフェイスのみサポートしています。
送信元アドレス	個別に送信元アドレス、アドレスグループ、地域を選択する場合は、[追加] をクリックしてドロップダウンリストから、対象とする送信元アドレス、アドレスグループ、地域を選択します。すべてのアドレスを対象とする場合は場合は、上部にある [いずれか] を選択します。デフォルトは [いずれか] です。
送信元ユーザー	[追加] をクリックして、ポリシーを適用する送信元ユーザーまたはユーザーグループを選択します。デフォルトは [いずれか] です。 ※ユーザー情報を取得しなければ一覧に表示されません。ユーザー識別については第6章を参照してください。

③宛先／アプリケーション／サービスタブ

● 表7.38 ポリシーベースフォワーディングルール宛先／アプリケーション／サービス設定項目

項目	説明
宛先アドレス	個別に宛先アドレス、アドレスグループ、地域を選択する場合は、[追加] をクリックしてドロップダウンリストから、対象とする宛先アドレス、アドレスグループ、地域を選択します。すべてのアドレスを対象とする場合は場合は、上部にある [いずれか] を選択します。デフォルトは [いずれか] です。
アプリケーション	個別にアプリケーションを選択する場合は、[追加] をクリックしてドロップダウンリストから、対象とするアプリケーションを選択します。すべてのアプリケーションを対象とする場合は、上部にある [いずれか] を選択します。デフォルトは [いずれか] です。
サービス	個別にサービスポートを選択する場合は、[追加] をクリックしてドロップダウンリストから、対象とするサービスを選択します。すべてのサービスポートを対象とする場合は、上部にある [いずれか] を選択します。デフォルトは [いずれか] です。

7.4 >> ポリシーベースフォワーディング(PBF)

④転送タブ

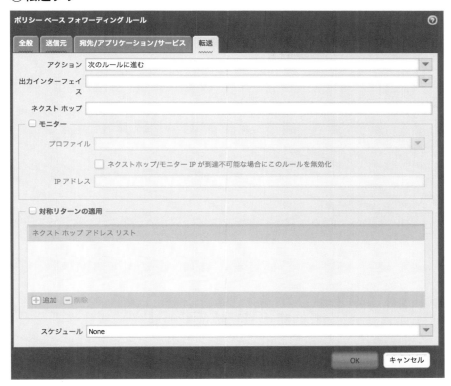

● 表7.39 ポリシーベースフォワーディングルール転送設定項目

項目	説明
アクション	以下のいずれかのオプションを選択します。 ・転送：ネクストホップのIPアドレスと出力インターフェイスを指定します。 ・VSYSに転送：仮想システムを利用している場合にのみ有効となり、ドロップダウンリストから転送先となる仮想システムを選択します。 ・破棄：ポリシーに一致したパケットを廃棄します。 ・PBFなし：ポリシーに一致したパケットをポリシーベースフォワーディングによる転送を行わないようにします。仮想ルーターによるパケットの転送が行われます。
出力インターフェイス	ファイアウォールからトラフィックを転送するファイアウォールインターフェイスを指定します。
ネクストホップ	次の転送先のIPアドレスを指定します。
モニター	転送アクションをモニターするには、[モニター]を選択して以下の設定を指定します。 ・プロファイル：ドロップダウンリストからモニタープロファイルを選択します。モニタープロファイルの詳細は8.9.5項を参照してください。 ・ネクストホップ/モニターIPが到達不可能な場合にこのルールを無効化：モニターの結果ネクストホップのルーターが到達不能になったときにすべての新しいセッションでこのルールを無視する場合、このチェックボックスをオンにします。 ・IPアドレス：ポリシーベースの転送ルールの状態を判別するためにpingメッセージを定期的に送信するIPアドレスを指定します。

第 7 章　ポリシー制御

項目	説明
対称リターンの適用	ファイアウォールの仮想ルーターでPBFルールの対称リターンの適用を許可するには、このオプションを選択します。転送に使用するネクストホップアドレスを入力する場合は、[追加]をクリックします。 このオプションは、戻りのトラフィックのルート検索プロセスを迂回し、元の受信インターフェイスを出力インターフェイスとして使用します。送信元IPがファイアウォールの受信インターフェイスと同じサブネットの場合、対称リターンは適用されません。 この機能は、(入力インターフェイスが異なる) ふたつのISP接続を経由してアクセスできるサーバーがある場合に便利です。戻りのトラフィックは、最初にセッションをルーティングしたISPを経由してルーティングされます。 この機能を使用する場合は、以下のような注意事項があります。 ・インターフェイスに複数のPBFルールがある場合、対称リターンを適用できるのはひとつのルールのみです。 ・ループバックインターフェイスを除くすべてのL3インターフェイスにこのオプションを使用できます。また、動的にIPアドレスが割り当てられるインターフェイスも使用できます (DHCPとPPPoE)。 ・送信元はゾーンではなく、インターフェイスである必要があります。 ・ネクストホップアドレスリストは、トンネルおよびPPPoEインターフェイスではサポートされていません。 ・PBFルールあたり最大8個のネクストホップアドレスを定義できます。
スケジュール	ルールを適用する日時を制限するには、ドロップダウンリストからスケジュールを選択します。

7.5 復号ポリシー

パロアルトネットワークスのファイアウォールで提供される復号化機能を表7.40にまとめます。

●表7.40 復号化機能の種類

機能名	説明
SSLフォワードプロキシ	アウトバウンド復号とも呼ばれる。SSLフォワードプロキシは、クライアントがファイアウォール経由でインターネット上のサーバーとHTTPS通信する場合に、自己署名証明書を使用して復号化を行う。自己署名証明書を使う場合、信頼されていない証明書が使われるためユーザーのブラウザに警告が出る。これを防ぐにはプライベート認証局が署名した証明書を使用するか、Active Directoryのグループポリシーを使って自己署名証明書を信頼するよう事前配布します。
SSLインバウンドインスペクション	インターネットからDMZ内の内部サーバー宛のHTTPS通信を中継して復号化を行う。内部サーバーと同じ証明書をファイアウォールにインポートして使用する。
SSHプロキシ	インバウンドおよびアウトバウンドのSSH通信を復号化することができます。
復号ポートミラーリング	復号化されたトラフィックのコピーをトラフィック収集ツールに送信することができます。

7.5.1 復号化の注意点

■ 復号化の注意点

たとえばhttps://facebook.comという通信は、SSL復号化を行わなければ"facebook-base"、復号化を行うと"facebook-posting"や"facebook-chat"が識別可能になるように、SSL通信が復号化されるとSSLセッション内部で動作するアプリケーションがトラフィックログに現れます。アプリケーションを使ったポリシーを記述する際、HTTPS暗号化されているかどうかでポリシー一致条件が変わってくるため注意が必要です。特にWebメールのアプリケーションはHTTPS通信がほとんどで、Webメールの添付ファイルをスキャンしたい場合など、SSL復号化は必須です。

復号化したSSLトラフィックでウイルス検知した場合、ファイアウォールはレスポンスページを送信しないので注意が必要です。

7.5.2 SSL復号化できない通信

■ SSL復号化できない通信

表7.41のような通信に関しては、PAN-OSのSSL復号化機能では復号することができません。

●表7.41 SSL復号化できない通信

通信の種類	例
独自クライアント/サーバーアプリケーション間の暗号化通信	ネットワーク機器の管理コンソールや独自アプリケーションで使われるブラウザベースでないクライアントからの通信
回避的アプリケーション	SkypeやBitTorrentの通信
SSL-VPN通信	Cisco VPNなど
独自または非標準の暗号方式の利用	—
特定の証明書からの通信を許可するようコーディングされたクライアントソフトウェア	Windows Updateなど
信頼されたCA局を追加できないクライアントソフトウェア	—

7.5.3 SSL復号化とURLフィルタリング

　SSL復号ポリシーでは、どのトラフィックを復号化するか否かの条件としてURLフィルタリングカテゴリを利用することができます。ユーザーや宛先アドレスも復号化決定条件に使用できますが、通常URLカテゴリが利用されることが多いです。たとえば金融系や医療系のURLカテゴリのサイトについてはユーザーによるプライバシーに関する情報へのアクセスが行われていることに配慮して復号化を行わない、という復号ポリシールールを記述できます。復号ルールの条件としてURLカテゴリを使用する場合、URL自体はまだ可視化されていないため、実際にはファイアウォールのローカルキャッシュメモリ上のIPアドレスとURLのマッピング情報を使って、宛先IPアドレスを基にURLカテゴリを求めます。宛先IPアドレスを基に求められない場合、HTTPSサーバーの証明書内のCNフィールドに記述されたFQDNまたはIPアドレス情報を基にURLを求めます。図7.12はその関係を示したものです。

　復号化されたトラフィックはアンチウイルス、脆弱性防御、アンチスパイウェア、URLフィルタリング、ファイルブロッキングの各プロファイルを含む、すべてのApp-ID機能を利用できます。URLフィルタリングプロファイルに対して、セキュリティポリシーは復号化されたHTTPSリクエスト内の実際のURLを使ってポリシーマッチングを行います。

●図7.12 SSL復号化とURLフィルタリングの関係

※宛先IPアドレスとURLフィルタリングリストを比較して、カテゴリ分けを行い、その結果に基づいてポリシーマッチングを行う。

7.5.4 復号化とパフォーマンス

SSL復号化はハードウェアチップ（FFGA）ではなくソフトウェア（CPU）で処理されるため、平文通信のApp-IDやコンテンツスキャンに比べて処理スループットが低くなります。

ただ、平均的な組織のネットワークではSSL通信の割合は3割程度であり、デフォルトでは復号化は行われず、復号化したい通信のみを復号化ポリシーによって特定するため、全体に占める復号化が必要な通信量は1～2割程度でしょう。

コンテンツサイズに依存しますが、復号化の処理スループットは平文の10分の1程度になるため、復号化する通信の割合を考慮してファイアウォールのモデルを選択する必要があります。

通常、Webメール、ファイル共有、ピアツーピア、インスタントメッセージ、匿名プロキシといったURLカテゴリについて復号化を実施します。それ以外は日々のレポートをチェックして、特定ユーザーや特定IPに対してSSL通信が極端に多いような場合、復号化ポリシーを追加して詳細を調べるようにします。

「ファイナンス」や「ヘルスケア」といったユーザーの個人情報が含まれるURLカテゴリ通信については復号対象から外すのが一般的です。

7.5.5 復号ポリシーの設定手順

7.2.3項で設定した構成に復号ポリシーを追加設定します。※詳細な設定は7.2.3項を参照してください。

- 暗号化されたサイトへのアクセスを復号化する。
- httpsでアクセスしたyoutubeサイトの識別を行う。
- youtubeサイトへのアクセスを禁止し動画を閲覧できないようにする。

●表7.42 セキュリティポリシー設定表

名前	送信元ゾーン	送信元アドレス	宛先ゾーン	宛先アドレス	アプリケーション	サービス	アクション
Youtbe-Block-Policy	L3-Trust	Trust-NW-001	L3-Untrust	any	youtube	any	拒否
SecurityPolicy-Rule-001	L3-Trust	Trust-NW-001	L3-Untrust	any	any	Application-default	許可

●表7.43 復号化ポリシー設定表

名前	送信元		宛先		オプション	
	送信元ゾーン	送信元アドレス	宛先ゾーン	送信元アドレス	アクション	タイプ
Decryption-Rule-001	L3-Trust	Trust-NW-001	L3-Untrust	いずれか	復号	SSLフォワードプロキシ

第 7 章　ポリシー制御

①セキュリティポリシー追加設定
▼ [Policies]タブ＞左のメニューより[セキュリティ]

1 画面下部の[追加]をクリックしてセキュリティポリシーを作成します。

2 表7.42の設定値を参照し、L3-TrustからL3-Untrustへのyoutube禁止ポリシーの作成を行います。

3 作成したポリシーを選択し、画面下部の[移動]＞[最上部へ]をクリックし、最上部へポリシーを移動させます。

②自己CA証明書作成
▼ [Device]タブ＞左のメニューより[証明書の管理]＞[証明書]＞[デバイス証明書]タブ

1 画面下部の[生成]をクリックします。

2 証明書名項目にCA証明書名を入力し、共通名に証明書に記載するIPアドレスまたはFQDNを入力します（例：証明書名＝Decrypt-Cert-001、共通名＝192.168.10.254）。

3 [OK]をクリックします。

4 作成した証明書の名前リンクをクリックします（例：Decrypt-Cert-001）。

5 [フォワードプロキシ用の信頼された証明書]、[フォワードプロキシ用の信頼されてない証明書]のふたつにチェックを入れます。

6 [OK]をクリックします。

7 コンフィグレーションのコミットを実施します。

③自己CA証明書エクスポート
▼ [Device]タブ＞左のメニューより[証明書の管理]＞[証明書]＞[デバイス証明書]タブ

1 エクスポートする自己証明書にチェックをいれます（例：Decrypt-Cert-001）。

2 画面下部の[エクスポート]をクリックします。

3 [ファイルフォーマット]にてPEMかPKCS12を選択します（例：PKCS12）。

4 PKCS12の場合はWebブラウザへインストールする際に使用するパスワード入力が必要になります。任意のパスワードを入力します。
※PEMの場合は秘密鍵もエクスポートする際にパスワードが必要になります。

5 [OK]をクリック、自己CA証明書のダウンロードを実施します。

6 ダウンロードした自己CA証明書をWebブラウザへインストールします。
※信頼されたルート証明機関ストアにインストール

7.5 >> 復号ポリシー

④復号化ポリシー作成

▼ ［Policies］タブ＞左のメニューより［復号］

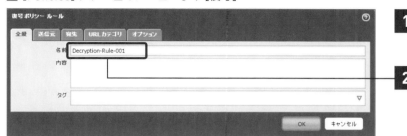

1. 画面下部の［追加］をクリックして復号化ポリシーを作成します。

2. ［全般］タブの名前項目に復号化ポリシー名を入力します（例：Decryption-Rule-001）。

3. ［送信元］タブで送信元の条件を設定します。

4. ［送信元ゾーン］はL3-Trustを下部にある［追加］をクリックして選択します。

5. ［送信元アドレス］はTrust-NW-001を下部にある［追加］をクリックして選択します。

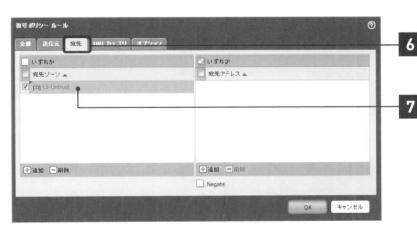

6. ［宛先］タブで宛先の条件を設定します。

7. ［宛先ゾーン］はL3-Untrustを下部にある［追加］をクリックして選択します。

第 7 章　ポリシー制御

番号	説明
8	［オプション］タブで復号化設定を行います。
9	［アクション］より復号を選択します。
10	［タイプ］より SSL フォワードプロキシを選択します。
11	［OK］をクリックします。
12	設定後コンフィグレーションのコミットを実施します。

⑤通信確認

1　「www.youtube.com」へアクセスし、動画を再生させます。動画が再生されないことを確認します。

7.5.6　復号ポリシーの設定項目

　復号化はデフォルトではオフであり、SSL や SSH の復号化を行うには復号ポリシーを作成する必要があります。

①全般タブ

●表7.44　復号ポリシールール全般設定項目

項目	説明
名前	復合化ポリシー名を入力します（最大31文字）。
内容	ポリシーの説明を入力します（最大255文字）。
タグ	ポリシーにタグを付ける場合、［追加］をクリックしてタグを指定します。

②送信元タブ

● 表7.45 復号ポリシールール送信元設定項目

項目	説明
送信元ゾーン	個別に送信元ゾーンを選択する場合は、[追加]をクリックしてドロップダウンリストから、対象とする送信元ゾーンを選択します。すべてのゾーンを対象とする場合は、上部にある[いずれか]を選択します。
送信元アドレス	個別に送信元アドレス、アドレスグループ、地域を選択する場合は、[追加]をクリックしてドロップダウンリストから、対象とする送信元アドレス、アドレスグループ、地域を選択します。すべてのアドレスを対象とする場合は場合は、上部にある[いずれか]を選択します。デフォルトは[いずれか]です。
送信元ユーザー	[追加]をクリックして、ポリシーを適用する送信元ユーザーまたはユーザーグループを選択します。デフォルトは[any]です。※ユーザー情報を取得しなければ一覧に表示されません。ユーザー識別については第6章を参照してください。

③宛先タブ

第7章 ポリシー制御

● 表7.46 復号ポリシールール宛先設定項目

項目	説明
宛先ゾーン	個別に宛先ゾーンを選択する場合は、[追加]をクリックしてドロップダウンリストから、対象とする宛先ゾーンを選択します。すべてのゾーンを対象とする場合は、上部にある[いずれか]を選択します。
宛先アドレス	個別に宛先アドレス、アドレスグループ、地域を選択する場合は、[追加]をクリックしてドロップダウンリストから、対象とする宛先アドレス、アドレスグループ、地域を選択します。すべてのアドレスを対象とする場合は場合は、上部にある[いずれか]を選択します。デフォルトは[いずれか]です。

④URLカテゴリタブ

● 表7.47 復号ポリシールールURLカテゴリ設定項目

項目	説明
URLカテゴリ	カテゴリを指定するには、[追加]をクリックし、ドロップダウンリストから特定のカテゴリを選択します。ユーザー自身で作成したカスタムカテゴリも選択可能です。すべてのカテゴリを対象とする場合は[いずれか]を選択します。デフォルトは[いずれか]です。

⑤オプションタブ

● 表7.48 復号ポリシールールオプション設定項目

項目	説明
アクション	トラフィックに[復号]または[復号なし]を選択します。
タイプ	ドロップダウンリストから復号化するトラフィックのタイプを選択します。 ・SSLフォワードプロキシ：ポリシーで外部サーバーへのクライアントトラフィックを復号化するように指定します。 ・SSHプロキシ：ポリシーでSSHトラフィックを復号化するように指定します。このオプションでは、ssh-tunnel App-IDを指定してポリシーのSSHトンネリングを制御できます。 ・SSLインバウンドインスペクション：ポリシーでDMZゾーンなどに置かれた内部SSLサーバー宛てのトラフィックを復号化するように指定します。
復号プロファイル	既存の復号プロファイルを選択するか、新しい復号プロファイルを作成します。

7.6 アプリケーションオーバーライド

アプリケーションオーバーライドは、従来のファイアウォールの処理と同じように、送信元/宛先アドレス、サービスポートのようにレイヤー4までのトラフィックを処理を行います。そのため、ファイアウォールの機能であるアプリケーション識別は行いません。また、脅威検査のサポートも受けることはできません。

アプリケーションオーバーライドは、たとえば[unknown]として識別されるアプリケーションを、ユーザー自身で作成したカスタムアプリケーションや、その他既存のアプリケーションとして強制的に上書きしてログに記録したり、既知のアプリケーションでかつ通信量が多く、ファイアウォールの高負荷の原因となってしまった場合に上記のようにレイヤー4までの処理を行わせ、アプリケーション識別処理させずに少しでもファイアウォールの負荷を下げたい場合等に設定します。

7.6.1 カスタムアプリケーションの定義

アプリケーションオーバーライドを使用する主な目的のひとつはunknownと識別される社内独自の業務用アプリケーションを特定のアプリケーション(カスタムアプリケーション)として識別させることです。この場合、アプリケーションオーバーライドポリシーを作成する前にカスタムアプリケーションを定義する必要があります。

PAN-OSのApp-IDエンジンは、ネットワークトラフィックのアプリケーション特有のコンテンツを識別してトラフィックを分類します。このため、カスタムアプリケーション定義では、単純にポート番号を使用してアプリケーションを識別することができません。アプリケーション定義には、トラフィックの情報(送信元ゾーン、送信元IPアドレス、宛先ゾーン、および宛先IPアドレス)も含まれている必要があります。

アプリケーションオーバーライドを指定するカスタムアプリケーションを作成するには、以下の手順を実行します。

1. カスタムアプリケーションを定義します。アプリケーションの使用目的がアプリケーションオーバーライドルールのみである場合、アプリケーションのシグネチャを指定する必要はありません。
2. カスタムアプリケーションの起動時に指定されるアプリケーションオーバーライドポリシーを定義します。通常ポリシーには、カスタムアプリケーションを実行しているサーバーのIPアドレスと、制限された送信元IPアドレスのセットまたは送信元ゾーンが含まれています。

第7章 ポリシー制御

7.6.2 アプリケーションオーバーライドの設定手順

7.2.3項で設定した構成にアプリケーションオーバーライドポリシーを追加設定します。※詳細な設定は7.2.3項を参照してください。

・udp/53をカスタムアプリケーション[Custom-DNS]として識別させる。

●表7.49 アプリケーションオーバーライドポリシー設定表

名前	送信元		宛先		プロトコル/アプリケーション		
	送信元ゾーン	送信元アドレス	宛先ゾーン	宛先アドレス	プロトコル	ポート	アプリケーション
AppOverride-Rule-001	L3-Trust	Trust-NW-001	L3-Untrust	いずれか	UDP	53	Custom-DNS

①カスタムアプリケーション設定

▼[Objects]タブ＞左のメニューより[アプリケーション]

1 画面下部の[追加]をクリックします。

2 名前にカスタムアプリケーションの名前を入力します（例：Custom-DNS）。

3 プロパティにて[カテゴリ]、[サブカテゴリ]、[テクノロジ]を設定します（例：カテゴリ＝general-internet、サブカテゴリ＝internet-utility、テクノロジ＝network-protocol）。

4 [OK]をクリックします。

②アプリケーションオーバーライドポリシーの作成

▼[Policies]タブ＞左のメニューより[アプリケーションオーバーライド]

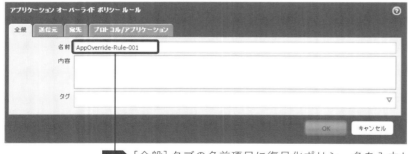

1 画面下部の[追加]をクリックしてアプリケーションオーバーライドポリシーを作成します。

2 [全般]タブの名前項目に復号化ポリシー名を入力します（例：AppOverride-Rule-001）。

7.6 >> アプリケーションオーバーライド

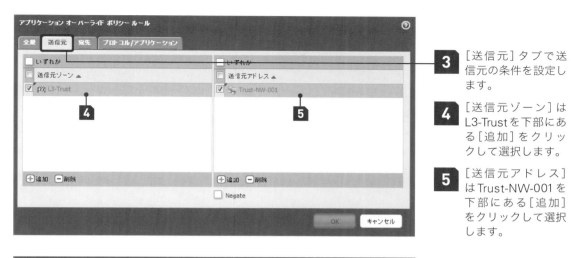

3 [送信元] タブで送信元の条件を設定します。

4 [送信元ゾーン] はL3-Trustを下部にある [追加] をクリックして選択します。

5 [送信元アドレス] はTrust-NW-001を下部にある [追加] をクリックして選択します。

6 [宛先] タブで宛先の条件を設定します。

7 [宛先] はL3-Untrustを下部にある [追加] をクリックして選択します。

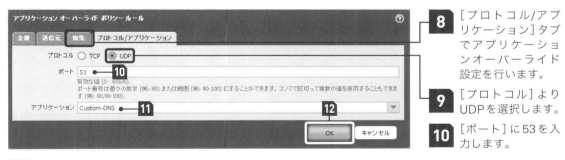

8 [プロトコル/アプリケーション] タブでアプリケーションオーバーライド設定を行います。

9 [プロトコル] よりUDPを選択します。

10 [ポート] に53を入力します。

11 [アプリケーション] より①で作成したアプリケーションを選択します (例:Custom-DNS)。

12 [OK] をクリックします。

13 設定後コンフィグレーションのコミットを実施します。

⑤通信確認

1 L3-Trustゾーン配下にあるコンピュータにてnslookup等のコマンドを実施し、DNS通信を発生させます。

7.6.3 アプリケーションオーバーライドの設定項目

ポリシーに一致したトラフィックを特定のアプリケーションとして認識させる設定を行います。

①全般タブ

●表7.50 アプリケーションオーバーライドポリシールール全般設定項目

項目	説明
名前	ポリシーベースフォワーディングポリシー名を入力します（最大31文字）。
内容	ポリシーの説明を入力します（最大255文字）。
タグ	ポリシーにタグを付ける場合、[追加]をクリックしてタグを指定します。

②送信元タブ

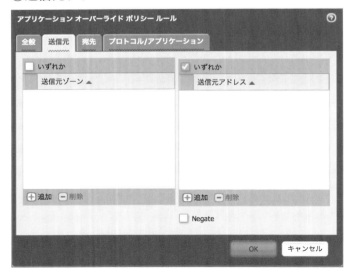

●表7.51 アプリケーションオーバーライドポリシールール送信元設定項目

項目	説明
送信元ゾーン	個別に送信元ゾーンを選択する場合は、[追加]をクリックしてドロップダウンリストから、対象とする送信元ゾーンを選択します。すべてのゾーンを対象とする場合は、上部にある[いずれか]を選択します。
送信元アドレス	個別に送信元アドレス、アドレスグループ、地域を選択する場合は、[追加]をクリックしてドロップダウンリストから、対象とする送信元アドレス、アドレスグループ、地域を選択します。すべてのアドレスを対象とする場合は場合は、上部にある[いずれか]を選択します。デフォルトは[いずれか]です。

7.6 >> アプリケーションオーバーライド

③宛先タブ

● 表7.52 アプリケーションオーバーライドポリシールール宛先設定項目

項目	説明
宛先ゾーン	個別に宛先ゾーンを選択する場合は、[追加]をクリックしてドロップダウンリストから、対象とする宛先ゾーンを選択します。すべてのゾーンを対象とする場合は、上部にある[いずれか]を選択します。
宛先アドレス	個別に宛先アドレス、アドレスグループ、地域を選択する場合は、[追加]をクリックしてドロップダウンリストから、対象とする宛先アドレス、アドレスグループ、地域を選択します。すべてのアドレスを対象とする場合は、上部にある[いずれか]を選択します。デフォルトは[いずれか]です。

④プロトコル/アプリケーションタブ

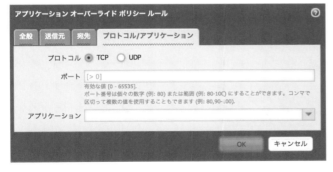

● 表7.53 アプリケーションオーバーライドポリシールールプロトコル/アプリケーション設定項目

項目	説明
プロトコル	アプリケーションをオーバーライドできるプロトコルをTCPまたはUDPから選択します。
ポート	指定した送信元アドレスのポート番号（0〜65535）またはポート番号の範囲（たとえばポート80からポート100までの範囲は「80-100」）を入力します。複数のポートまたはポート範囲はコンマで区切ります。
アプリケーション	ポリシーに一致したトラフィックをオーバーライドアプリケーションとして設定します。ここで選択したアプリケーションがトラフィックログに記録されます。 ※アプリケーションオーバーライドポリシーによって処理されるトラフィックは脅威検査のサポート対象外となります。

7.7 キャプティブポータルポリシー

キャプティブポータルに関する説明は6.5.4項を参照してください。

7.7.1 キャプティブポータルポリシーの設定手順

キャプティブポータルポリシーの設定手順については、6.5.4項を参照してください。

7.7.2 キャプティブポータルポリシーの設定項目

[Policies]タブ＞左のメニューより[キャプティブポータル]へ移動し、画面下の[追加]をクリックすると、キャプティブポータルポリシールールダイアログが表示されます。

①全般タブ

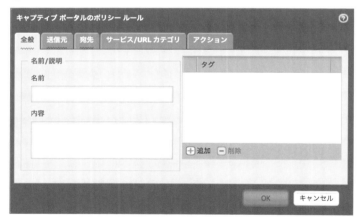

● 表7.54 キャプティブポータルのポリシールール全般設定項目

項目	説明
名前	ルールの識別に使用する名前を入力します（最大31文字）。名前の大文字と小文字は区別されます。また一意の名前にする必要があります。文字、数字、スペース、ハイフン、およびアンダースコアのみを使用します。
内容	ポリシーの説明を入力します（最大255文字）。
タグ	ポリシーにタグを付ける場合、[追加]をクリックしてタグを指定します。

②送信元タブ

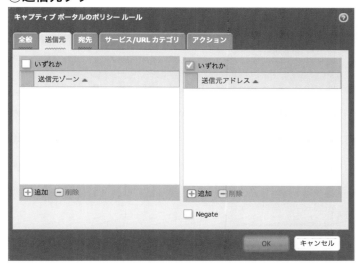

●表7.55 キャプティブポータルのポリシールール送信元設定項目

項目	説明
送信元ゾーン	特定のゾーンにあるすべてのインターフェイスからのトラフィックにポリシーを適用する場合、送信元ゾーンを選択します。[追加]をクリックして、複数のインターフェイスまたはゾーンを指定します。
送信元アドレス	[送信元アドレス]設定を指定して、特定の送信元アドレスからのトラフィックにキャプティブポータルポリシーを適用します。[追加]をクリックして、複数のインターフェイスまたはゾーンを指定します。
Negate	チェックボックスをオンにすると、設定したアドレス以外の任意のアドレスを指定したことになります。

③宛先タブ

●表7.56 キャプティブポータルのポリシールール宛先設定項目

項目	説明
宛先ゾーン	特定のゾーンにあるすべてのインターフェイスへのトラフィックにポリシーを適用する場合、宛先ゾーンを選択します。[追加]をクリックして、複数のインターフェイスまたはゾーンを指定します。
宛先アドレス	[宛先アドレス]設定を指定して、特定の宛先アドレスへのトラフィックにキャプティブポータルポリシーを適用します。[追加]をクリックして、複数のインターフェイスまたはゾーンを指定します。
Negate	チェックボックスをオンにすると、設定したアドレス以外の任意のアドレスを指定したことになります。

第7章 ポリシー制御

④サービス/URLカテゴリタブ

● 表7.57 キャプティブポータルのポリシールールサービス/URLカテゴリ設定項目

項目	説明
サービス	特定のTCPやUDPのポート番号に制限するには、サービスを選択します。ドロップダウンリストから以下のいずれかを選択します。 ・any：選択したサービスがすべてのプロトコルやポートで許可または拒否されます。 ・default：選択したサービスが、パロアルトネットワークスによって定義されたデフォルトのポートでのみ許可または拒否されます。これは、許可ポリシーの推奨オプションです。 ・Select：[追加] をクリックします。既存のサービスを選択するか、[サービス] または [サービスグループ] を選択して新しいエントリを指定します。
URLカテゴリ	キャプティブポータルルールを適用するURLカテゴリを選択します。 ・URLカテゴリに関係なく [サービス/アクション] タブで指定したアクションを適用するには、[いずれか] を選択します。 ・カテゴリを指定するには、[追加] をクリックし、ドロップダウンリストから特定のカテゴリ（カスタムカテゴリも含む）を選択します。

⑤アクションタブ

● 表7.58 キャプティブポータルのポリシールールアクション設定項目

項目	説明
アクション	実行するアクションを選択します。 ・captive-portal：明示的に認証資格証明を入力するためのキャプティブポータルページがユーザーに表示されます。 ・no-captive-portal：認証のためのキャプティブポータルページを表示することなくトラフィックの通過を許可します。 ・ntlm-auth：ユーザーのWebブラウザへのNT LAN Manager（NTLM）認証リクエストを開きます。Webブラウザは、ユーザーの現在のログイン資格証明を使用して応答します。

> 注意
> キャプティブポータルによりWeb認証を設定している場合、リダイレクトで表示されるページのポート番号（6082）は変更できません。これは、ファイアウォールが提供するWebサービスのポート番号も同様で、Web UI、URLフィルタリングのContinueページなどもデフォルトの設定で固定された仕様となっています。

7.8 DoSプロテクションポリシー

DoSプロテクションポリシーの概要については、「4.18 ゾーンプロテクションとDoSプロテクション」を参照ください。

7.8.1 DoSプロテクションポリシーの設定手順

DoSプロテクションポリシーの設定手順については、「4.20 DoSプロテクションプロファイル設定」を参照ください。

7.8.2 DoSプロテクションポリシーの設定項目

Policies > DoSプロテクションへ移動し、画面下の[追加]をクリックすると、DoSプロテクションポリシールールダイアログが表示されます。

①全般タブ

●表7.59 DoSルール全般設定項目

項目	説明
名前	ルールの識別に使用する名前を入力します（最大31文字）。名前の大文字と小文字は区別されます。また一意の名前にする必要があります。文字、数字、スペース、ハイフン、およびアンダースコアのみを使用します。
内容	ポリシーの説明を入力します（最大255文字）。
タグ	ポリシーにタグを付ける場合、[追加]をクリックしてタグを指定します。

②送信元タブ

●表7.60 DoSルール送信元設定項目

項目	説明
タイプ	ドロップダウンリストから[インターフェイス]を選択し、インターフェイスまたはインターフェイスグループからのトラフィックにDoSポリシーを適用します。特定のゾーンにあるすべてのインターフェイスからのトラフィックにDoSポリシーを適用する場合、[ゾーン]を選択します。[追加]をクリックして、複数のインターフェイスまたはゾーンを指定します。
送信元アドレス	特定の送信元アドレスからのトラフィックにDoSポリシーを適用します。[追加]をクリックして、複数のインターフェイスまたはゾーンを指定します。
Negate	チェックボックスをオンにすると、設定したアドレス以外の任意のアドレスを指定したことになります。
送信元ユーザー	特定のユーザーからのトラフィックにDoSポリシーを適用します。[追加]をクリックして、複数のインターフェイスまたはゾーンを指定します。

③宛先タブ

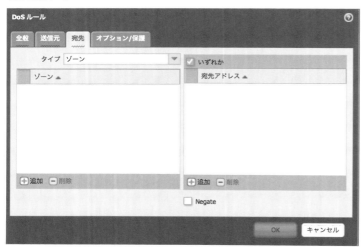

7.8 >> DoS プロテクションポリシー

● 表7.61 DoSルール宛先設定項目

項目	説明
タイプ	ドロップダウンリストから[インターフェイス]を選択し、インターフェイスまたはインターフェイスグループからのトラフィックにDoSポリシーを適用します。特定のゾーンにあるすべてのインターフェイスからのトラフィックにDoSポリシーを適用する場合、[ゾーン]を選択します。[追加]をクリックして、複数のインターフェイスまたはゾーンを指定します。
宛先アドレス	特定の宛先アドレスからのトラフィックにDoSポリシーを適用します。[追加]をクリックして、複数のインターフェイスまたはゾーンを指定します。
Negate	チェックボックスをオンにすると、設定したアドレス以外の任意のアドレスを指定したことになります。

④オプション/保護タブ

● 表7.62 DoSルールオプション/保護設定項目

項目	説明
サービス	ドロップダウンリストから選択し、設定したサービスにのみDoSポリシーを適用します。
動作	ドロップダウンリストからアクションを選択します。 ・拒否：すべてのトラフィックが棄却されます。 ・許可：すべてのトラフィックが許可されます。 ・保護：このルールに適用されるDoSプロファイルの一部として設定したしきい値による保護を適用します。
スケジュール	事前に設定したスケジュールをドロップダウンリストから選択し、特定の日付/時間にDoSルールを適用します。
Aggregate	ドロップダウンリストからDoSプロテクションプロファイルを選択し、DoS脅威に対してアクションを実行するトラフィック量を決定します。[Aggregate]設定は、指定した送信元から指定した宛先へのすべてのトラフィックの合計に対して適用されます。
Classified	チェックボックスをオンにして以下を指定します。 ・プロファイル：ドロップダウンリストからプロファイルを選択します。 ・Address：送信元（送信元IPアドレス）および宛先（宛先IPアドレス）にルールを適用するかどうかを選択します。[Classified]プロファイルを指定すると、プロファイルの制限が送信元IPアドレス、宛先IPアドレス、または送信元IPアドレスと宛先IPアドレスのペアに適用されます。たとえば、セッションの制限が100である分類済みのプロファイルを指定し、ルールの「送信元」の[アドレス]設定を指定できます。この特定の送信元IPアドレスのセッションが常に100に制限されます。

第8章
リモートアクセス (GlobalProtect)

ネットワークユーザーの環境も様変わりし、簡単にラップトップやスマートフォン、タブレット端末を使ってあらゆる場所から企業ネットワークに接続し、仕事ができるような環境を期待しています。またユーザーが使用するアプリケーションもどんどん進化しており、オフィスの物理的な制約にとらわれなくなっています。企業はどんどん柔軟な対応を求められています。これは、企業のIT管理者はさまざまな場所からアクセスしてくるすべてのユーザーを保護しなければならなくなったことを意味します。

第8章 リモートアクセス（GlobalProtect）

8.1 GlobalProtectの概要

　GlobalProtectはユーザーが内部ネットワークか外部ネットワーク[*1]のいずれにいたとしても、同一の企業セキュリティポリシーを提供できるソリューションです。

　これは、場所を問わずすべてのユーザーを可視化および制御できることを意味し、外出先や自宅からインターネットにアクセスする際も組織内部ネットワークのセキュリティポリシーによって脅威防御対策が行われることを意味します。GlobalProtectは組織のセキュリティ戦略にモバイルコンピューティングを組み込んだ企業セキュリティの現代的なアプローチを可能にします。

●図8.1　GlobalProtectの利用イメージ

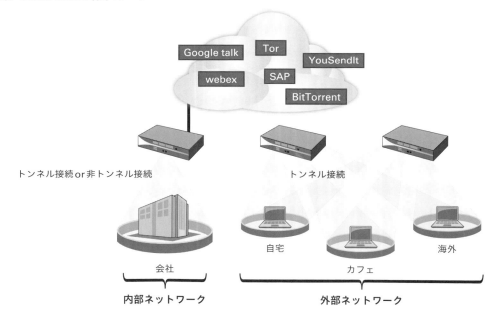

[*1] ・内部ネットワーク：組織内部のイントラネット上にクライアントが存在していることをさしており、クライアントがアクセスするゲートウェイを内部ゲートウェイと呼びます。
　　・外部ネットワーク：インターネット上にクライアントが存在していることをさしており、クライアントがアクセスするゲートウェイを外部ゲートウェイと呼びます。
　　内部ゲートウェイ、外部ゲートウェイについては「8.2.2　GlobalProtectゲートウェイ」を参照してください。

8.2 GlobalProtectの構成要素

GlobalProtectは次の5つの要素により構成されます。

●表8.1 GlobalProtectの要素

要素	説明
GlobalProectポータル	GlobalProtectクライアントに対する設定情報の集約管理と、GlobalProtectゲートウェイへアクセスするために必要な情報を提供（ファイアウォール上で動作）
GlobalProtectゲートウェイ	GlobalProtectクライアント、サテライトに対する通信制御を実行（ファイアウォール上で動作）
GlobalProtectクライアント	GlobalProtectゲートウェイとセキュアな接続を確立するクライアントソフトウェア
GlobalProtectサテライト	GlobalProtectポータルのクライアントとして定義されたファイアウォール。サイトツーサイトのVPN接続を実現
HIP（Host Information Profile）	端末内にインストールされたソフトウェアの更新状況やバージョンなどのホストGlobalProtectクライアントで収集した情報をもとに、アクセスの可否について判断させることができるホストチェック機能

PAN-OS 6.1までは、ひとつのGlobalProtectポータルおよびひとつの外部GlobalProtectゲートウェイを1台のファイアウォールで機能させるSSL-VPNとして利用する場合あればGlobalProtectポータルライセンスの購入は必要ありません。

HIPや複数のGlobalProtectゲートウェイ機能を使用する場合はライセンスが必要となります。GlobalProtectのライセンスについては第1章1.7節を参照してください。なお、PAN-OS 7.0よりGlobalProtectポータルライセンスは廃止されます。

8.2.1 GlobalProtectポータル

GlobalProtectポータルは、GlobalProtect接続を開始するためにクライアントが始めにアクセスする先となります。GlobalProtectクライアントソフトウェアの提供、GlobalProtectクライアントに対する設定情報の提供、クライアントから収集するホスト情報の定義、GlobalProtectゲートウェイに接続するため

●図8.2 GlobalProtectポータルにアクセスした際に表示されるGlobalProtectクライアントソフトウェアのダウンロードページ

に必要な設定情報などを提供します。

　GlobalProtectポータルがクライアントへ提供する主な設定には以下の項目があります。

- 利用可能な外部、内部ゲートウェイリストの配布
- GlobalProtectゲートウェイのサーバー証明書を検証する際に使用するCA（Certificate Authority）証明書の配布
- 信頼された認証局（CA）により発行されたクライアント証明書の配布
- クライアントが内部/外部のネットワークに存在するか判別するためにエージェントが使用する、DNS名/IPマッピング情報の配布
　※省略された場合、エージェントは外部ゲートウェイに接続
- クライアントのOSバージョンやレジストリキー値など、GlobalProtectクライアントがGlobalProtectポータルへ送信するホスト情報プロファイル（HIP）のデータ種類
- 実行が許可されたサードパーティVPNクライアントリスト
- GlobalProtectクライアントの設定情報
- 最新バージョンが使用可能か判断するためのGlobalProtectクライアントのソフトウェアバージョン

8.2.2　GlobalProtectゲートウェイ

　GlobalProtectゲートウェイでは、GlobalProtectクライアントをインストールしたリモート端末からのアクセスに対して設定されたセキュリティポリシーを適用、モバイル向けの脅威防御機能を提供し、悪意のあるトラフィックを検出することが可能です。また、GlobalProtectクライアントが内部ホストをDNS逆引きできるか検証することで、利用する端末が内部ネットワーク上に存在しているか、外部ネットワーク上に存在しているかを判定します。この判定結果により、内部ゲートウェイと外部ゲートウェイのどちらのゲートウェイを使用するか選択されます。これによりオフィス勤務から在宅勤務まで、内外区別せず一括した端末を利用することが可能となり、常にファイアウォールによるセキュリティポリシーのトラフィックの精査を行うことが可能になります。

● 外部ゲートウェイ

　端末が外部ネットワーク上にある場合はポータルからクライアントへ配布された外部ゲートウェイリスト内のすべてのIPアドレスに対してSSL接続を試みます。各ゲートウェイからのレスポンスと、事前に定義された優先順位をもとに最適なゲートウェイへの接続を試みます。これによりリモート端末へ仮想プライベートネットワーク（SSL-VPN）環境を提供します。

8.2 >> GlobalProtectの構成要素

● 内部ゲートウェイ

端末が内部ネットワーク上にある場合はファイアウォールをゲートウェイとした通信が確立されます。内部ネットワークとして判定された際の通信方法はトンネルモード、非トンネルモードでも実行することができます。非トンネルモードのゲートウェイはGlobalProtectクライアントからHIPの情報のみを受け取ります。

● 図8.3　GlobalProtectゲートウェイ

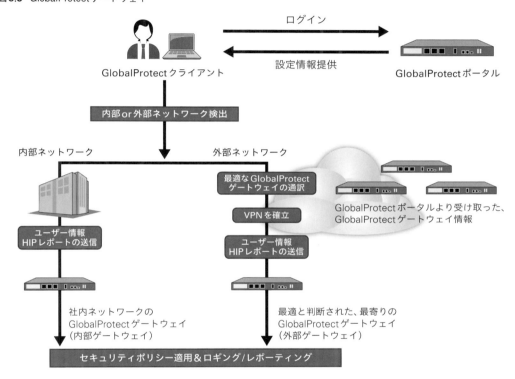

内部ゲートウェイの利用、または外部ゲートウェイを複数利用する場合はGlobalProtectポータルライセンスが必要となります。

PAN-OS 7.0以降ではGlobalProtectポータルライセンスは廃止されます。

GlobalProtectゲートウェイはデフォルトすべてのトラフィックをトンネルインターフェイス経由で通信を行いますが、スプリットトンネリング[2]をサポートしています。

---

[2] スプリットトンネリング（Split Tunneling）
　　指定したルート情報へはトンネルインターフェイスを介さずに、直接端末からインターネットに通信をする方法のことです。

8.2.3 GlobalProtectクライアント

GlobalProtectクライアントは端末にインストールされるエージェントソフトウェアです。GlobalProtectポータルとの認証を行い、提供されたゲートウェイリスト内の複数のIPアドレスのうち最もレスポンスの早いゲートウェイへセキュアトンネルの接続を確立し、セキュアなリモート接続環境を提供します。また、HIPによりホストのOSバージョンやセキュリティソフトの更新プログラムのバージョンなどを収集し、ゲートウェイへホスト情報を送信するホストチェックも行います。

●図8.4 GlobalProtectクライアントの操作画面

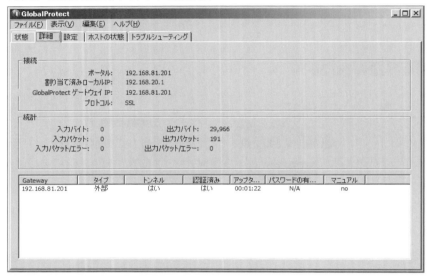

表8.2にGlobalProtectクライアントの主な動作について説明します。

●表8.2 GlobalProtectクライアント主要動作

機能	役割
GlobalProtectエージェント	・設定の変更やステータス表示 ・ホスト情報プロファイル（HIP）の通知 ・トラブルシューティングを行うためのユーザインターフェイス ・GlobalProtectポータルとの認証 ・GlobalProtectポータルから設定情報のダウンロード
GlobalProtectサービス	・GlobalProtectゲートウェイに対する認証処理 ・最もレスポンスが早いGlobalProtectゲートウェイとセキュアトンネル接続を確立 ・ホスト情報プロファイル（HIP）の作成 ・HIPのGlobalProtectゲートウェイへの送信
GlobalProtectアップデータ	・GlobalProtectポータルからソフトウェアの自動ダウンロード ・クライアントソフトのインストールを実行するWindowsサービス ・新バージョンが利用可能になった際に実施

GlobalProtectクライアントはGlobalProtectポータルよりダウンロード可能で、Microsoftインストーラーパッケージ（msiファイル）で提供されます。Active Directoryのグループポリシーオブジェクトで自動配布することも可能です。GlobalProtectポータルとなるPAデバイスにGlobalProtectクライアントのソフトウェアをダウンロードして利用できるようにします。

●表8.3 GlobalProtectクライアントのサポートOS

OS	最低GlobalProtectバージョン	最低PAN-OSバージョン
Windows XP (32bit)	1.0	4.0以降
Windows Vista (32 and 64bit)	1.0	
Windows 7 (32 and 64bit)	1.0	
Windows 8 (32 and 64bit) ※1	1.2	
Windows 8.1 (32 and 64bit) ※1	1.2	
Windows Surface Pro *	1.2	
Apple Mac OS 10.6	1.1	4.1.0以降
Apple Mac OS 10.7	1.1	
Apple Mac OS 10.8	1.1.6	
Apple Mac OS 10.9	1.2	
Apple Mac OS 10.10	2.1	
Apple iOS 6.0 or 7.0 ※2	1.3 app	4.1.0以降
Apple iOS 8.0 **	2.1 app	
Google Android 4.0.3 or later ※2	1.3 app	4.1.6以降

※1 Windows 8、8.1、Windows Surface ProでSSOを利用する場合はGlobalProtectバージョン2.0以降が必要です。
※2 GlobalProtect Mobile Security Managerによるモバイルデバイス管理を行う場合は2.0 app以降のGlobalProtectバージョン、PAN-OS 6.0以降が必要です。

■iOS/Android対応

PAN-OS 4.1およびGlobalProtctバージョン1.3より、GlobalProtectはAppleのiOSおよびAndroidに対応しました。iOSの場合はApple App Storeにて、AndroidではGoogle PlayにてGlobalProtectクライアントアプリケーションを無料でダウンロードできます。

8.2.4 GlobalProtectサテライト

GlobalProtectサテライトは、端末にインストールするGlobalProtectクライアントと同等の機能をファイアウォールに提供します。サテライトはポータルよりルーティング情報やゲートウェイのリストをダウンロードし、利用可能なゲートウェイへIPsecトンネルを確立します。また、GlobalProtectクライアントとは異なり複数のゲートウェイに同時接続することが可能です。これにより、GlobalProtectを使ってIPsecで行うような拠点間VPNが実現できます。

第8章　リモートアクセス（GlobalProtect）

●図8.5　GlobalProtectサテライトの利用イメージ

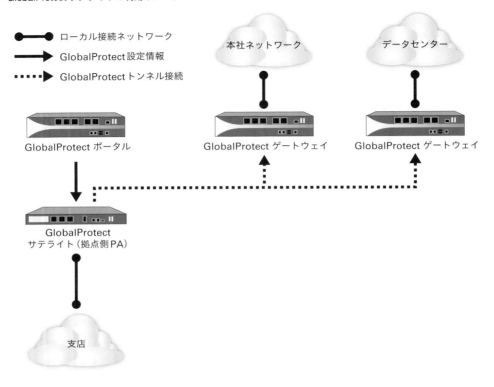

　GlobalProtectoサテライトは、ポータルとゲートウェイがすでに構築されている環境であればすぐに導入することが可能です。ファイアウォールをインターネットに接続できるよう設定し、トンネルインターフェイスの作成と、GlobalProtectポータルのホスト名またはIPアドレスを設定することでGlobalProtectサテライトを構築できます。

●図8.6　GlobalProtectサテライトファイアウォールの設定

8.2.5 HIP（HostInformation Profile）

HIPを定義することによってHIPをベースにした柔軟なセキュリティポリシー設定をすることが可能です。たとえば、リモート接続した端末上でアンチウイルスソフトが機能していない場合はWebアクセスを禁止する、最新のOSセキュリティパッチが適用されている場合のみWebメールの利用を許可する、といった設定が可能です。HIPを利用することで内部の機密情報へのアクセス制限をより詳細かつ厳重に管理することも可能となります。

● 図8.7 HIPオブジェクトとHIPプロファイル

HIPは、GlobalProtectクライアントから受け取ったホスト情報をもとにセキュリティポリシーの一致条件として適用する場合に使用します。HIP設定ではユーザー端末にインストールされているセキュリティソフトや特定のOSやドメインなどの要素を用いて一致条件のプロファイルを作成します。

HIPが一致しなかった場合は後続のセキュリティポリシーを参照し、他の条件を含め一致するセキュリティポリシーが適用されます。

表8.4の要素を定義してホストチェックをすることが可能です。

● 図8.8 HIPオブジェクトの設定画面

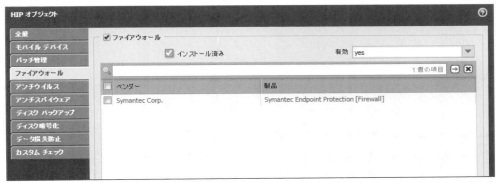

第8章 リモートアクセス（GlobalProtect）

●表8.4 HIPで収集できるホスト情報

項目	説明
ホスト情報	・オペレーティングシステム/バージョン ・ドメイン名 ・GlobalProtectクライアントバージョン ・ホスト名
モバイルデバイス	・シリアル番号 ・モデル ・電話番号 ・IMEI ・パスコード設定有無 ・root化/jailbreakの有無 ・ディスク暗号化 ・特定アプリケーションのインストール状況（Androidのみ）
パッチ管理	・特定パッチの適用状況 ・パッチ管理ソフトウェアの状態（ベンダー/製品レベルで確認可）
ファイアウォール	・ファイアウォールソフトウェアの状態（ベンダー/製品レベルで確認可）
アンチウイルス	・アンチウイルスソフトウェアの状態（ベンダー/製品レベルで確認可） ・リアルタイム保護の状態 ・ウイルス定義バージョン ・最終スキャン時間
アンチスパイウェア	・アンチスパイソフトウェアの状態（ベンダー/製品レベルで確認可） ・リアルタイム保護の状態 ・定義バージョン ・最終スキャン時間
ディスクバックアップ	・バックアップソフトウェアの状態（ベンダー/製品レベルで確認可） ・最終バックアップ時間
ディスク暗号化	・暗号化ソフトウェアの状態（ベンダー/製品レベルで確認可） ・暗号化されたディスクまたはパスの状態
データ損失防止	・データ損失防止（DLP）ソフトウェアの状態（ベンダー/製品レベルで確認可） ※Windowsのみ
カスタム	・プロセス ・レジストリキー（windows） ・Plist（Mac）

　これらGlobalProtectクライアントから収集されたホスト情報はゲートウェイに送信されますが、ホスト情報を送信するのみにとどまり、クライアントへのOSパッチ適用を推奨するなどのソフトウェアの自動更新（修復）機能は提供していません。

●図8.9 GlobalProtectクライアントで収集されたホスト情報

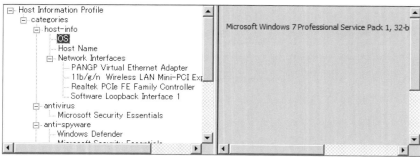

GlobalProtectクライアントから送信されたホスト情報は、[Monirot]タブ>[ログ]>[HIPマッチ]で確認することが可能です。

●図8.10 収集されたホスト情報

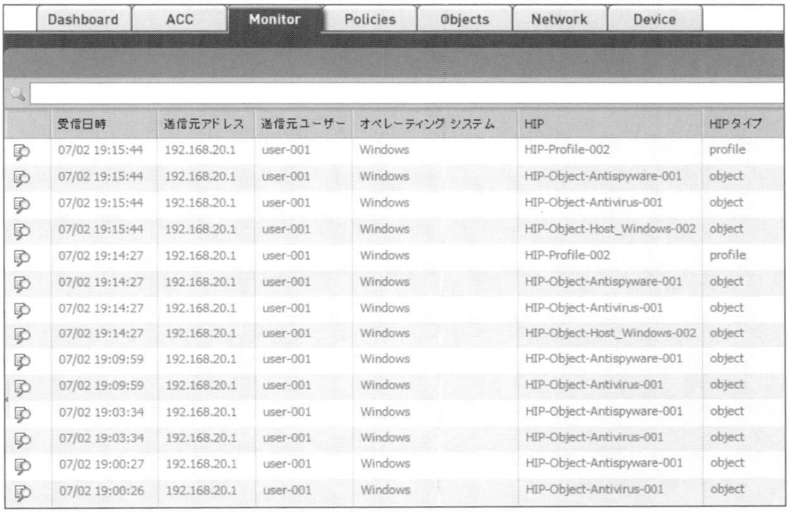

	受信日時	送信元アドレス	送信元ユーザー	オペレーティング システム	HIP	HIPタイプ
	07/02 19:15:44	192.168.20.1	user-001	Windows	HIP-Profile-002	profile
	07/02 19:15:44	192.168.20.1	user-001	Windows	HIP-Object-Antispyware-001	object
	07/02 19:15:44	192.168.20.1	user-001	Windows	HIP-Object-Antivirus-001	object
	07/02 19:15:44	192.168.20.1	user-001	Windows	HIP-Object-Host_Windows-002	object
	07/02 19:14:27	192.168.20.1	user-001	Windows	HIP-Profile-002	profile
	07/02 19:14:27	192.168.20.1	user-001	Windows	HIP-Object-Antispyware-001	object
	07/02 19:14:27	192.168.20.1	user-001	Windows	HIP-Object-Antivirus-001	object
	07/02 19:14:27	192.168.20.1	user-001	Windows	HIP-Object-Host_Windows-002	object
	07/02 19:09:59	192.168.20.1	user-001	Windows	HIP-Object-Antispyware-001	object
	07/02 19:09:59	192.168.20.1	user-001	Windows	HIP-Object-Antivirus-001	object
	07/02 19:03:34	192.168.20.1	user-001	Windows	HIP-Object-Antispyware-001	object
	07/02 19:03:34	192.168.20.1	user-001	Windows	HIP-Object-Antivirus-001	object
	07/02 19:00:27	192.168.20.1	user-001	Windows	HIP-Object-Antispyware-001	object
	07/02 19:00:26	192.168.20.1	user-001	Windows	HIP-Object-Antivirus-001	object

参考 **ライセンス未アクティベート時のHIPについて**

GlobalProtectゲートウェイサブスクリプションがアクティベートされていない場合は上記のような警告メッセージが[Objects]タブ>[GlobalProtect]>[HIPオブジェクト]および[HIPプロファイル]の画面下部に表示されます。

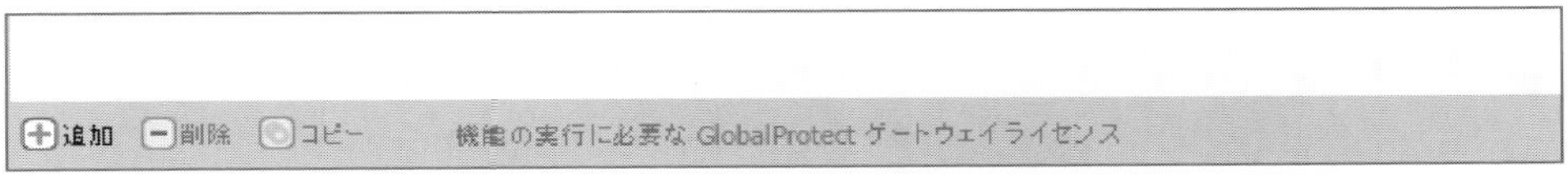

8.2.6 GlobalProtect Mobile Security Manager

GlobalProtect Mobile Security Manager (MSM) はiOSやAndroidのモバイルデバイスに対する管理、可視化、および設定の自動化を提供します。図8.11に示すように、GlobalProtectアプリ(GlobalProtectクライアント)がインストールされたモバイルデバイスがGlobalProtectゲートウェイと接続され、組織のセキュリティポリシーを適用させることができます。MSMはアプリと連携してデバイス管理を行い、デバイス状態のレポートを取得します。デバイス管理では、パスコードなどセキュリティ設定の強制適用、カメラなどのデバイス機能制限、メールやWi-Fiの設定などを一元的に行えます。アプリがMSMにレポートするデバイス状態には、インストールされているアプリケーショ

第8章 リモートアクセス（GlobalProtect）

ンのリスト、デバイスにパスコードが設定されているか否か、root化／ジェイルブレイク（jailbreak）[*3]されているか、などが含まれます。MSMはアプリから取得したデバイス状態をゲートウェイに通知し、ゲートウェイはこの情報を基にアクセス制御を行うことが可能です。

また、ロック、アンロック、ワイプ（データ削除）、メッセージ送信など、MSMはモバイルデバイスをリモート操作することも可能です。

さらにMSMがWildFireと連携し、モバイルマルウェアの検知や防御を行う機能もあります。この流れとして、まずWildFireで検知されたAPKファイルなどのマルウェアのハッシュ情報がMSMに送られます。MSMはそのハッシュ情報とGlobalProtectアプリから送られてくるモバイル端末にインストールされたアプリケーションのハッシュ値とを比較し、一致する場合はそのモバイル端末にはマルウェアが存在するとレポートしたり、ゲートウェイに通知したりします。ゲートウェイ上に、マルウェアを持つモバイル端末はインターネットへアクセスさせない、といったポリシーを書いておけば、当該デバイスはインターネットへアクセスできなくなります。

●図8.11 GlobalProtect Mobile Security Manager利用イメージ

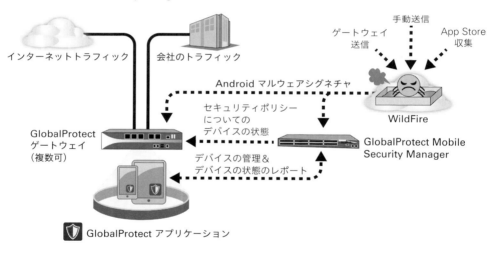

[*3] ジェイルブレイク：脆弱性をついてユーザー制限などを排除し、開発元が意図しない方法でソフトウェアを動作できるようにすることです。

8.3 GlobalProtectの動作フロー

GlobalProtectクライアントがGlobalProtectポータルおよびゲートウェイに接続する手順を以下に説明します。

● 図8.12 内部ネットワークと外部ネットワークによる接続

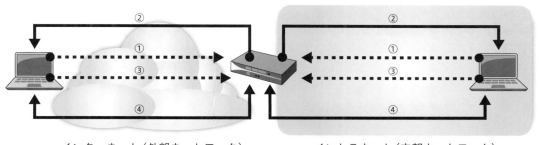

① GlobalProtectクライアントはポータルとSSLコネクションを確立し、認証を行います。
認証成功後、GlobalProtectクライアントをインストールしていない場合はポータルよりインストーラーをダウンロードしてインストール、ユーザー名/パスワードと、接続するポータルのIPアドレス、もしくはFQDNを設定する必要があります。

② 認証成功後、ポータルはクライアント設定とゲートウェイリストをGlobalProtectクライアントに送信します。

③ GlobalProtectクライアントはDNS逆引きを実行し、内部ネットワークに接続されているかを自動で判断します。内部ネットワークと判断した場合は内部ゲートウェイとして設定されたファイアウォールをインターネットゲートウェイとして使用します。外部インターネットと判断された場合は、外部ゲートウェイリスト内のIPアドレスのうち最も応答の早いゲートウェイを探索します。また、ポータルより受け取ったゲートウェイリストよりユーザー自身が手動で選択することも可能です。

④ クライアントはゲートウェイとコネクションを確立し、ホスト情報(HIP)を送信します。外部ゲートウェイを使用する場合、コネクションはトンネル接続になります。ゲートウェイはHIPに基づいてセキュリティポリシーによるトラフィックの精査を実行します。

8.4 GlobalProtect認証方法

GlobalProtectで使用されるクライアントの認証方法にはユーザー認証とクライアント証明書認証のふたつがあります。ふたつの認証方法を組み合わせて、認証のセキュリティレベルを上げることも可能です。

8.4.1 ユーザー認証

GlobalProtectのユーザー認証は、ローカルデータベースと外部認証サーバーを利用することが可能です。また、認証シーケンスプロファイルを利用することでこれら複数の認証方式を順番に利用することが可能です。

①ローカルデータベース
②RADIUSサーバー
③Kerberosサーバー
④LDAPサーバー

8.4.2 GlobalProtectで使用する証明書

GlobalProtectではポータル、ゲートウェイ、クライアントでそれぞれデジタル証明書が利用されます。ポータルとゲートウェイにおけるサーバー証明書の使用は必須であり、オプションでクライアントを認証するためにクライアント証明書を使用できます。利用する証明書は同一のCAにてサインされた証明書でなければなりません。ファイアウォール自身でCA証明書を生成することも可能です。

また、外部CAでサインされたサーバー証明書やクライアント証明書も利用することが可能です。ただし、外部でサインされた証明書を利用する場合は事前にファイアウォールに外部のCA証明書をインストールする必要があります。

証明書を利用するには、以下の3つの方法があります。

● サードパーティ証明書および自己署名証明書の組み合わせ

　クライアントがポータルへHTTPS接続する際、ポータルのサーバー証明書が信頼されている必要があります。自己署名証明書を利用する場合、ポータルへ接続する前にクライアント端末に自己署名証明書を配布して信頼済みにしておく必要があります。そこでGlobalProtectポータル用のサーバー証明書をVerisignのように端末がすでに信頼している認証局から取得し、ファイアウォールへインポートすることで証明書の事前配布が不要となり、信頼された証明書による接続が可能になります。ポータル接続後、ゲートウェイ用の証明書などGlobalProtect利用に必要な他の証明書はクライアントに配布できるようになるため、これら証明書は自己署名証明書でも構いません。

● プライベート認証局

　企業内で運用しているプライベート認証局（CA）がある場合は、GlobalProtectポータルやゲートウェイ用の証明書をプライベート認証局で発行し、ファイアウォールにインポートして利用できます。この場合、GlobalProtect利用に必要な各証明書を署名するルートCA証明書が、クライアント端末によって信頼されている必要があります。

● 自己署名証明書

　ファイアウォールで自己署名証明書を生成し、GlobalProtectポータルやゲートウェイ用のサーバー証明書とすることが可能です。この場合、クライアントが最初にポータルに接続するときブラウザに証明書エラーが表示されます。これを防ぐには、自己署名証明書を手動でクライアント端末にインポートして信頼させるか、Active Directoryのグループポリシーオブジェクト（GPO）などの中央管理された機能を利用してクライアント端末へ配布して信頼させる必要があります。

　GlobalProtectで使用する証明書とその使用方法について記します。

●表8.5　GlobalProtectで使用するデジタル証明書

証明書	使用方法
CA証明書	GlobalProtectの各サービスに対して発行された証明書の署名に使用します。自己署名証明書を使用する場合、CA証明書を生成してから、その証明書を使用して必要なGlobalProtect証明書を発行します。
ポータル用サーバー証明書	GlobalProtectクライアントがポータルとHTTPS接続を確立できるようにするため、ポータルにインストールするサーバー証明書です。
ゲートウェイ用サーバー証明書	GlobalProtectクライアントがゲートウェイとHTTPS接続を確立できるようにするため、ゲートウェイにインストールするサーバー証明書です。
クライアント証明書	組織内のクライアントのみに接続を許可するよう、GlobalProtectクライアントとゲートウェイまたはポータルと相互認証するために使用されます。
マシン証明書	マシン証明書は、ユーザーがログインする前にトンネルを確立できるpre-login接続方式を使用する場合に使用します。
Mobile Security Manager サーバー証明書	モバイルデバイスが登録とチェックインにMobile Security ManagerとのHTTPSセッションを確立できるようにします。ゲートウェイでMobile Security Managerに接続し、管理対象モバイルデバイスのHIPレポートを取得できるようにします。

第8章　リモートアクセス（GlobalProtect）

証明書	使用方法
Appleプッシュ通知サービス（APNs）Mobile Security Manager証明書	Mobile Security Managerが管理対象iOSデバイスへプッシュ通知を送信できるようにします。
ID証明書	Mobile Security Managerおよび必要に応じてゲートウェイで、モバイルデバイスと相互認証SSLセッションを確立できるようにします。

　証明書認証とパスワード認証による二重認証

上記のように認証プロファイルと証明書プロファイルを併用すると、証明書認証とパスワード認証による二重認証を行うことが可能です。証明書プロファイルのユーザー名フィールドを「サブジェクト/common-name」などのように指定する（図8.13）と、パスワード認証する際のユーザー名はクライアント証明書のサブジェクト名となります（図8.14、図8.15）。この場合、事前にユーザー認証用にユーザーを用意する必要があります。

●図8.13　証明書プロファイル設定

●図8.14　クライアント証明書とユーザー設定（ローカルユーザー設定の場合）

●図8.15　認証要求時の状態

参考 GlobalProtectクライアントの証明書参照について

Windows端末上のGlobalProtectクライアントは証明書の参照先としてMicrosoft Internet Explorerを使用しています。

参考 デフォルトの信頼された証明書

GUI画面より、[Device] タブ>左のメニューより [証明書の管理] > [証明書] > [デフォルトの信頼された証明書] をクリックすると、ファイアウォールにあらかじめ登録されている信頼された認証局を確認することが可能です。また、エクスポートすることも可能です。

●**図8.16** デフォルトで用意された認証局

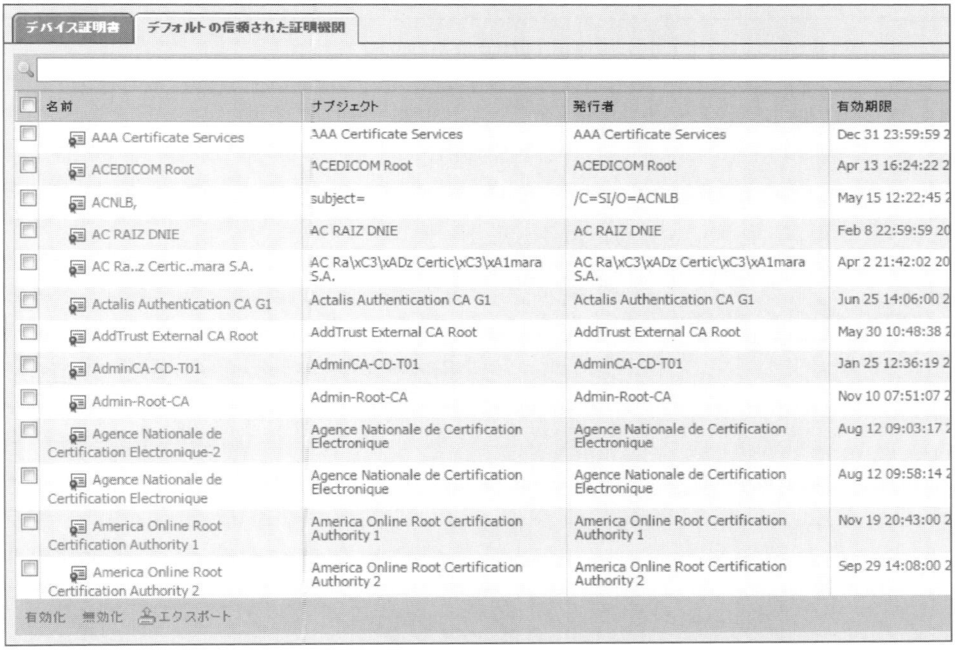

デバイス証明書 | デフォルトの信頼された証明機関

名前	サブジェクト	発行者	有効期限
AAA Certificate Services	AAA Certificate Services	AAA Certificate Services	Dec 31 23:59:59 2
ACEDICOM Root	ACEDICOM Root	ACEDICOM Root	Apr 13 16:24:22 2
ACNLB,	subject=	/C=SI/O=ACNLB	May 15 12:22:45 2
AC RAIZ DNIE	AC RAIZ DNIE	AC RAIZ DNIE	Feb 8 22:59:59 20
AC Ra..z Certic..mara S.A.	AC Ra\xC3\xADz Certic\xC3\xA1mara S.A.	AC Ra\xC3\xADz Certic\xC3\xA1mara S.A.	Apr 2 21:42:02 20
Actalis Authentication CA G1	Actalis Authentication CA G1	Actalis Authentication CA G1	Jun 25 14:06:00 2
AddTrust External CA Root	AddTrust External CA Root	AddTrust External CA Root	May 30 10:48:38 2
AdminCA-CD-T01	AdminCA-CD-T01	AdminCA-CD-T01	Jan 25 12:36:19 2
Admin-Root-CA	Admin-Root-CA	Admin-Root-CA	Nov 10 07:51:07 2
Agence Nationale de Certification Electronique-2	Agence Nationale de Certification Electronique	Agence Nationale de Certification Electronique	Aug 12 09:03:17 2
Agence Nationale de Certification Electronique	Agence Nationale de Certification Electronique	Agence Nationale de Certification Electronique	Aug 12 09:58:14 2
America Online Root Certification Authority 1	America Online Root Certification Authority 1	America Online Root Certification Authority 1	Nov 19 20:43:00 2
America Online Root Certification Authority 2	America Online Root Certification Authority 2	America Online Root Certification Authority 2	Sep 29 14:08:00 2

有効化 無効化 エクスポート

第 8 章　リモートアクセス（GlobalProtect）

8.5　GlobalProtectの基本設定

GlobalProtectを利用できるようにするまでの基本的な設定についてサンプル構成をもとに紹介します。

8.5.1　設定要件および設定手順

ここでは、以下の条件でGlobalProtectの設定を行います。

- GlobalProtectポータルライセンス不要のGlobalProtectの利用
- インターネット上のクライアントがSSL-VPNで内部ネットワークへアクセスする、ポータルとゲートウェイを1台のファイアウォールで構成したセキュアトンネル接続
- ファイアウォール内に定義したローカルユーザーデータベースで認証
- ユーザーが必要に応じてGlobalProtectの接続を行う
- L3-Trustゾーン宛の通信をセキュアトンネル経由で行う
- 証明書はファイアウォールにて生成した自己署名証明書を利用する

今回は以下のような構成を構築し、GlobalProtectによるリモート接続を行います。

● 図8.17　サンプルネットワーク構成図

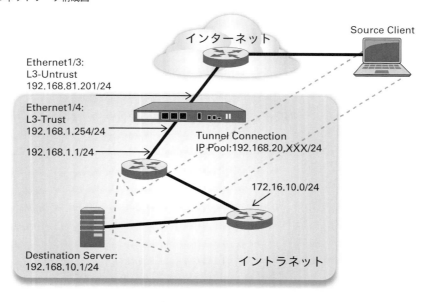

418

8.5 >> GlobalProtectの基本設定

ネットワーク構成は以下のようにします。

- インターフェイス設定

  次のようにインターフェイスを設定します。

●表8.6 インターフェイス設定値

インターフェイス	インターフェイスタイプ	IPアドレス	ゾーン	仮想ルーター
ethernet1/3	Layer3	192.168.81.201/24	L3-Untrust	GP-VR
ethernet1/4	Layer3	192.168.1.254/24	L3-Trust	GP-VR
tunnel	Layer3	-	L3-Tunnel	GP-VR

- 仮想ルーター設定

  次のように仮想ルーターを設定します。

●表8.7 ルーティング設定値

仮想ルーター名	インターフェイス
VR1	ethernet1/3 ethernet1/4 tunnel

- スタティックルーティング設定

  次のようにスタティックルーティングを設定します。

●表8.8 スタティックルーティング設定値

名前	宛先	インターフェイス	ネクストホップ
DefaultGateway	0.0.0.0/0	ethernet1/3	192.168.81.254
Trust-Network-001	172.16.10.0/24	ethernet1/4	192.168.1.1
Trust-Network-002	192.168.10.0/24	ethernet1/4	192.168.1.1

- リモート端末へ配布するIPアドレスプール

  192.168.20.0/24

  セキュリティポリシー構成は以下のようにします。

●表8.9 セキュリティポリシー設定値

名前	送信元ゾーン	送信元アドレス	宛先ゾーン	宛先アドレス	アプリケーション	サービス	アクション
GPGW_Rule	L3-Untrust	any	L3-Untrust	192.168.81.201	any	Service-https（TCP/443）	許可
Tunnel-Rule	L3-Tunnel	any	L3-Trust	any	any	Application-default	許可

8.5.2　GlobalProtectの設定手順

GlobalProtectポータルおよびゲートウェイの設定を行い、リモート端末にインストールしたGlobalProtectクライアントがゲートウェイに接続できるようにするまでの設定手順を紹介します。

以下の手順でGlobalProtectの設定を行います。

①ネットワーク設定
②セキュリティポリシー設定
③証明書作成（CA証明書、サーバー証明書）
④ユーザー作成（ローカルユーザー使用）
⑤GlobalProtectポータル作成
⑥GlobalProtectゲートウェイ作成
⑦GlobalProtectクライアントのアクティベーション
⑧端末へのソフトウェアインストールと設定
⑨通信確認
⑩ログ確認

①ネットワーク設定

トンネルインターフェイスやトンネルインターフェイス用のゾーン定義をはじめとするネットワーク設定を行います。

● セキュリティゾーン設定
▼ [Network] タブ > 左のメニューより [ゾーン]

名前	タイプ	インターフェイス/仮想システム
L3-Trust	layer3	ethernet1/4
L3-Untrust	layer3	ethernet1/3
L3-Tunnel	layer3	tunnel

8.5 >> GlobalProtectの基本設定

1 表8.6のゾーン項目を参照し、L3-TrustゾーンおよびL3-Untrustゾーン、L3-Tunnelゾーンをそれぞれ作成します。

2 コンフィグレーションのコミット実施します。

● インターフェイス設定

▼ [Network]タブ>左のメニューより[インターフェイス] > [Ethernet]タブ

インターフェイス	インターフェイスタイプ	IPアドレス	セキュリティゾーン	仮想ルーター
ethernet1/1		none	none	none
ethernet1/2		none	none	none
ethernet1/3	Layer3	192.168.81.201/24	L3-Untrust	GP-VR
ethernet1/4	Layer3	192.168.1.254/24	L3-Trust	GP-VR

1 ethernet1/3およびethernet1/4、tunnelの設定を行います。

2 表8.6に従い、それぞれインターフェイスタイプ、IPアドレス、セキュリティゾーンを設定します。
※仮想ルーター設定は③で実施するため一時的にnoneにします。

インターフェイス	IPアドレス	セキュリティゾーン	仮想ルーター
tunnel	none	L3-Tunnel	GP-VR

第8章 リモートアクセス（GlobalProtect）

- **仮想ルーター設定**

▼ [Network] タブ＞左のメニューより [仮想ルーター]

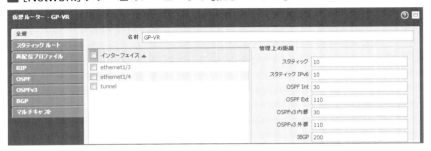

1 画面下部の [追加] をクリックして新規に仮想ルーターを設定します。

2 表8.7の設定値を参照し、ethernet1/1 および ethernet1/2 をインターフェイスに指定します。

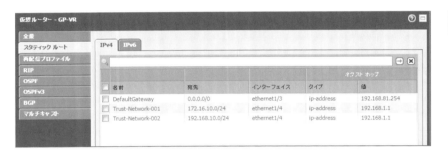

3 表8.8の設定値を参照しスタティックルートタブでルーティング設定を行います。

4 設定後コンフィグレーションのコミットを実施します。

②セキュリティポリシー設定

GlobalProtectポータルおよびゲートウェイとなるインターフェイスへのアクセスを許可するセキュリティポリシーを設定します。また、トンネルインターフェイス経由のポリシーも設定します。

▼ [Policies] タブ＞左のメニューより [セキュリティ]

		送信元			宛先						
名前	ゾーン	アドレス	ユーザー	HIPプロファイル	ゾーン	アドレス	アプリケーション	サービス	アクション	プロファイル	オプション
1 GPGW_Rule	L3-Untrust	any	any	any	L3-Untrust	192.168.81.201	any	service-https	✓	none	📄
2 Tunnel_Rule	L3-Tunnel	any	any	any	L3-Trust	any	any	application-default	✓	none	📄
3 intrazone-default	any	any	any	any	(intrazone)	any	any	any	✓	none	none
4 interzone-default	any	any	any	any	any	any	any	any	⊘	none	none

1 画面下部の [追加] をクリックしてセキュリティポリシーを作成します。

2 表8.9の設定値を参照し、ポリシーの作成を行います。

3 設定後コンフィグレーションのコミットを実施します。

③証明書作成（CA証明書、サーバー証明書）

GlobalProtectポータルおよびゲートウェイ用サーバー証明書、ならびにそれらをサインするためのCA証明書を作成します。

8.5 >> GlobalProtectの基本設定

- **自己署名CA証明書作成**

▼ ［Device］タブ＞左のメニューより［証明書の管理］＞［証明書］＞［デバイス証明書］タブ

1 画面下部の［生成］をクリックします。

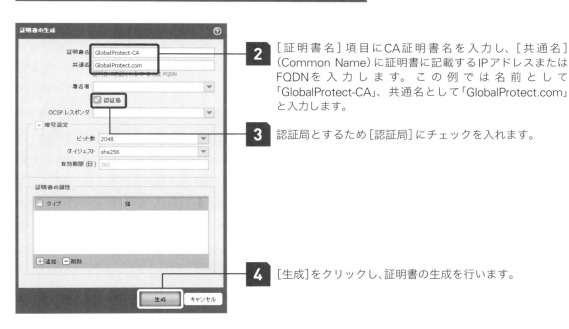

2 ［証明書名］項目にCA証明書名を入力し、［共通名］（Common Name）に証明書に記載するIPアドレスまたはFQDNを入力します。この例では名前として「GlobalProtect-CA」、共通名として「GlobalProtect.com」と入力します。

3 認証局とするため［認証局］にチェックを入れます。

4 ［生成］をクリックし、証明書の生成を行います。

5 生成された証明書にCAのチェックが入っていることを確認します。

第 8 章　リモートアクセス (GlobalProtect)

● サーバー証明書生成

▼ [Device] タブ > 左のメニューより [証明書の管理] > [証明書] > [デバイス証明書] タブ

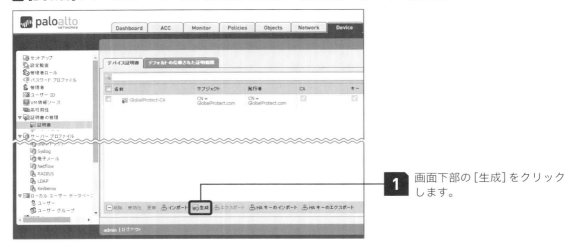

1　画面下部の [生成] をクリックします。

2　[証明書名] 項目にサーバー証明書名を入力し、[共通名] (Common Name) に証明書に記載するIPアドレスまたはFQDNを入力します。この例では名前として「GlobalProtect-Server」、共通名として「192.168.81.201」と入力します。

3　[署名者] 項目に先ほど作成したCA証明書 (GlobalProtect-CA) を選択します。

※今回はポータルおよびゲートウェイは同一ファイアウォール上の同一インターフェイスで実行するためポータル用、ゲートウェイ用証明書は同一のサーバー証明書を使用します。

8.5 >> GlobalProtectの基本設定

4 CA証明書、サーバー証明書ふたつの証明書が生成されていることを確認します。サーバー証明書の発行者がCA証明書でサインされていることを確認します。

5 証明書設定を確定させるため、ここでコンフィグレーションのコミットを実施します。画面右上にあるコミットボタンをクリックし、設定の反映を行います。

④ユーザー作成（ローカルユーザーデータベース使用）

今回の例では、ファイアウォール内部に格納されるローカルユーザーを利用してGlobalProtectの認証を行うため、ローカルユーザーのプロファイルを作成します。

● 認証用ローカルユーザー作成

▼ [Device]タブ>左のメニューより[ローカルユーザーデータベース] > [ユーザー]

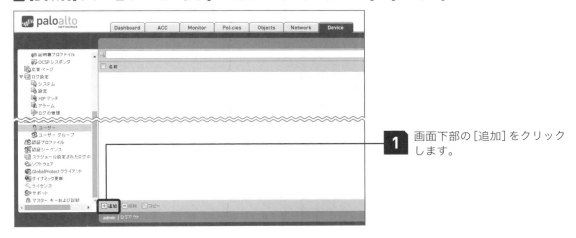

1 画面下部の[追加]をクリックします。

2 ユーザーを作成します。[名前]にユーザー名、[パスワード]にユーザーのパスワードを入力します。

3 [有効化]にチェックが入っていることを確認します。

4 必要な情報が入力できたら[OK]をクリックします。

425

第 8 章　リモートアクセス（GlobalProtect）

5 必要になるユーザー分 **1** 〜 **4** を繰り返して作成を行います。

● ユーザーグループ作成

▼ [Device] タブ＞左のメニューより [ローカルユーザーデータベース] ＞ [ユーザーグループ]

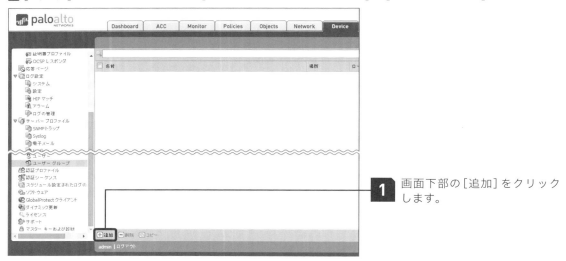

1 画面下部の [追加] をクリックします。

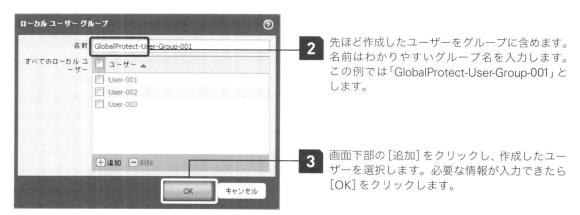

2 先ほど作成したユーザーをグループに含めます。名前はわかりやすいグループ名を入力します。この例では「GlobalProtect-User-Group-001」とします。

3 画面下部の [追加] をクリックし、作成したユーザーを選択します。必要な情報が入力できたら [OK] をクリックします。

4 GlobalProtect認証用ユーザーグループが作成できたことを確認します。

8.5 >> GlobalProtectの基本設定

- 認証プロファイル作成

▼ [Device]タブ＞左のメニューより[認証プロファイル]

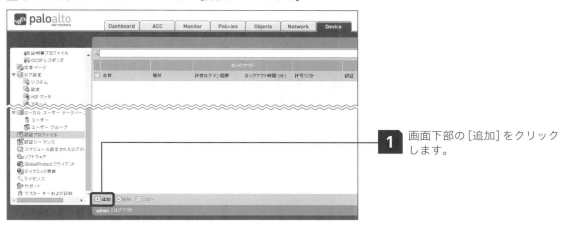

1 画面下部の[追加]をクリックします。

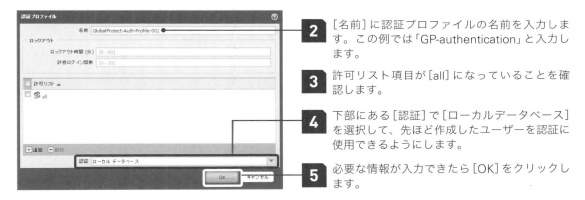

2 [名前]に認証プロファイルの名前を入力します。この例では「GP-authentication」と入力します。

3 許可リスト項目が[all]になっていることを確認します。

4 下部にある[認証]で[ローカルデータベース]を選択して、先ほど作成したユーザーを認証に使用できるようにします。

5 必要な情報が入力できたら[OK]をクリックします。

6 プロファイルが作成されたことを確認します。

6 ユーザー設定を確定させるため、ここでコンフィグレーションのコミットを実施します。画面右上にあるコミットボタンをクリックし、設定の反映を行います。

第8章　リモートアクセス（GlobalProtect）

⑤ GlobalProtect ポータル作成

GlobalProtect ポータルの設定を行います。

● ポータル設定

▼ [Networks] タブ＞左のメニューより [GlobalProtect] > [ポータル]

1 画面下部の [追加] をクリックします。

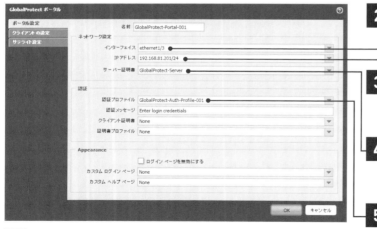

2 [ポータル設定] タブにてポータルの設定を行います。[インターフェイス] は Untrust 側の ethernet1/3 を指定します。

3 [IPアドレス] として ethernet1/3 に設定された 192.168.31.201/24 を指定します。

4 [サーバー証明書] としてポータルおよびゲートウェイ用に作成したサーバー証明書（GlobalProtect-Server）を指定します。

5 [認証プロファイル] として GlobalProtect 認証用に作成した認証プロファイル（GP-authentication）を指定します。

6 それ以外の項目は必要に応じて設定しますが、今回はそのままにします。

8.5 >> GlobalProtectの基本設定

● クライアント設定

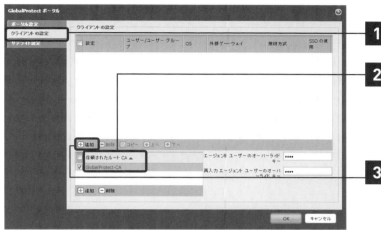

1 [クライアントの設定]タブをクリックします。

2 [信頼されたルートCA]セクションで、ポータルに接続した際にクライアントに送信するCA証明書を選択します。作成した自己署名CA証明書を選択します。

3 次に[クライアントの設定]セクションでクライアントへ送信するクライアント設定情報を設定します。[追加]をクリックします。

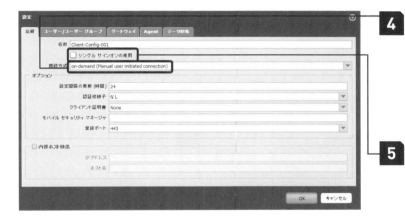

4 [全般]タブで接続方式を決定します。今回はローカルユーザーデータベースで作成した認証情報を用いて、ユーザーが手動でGlobalProtect接続を開始できるようにするため[接続方式]項目で[on-demand]を選択します。

5 シングルサインオン機能は使用しないため、チェックを外します。

6 外部ゲートウェイの設定を行います。[ゲートウェイ]タブをクリックします。今回はGlobalProtectのライセンスが不要な単一のゲートウェイを利用します。

7 外部ゲートウェイの[追加]をクリックし、UntrsutインターフェイスのIPアドレス(192.168.81.201)を入力します。

8 入力が完了できたら[OK]をクリックします。

第 8 章　リモートアクセス（GlobalProtect）

	名前	場所	インターフェイス	IP	サーバー証明書	認証プロファイル	証明書プロファイル	情報
	GlobalProtect-Portal-001		ethernet1/3	192.168.81.201/24	GlobalProtect-Server	GlobalProtect-Auth-Profile-001		
	エージェント設定	ユーザー	OS	オプション	外部 GW	内部 GW	接続方式	
	Client-Config-001	any	any		External-Gateway-001	未設定	on-demand	

9 Untrustインターフェイスが GlobalProtect ポータルとして設定されていることを確認します。

⑥ GlobalProtect ゲートウェイ作成

GlobalProtect ゲートウェイの設定を行います。

● ゲートウェイ設定

▼ [Networks] タブ＞左のメニューより [GlobalProtect] ＞ [ゲートウェイ]

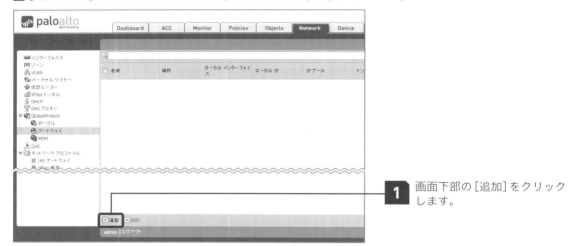

1 画面下部の [追加] をクリックします。

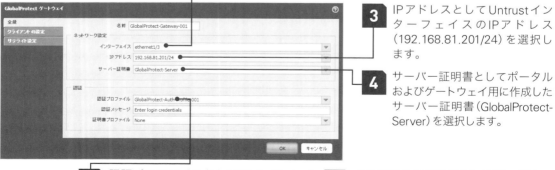

2 [全般] タブにてゲートウェイの設定を行います。インターフェイスとしてUntrsutインターフェイス (ethernet1/3) を選択します。

3 IPアドレスとしてUntrustインターフェイスのIPアドレス（192.168.81.201/24）を選択します。

4 サーバー証明書としてポータルおよびゲートウェイ用に作成したサーバー証明書 (GlobalProtect-Server) を選択します。

5 認証プロファイルとしてGlobalProtect認証用に作成した認証プロファイル（GP-authentication）を選択します。

6 それ以外の項目は必要に応じて設定できますが、今回はそのままにします。

8.5 >> GlobalProtectの基本設定

7 [クライアント設定] タブをクリックし、クライアントとの接続に関する設定を行います。まずは [トンネル設定] タブをクリックし、トンネル接続設定を行います。

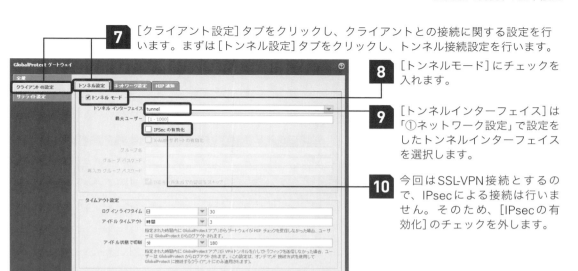

8 [トンネルモード] にチェックを入れます。

9 [トンネルインターフェイス] は「①ネットワーク設定」で設定をしたトンネルインターフェイスを選択します。

10 今回はSSL-VPN接続とするので、IPsecによる接続は行いません。そのため、[IPsecの有効化] のチェックを外します。

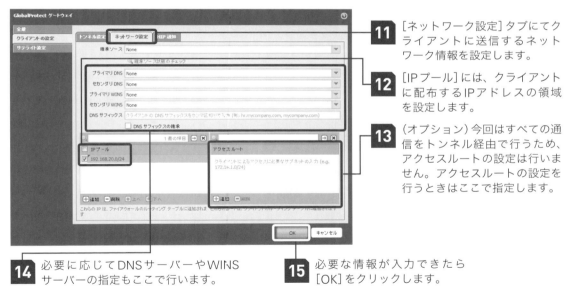

11 [ネットワーク設定] タブにてクライアントに送信するネットワーク情報を設定します。

12 [IPプール] には、クライアントに配布するIPアドレスの領域を設定します。

13 (オプション) 今回はすべての通信をトンネル経由で行うため、アクセスルートの設定は行いません。アクセスルートの設定を行うときはここで指定します。

14 必要に応じてDNSサーバーやWINSサーバーの指定もここで行います。

15 必要な情報が入力できたら [OK] をクリックします。

16 UntrustインターフェイスがGlobalProtectゲートウェイとして設定されていることを確認します。

第8章　リモートアクセス（GlobalProtect）

17 GlobalProtectポータルおよびゲートウェイ設定を確定させるため、ここでコンフィグレーションのコミットを実施します。画面右上にあるコミットボタンをクリックし、設定の反映を行います。

> **注意**
> トンネルゾーンにおいて［ユーザーIDの有効化］にチェックが入っていない場合、コミット実行時に以下のような警告メッセージがこのタイミングで表示されます。有効にしなければGlobalProtectゲートウェイでユーザーの認証ができなくなります。
>
> Warning: Zone 'トンネルゾーン名' does not have 'enable-user-identification' turned on for globalprotect gateway 'GlobalProtect Gateway 名'

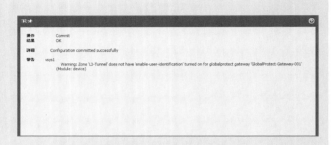

⑦GlobalProtectクライアントのアクティベーション

ユーザー端末がポータルからGlobalProtectクライアントをダウンロードできるようにするため、配布するクライアントソフトウェアをファイアウォール内にインストールします。

● オンライン環境

ファイアウォールの管理インターフェイスがインターネットに接続されている場合、以下の手順でGlobalProtectクライアントをアクティベートします。

▼ ［Device］タブ＞左のメニューより［GlobalProtectクライアント］

1 ファイアウォールの管理インターフェイスがインターネットへ接続できる場合は画面下部にある［今すぐチェック］をクリックします。

バージョン	サイズ	リリース日	ダウンロード済み	現在アクティベーション済み	アクション	
2.2.1	29 MB	2015/05/17 10:43:49			ダウンロード	リリースノート
2.2.0	29 MB	2015/03/26 10:18:51			ダウンロード	リリースノート
2.1.4	29 MB	2015/05/19 05:57:00			ダウンロード	リリースノート
2.1.3	29 MB	2015/04/20 13:28:20			ダウンロード	リリースノート
2.1.2	29 MB	2015/02/03 12:26:14			ダウンロード	リリースノート
2.1.1	29 MB	2014/12/04 10:54:50			ダウンロード	リリースノート
2.1.0	27 MB	2014/09/22 16:58:27			ダウンロード	リリースノート

2 使用可能なGlobalProtectクライアントのバージョン一覧が表示されます。

3 最新のクライアントバージョンの［アクション］列のダウンロードをクリックし、イメージのダウンロードを行います。

8.5 >> GlobalProtectの基本設定

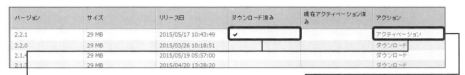

4 イメージのダウンロードが完了したら［ダウンロード済み］列にチェックが入り、［アクション］列の表記がアクティベーションに変わります。

5 ［アクション］列のアクティベーションをクリックして、クライアントのアクティベートを行います。

6 ［現在アクティベーション済み］項目にチェックが入れば完了となります。

7 ［Dashboard］タブの［一般的な情報］ウィジット内の［GlobalProtectエージェント］項目でも適用されているクライアントバージョンを確認することが可能です。

● **オフライン環境**

ファイアウォールの管理インターフェイスがインターネットに接続されていない場合、以下の手順でGlobalProtectクライアントをアクティベートします。

▼［Device］タブ > 左のメニューより［GlobalProtectクライアント］

1 事前に販売代理店よりGlobalProtectクライアントのイメージファイルを入手する必要があります。

2 画面下部にある［アップロード］をクリックします。

第 8 章　リモートアクセス (GlobalProtect)

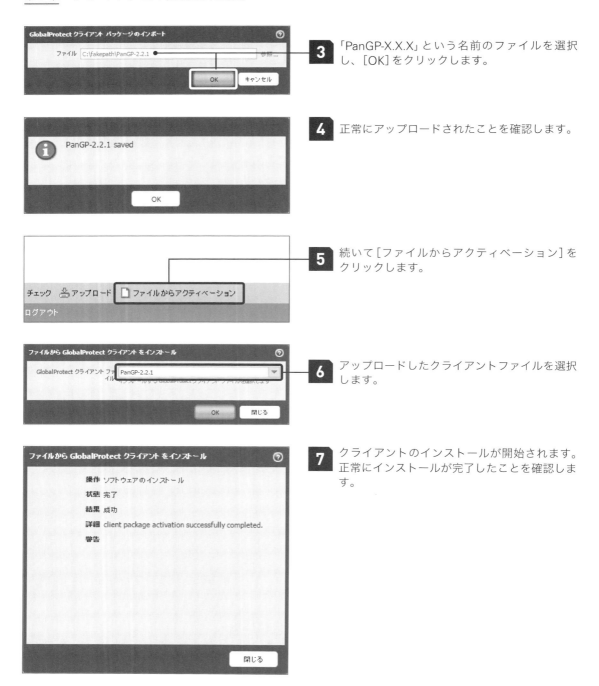

3　「PanGP-X.X.X」という名前のファイルを選択し、[OK]をクリックします。

4　正常にアップロードされたことを確認します。

5　続いて[ファイルからアクティベーション]をクリックします。

6　アップロードしたクライアントファイルを選択します。

7　クライアントのインストールが開始されます。正常にインストールが完了したことを確認します。

8.5 >> GlobalProtectの基本設定

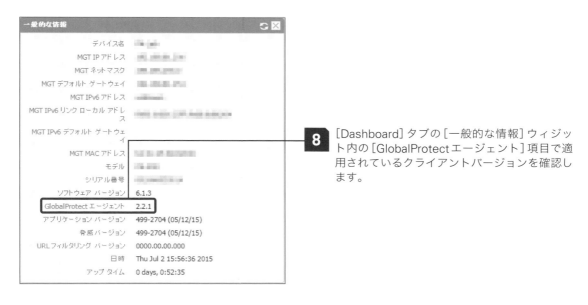

8 [Dashboard]タブの[一般的な情報]ウィジット内の[GlobalProtectエージェント]項目で適用されているクライアントバージョンを確認します。

⑧端末へのソフトウェアインストールと設定

ユーザー端末を操作してGlobalProtectクライアントのインストールおよび、認証用のユーザー情報、接続するGlobalProtectポータルの情報を設定します。

1 端末にてWebブラウザを開きます。

2 アクセス先を「https://*GlobalProtect*ポータルの*IP*アドレス」としてポータルへアクセスします

3 証明書エラー画面が表示されますが無視してアクセスを続行します。

第 8 章　リモートアクセス（GlobalProtect）

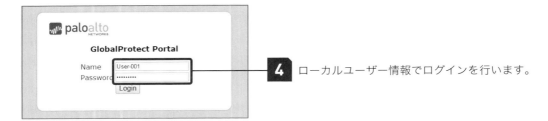

4 ローカルユーザー情報でログインを行います。

5 インストールする端末に合わせたインストーラーをダウンロードします。

6 ダウンロードしたインストーラーを実行します。

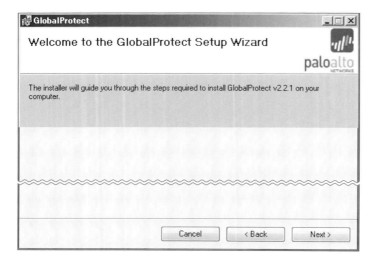

7 インストーラーの指示に従ってインストールを実施します。

8.5 >> GlobalProtectの基本設定

8 インストール完了後、自動的にGlobalProtectクライアントが起動します。Windows端末であればタスクトレイにマークが表示されます。
ネットワークの検出中となり接続を行うような動作をしますが、ユーザー情報およびポータル情報を指定していないため、失敗します。失敗した場合は（■）となります。

9 タスクトレイにあるGlobalProtectクライアントを右クリックし、コンテキストメニューを表示し、［開く］をクリックします。

10 初期画面では詳細な設定画面が表示されないため［表示］-［パネルの表示］をクリックします。

11 タブが複数表示されます。［設定］タブをクリックします。

12 ［ユーザー名］、［パスワード］にローカルユーザー情報を、［ポータル］にGlobalProtectポータルのIPアドレスを入力して、［適用］をクリックします。
※設定を保存することでユーザー情報を再度入力する手間が省けます。

437

第8章　リモートアクセス（GlobalProtect）

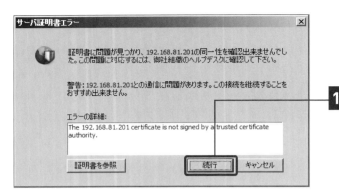

13 初回接続時、GlobalProtectゲートウェイに対するサーバー証明書エラーが発生します。ローカルにCA証明書が保存されておらず、信頼されていないためです。[続行]をクリックします。

※[続行]をクリックするとCA証明書をローカルに保存します。

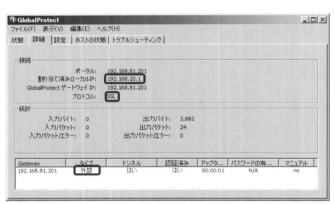

14 認証が完了すると外部ゲートウェイとのトンネル接続が完了します。また、[詳細]タブをクリックすると割り当てられたIPアドレスとSSLプロトコルによる接続がされていることが確認できます。

15 [Monitor]タブ＞左のメニューより[ログ]＞[システム]にてイベント項目の「globalprotectgateway-auth-succ」、「globalprotectgateway-regist-succ」、「globalprotectportal-auth-succ」、「globalprotectportal-config-succ」等より正常にGlobalProtectポータルおよび、GlobalProtectゲートウェイへの接続、認証、クライアント設定の受信が確認できます。

8.5 >> GlobalProtectの基本設定

 ポータル、ゲートウェイアクセス時の証明書エラーについて

事前にファイアウォールからエクスポートしたCA証明書を、GlobalProtectクライアントをインストールしたリモート端末に信頼されたルート証明書機関としてインストールすることでエラーを回避することが可能です。ファイアウォールからの証明書エクスポートは[Device]タブ>左のメニューより[証明書の管理] > [証明書] > [デバイス証明書]タブで、エクスポートしたい証明書にチェックを入れて、画面下部にある[エクスポート]から実施できます。PEMまたはPKCS12でのエクスポートが可能です。

●図8.18 証明書のエクスポート（PKCS12）と、Webブラウザへのインポート

 ポータルログインページのカスタマイズ

ユーザー自身でログインページをカスタマイズすることが可能です。
詳細は第4章の「4.1.7 ユーザー通知」を参照してください。

●図8.19 GlobalProtectポータルカスタムログインページを選択

●図8.20 デフォルトのログインページ　　　　●図8.21 ユーザーでカスタマイズされたログインページ

第8章 リモートアクセス（GlobalProtect）

⑨通信確認

トンネル経由での接続確認を行います。
以下のような通信方向で通信確認を行います。

●図8.22 トンネル経由での接続確認

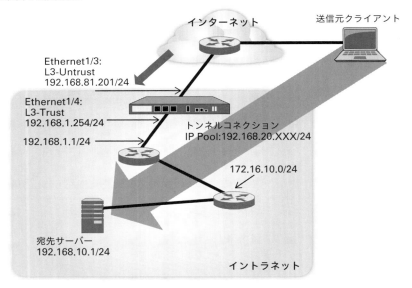

pingやWebアクセスなどにより、図8.22の送信元クライアントから宛先サーバーに対して通信が可能であるか確認を行います。

●図8.23 ping結果

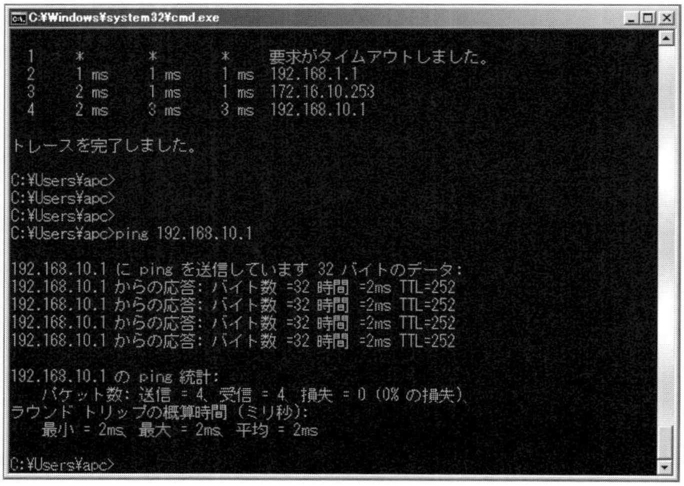

440

8.5 >> GlobalProtectの基本設定

⑩ログ確認

トラフィックログにて、トンネル経由で通信されていることの確認を行います。

▼ [Monitor]タブ>ログ>トラフィック

受信日時	タイプ	送信元ゾーン	宛先ゾーン	送信元	送信元ユーザ	宛先	宛先ポート	アプリケーション	アクション	ルール	セッション終了理由
07/01 10:43:27	end	L3-Tunnel	L3-Trust	192.168.20.1	user-001	192.168.10.1	0	ping	allow	Tunnel_Rule	aged-out
07/01 10:43:16	end	L3-Tunnel	L3-Trust	192.168.20.1	user-001	192.168.10.1	0	ping	allow	Tunnel_Rule	aged-out
07/01 10:43:14	end	L3-Tunnel	L3-Trust	192.168.20.1	user-001	192.168.10.1	0	traceroute	allow	Tunnel_Rule	aged-out

上記のようにトンネルゾーンから内部環境であるTrustゾーンへの通信が発生しており、設定したトンネル経由用ポリシー（例：Tunnel-Rule）にマッチングしていることが確認できます。また、ログの［送信元ユーザ］列ではGlobalProtectでログインしたユーザー名が表示されていることも確認できます。これはユーザー識別同様、ログインした際のユーザー名と配布されたプライベートIPアドレスのマッピング情報がファイアウォール内に存在しているためです。

● 図8.24 ユーザーマッピングテーブル

CLIにて"show user ip-user-mapping all"を実行すると、ファイアウォール内で持っているユーザー名とIPアドレスのマッピング情報が確認できます。Fromの項目で"GP"と表記されているのがGlobalProtectで認証されたユーザーを示しています。これによりGlobalProtectを利用するリモート端末はすべてユーザー識別も可能となり、より精密なレポートやセキュリティポリシー設定などをすることが可能です。

第8章　リモートアクセス（GlobalProtect）

8.6　GlobalProtectリファレンス

本節ではGlobalProtectの各設定項目に関する詳細を説明します。

8.6.1　GlobalProtectポータル設定項目

▼ GUI画面より、[Network]タブ＞左のメニューより[GlobalProtect]＞[ポータル]＞[追加]

　GlobalProtectポータルの設定項目画面では、クライアントがポータルへ接続する際の認証方法や、GlobalProtectゲートウェイ情報やその他クライアントに関する設定情報などクライアントへ配布する内容を設定する項目です。次のような設定項目があります。

■ GlobalProtectポータル基本設定項目

　[ポータル設定]タブでは、ポータルとするインターフェイスやIPアドレス、クライアントの認証方法を指定します。

8.6 >> GlobalProtect リファレンス

● 表8.10 GlobalProtect ポータル基本設定項目

項目	説明
名前	任意のポータル名を入力します（最大31文字）。
場所	Vsysを利用している場合に、任意の仮想システムを選択します。
ネットワーク設定	
インターフェイス	GlobalProtectポータルとするファイアウォールのインターフェイスを選択します。レイヤー3インターフェイスが一覧で表示されます。
IPアドレス	上記選択したインターフェイスのIPアドレスを選択します。レイヤー3インターフェイスに複数のIPアドレスが設定されている場合は複数表示されます。
サーバー証明書	GlobalProtectポータルで使用するSSLサーバー証明書を選択します。選択するサーバー証明書の共通名（CN）はインターフェイスのIPアドレス、もしくはFQDNと完全に一致する必要があります。外部からインポートした証明書も一覧に表示されます。
認証	
認証プロファイル	[Device]タブ＞認証プロファイル、または認証シーケンスで定義したプロファイルを選択します。
認証メッセージ	ポータルの認証を行う際の画面でユーザーに通知するメッセージを入力します。以下の「パスワードを入力してください。」が該当の項目になります。　●図8.25 ユーザーへ通知するメッセージ内容
クライアント証明書	GlobalProtectゲートウェイとの接続に使用するクライアント証明書を選択します。選択された証明書はポータルに接続したGlobalProtectクライアントへ配布され、自動的にクライアント証明書のインストールが行われます。　●図8.26 インストールされたクライアント証明書
証明書プロファイル	GlobalProtectポータルとの接続時に使用するクライアント証明書を認証する証明書プロファイルを選択します。[Device]タブ＞[証明書]＞[証明書プロファイル]で作成されたプロファイルが一覧として表示されます。　●図8.27 ポータル接続時のクライアント証明書選択画面
Appearance	
ログインページを無効にする	WebブラウザによるGlobalProtectポータルへのログインページを無効にする場合はチェックを入れます。クライアントソフトウェアをWebブラウザ以外の手段で配布しており、必要ない場合などに設定を行います。
カスタムログインページ	ユーザー独自にカスタマイズしたログインページを使用する場合に選択します。[Device]タブ＞応答ページの「GlobalProtectポータルのログインページ」にカスタマイズしたhtmlファイルをインポートしている場合に一覧が表示されます。
カスタムヘルプページ	ユーザー独自にカスタマイズしたヘルプページを使用する場合に選択します。[Device]タブ＞応答ページの「GlobalProtectポータルのヘルプページ」にカスタマイズしたhtmlファイルをインポートしている場合に一覧が表示されます。

443

第 8 章　リモートアクセス（GlobalProtect）

■ GlobalProtect ポータル　クライアント設定項目

［クライアントの設定］タブでは、GlobalProtect クライアントへ配布するゲートウェイの一覧やログイン方法などのクライアントの設定情報を設定します。

● 表8.11　ルートCA配布設定

項目	説明
信頼されたルートCA	GlobalProtect ゲートウェイや GlobalProtect Mobile Security Manager で信頼されてないサーバー証明書が使用されている場合に、既知の認証局によってサインされたかどうかを検証するため、GlobalProtect クライアントによって使われます。ここで選択した CA 証明書はクライアントへ配布されます。

▼ ［GlobalProtectポータル］ > ［クライアントの設定］タブ > ［クライアントの設定］セクション > ［追加］ > ［全般］タブ

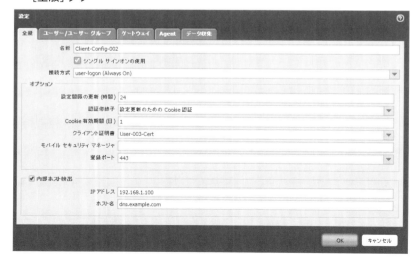

8.6 >> GlobalProtect リファレンス

● 表 8.12 クライアント - 全般設定項目

項目	説明
全般	
名前	任意のクライアント設定名を入力します (最大31文字)。
シングルサインオンの使用	Windows ログイン認証情報を使用し、ポータルとゲートウェイの認証を行う場合にチェックを入れます。クライアントで設定するユーザー名とパスワードは要求されません。
接続方法	GlobalProtect への接続方法について選択します。<table><tr><th>種類</th><th>説明</th></tr><tr><td>On demand</td><td>ユーザーの任意のタイミングで GlobalProtect への接続要求を行う方式です。</td></tr><tr><td>User-logon</td><td>ユーザーが端末にログオンした直後に自動的に GlobalProtect への接続を行う方式です。</td></tr><tr><td>ログオン前</td><td>ユーザーが端末にログオンする前に端末にインストールされたクライアント証明書を使用して GlobalProtect へ接続を行う方式です。</td></tr></table>
内部ホスト検出	
IP アドレス/ホスト名	[内部ホスト検出] は内部ゲートウェイを設定する場合にチェックを入れます。指定された IP アドレスとホスト名の DNS リバースルックアップを実行し、この組み合わせが一致する場合は内部ネットワークにあるとみなし、[ゲートウェイ] タブで設定した内部ゲートウェイと接続を行います。

▼ [GlobalProtect ポータル] > [クライアントの設定] タブ > [クライアントの設定] セクション > [追加] > [ユーザー/ユーザーグループ] タブ

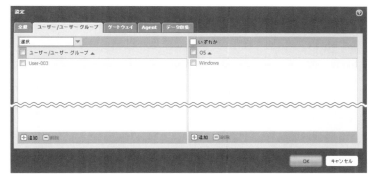

● 表 8.13 クライアント - ユーザー/OS 制限設定項目

項目	説明
ユーザー/ユーザーグループ	
ユーザー/ユーザーグループ	該当のクライアント設定情報を適用させるユーザーまたはグループを設定します。
OS	該当のクライアント設定情報を適用させるオペレーティングシステムを指定します。

▼ [GlobalProtect ポータル] > [クライアントの設定] タブ > [クライアントの設定] セクション > [追加] > [ゲートウェイ] タブ

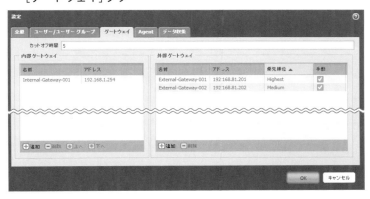

第8章　リモートアクセス（GlobalProtect）

● 表8.14　クライアント - 内部/外部ゲートウェイ設定項目

項目	説明
ゲートウェイ	
内部ゲートウェイ	内部ネットワークのゲートウェイとするIPアドレスを設定します。
外部ゲートウェイ	内部ネットワーク上に存在しなかった場合にクライアントがトンネルの確立を試みる外部接続用のゲートウェイを設定します。
名前	外部ゲートウェイを識別する名前を入力します（最大31文字）
アドレス	ゲートウェイのIPアドレスを入力します。
優先順位	クライアントが接続先の外部ゲートウェイを判別するための優先順位を付けます。複数の外部ゲートウェイが存在する場合にどのゲートウェイを優先的に使用するかを設定します。
手動	ユーザーが手動で接続先のゲートウェイを選択する場合にチェックを入れます。

▼ ［GlobalProtectポータル］＞［クライアントの設定］タブ＞［クライアントの設定］セクション＞［追加］＞［Agent］タブ

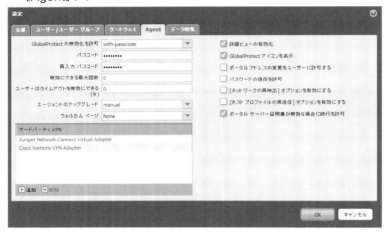

● 表8.15　クライアント - エージェント設定項目

項目	説明	
ゲートウェイ		
GlobalProtectの無効化を許可	ユーザー操作でクライアントの無効化を許可するか、拒否にするかを設定します。	
	種類	説明
	disable	ユーザー操作によるクライアントの無効化を拒否
	with-passcode	パスコードとして設定された文字列を入力することで無効化できる機能です。
	with-comment	クライアント無効化時に理由を記入する旨のメッセージウィンドウが表示されます。
	with-tikcet	チャレンジレスポンスメカニズムを使用した無効化方法です。
パスコード	［GlobalProtectの無効化を許可］で［with-passcode］を選択した場合に入力する項目です。	
無効にできる最大回数	ユーザーがクライアントを無効化できる最大回数を設定します。	
ユーザーはタイムアウトを無効にできる（分）	クライアントが無効化される時間を設定します。デフォルトは0となり、ユーザーが手動でクライアントを有効にしない限りは無効化されたままになります。	

8.6 >> GlobalProtect リファレンス

項目	説明		
エージェントの アップグレード	GlobalProtectクライアントのソフトウェアのダウンロード/アップグレード方法について設定します。		
	種類	説明	
	disabled	クライアントのアップグレードをしません。	
	manual	手動でアップデート情報を確認し、あればアップグレードを開始します。	
	prompt	クライアントアップデートがあると、ユーザーにメッセージを表示し、アップグレード要求をします。	
	transparent	クライアントのアップデートがあると自動的に更新を行います。	
ウェルカムページ	GlobalProtectに接続できた場合にユーザーに表示するページです。必要に応じてページ内容をカスタムすることができます。[Device]タブ>応答ページの「GlobalProtectウェルカムページ」にカスタマイズしたhtmlファイルをインポートしている場合に一覧が表示されます。		
サードパーティVPN	ユーザー端末にGlobalProtecto以外のVPNクライアントがある場合設定します。GlobalProtectクライアントが他のVPNクライアントと干渉しないようにします。		
詳細ビューの有効化	クライアントに詳細タブを表示させるか選択します。 ●図8.28 詳細タブ		
GlobalProtect アイコンを表示	ユーザー端末にGlobalProtectアイコンを表示させない場合はチェックを外します。		
ポータルアドレスの変更をユーザーに許可する	チェックを外すと、ポータルフィールドがなくなり、ユーザーはポータルのアドレスを指定できなくなります。 ●図8.29 ポータル入力項目		
パスワードの保存を許可	クライアントにパスワードを保存させない場合はチェックを外します。 ●図8.30 パスワード設定保存項目		
[ネットワークの再検出]オプションを有効にする	手動でネットワークの再検出を実行できないようにする場合はチェックを外します。		

447

第 8 章　リモートアクセス（GlobalProtect）

項目	説明	
［ホストプロファイルの再送］オプションを有効にする	ユーザーが手動で最新のHIPの再送をさせない場合はチェックを外します。	
ポータルサーバー証明書が無効な場合に続行を許可する	サーバー証明書エラーが発生した場合に表示される［続行］を選択させないようにする場合はチェックを外します。	

▼ ［GlobalProtectポータル］>［クライアントの設定］タブ>［クライアントの設定］セクション>［追加］>［データ収集］タブ

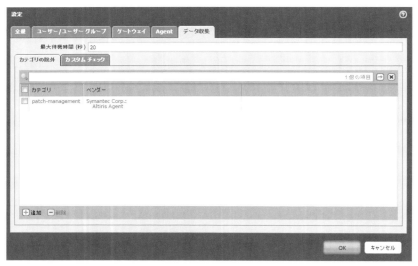

● 表8.16　クライアント - データ収集設定項目

項目	説明
最大待機時間	クライアントがHIPを検索する時間を設定します（デフォルト20秒）（10～60秒）。
カテゴリの除外	HIP情報の収集対象としない情報をカテゴリ/ベンダーを選択します。
カスタムチェック	カテゴリやベンダーに含まれない、レジストリキーや、レジストリキーの値、プロセスリストのホスト情報を指定します。

■ [GlobalProtectポータル] > [クライアントの設定] タブ > [クライアントの設定] セクション > [追加] > [データ設定] タブ

■ **GlobalProtectポータル　サテライト設定項目**

[サテライト設定] タブでは、サテライトとなるファイアウォールの登録や、各サテライトファイアウォールへ送信するゲートウェイ情報などの設定を行います。

● **表8.17** GlobalaProtectサテライト証明設定項目

項目	説明
信頼されたルートCA	GlobalProtectゲートウェイで信頼されてないサーバー証明書が使用されている場合に、既知の認証局によってサインされたかどうかを検証するために使われます。
証明書の発行	サテライトファイアウォール向けに証明書を発行する際に使用するCA証明書を選択します。
有効期間（日）	発行されるGlobalProtectサテライト証明書の有効期間を設定します（デフォルト：7日間）（7〜365日間）。
証明書の更新期間（日）	GlobalProtectサテライト証明書の更新期間を設定します（デフォルト：3日間）（3〜30日間）。
OCSPレスポンダ	ポータルおよびゲートウェイが提示した証明書の無効状態を検証するために使用するOCSPレスポンダを設定します。

■ [GlobalProtectポータル] > [サテライト設定] タブ > [サテライト設定] セクション > [追加] > [全般] タブ

● **表8.18** GlobalProtectサテライト全般設定項目

項目	説明
全般	
名前	プロファイルを識別する名前を設定します。
設定の更新期間（時間）	サテライトファイアウォールが設定の更新があるかどうかについてポータルへ問い合わせる間隔を設定します（デフォルト：24時間）（1〜48時間）。

● 表8.19 GlobalProtectサテライトデバイス設定項目

項目	説明
デバイス	このプロファイル設定情報を適用させるサテライトファイアウォールのシリアル番号を登録します。サテライトのホスト名はファイアウォールの認証完了した後に自動的に追加されます。

● 表8.20 GlobalProtectサテライトユーザー制限設定項目

項目	説明
登録ユーザー/登録ユーザーグループ	このプロファイル設定情報の対象となるサテライトファイアウォール内に存在するユーザーまたはグループを選択します。選択されたユーザーまたはグループのみがこのプロファイル設定情報の適用対象となります。

● 表8.21 GlobalProtectサテライトゲートウェイ設定項目

項目	説明
ゲートウェイ	サテライトファイアウォールがIPsecトンネルを確立させるゲートウェイのIPアドレスまたはFQDNを設定します。ゲートウェイが複数ある場合は[ルーターの優先順位]を使用してサテライトファイアウォールが使用するゲートウェイの優先順位を設定します。

8.6.2 GlobalProtectゲートウェイ設定項目

GlobalProtectゲートウェイの設定項目では、GlobalProtectクライアントが接続するゲートウェイ情報、IPsec接続も使用するかSSL接続のみにするかなどを設定します。次のような設定項目があります。

▼ GUI画面より、［Network］タブ＞左のメニューより［GlobalProtect］＞［追加］＞［全般］タブ
■ **GlobalProtectゲートウェイ基本設定項目**

［全般］タブではゲートウェイ基本設定項目としてGlobalProtectゲートウェイとするインターフェイスやIPアドレスの指定、クライアントの認証方法を指定します。

● **表8.22** GlobalProtectゲートウェイ全般設定項目

項目	説明
名前	任意のゲートウェイ名を入力します（最大31文字）。
ネットワーク設定	
インターフェイス	GlobalProtectゲートウェイとするファイアウォールのインターフェイスを選択します。レイヤー3インターフェイスが一覧で表示されます。
IPアドレス	上記選択したインターフェイスのIPアドレスを選択します。レイヤー3インターフェイスに複数のIPアドレスが設定されている場合は複数の候補が表示されます。
サーバー証明書	GlobalProtectゲートウェイで使用するSSLサーバー証明書を選択します。選択するサーバー証明書の共通名（CN）はインターフェイスのIPアドレス、もしくはFQDNと完全に一致する必要があります。外部からインポートした証明書も一覧に表示されます。
認証	
認証プロファイル	［Device］タブ＞［認証プロファイル］、または［認証シーケンス］で定義したプロファイルを選択します。
認証メッセージ	ゲートウェイの認証を行う際の画面でユーザーに通知するメッセージを入力します。以下の「GlobalProtectゲートウェイへ接続するため、パスワードを入力してください。」が該当の項目になります。●**図8.31** ユーザーへ通知するメッセージ内容

第 8 章　リモートアクセス（GlobalProtect）

項目	説明
証明書プロファイル	GlobalProtectゲートウェイとの接続時に使用するクライアント証明書を認証する証明書プロファイルを選択します。[Device]タブ>[証明書]>[証明書プロファイル]で作成されたプロファイルが一覧として表示されます。

●図8.32　接続時のクライアント証明書選択画面

■ GlobalProtectゲートウェイ　クライアント設定項目

［クライアントの設定］タブでは、トンネル接続方式や、クライアントへ配布するプライベートIPアドレスなどを設定します。

▼［GlobalProtectゲートウェイ］>［クライアントの設定］タブ>［トンネル設定］タブ

●表8.23　GlobalProtectゲートウェイトンネル設定項目

項目	説明
トンネル設定	
トンネルモード	外部ゲートウェイを使用する場合は必ず設定が必要となる項目です。［トンネルモード］にチェックを入れます。
トンネルインターフェイス	ゲートウェイへのアクセス用トンネルインターフェイスを選択します。
最大ユーザー	同時にゲートウェイにアクセスできるユーザーの最大数を指定します。設定された数値以上の同時アクセスユーザーがいる場合はユーザーの最大数に達したことを表すメッセージが表示され、後続のユーザーはアクセスを拒否されます。デフォルトでは制限をしません。設定上限はファイアウォールのモデルにより異なります。

＊4　フォールバック方式とは、最初にクライアントからゲートウェイにIPsecで接続試行を行い、経路途中のファイアウォール設定などによりIPsecによる接続が行えない場合はSSL-VPNによる接続試行へ移るというしくみです。

8.6 >> GlobalProtect リファレンス

項目	説明
IPSecの有効化	IPsecモードをプライマリの接続方法として使用する場合はチェックを入れます、チェックを外すとSSL-VPN接続方式となります。また、チェックを入れた場合、SSL-VPNをフォールバック方式[*4]として使用することも可能です。
X-Authサポートの有効化	IPsecモード有効時、クライアント端末上でX-Authをサポートするサードパーティの IPsec VPNクライアント（Apple iOS、Androidデバイスの IPsec VPNクライアント、LinuxのVPNCクライアントなど）を使用する場合はチェックを入れます。
グループ名/グループパスワード	●グループ名/パスワードを入力した場合。 　入力したグループ名とパスワードで認証が行われます。認証後は[全般]タブで設定した認証プロファイルに従ってユーザー/パスワードの認証を行います。 ●グループ名/パスワードを入力していない場合。 　サードパーティのVPNクライアントが提示する証明書に基づいて認証を行います。認証後は[全般]タブで設定した証明書プロファイルに従って証明書の検証を行います。
IKEキー再生成での認証をスキップ	デフォルトでは、IPsecの有効期限が切れたときにユーザーへの再認証を要求しません。要求する場合はチェックを入れます。
タイムアウト設定	
ログインライフタイム	クライアントがゲートウェイにログイン後、継続接続可能な日数、時間を指定します。
アイドルタイムアウト	未接続状態のときに自動的にログアウトするまでの日数、時間を設定します。
アイドル状態で切断	トラフィックを送信しなかった場合に、クライアントがログアウトされるまでの時間（分）を指定します。

▼ [GlobalProtectゲートウェイ] > [クライアントの設定] タブ > [ネットワーク設定] タブ

● 表8.24 GlobalProatectゲートウェイネットワーク設定項目

項目	説明
ネットワーク設定	
継承ソース	DHCPクライアントまたはPPPoEクライアントとして定義されたファイアウォールのインターフェイスで取得された、DNSサーバーおよびWINSサーバーの情報をクライアントへ配布する場合に指定します。DHCPクライアントまたはPPPoEクライアントとして定義されたファイアウォールのインターフェイスをドロップダウンメニューから選択します。
プライマリ/セカンダリDNS	DHCPクライアントへ配布するDNSサーバーIPアドレスを入力します。 [inherited]を選択すると、[継承ソース]で指定された情報元から継承されたDNSサーバーIPアドレスが配信されます。

第8章 リモートアクセス（GlobalProtect）

項目	説明
プライマリ/セカンダリWINS	DHCPクライアントへ配布するWINSサーバーIPアドレスを入力します。[inherited]を選択すると、[継承ソース]で指定された情報元から継承されたWINSサーバーIPアドレスが配信されます。
IPプール	クライアントへ配布するIPアドレスを設定します。
アクセスルート	トンネル接続するルート情報を設定します（スプリットトンネリング設定）。何も設定がない場合はすべての通信がトンネル接続となります。

▼ ［GlobalProtectゲートウェイ］＞［クライアントの設定］タブ＞［HIP通知設定］タブ

● 表8.25 HIP通知設定

項目	説明
HIP通知設定項目	
ホスト情報	適用するHIPを選択します。[Objects]タブ＞GlobalPrtectの[HIPオブジェクト]、[HIPプロファイル]にてプロファイルを作成すると一覧が表示されます。HIPを作成して、セキュリティポリシーに適用した場合のみこのHIP通知設定は有効になります。
メッセージが一致	HIPの内容と一致した場合にユーザーに通知する方を[システムトレイバルーン]、[ポップアップメッセージ]から選択し、メッセージの内容を設定していきます。
一致しないメッセージ	HIPの内容と一致しなかった場合にユーザーに通知する方を[システムトレイバルーン]、[ポップアップメッセージ]から選択し、メッセージの内容を設定していきます。たとえば、システムにインストールすべきアプリケーションがインストールされていない場合に、警告メッセージとして表示させることができます。

▼ ［GlobalProtectゲートウェイ］＞［クライアントの設定］タブ＞［HIP追加］タブ

■ GlobalProtectゲートウェイ サテライト設定項目

　［サテライト設定］タブでは、サテライトとなるファイアウォールが接続するゲートウェイ情報の設定を行います。

8.6 >> GlobalProtect リファレンス

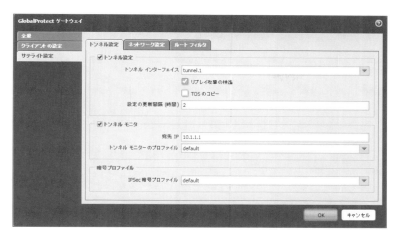

● 表8.26 GlobalProtect サテライトトンネル設定項目

項目	説明
トンネル設定	
トンネルモード	ゲートウェイとVPNトンネルする場合は必ず設定が必要となる項目です。[トンネルモード]にチェックを入れます。
トンネルインターフェイス	ゲートウェイへのアクセス用トンネルインターフェイスを選択します。
設定の更新期間（時間）	サテライトファイアウォールが設定の更新があるかどうかについてポータルへ問い合わせる間隔を設定します（デフォルト：24時間）(1～48時間)
トンネルモニタ	
トンネルモニタ	チェックを入れると、サテライトファイアウォールがゲートウェイに対してVPNトンネル接続をモニターします。接続に失敗した場合はバックアップのゲートウェイにフェイルオーバーします。
宛先IP	モニターを行う宛先のゲートウェイIPアドレスを設定します。
トンネルモニタのプロファイル	ゲートウェイをモニターする時間間隔やしきい値を設定したモニタープロファイルを選択します。[Network]タブ＞[ネットワークのプロファイル]＞[モニター]で作成したプロファイルが一覧に表示されます。
IPSec暗号プロファイル	ゲートウェイとのVPNトンネル接続時に使用する、識別、認証、暗号化プロトコルおよびアルゴリズムが定義されたプロファイルを選択します。[Network]タブ＞[ネットワークのプロファイル]＞[IPSec暗号]で作成したプロファイルが一覧に表示されます。

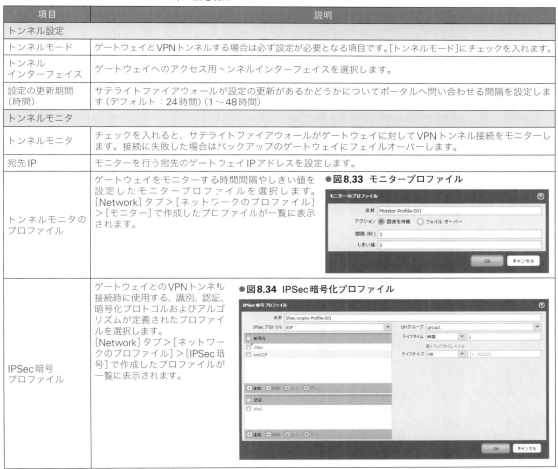

● 図8.33 モニタープロファイル

● 図8.34 IPSec暗号化プロファイル

第8章　リモートアクセス（GlobalProtect）

▼ ［GlobalProtectゲートウェイ］＞［サテライト設定］タブ＞［ネットワーク設定］タブ

● 表8.27　GlobalProtectサテライトネットワーク設定項目

項目	説明
ネットワーク設定	
継承ソース	DHCPクライアントまたはPPPoEクライアントとして定義されたファイアウォールのインターフェイスで取得された、DNSサーバーおよびWINSサーバーの情報をクライアントへ配布する場合に指定します。DHCPクライアントまたはPPPoEクライアントとして定義されたファイアウォールのインターフェイスをドロップダウンメニューから選択します。
プライマリ/セカンダリDNS	DHCPクライアントへ配布するDNSサーバーIPアドレスを入力します。[inherited]を選択すると、[継承ソース]で指定された情報元から継承されたDNSサーバーIPアドレスが配信されます。
DNSサフィックス	DHCPクライアントへ配布するDNSサフィックスを入力します。[inherited]を選択すると、[継承ソース]で指定された情報元から継承されたDNSサフィックスをが配信されます。
IPプール	クライアントへ配布するIPアドレスを設定します。
アクセスルート	トンネル接続するルート情報を設定します（スプリットトンネル設定）。何も設定がない場合はすべての通信がトンネル接続となります。

▼ ［GlobalProtectゲートウェイ］＞［サテライト設定］タブ＞［ルートフィルタ］タブ

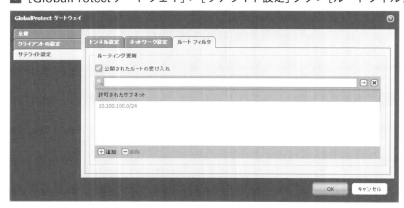

●表8.28 GlobalProtectサテライトルートフィルタ設定項目

項目	説明
ルートフィルタ設定	
公開されたルートの受け入れ	サテライトから入手したルート情報をゲートウェイのルーティングテーブルに受け入れ許可する場合はチェックを入れます。
許可されたサブネット	指定したサブネット上のサテライトからのみルート情報を受け入れるよう制限する場合、受入許可するサブネット情報を追加します。

8.6.3　HIP（HostInformation Profile）設定項目

　HIPはGlobalProtectクライアントから受け取ったホスト情報をもとにセキュリティポリシーの一致条件として適用する場合に使用します。HIP設定ではユーザー端末にインストールされているセキュリティソフトや特定のOSやドメインなどの要素を用いて一致条件のプロファイルを作成します。

■HIPオブジェクト設定項目

　HIPオブジェクトでは、GlobalProtectクライアントから受け取ったホスト情報を参照するための一致条件を設定します。

▼ GUI画面より、[Object]タブ＞左のメニューより[GlobalProtect]＞[HIPオブジェクト]＞[追加]

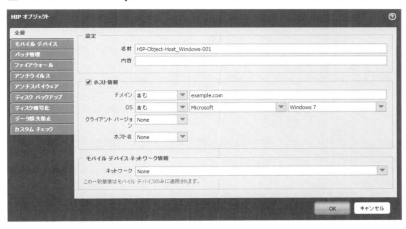

●表8.29　HIPオブジェクト設定項目

項目	説明
全般タブ	
名前	HIPオブジェクトの名前を設定します（最大31文字）
内容	HIPオブジェクトの説明を設定します。
ホスト情報	ホスト情報フィールドによるフィルタリングをする場合はチェックを入れます。ホスト情報では以下の要素で照合の対象設定をします。 ・オペレーティングシステム/バージョン ・ドメイン名 ・GlobalProtectクライアントバージョン ・ホスト名

第8章　リモートアクセス（GlobalProtect）

項目	説明
モバイルデバイスネットワーク情報	モバイルデバイス（iOS、Android）を使用するネットワークの場合で、モバイルデバイスを一致条件として使用する場合に設定します。ドロップダウンリストより［である］、［でない］、を選択し、［WiFi］であればSSIDを、［キャリア］であれば通信業者名を入力します。また、［でない］の項目のみ［Ethernet］項目が選択可能です。モバイルデバイス（iOS、Android）を使用するネットワークでない場合や一致条件の対象にしない場合は［None］にします。
モバイルデバイスタブ	この項目はGlobalProtect Mobile Security Managerと連携し、モバイルデバイス（iOS、Android）を使用する場合のみ有効となります。モバイルデバイスフィールドによるフィルタリングをする場合はチェックを入れます。モバイルデバイスでは以下の要素で照合の対象設定をします。 ・シリアル番号 ・モデル ・電話番号 ・IMEI（※） ・パスコード設定有無 ・root化/ジェイルブレイクの有無 ・ディスク暗号化 ・特定アプリケーションのインストール状況（Androidのみ）
パッチ管理タブ	パッチ管理フィールドによるフィルタリングをする場合はチェックを入れます。パッチ管理では以下の要素で照合の対象設定をします。 ・特定パッチの適用状況 ・パッチ管理ソフトウェアの状態（ベンダー/製品レベルで確認可）
ファイアウォールタブ	ファイアウォールフィールドによるフィルタリングをする場合はチェックを入れます。ファイアウォールでは以下の要素で照合の対象設定をします。 ・ファイアウォールソフトウェアの状態（ベンダー/製品レベルで確認可）
アンチウイルスタブ	アンチウイルスフィールドによるフィルタリングをする場合はチェックを入れます。アンチウイルスでは以下の要素で照合の対象設定をします。 ・アンチウイルスソフトウェアの状態（ベンダー/製品レベルで確認可） ・リアルタイム保護の状態 ・ウイルス定義バージョン ・最終スキャン時間
アンチスパイウェアタブ	アンチスパイウェアフィールドによるフィルタリングをする場合はチェックを入れます。アンチスパイウェアでは以下の要素で照合の対象設定をします。 ・アンチスパイソフトウェアの状態（ベンダー/製品レベルで確認可） ・リアルタイム保護の状態 ・定義バージョン ・最終スキャン時間
ディスクバックアップタブ	ディスクのバックアップフィールドによるフィルタリングをする場合はチェックを入れます。ディスクのバックアップでは以下の要素で照合の対象設定をします。 ・バックアップソフトウェアの状態（ベンダー/製品レベルで確認可） ・最終バックアップ時間
ディスク暗号化	ディスクの暗号化フィールドによるフィルタリングをする場合はチェックを入れます。ディスクの暗号化では以下の要素で照合の対象設定をします。 ・暗号化ソフトウェアの状態（ベンダー/製品レベルで確認可） ・暗号化されたディスクまたはパスの状態
データ損失防止	データ損失防止（DLP）フィールドによるフィルタリングをする場合はチェックを入れます。データ損失防止では以下の要素で照合の対象設定をします。 ・データ損失防止（DLP）ソフトウェアの状態（ベンダー/製品レベルで確認可） ※Windowsのみ
カスタム	カスタムフィールドによるフィルタリングをする場合はチェックを入れます。カスタムでは以下の要素で照合の対象設定をします。 ・プロセス ・レジストリキー（widnows） ・Plist（Mac）

※IMEI（International Mobile Equipment Identify）：携帯電話や一部の衛星電話に付けられた、モバイルデバイスを識別するための番号。

8.6 >> GlobalProtect リファレンス

■ HIPプロファイル設定項目

セキュリティポリシーに設定するHIPプロファイルを設定します。複数のHIPオブジェクトを利用していずれかのオブジェクトに一致するとセキュリティポリシーを適用させるなどの設定を行います。

▼ GUI画面より、[Object]タブ > 左のメニューより[GlobalProtect] > [HIPプロファイル]

● 表8.30 HIPプロファイル設定項目

項目	説明
名前	HIPプロファイルの名前を設定します（最大31文字）
内容	HIPプロファイルの説明を設定します。
一致	[条件の追加]をクリックし、作成したHIPオブジェクトを選択します。単一のHIPオブジェクトを選択することも可能ですが、[AND]、[OR]、[NOT]を利用することで複数のHIPオブジェクトを選択し、一致条件を作成することが可能です。

8.6.4 証明書の管理

証明書の設定画面では、GlobalProtectで使用する証明書の管理や、外部から入手した証明書のインストールおよび管理が行えます。また、証明書プロファイルでは、使用する証明書の有効性の検証方法について定義します。クライアント証明書を署名したCA証明書を選択するなどの設定を行います。

■ 証明書

GlobalProtectで使用する証明書の管理や、外部から入手した証明書をインストールして管理します。また、自己署名証明書の作成もこの設定画面より行います。

第8章　リモートアクセス（GlobalProtect）

▼ GUI画面より、[Device]タブ>左のメニューより[証明書の管理]>[証明書]>[生成]

● 表8.31　証明書生成項目

項目	説明
証明書名	証明書の名前を入力します（最大31文字）
共通名	証明書のCN（Common Name：共通名）をIPアドレス、またはFQDNで入力します。
署名者	この証明書を署名するCA証明書を選択します。 [External Authority（CSR）]を選択すると、証明書の署名要求を行うことができます。、証明書と鍵のペアが生成され、エクスポートすることが可能です。
認証局	この証明書を認証局として発行する場合はチェックを入れます。生成すると上記署名者の一覧に表示されるようになります。
OCSPレスポンダ	[Device]タブ>[証明書の管理]>[OCSPレスポンダ]で作成したOCSPレスポンダプロファイルを選択します。
暗号設定	
ビット数	生成する証明書の鍵長を設定します。
ダイジェスト	生成する証明書のダイジェストアルゴリズムを設定します。
有効期限（日）	証明書の有効期限を設定します（デフォルト:365日）。
証明書の属性	必要に応じて証明書に記載するパラメータを設定します。 ・Country（国/地域名）　・Email（メールアドレス） ・State（都道府県）　・Host Name（ホスト名） ・Locality（場所）　・IP（IPアドレス） ・Organization（組織）　・Alt Email（代替メールアドレス） ・Department（部署）

8.6 >> GlobalProtect リファレンス

■ 証明書プロファイル

使用する証明書の有効性の検証方法について定義します。クライアント証明書を署名したCA証明書を選択するなどの設定を行います。

▼ GUI画面より、[Device] タブ > 左のメニューより [証明書の管理] > [証明書]

● 表8.32 証明書プロファイル設定項目

項目	説明
名前	証明書プロファイルの名前を入力します（最大31文字）
共通名	証明書のCN（Common Name：共通名）をIPアドレス、またはFQDNで入力します。
ユーザー名フィールド	証明書のサブジェクト名を利用してユーザー名を指定する場合は設定します。サブジェクト名：Common-name、サブジェクト代替名：電子メール（ドメインはユーザー名に含みません）、プリンシパル名が選択できます。
ドメイン	プロファイルのドメイン名を設定します。
CA証明書	クライアント証明書などを署名したCA証明書を選択します。
CRLの使用	証明書失効リスト（CRL）を使用する場合はチェックを入れます。
OCSPの使用	OCSPサーバーを利用する場合はチェックを入れます。また、CRLよりも優先的に使用されます。
CRL受信の有効期限	CRLリクエストがタイムアウトとなるまでの時間を設定します（1～60秒）。
OCSP受信の有効期限	OCSPリクエストがタイムアウトとなるまでの時間を設定します（1～60秒）。
証明書の有効期限	証明書状態のリクエストがタイムアウトとなるまでの時間を設定します（1～60秒）。
証明書状態が不明な場合にセッションをブロック	証明書の状態が不明となった場合にセッションをブロックする場合はチェックを入れます。
タイムアウト時間内に証明書状態を取得できない場合にセッションをブロック	タイムアウトするまでに証明書状態を取得できなかった場合にセッションをブロックする場合はチェックを入れます。

8.7 VPNの概要

PAN-OSではルートベース[*5]のサイトツーサイトIPsec VPNを実装しています。

リモートアクセス型のソリューションが必要な場合、GlobalProtectを用いたSSL VPNまたはIPsec VPNを使用します。

サイトツーサイトIPsec VPNではトンネルと呼ばれる論理トンネルインターフェイスを使用します。ひとつのトンネルインターフェイスでは10個までのIPsecトンネルをサポートします。

サイトツーサイトIPsec VPNの設定では、まずNetworkタブのインターフェイス設定においてトンネルインターフェイスを生成します。トンネルインターフェイスにはL3ゾーンと仮想ルーターを割り当てます。続いてIPsecトンネルを設定します。サイトツーサイトIPsec VPNの対向となるデバイスがPAN-OSである場合はデフォルトの設定画面で必要項目を入力しますが、対向デバイスが他社製ファイアウォールである場合、詳細オプションを表示して追加設定を行います。その後、仮想ルーターにスタティックルートまたはダイナミックルーティングプロトコルを追加し、トンネルインターフェイスを使ったリモートのプライベートネットワークに対するルートを生成します。

PAN-OSのIPsec VPNでは、IKEフェーズ1の認証方法として事前共有鍵(Pre-shared key)のみをサポートします。

CLIにて"test vpn ipsec-sa"コマンドを使用することで、デバイス上のすべてのIPsec VPNトンネルを起動することが可能です。

[*5] 一般にファイアウォールでサポートするサイトツーサイトIPsec VPNには以下の2種類があります。
・ルートベース：ルーティング情報に従ってトンネルインターフェイスを選択してトラフィックを転送する方式です。
・ポリシーベース：設定したポリシー内容に合致するトラフィックをVPNトンネルに従い転送する方式です。

8.8 VPNの基本設定

IPsec VPNを使用するまでの基本的な設定についてサンプル構成をもとに紹介します。

8.8.1 設定要件および設定手順

他社製品とのサイトツーサイトIPsec VPN接続を行うための設定を行います。ファイアウォールの対向となるIPsec VPN装置はすでに設定が完了している前提とします。

以下のような構成で拠点間VPNの設定を行います。

● 図8.35 サンプルネットワーク構成図

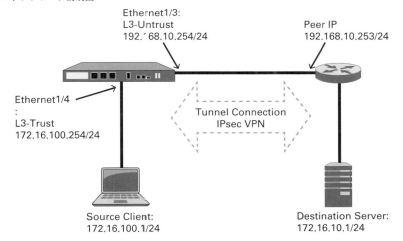

ネットワーク構成は以下のようにします。

● インターフェイス設定

次のようにインターフェイスを設定します。

● 表8.33 インターフェイス設定値

インターフェイス	インターフェイスタイプ	IPアドレス	ゾーン	仮想ルーター
ethernet1/3	Layer3	192.168.10.254/24	L3-Untrust	IPsec-VR
ethernet1/4	Layer3	172.16.100.254/24	L3-Trust	IPsec-VR
tunnel	Layser3	–	L3-Tunnel	IPsec-VR

第 8 章　リモートアクセス（GlobalProtect）

- 仮想ルーター設定

次のように仮想ルーターを設定します。

●表8.34　ルーティング設定値

仮想ルーター名	インターフェイス
VR1	ethernet1/3 ethernet1/4 tunnel

- スタティックルーティング設定

次のようにスタティックルーティングを設定します。

●表8.35　スタティックルーティング設定値

名前	宛先	インターフェイス	ネクストホップ
Tunnel-Router	172.16.10.0/24	tunnel	なし

セキュリティポリシー構成は以下のようにします。

●表8.36　セキュリティポリシー設定値

名前	送信元ゾーン	送信元アドレス	宛先ゾーン	宛先アドレス	アプリケーション	サービス	アクション
Untrust-to-Untrust	L3-Untrust	192.168.10.253 192.168.10.254	L3-Untrust	192.168.10.253 192.168.10.254	any	Application-default	許可
Trust-to-Tunnel	L3-Trust	any	L3-Trust	any	any	Application-default	許可
Tunnel-to-Trust	L3-Tunnel	any	L3-Tunnel	any	any	Application-default	許可

8.8.2　IPsec VPNの設定手順

パロアルトネットワークスの次世代ファイアウォールを他社ファイアウォールとIPsec VPN接続させるまでの設定手順を紹介します。

ファイアウォールにて設定を行う順番は以下のとおりです。

①ネットワーク設定
②セキュリティポリシー設定
③IKEゲートウェイ（フェーズ1）設定
④IPsecトンネル（フェーズ2）設定
⑤接続確認
⑥ログ確認

①ネットワーク設定

トンネルインターフェイスやトンネルインターフェイス用のゾーン定義をはじめとするネットワー

8.8 >> VPNの基本設定

ク設定を行います。

● セキュリティゾーン設定

▼ [Network]タブ>左のメニューより[ゾーン]

1 表8.33のゾーン項目を参照し、L3-trustゾーンおよびL3-untrustゾーン、L3-tunnelゾーンをそれぞれ作成します。

	名前	タイプ	インターフェイス/仮想システム	ゾーンプロテクションプロファイル
☐	L3-Trust	layer3	ethernet1/4	
☐	L3-Untrust	layer3	ethernet1/3	
☐	L3-Tunnel	layer3	tunnel	

2 コンフィグレーションのコミット実施します。

● インターフェイス設定

▼ [Network]タブ>左のメニューより[インターフェイス]>[Ethernet]タブ

インターフェイス	インターフェイスタイプ	IPアドレス	セキュリティゾーン	仮想ルーター
ethernet1/1		none	none	none
ethernet1/2		none	none	none
ethernet1/3	Layer3	192.168.10.254/24	L3-Untrust	IPsec-VR
ethernet1/4	Layer3	172.16.100.254/24	L3-Trust	IPsec-VR

1 ethernet1/3およびethernet1/4、tunnelの設定を行います。

インターフェイス	IPアドレス	セキュリティゾーン	仮想ルーター
tunnel	none	L3-Tunnel	IPsec-VR

2 表8.33に従い、それぞれインターフェイスタイプ、IPアドレス、セキュリティゾーンを設定します。
※仮想ルーター設定は次で実施するため一時的にnoneにします。

● 仮想ルーター設定

▼ [Network]タブ>左のメニューより[仮想ルーター]

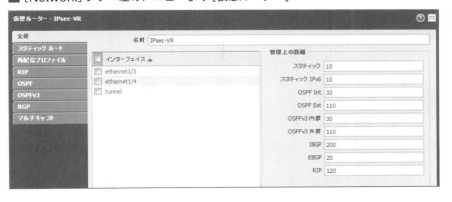

1 画面下部の[追加]をクリックして新規に仮想ルーターを設定します。

2 表8.34の設定値を参照し、ethernet1/1およびethernet1/2をインターフェイスに指定します。

第 8 章　リモートアクセス（GlobalProtect）

3 表8.35の設定値を参照しスタティックルートタブでルーティング設定を行います。

2 設定後コンフィグレーションのコミットを実施します。

②セキュリティポリシー設定

　セキュリティポリシーとして拠点間の接続を行うためのルール、ならびにトンネル経由の通信を許可するルールを設定します。

▼［Policies］タブ＞左のメニューより［セキュリティ］

1 画面下部の［追加］をクリックしてセキュリティポリシーを作成します。

2 表8.36の設定値を参照し、ポリシーの作成を行います。

3 設定後コンフィグレーションのコミットを実施します。

466

8.8 >> VPNの基本設定

③IKEゲートウェイ（フェーズ1）

IKEフェーズ1における鍵交換用トンネル（IKE SA）を確立させるのに必要となる設定を行います。

▼ [Network] タブ＞左のメニューより [ネットワークプロファイル] ＞ [IKEゲートウェイ]

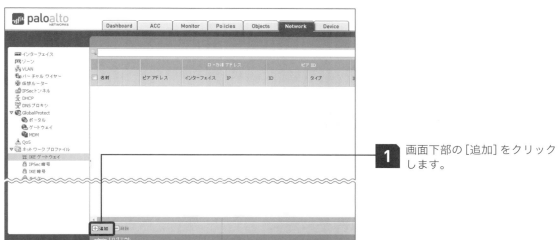

1 画面下部の［追加］をクリックします。

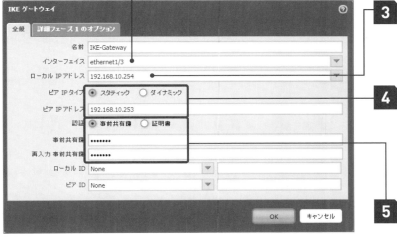

2 IKEフェーズ1に必要なインターフェイス設定を行います。インターフェイスとして対向VPN装置と接続するUntrustインターフェイス（ethernet1/3）を指定します。

3 ローカルIPアドレスとして対向VPN装置と接続するUntrustインターフェイスのIPアドレス（192.168.10.254/24）を指定します。

4 対向のVPN装置のIPアドレスを指定します。固定で指定するため、［ピアIPタイプ］をスタティック、［ピアIPアドレス］に対向のVPN装置のIPアドレス（192.168.10.253）を入力します。

5 対向のVPN装置との認証を行うため、事前共有鍵の設定を行います。［認証］を「事前共有鍵」、［事前共有鍵］に、対向のVPN装置と共通で使用するパスコードを入力します。

第8章　リモートアクセス（GlobalProtect）

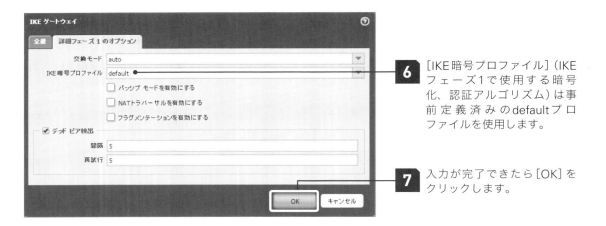

6 ［IKE暗号プロファイル］（IKEフェーズ1で使用する暗号化、認証アルゴリズム）は事前定義済みのdefaultプロファイルを使用します。

7 入力が完了できたら［OK］をクリックします。

④IPsecトンネル（フェーズ2）設定

IKEフェーズ2におけるデータ通信用トンネル（IPsec SA）の確立に必要となる設定を行います。

▼ ［Network］タブ＞左のメニューより［IPsecトンネル］

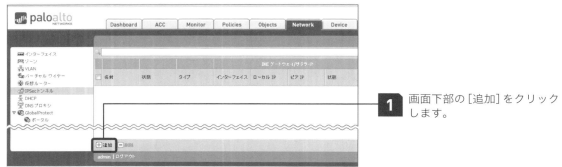

1 画面下部の［追加］をクリックします。

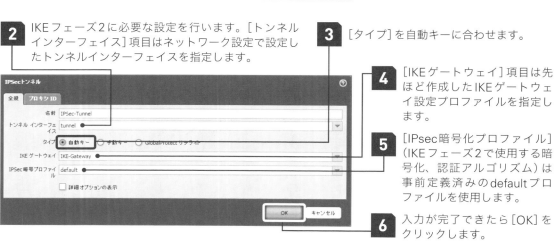

2 IKEフェーズ2に必要な設定を行います。［トンネルインターフェイス］項目はネットワーク設定で設定したトンネルインターフェイスを指定します。

3 ［タイプ］を自動キーに合わせます。

4 ［IKEゲートウェイ］項目は先ほど作成したIKEゲートウェイ設定プロファイルを指定します。

5 ［IPsec暗号化プロファイル］（IKEフェーズ2で使用する暗号化、認証アルゴリズム）は事前定義済みのdefaultプロファイルを使用します。

6 入力が完了できたら［OK］をクリックします。

8.8 >> VPNの基本設定

7 設定直後はまだ対向のVPN装置と接続ができてないため、状態は（赤）となります。

8 IKEゲートウェイおよびIPsecトンネルの設定を確定させるため、ここでコンフィグレーションのコミットを実施します。画面右上にあるコミットボタンをクリックし、設定の反映を行います。

⑤接続確認

図8.36に示す172.16.100.1の端末から172.16.10.1のサーバーへIPsec VPN経由でエンドツーエンドの通信を行い拠点間通信が可能か確認します。

●図8.36 IPsec VPN経由でエンドツーエンドの接続確認

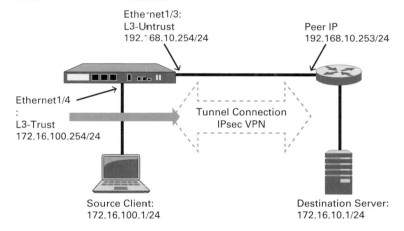

1 コンフィグレーションのコミット後、ファイアウォールと対向のVPN装置を接続します。拠点間のVPN接続を行うため、端末より対向VPN装置側のローカルネットワークへpingを行います。初めてVPN接続を行う場合は上記のように初回のpingがタイムアウトするような状態になります。

第8章　リモートアクセス（GlobalProtect）

2 [Network]タブ＞左のメニューより[IPsecトンネル]にアクセスしてファイアウォール側でVPN接続状態を確認します。設定変更直後は（赤）状態でしたが、VPN接続が確立されると（緑）状態になります。

3 [Monitor]タブ＞左のメニューより[ログ]＞[システム]にアクセスしてイベント項目の「ike-nego-p1-succ」、「ike-nego-p2-succ」のログよりVPN接続が正常にできていることも確認できます。

⑥ログ確認

トラフィックログよりトンネル経由で通信されている旨の確認を行います。

▼[Monitor]タブ＞左のメニューより[ログ]＞[トラフィック]

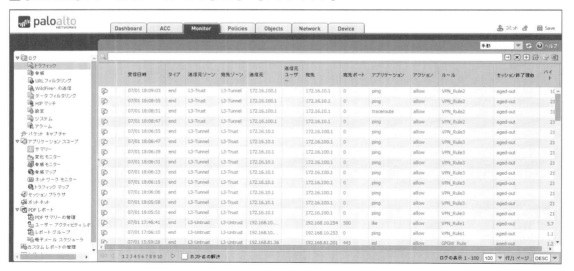

	07/01 18:09:03	end	L3-Trust	L3-Tunnel	172.16.100.1	172.16.10.1	0	ping	allow	VPN_Rule2	aged-out	10
	07/01 18:08:55	end	L3-Trust	L3-Tunnel	172.16.100.1	172.16.10.1	0	ping	allow	VPN_Rule2	aged-out	21
	07/01 18:08:51	end	L3-Trust	L3-Tunnel	172.16.100.1	172.16.10.1	0	traceroute	allow	VPN_Rule2	aged-out	31
	07/01 18:08:47	end	L3-Trust	L3-Tunnel	172.16.100.1	172.16.10.1	0	ping	allow	VPN_Rule2	aged-out	21
	07/01 18:06:55	end	L3-Tunnel	L3-Trust	172.16.10.1	172.16.100.1	0	ping	allow	VPN_Rule3	aged-out	21
	07/01 18:06:47	end	L3-Tunnel	L3-Trust	172.16.10.1	172.16.100.1	0	ping	allow	VPN_Rule3	aged-out	21
	07/01 18:06:39	end	L3-Tunnel	L3-Trust	172.16.10.1	172.16.100.1	0	ping	allow	VPN_Rule3	aged-out	21
	07/01 18:06:31	end	L3-Tunnel	L3-Trust	172.16.10.1	172.16.100.1	0	ping	allow	VPN_Rule3	aged-out	21
	07/01 18:06:23	end	L3-Tunnel	L3-Trust	172.16.10.1	172.16.100.1	0	ping	allow	VPN_Rule3	aged-out	21
	07/01 18:06:15	end	L3-Tunnel	L3-Trust	172.16.10.1	172.16.100.1	0	ping	allow	VPN_Rule3	aged-out	21
	07/01 18:06:06	end	L3-Tunnel	L3-Trust	172.16.10.1	172.16.100.1	0	ping	allow	VPN_Rule3	aged-out	21
	07/01 18:05:58	end	L3-Tunnel	L3-Trust	172.16.10.1	172.16.100.1	0	ping	allow	VPN_Rule3	aged-out	21
	07/01 18:05:51	end	L3-Tunnel	L3-Trust	172.16.10.1	172.16.100.1	0	ping	allow	VPN_Rule3	aged-out	21
	07/01 17:46:41	end	L3-Untrust	L3-Untrust	192.168.10...	192.168.10.254	500	ike	allow	VPN_Rule1	aged-out	5.7
	07/01 17:06:10	end	L3-Untrust	L3-Untrust	192.168.10...	192.168.10.253	0	ping	allow	VPN_Rule1	aged-out	1.1
	07/01 15:59:28	end	L3-Untrust	L3-Untrust	192.168.81.36	192.168.81.201	443	ssl	allow	GPGW Rule	aged-out	1.2

　上記のように内部ネットワークであるTrustゾーンからリモートサイトである172.16.10.0/24のネットワークへトンネル経由の通信が発生しており、設定したトンネル経由用ポリシー（Trust-to-Tunnel）にマッチングしていることが確認できます。

　パロアルトネットワークスのファイアウォールは対向のVPN装置として同じファイアウォールだけでなく違う製品でもIPsec VPNによる接続が可能になっています。

8.9 VPNリファレンス

IPsec VPNを設定する関連の項目を紹介します。

8.9.1 IPsecトンネル設定項目

IKEフェーズ2の設定を[IPsecトンネル]設定項目で行います。GlobalProtectサテライトを使用する場合も[IPsecトンネル]で定義します。

▼ [Network]タブ＞左のメニューより[IPsecトンネル]

●表8.37 IPsecトンネル全般設定項目

項目	説明
全般タブ	
名前	IPsecトンネル名前を設定します（最大31文字）。
トンネルインターフェイス	使用するトンネルインターフェイスを選択します。
タイプ	使用するセキュリティキーのタイプを選択します。また、GlobalProtectサテライトファイアウォールとして定義する場合もこちらで設定します。 いずれかのタイプを選択します。また、選択したタイプによって表示が変わります。 ・自動キー ・手動キー ・GlobalProtectサテライト

● 自動キー

[タイプ]として[自動キー]を選択した場合、以下の設定画面が現れます。

8.9 >> VPNリファレンス

● 表8.38 IPsecトンネル自動キー設定項目

項目	説明
IKEゲートウェイ	[Network]タブ>[ネットワークのプロファイル]>[IKEゲートウェイ]で設定したIKEゲートウェイプロファイルを選択します。
IPsec暗号プロファイル	IKEフェーズ2で使用する、識別、認証、暗号化プロトコルおよびアルゴリズムが定義されたプロファイルを選択します。 [Network]タブ>[ネットワークのプロファイル]>[IPsec暗号]で作成したプロファイルが一覧に表示されます。
詳細オプションの表示	
リプレイプロテクションを有効にする	チェックを入れると、リプレイ攻撃*6から保護します。
TOSヘッダーのコピー	チェックを入れると、TOS(Type of Service)のコピーをカプセル化されたパケットの内部IPヘッダから外部IPヘッダへ行います。
トンネルモニター	チェックを入れると、指定した宛先IPアドレスへモニターします。接続に失敗した場合は別のインターフェイスにフェイルオーバーします。
宛先IP	モニターを行う宛先のIPアドレスを設定します。
プロファイル	モニターする時間間隔やしきい値を設定したモニタープロファイルを選択します。[Network]タブ>[ネットワークのプロファイル]>[モニター]で作成したプロファイルが一覧に表示されます。
[プロキシID]タブ	
プロキシID	プロキシの名前を入力します。
ローカル	IPアドレスを入力します。
リモート	対向で必要な場合にIPアドレスを入力します。
プロトコル	ローカルおよびリモートのプロトコルとポート番号を指定します。 ・番号：プロトコル番号 ・any：TCPとUDPを許可 ・TCP：ローカル/リモートのTCP番号を入力します。 ・UDP：ローカル/リモートのUDP番号を入力します。

● 手動キー

[タイプ]として[手動キー]を選択した場合、以下の設定画面が現れます。

● 表8.39 IPsecトンネル手動キー設定項目

項目	説明
ローカルSPI	ローカルから対向へのSPI*7を入力します。16進数で入力します。
インターフェイス	使用するインターフェイスを選択します。
ローカルアドレス	インターフェイスで選択したインターフェイスのIPアドレスを選択します。

*6 リプレイ攻撃：通信内容を記録しておき、後から再生するという攻撃です。これを防ぐため、IPsecではシーケンス番号が用いられ、受信パケットのシーケンス番号を確認して番号が重複したパケットを受信した場合は破棄するなどの対策が行えます。

*7 SPI (Security Parameter Index)：IPsecピア間で複数確立されるSA (Security Association)を識別するための識別子です。

第8章 リモートアクセス（GlobalProtect）

項目	説明
リモートSPI	対向からローカルへのSPIを入力します。16進数で入力します。
プロトコル	IPsecトンネルを経由するトラフィックの暗号/認証プロトコルとしてESPまたはAHを選択します。
認証	IKEで用いる認証アルゴリズムを選択します（SHA1、SHA256、SHA384、SHA512、MD5、なし）。
キー/再入力キー	認証鍵の値を入力します。
暗号化	トラフィックを暗号化するアルゴリズムを選択します（3des、aes1238、aes192、aes256、null（暗号化なし））。
キー/再入力キー	暗号化鍵の値を入力します。

- GlobalProtectサテライト

  ［タイプ］として［GlobalProtectサテライト］を選択した場合、以下の設定画面が現れます。

- 表8.40 GlobalProtectサテライト設定項目

項目	説明
ポータルアドレス	GlobalProtectポータルのIPアドレスを入力します。
インターフェイス	使用するインターフェイスを選択します。
ローカルアドレス	インターフェイスで選択したインターフェイスのIPアドレスを選択します。
［詳細］タブ	
静的なすべての接続済みルートをゲートウェイに公開	接続するGlobalProtectゲートウェイに自ファイアウォールが持っているルーティングテーブル情報をすべて公開する場合はチェックを入れます。
サブネット	ローカルのサブネットワーク情報を入力します。
外部認証局	外部で生成されたCA証明書を使用して証明書を管理する場合はチェックを入れます。使用する証明書を［ローカル証明書］で選択し、［証明書プロファイル］も選択します。

8.9.2 IKEゲートウェイ設定項目

IKEフェーズ1に必要な情報の設定を行います。

▶ [Network]タブ>左のメニューより[ネットワークプロファイル] > [IPsecゲートウェイ]

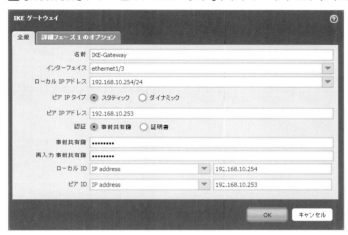

● 表8.41 IKEゲートウェイ設定項目

項目	説明
全般タブ	
名前	IKEゲートウェイの名前を設定します（最大31文字）
インターフェイス	使用するトンネルインターフェイスを選択します。
ローカルIPアドレス	インターフェイスで選択したインターフェイスのIPアドレスを選択します。
ピアタイプ	対向デバイスとの接続方法を［スタティック］か［ダイナミック］を選択します。［スタティック］を選択した場合は［ピアIPアドレス］を入力する必要があります。
ピアIPアドレス	対向デバイスのIPアドレスを入力します。
認証	対向デバイスとの認証方法を［事前共有鍵］か［証明書］のいずれかを選択します。それぞれ選択した項目によって設定画面が変わります。

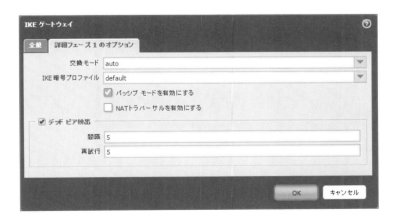

第8章 リモートアクセス（GlobalProtect）

● 表8.42 フェーズ1オプション設定項目

項目	説明	
詳細フェーズ1のオプションタブ		
交換モード	IKE フェーズ1の交換手順として［auto］、［main］、［aggressive］のいずれかを選択します。	
	モード	説明
	auto	ISAKMP Main Mode と Aggressive Mode の両方のネゴシエーション要求を受け入れる。自デバイスからネゴシエーションを開始する場合は Main Mode を使用する。
	main	6つのメッセージでフェーズ1を完了させる ISAKMP Main Mode を使用する。
	aggressive	3つのメッセージでフェーズ1を完了させる ISAKMP Aggressive Mode を使用する。
IKE暗号プロファイル	Phase1で使用する、識別、認証、暗号化プロトコルおよびアルゴリズムが定義されたプロファイルを選択します。 ［Network］タブ＞［ネットワークのプロファイル］＞［IKE暗号］で作成したプロファイルが一覧に表示されます。	
パッシブモードを有効にする	IKE接続のみに応答し、自ら開始しないようにする場合はチェックを入れます。	
NATトラバーサル[8]を有効にする	UDPカプセル化をする場合はチェックを入れます。VPN拠点間の間にNATが存在する場合にNATトラバーサルを使用します。	
デッドピア検出[9]	ICMP ping を使用して非アクティブなIKEピアを識別する場合にチェックを入れます。また、施行間隔と再試行までの間隔を設定します。	

8.9.3　IPsec暗号プロファイル設定項目

IKEフェーズ2で使用するIPsecプロトコルや暗号化、認証アルゴリズムなどの設定を行います。

▼ ［Network］タブ＞左のメニューより［ネットワークプロファイル］＞［IPsec暗号］＞［追加］

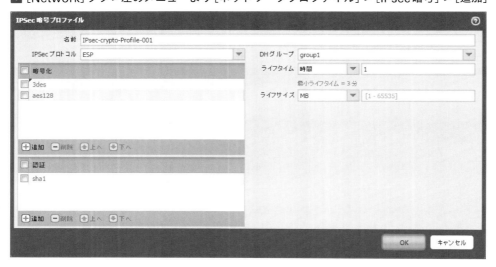

＊8　NATトラバーサル：RFC 3947 の NAT Traversal の機能です。
＊9　デッドピア検出：RFC 3706 の Dead Peer Detection（DPD）機能です。

● 表8.43 IPsec暗号プロファイル設定項目

項目	説明
名前	IPsec暗号プロファイルの名前を設定します（最大31文字）
DHグループ	DHグループを選択します。
ライフタイム	ネゴシエートされたキーの有効期間を設定します（デフォルト1時間）。時間の単位を選択して、任意の数字を入力します。最小は3分です。
ライフサイズ	キーが暗号化に使用できるデータサイズを入力します。
IPsecプロトコル	Phase2で使用するセキュリティプロトコルを選択します。［ESP］、［AH］いずれかを選択します。選択したプロトコルによって設定する項目が変わります。
ESP	
暗号化	暗号化アルゴリズムを選択します（3des、aes128、aes192、aes256、null）。 ［上へ］、［下へ］を使用して暗号化の順番を変更することができます。上から順番に適用されます。
認証	認証アルゴリズムを選択します（md5、sha1、sha256、sha384、sha512、none）。 ［上へ］、［下へ］を使用して認証の順番を変更することができます。 上から順番に適用されます。
AH	
認証	認証アルゴリズムを選択します（md5、sha1、sha256、sha384、sha512）。 ［上へ］、［下へ］を使用して認証の順番を変更することができます。上から順番に適用されます。

8.9.4 IKE暗号プロファイル設定項目

IKEフェーズ1で使用するIPsecプロトコルや暗号化、認証アルゴリズムなどの設定を行います。

▼ ［Network］タブ＞左のメニューより［ネットワークプロファイル］＞［IKE暗号］

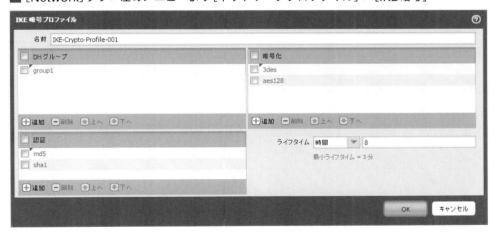

● 表8.44 IKE暗号プロファイル設定項目

項目	説明
名前	IKE暗号プロファイルの名前を設定します（最大31文字）
DHグループ	DHグループの優先度を選択します。
認証	認証アルゴリズムを選択します（md5、sha1、sha256、sha384、sha512）。 ［上へ］、［下へ］を使用して認証の順番を変更することができます。上から順番に適用されます。

第8章　リモートアクセス（GlobalProtect）

項目	説明
暗号化	暗号化アルゴリズムを選択します（3des、aes128、aes192、aes256）。 ［上へ］、［下へ］を使用して暗号化の順番を変更することができます。上から順番に適用されます。
ライフタイム	ネゴシエートされたキーの有効期間を設定します（デフォルト8時間）。時間の単位を選択して、任意の数字を入力します。最小は3分です。

8.9.5　モニター設定項目

　モニタープロファイルはIPsecトンネルが正常に動作しているかをモニターする場合のほか、ポリシーベースフォワーディングを使用する場合にもネクストホップとの疎通があるかどうかをモニターする場合にも利用されます。具体的にはICMP pingを指定された間隔で送信し、応答失敗の回数が設定値に達したらフェイルオーバーさせるなど指定したアクションを実施させます。

▼［Network］タブ＞左のメニューより［ネットワークプロファイル］＞［モニター］

●表8.45　モニター設定項目

項目	説明
名前	モニタープロファイルの名前を設定します（最大31文字）
アクション	対象のIPアドレスなどからの応答が返ってこなくなり、モニターがダウンしたとみなした場合に実行するアクションを選択します。 ・回復を待機：対象が回復するまで待機します。他のアクションを実行することはありません。 ・フェイルオーバー：バックアップのインターフェイスが使用可能であれば、そのインターフェイスへファイルオーバーさせるアクションを実行します。
間隔（秒）	対象のIPアドレスへ実行するモニター間隔を設定します（デフォルト3秒）（2～10秒）。
しきい値	対処のIPアドレスがダウンしたとみなすモニター失敗回数を設定します（デフォルト5回）（2～100回）。

第 **9** 章

高可用性
(High Availability)

可用性（availability）とは継続稼動できる能力のことであり、継続稼動できる能力が高いということは、障害発生によって稼動できていない時間が短いことをさします。ひとつのデバイスのみを配置したシングル構成の場合、機器や経路上で障害が発生すると復旧までの間、利用者へサービスが提供できなくなります。これに対して、ふたつのデバイスでファイアウォール・クラスタを構成して冗長化し、ひとつのデバイスに障害が発生しても残りのデバイスでサービスを継続できるようにすれば稼動できない時間が短くなり、利用者への影響を低減することができます。この冗長性を実現する機能をHA（High Availability）または高可用性と呼び、これによりビジネス継続性を確保できるようにします。

9.1　高可用性の概要

　パロアルトネットワークス ファイアウォールでは、ふたつのデバイスをHAペアとして設定することで冗長構成を作成することができます。

　HAペアはプライマリとセカンダリで構成され、プライマリデバイスに障害が発生した場合に、セカンダリデバイスを使用できるようにすることで、ダウンタイム[*1]を最小限に抑えることができます。

　パロアルトネットワークスのファイアウォールでは、専用のHAポートもしくは、データトラフィック用インターフェイスをHA用として設定したポートを使って、ネットワーク、オブジェクト、ポリシー設定などのコンフィグやセッション情報をHAペアで同期します。

　HAペアでは、両方のファイアウォールが同じモデル、同じPAN-OSバージョンであり、同じライセンスおよびサブスクリプションを使用している必要があります。

---

*1　保守や障害によりシステムやサービスなどが稼動を停止している時間

9.2 HAモード

パロアルトネットワークス ファイアウォールの高可用性構成には"アクティブ/パッシブ"と"アクティブ/アクティブ"のふたつのHAモードがあります。

9.2.1 アクティブ/パッシブ

アクティブ/パッシブでは、HAペアの一方のファイアウォール（アクティブ機）がトラフィック処理を行い、もう一方のファイアウォール（パッシブ機）はトラフィック処理を行わずにアクティブ機からコンフィグレーションやセッション状態の同期を受けます。アクティブ機に障害が発生した場合、パッシブ機がアクティブに遷移するという構成です。この設定では、両方のデバイスで同じコンフィグレーションを共有し、パス、リンク、システム、またはネットワークに障害が発生するまでは、一方がアクティブにトラフィックを管理します。アクティブ機で障害が発生した場合、パッシブ機がシームレスに同じポリシーおよびセッション状態を引き継いで処理を開始し、ネットワークセキュリティを維持します。アクティブ/パッシブHAは、バーチャルワイヤーと、レイヤー2およびレイヤー3でサポートされています。

PA-200およびVMシリーズファイアウォールは、アクティブ/パッシブHAの「ライト」バージョンであるHA-Liteのみをサポートしています。HA-Liteではコンフィグレーション同期のほか、IPsec SA（Security Associations）などいくつかの実行時データを同期できますが、ステートフルフェイルオーバー機能をサポートしていないため、セッション情報の同期には対応していません。

 HA-Liteでは後述するHA1リンクのみを利用し、HA2リンクは利用しません。

9.2.2 アクティブ/アクティブ

アクティブ/アクティブのHAペアでは、両方のファイアウォールがアクティブな状態でトラフィックを処理し、同調してセッションのセットアップ*2やオーナーシップ*3を操作します。アクティ

---

*2 セッション・セットアップ：セッションの送信元IPアドレスのパリティ（奇数か偶数）に基づくか、セッションの送信元/宛先IPアドレスの組み合わせのハッシュ値に基づくか、"アクティブ・プライマリ"のステータスであるデバイスですべて行うか、をオプションで設定します。新規セッションの確立に必要なレイヤ2～4までの処理を実行します。アドレスの変換もセッション・セットアップとなるデバイスで行います。

*3 セッション・オーナーシップ：新規セッションの最初のパケットを受信、もしくは"アクティブ・プライマリ"のステータスであるデバイスがセッション・オーナーとなります。これらはオプションで設定できます。レイヤ7処理（App-ID、Content-ID、セッションの脅威スキャン）を実施します。

第9章　高可用性（High Availability）

ブ/アクティブHAはバーチャルワイヤーおよびレイヤー3でサポートされていますが、利用が推奨されるのは非対称ルーティング[*4]のネットワークの場合のみです。

この構成ではアクティブ/パッシブで使われるHA1およびHA2リンクに加え、専用のHA3リンクが必要になります。このリンクはセッション・セットアップ時と非対称トラフィック制御時のパケット転送リンクとして使われます。

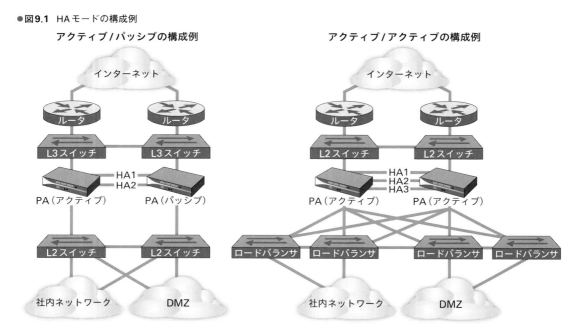

●図9.1　HAモードの構成例

9.2.3　推奨の構成

通常はアクティブ/パッシブが推奨されます。アクティブ/アクティブ構成はその名のとおり2台のデバイスがアクティブステータスとして動作しますが、ひとつのHAペアで1台分のファイアウォール処理を行うことになり、処理スループットが2倍になるわけではありません。非対称ルーティングパケットが発生するネットワーク環境でのみ推奨されます。

[*4] 非対称ルーティング：セッションの「クライアントからサーバーへのフロー」（行き）の経路と、「サーバーからクライアントへのフロー」（帰り）の経路が異なる通信をさします。通常は行きも帰りも同じ経路が使われますが、インターネットアクセス回線の冗長化のため、ふたつのサービスプロバイダ網を利用するようなネットワークでは非対称ルーティングが起こりえます。アクティブ/パッシブ構成で非対称ルーティングが起きると、行きはアクティブ機を通過しますが帰りはパッシブ機側を通ることになり、パッシブ機では通信処理が行えないためエンドツーエンドで通信が成立しなくなります。

9.3 高可用性設定オプション

高可用性機能を利用するために必要な設定オプションについて説明します。

9.3.1 HAリンク

HA構成のために必要なHAリンクについて説明します。

①HA1リンク

HAコントロールリンクと呼ばれ、HelloメッセージとHA状態情報の送受信およびコンフィグレーション（カスタムページ、SSL証明書を含む）、ソフトウェアやシグネチャなどの同期に使用されます。HA1リンクはIPアドレスが必要なレイヤー3インターフェイスとして動作します。

ただし、以下の情報は同期されません。

- インターフェイスのリンク速度とデュプレックス設定
- デバイス管理関連の設定
- HA関連の設定
- アプリケーションコマンドセンター（ACC）、レポート、各種ログ情報

②HA2リンク

HAデータリンクと呼ばれ、セッションテーブル、ルーティングテーブル、IPsec SA、ARPテーブル、MACアドレステーブル、FIB[*5]テーブルの同期に使用されます。
他には、DHCPアドレス割り当て情報、SSL VPNユーザーおよびトンネルセッション情報、ユーザー識別情報なども同期します。HA2リンクはレイヤー2インターフェイスとして動作します。

③バックアップHAリンク

データトラフィック用インターフェイスをHA1やHA2ポートのバックアップリンクとして設定することでHAリンクに冗長性をもたせることができます。バックアップリンクを設定することによって、プライマリであるHA1やHA2に障害が発生してもフェイルオーバーは発生しなくなります。

④HA3リンク

アクティブ/アクティブ構成の際、セッション・オーナーとセッション・セットアップデバイス間のパケット転送に使われます。HA3リンク用にはアプライアンス上に専用ポートが存在しないため（PA-7000のHSCIを除く）、インターフェイスタイプをHAとしたデータトラフィックポートを

[*5] Forwarding Information Baseのこと。パケットを転送する際に参照する経路情報テーブル。

利用します。このリンクに対してはバックアップリンクを設定することができません。PA-4000シリーズ、PA-5000シリーズではHA3リンクとして集約インターフェイスを設定することも可能で、これによりHA3リンクの冗長性を提供することにもなります。

 アクティブ/アクティブのHAモードに関する詳細や、セッション・オーナー、セッション・セットアップという用語などはインターネット上の資料「Active/Active HA TechNote - Japanese」(https://live.paloaltonetworks.com/docs/DOC-1786) を参照してください。

9.3.2 プリエンプティブ

　HAペア内の2台のうち、優先度の高いファイアウォールが障害から回復した後にアクティブとして自動的に昇格させる機能をプリエンプティブと呼びます。

　プリエンプティブ機能が無効の場合、優先度の高いデバイスが障害から回復しても、優先度の低いデバイスがアクティブとして動作し続けます。

9.3.3 HAタイマー

　パロアルトネットワークスのHAでは以下のタイマー設定に基づいてペア間で通信を行ったり、切り替えや切り戻しのタイミングを決定したりします。詳細は表9.3を参照してください。

①プロモーションホールドタイム
　パッシブ機がアクティブ機に昇格する際に、昇格を待機するタイマーです。
②Hello間隔
　ペア間で対向のファイアウォール(「ピア」と呼ぶ)のHA機能が動作していることを確認するためのHelloメッセージの送信間隔を指定するタイマーです。
③ハートビート間隔
　ペア間でハートビートメッセージを交換する間隔を指定するタイマーです。ハートビートメッセージの交換にはICMP pingが使用されます。
④プリエンプションホールドタイム
　アクティブ機が切り戻しを実施するまで待機するタイマーです。
⑤モニター障害時ホールドアップタイム
　リンク障害かパス障害を検知した際に、アクティブ機がタイムアウトするまで状態を維持するタイマーです。
⑥モニターホールドタイム (コントロールリンク)
　HA1のリンクダウン検知時に作動し、連続したフェイルオーバーの発生防止目的で使用されるタイマーです。

9.4 フェイルオーバーのトリガー

アクティブ機で障害が発生した場合、パッシブ機がトラフィックの処理を引き継ぎます。これをフェイルオーバーといいます。

フェイルオーバーが引き起こされる条件には、以下の3つがあります。

- モニター対象となるひとつ以上の物理リンクに障害が発生した場合(リンクモニタリング)(図9.2)
- デバイスで指定する特定のIPアドレスに到達できない場合(パスモニタリング)(図9.3)
- デバイスがハートビートポーリングに応答しない場合(ハートビートポーリング)(図9.4)

●図9.2 リンクモニタリング

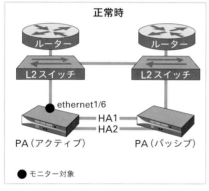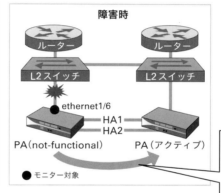

●図9.3 パスモニタリング

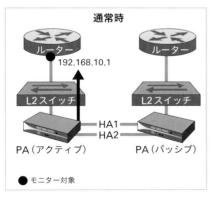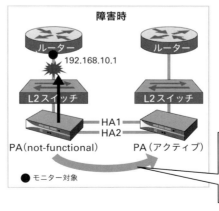

● 図9.4　ハートビートポーリング

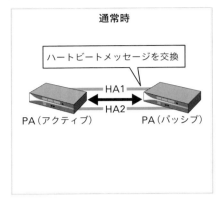
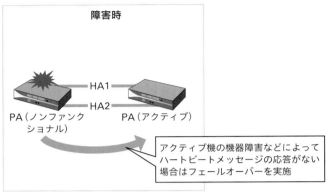

9.4.1　フェイルオーバーのトリガー設定

フェイルオーバーを実施するためのトリガー設定にはリンクモニタリングとパスモニタリングのふたつがあります。

①リンクモニタリング

指定した物理リンクのアップ/ダウンをトリガーとして設定します。

リンクモニタリングを有効にすると、ファイアウォールはモニタリング対象に指定した物理リンクまたは物理リンクのグループを監視し、リンクがダウンした場合にフェイルオーバーを実施します。指定したいずれかのリンクで障害が発生した場合、もしくは指定したすべてのリンクで障害が発生した場合かを選択することができます。

②パスモニタリング

指定したIPアドレスからのping応答有無をトリガーとして設定します。

パスモニタリングを有効にすると、デバイスは指定したIPアドレス宛にICMP pingメッセージを送信し、応答の有無を確認します。

デフォルトではpingの応答（デフォルト200ミリ秒）に10回失敗すると、ファイアウォールは障害が発生したと認識してフェイルオーバーを実施します。

9.5 HAステータスの遷移

HA構成で運用する場合に起こりうる、デバイスのステータスと遷移について解説します。

9.5.1 HAステータス

HAのステータスには以下のステータスが存在します。

①イニシャル(Initial)
デバイスを起動したときの初期状態です。HA機能の準備をしています。
②アクティブ(Active)
トラフィックを処理するステータスです。優先度の高いデバイスが該当します。
③パッシブ(Passive)
アクティブ機とセッション情報の同期を行うバックアップステータスです。優先度の低いデバイスが該当します。
④ノンファンクショナル(Non-functional)
リンクモニタリング、パスモニタリングなどで障害を検出した場合に遷移する、異常を示すステータスです。
⑤サスペンド(Suspended)
HA機能が停止したステータスです。HAに参加していないデバイスが該当します。

なお、Suspendedステータスへは以下の条件で遷移します。

・CLIで"request high-availability state suspend"コマンドを実行した場合
・デバイスに設定された最大フラップ数[*6]に到達した場合

[*6] 最大フラップ数：連続したフェイルオーバーを防止するための設定。詳細は表9.3を参照。

9.5.2 ステータスの遷移

9.5.1項で記述したそれぞれのステータスは、図9.5のようなイベントによって遷移します。

●図9.5 HAステータス遷移図

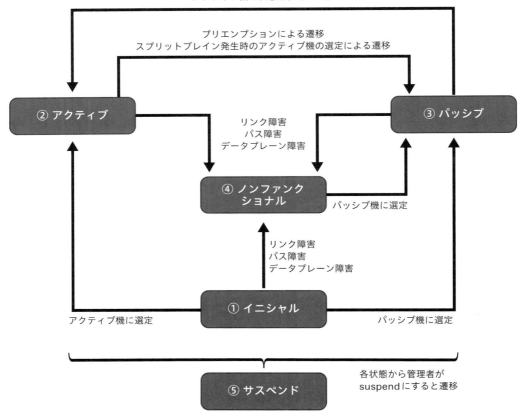

9.6 高可用性設定の基本設定

本節では、アクティブ/パッシブ構成を前提にした高可用性設定の手順と設定内容について解説します。

9.6.1 要件および設定手順

今回は、以下の要件を満たすための設定を考えてみましょう。

- モデル：PA-3000
- データプレーン：L3モード
- HA1リンク：専用HAポートを使用
- HA2リンク：専用HAポートを使用
- HA1バックアップリンク：ethernet1/11を使用
- HA2バックアップリンク：ethernet1/12を使用

要件1：HAはアクティブ/パッシブ構成とし、アクティブ機に障害が発生した場合の切り替え時間は10秒以内とする

要件2：スプリットブレイン[7]の発生を防ぐため、HA1、HA1バックアップリンクがダウンしても両アクティブにしない

要件3：ethernet1/1、ethernet1/2、ethernet1/3のいずれかがダウンした場合にフェイルオーバーを実施する

要件4：宛先IP 192.168.100.254から応答がない場合にフェイルオーバーを実施する

要件5：切り戻しによって発生する通信断を避けるため、優先度の高いデバイスが障害から回復した後の切り戻しは自動で実施されないようにし（プリエンプティブ機能を無効）、優先度の低いデバイスがアクティブとして稼動を継続する

---

[7] ハートビート通信を行うリンクの障害などでハートビート通信が失敗した場合に、アクティブ機が稼動しているにもかかわらずアクティブ機に障害が起こったと勘違いしてパッシブ機がアクティブに昇格してしまうこと

第9章　高可用性（High Availability）

● **図9.6** ネットワーク構成図

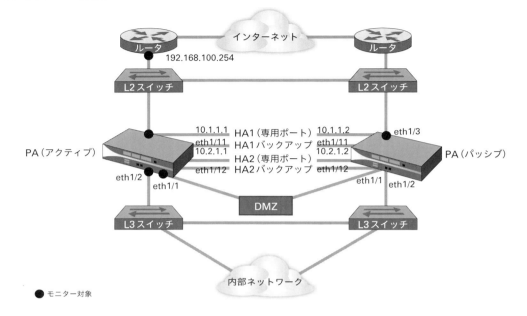

以下の手順で設定を行います。

① バックアップ用HAリンクの設定
② HAグループの設定
③ アクティブ/パッシブ設定
④ タイマや優先度の設定
⑤ HA1リンクの決定
⑥ HA1バックアップリンクの決定
⑦ HA2リンクの決定
⑧ HA2バックアップリンクの決定
⑨ リンクモニターの決定
⑩ パスモニターの決定
⑪ コミット実施
⑫ 設定反映後のインターフェイス接続
⑬ ステータス確認

9.6.2　高可用性の設定手順

本項は9.6.1の要件を満たすための設定例となります。

各設定項目についての詳細な説明については「9.7　高可用性設定リファレンス」を参照してください。

①バックアップ用HAリンクの設定

➡ HA1バックアップリンク、HA2バックアップリンクとして設定するインターフェイスを決定します。

9.6 >> 高可用性設定の基本設定

▼ [Network]タブ＞左のメニューより[インターフェイス] ＞ [Ethernet]タブ＞ ethernet1/11
※バックアップリンクとして設定するインターフェイスを選択

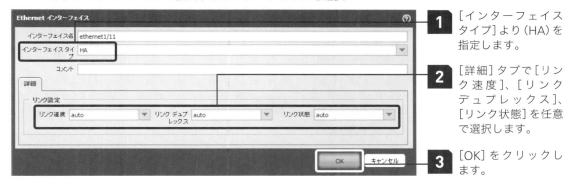

1 [インターフェイスタイプ]より(HA)を指定します。

2 [詳細]タブで[リンク速度]、[リンクデュプレックス]、[リンク状態]を任意で選択します。

3 [OK]をクリックします。

4 HA2バックアップリンクとして設定するethernet1/12にも同様の設定を行います。

注意
PA-5000シリーズ、PA-3000シリーズは専用のHAリンクを保有しています。
PA-500については専用のHAリンクがないためHA1、HA2も設定する必要があります。
専用のHAリンクがないシリーズはデータプレーンのリンクを最低2ポート消費し、バックアップリンクも設定する場合は最大4ポート消費します。
PA-200はHA-Liteがサポートされておりのリンクは1ポートとなります。

②HAグループの設定
→ HAの有効化およびアクティブ/パッシブモードで動作するように指定します。

▼ [Device]タブ＞左のメニューより[高可用性] ＞ [全般]タブ＞[セットアップ]

1 [HAの有効化]にチェックを入れます。

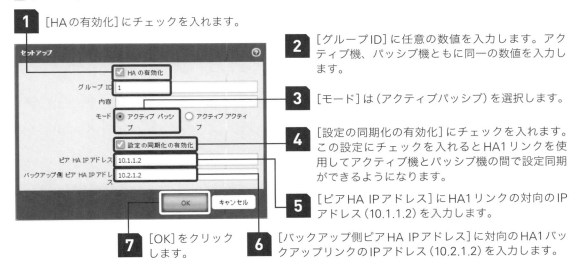

2 [グループID]に任意の数値を入力します。アクティブ機、パッシブ機ともに同一の数値を入力します。

3 [モード]は(アクティブパッシブ)を選択します。

4 [設定の同期化の有効化]にチェックを入れます。この設定にチェックを入れるとHA1リンクを使用してアクティブ機とパッシブ機の間で設定同期ができるようになります。

5 [ピアHA IPアドレス]にHA1リンクの対向のIPアドレス(10.1.1.2)を入力します。

6 [バックアップ側ピアHA IPアドレス]に対向のHA1バックアップリンクのIPアドレス(10.2.1.2)を入力します。

7 [OK]をクリックします。

③アクティブ/パッシブ設定

➡ パッシブ機のインターフェイスのステータスを決定します。

▼ [Device]タブ＞左のメニューより[高可用性]＞[全般]タブ＞[アクティブ/パッシブ設定]

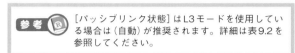
[パッシブリンク状態]はL3モードを使用している場合は(自動)が推奨されます。詳細は表9.2を参照してください。

④タイマや優先度の設定

➡ デバイスの優先度、プリエンプティブ設定、ハートビートのバックアップポート設定などを実施します。本設定項目に関する詳細は表9.3を参照してください。

▼ [Device]タブ＞左のメニューより[高可用性]＞[全般]タブ＞[選択設定]

1 [デバイス優先度]の値を入力します。数字が低い方が優先され、アクティブ機となります。
例えば、デバイス1を90、デバイス2を100とした場合、デバイス1がアクティブ、デバイス2がパッシブとなります。

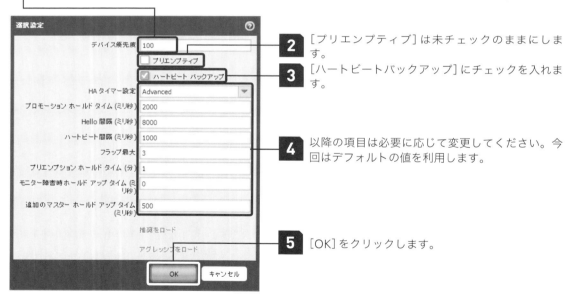

2 [プリエンプティブ]は未チェックのままにします。

3 [ハートビートバックアップ]にチェックを入れます。

4 以降の項目は必要に応じて変更してください。今回はデフォルトの値を利用します。

5 [OK]をクリックします。

 PA-500以下のモデルを使用する場合はHA1リンクのハートビート失敗検知を軽減するため、ハートビート間隔は2000ミリ秒が推奨となります。また、ハートビートはHA1リンクだけでなくMGTリンクでも実施しているため、万一HA1リンク、HA1バックアップリンクがダウンしても、スプリットブレインは発生せず両アクティブにはなりません。

9.6 >> 高可用性設定の基本設定

⑤ HA1リンクの決定

→ HA1リンクを設定するインターフェイスを指定します。本設定項目に関する詳細は表9.4を参照してください。

▼ [Device]タブ＞左のメニューより[高可用性]＞[全般]タブ＞[コントロールリンク(HA1)]

1 [ポート]のプルダウンメニューよりHA1専用ポートを表す(dedicated-ha1)を選択します。

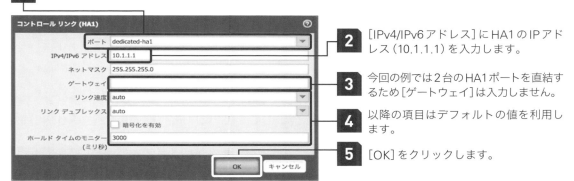

2 [IPv4/IPv6アドレス]にHA1のIPアドレス(10.1.1.1)を入力します。

3 今回の例では2台のHA1ポートを直結するため[ゲートウェイ]は入力しません。

4 以降の項目はデフォルトの値を利用します。

5 [OK]をクリックします。

⑥ HA1バックアップリンクの決定

→ ①で設定したインターフェイスをHA1バックアップリンクとして指定します。本設定項目に関する詳細は表9.5を参照してください。

▼ [Device]タブ＞左のメニューより[高可用性]＞[全般]タブ＞[コントロールリンクのバックアップ]

1 [ポート]のプルダウンメニューより(ethernet1/11)を選択します。

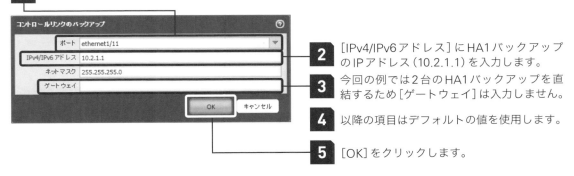

2 [IPv4/IPv6アドレス]にHA1バックアップのIPアドレス(10.2.1.1)を入力します。

3 今回の例では2台のHA1バックアップを直結するため[ゲートウェイ]は入力しません。

4 以降の項目はデフォルトの値を使用します。

5 [OK]をクリックします。

第 9 章　高可用性（High Availability）

⑦ HA2 リンクの決定

➡ HA2リンクをどのインターフェイスに設定するかを指定します。本設定項目に関する詳細は表9.6を参照してください。

▼ ［Device］タブ＞左のメニューより［高可用性］＞［全般］タブ＞［データリンク（HA2）］

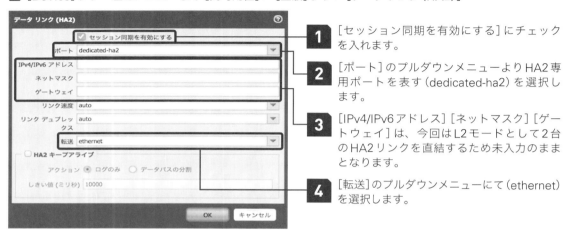

1　［セッション同期を有効にする］にチェックを入れます。

2　［ポート］のプルダウンメニューよりHA2専用ポートを表す（dedicated-ha2）を選択します。

3　［IPv4/IPv6アドレス］［ネットマスク］［ゲートウェイ］は、今回はL2モードとして2台のHA2リンクを直結するため未入力のままとなります。

4　［転送］のプルダウンメニューにて（ethernet）を選択します。

⑧ HA2 バックアップリンクの決定

➡ ①で設定したインターフェイスをHA2バックアップリンクとして指定します。本設定項目に関する詳細は表9.7を参照してください。

▼ ［Device］タブ＞左のメニューより［高可用性］＞［全般］タブ＞［データリンクのバックアップ］

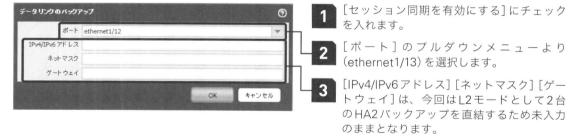

1　［セッション同期を有効にする］にチェックを入れます。

2　［ポート］のプルダウンメニューより（ethernet1/13）を選択します。

3　［IPv4/IPv6アドレス］［ネットマスク］［ゲートウェイ］は、今回はL2モードとして2台のHA2バックアップを直結するため未入力のままとなります。

4　［転送］のプルダウンメニューにて（ethernet）を選択します。

9.6 >> 高可用性設定の基本設定

⑨リンクモニターの決定

→ フェイルオーバーのトリガー対象となる物理リンクまたは物理リンクのグループを指定します。本設定項目に関する詳細は表9.8および表9.9を参照してください。

▼ [Device]タブ＞左のメニューより[高可用性] > [リンク及びパスのモニタリング]タブ＞[リンクモニタリング]

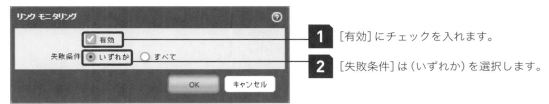

1 [有効]にチェックを入れます。

2 [失敗条件]は(いずれか)を選択します。

> ヒント：フェイルオーバーのトリガーとなる条件について、モニター対象になっているいずれかひとつのリンクグループがダウンした場合にするか、すべてのリンクグループがダウンした場合にするかを選択します。

▼ [Device]タブ＞左のメニューより[高可用性] > [リンク及びパスのモニタリング]タブ＞[リンクグループ]

3 [リンクグループ]の追加をクリックします。

4 [名前]を入力します。

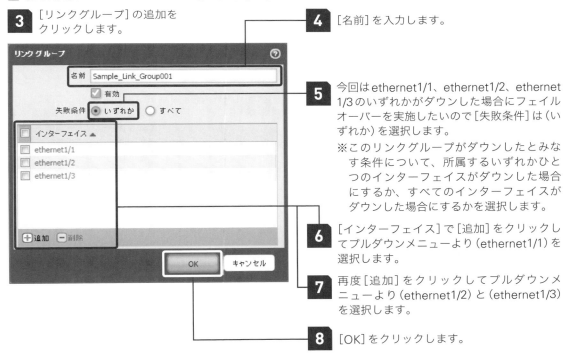

5 今回はethernet1/1、ethernet1/2、ethernet1/3のいずれかがダウンした場合にフェイルオーバーを実施したいので[失敗条件]は(いずれか)を選択します。

※このリンクグループがダウンしたとみなす条件について、所属するいずれかひとつのインターフェイスがダウンした場合にするか、すべてのインターフェイスがダウンした場合にするかを選択します。

6 [インターフェイス]で[追加]をクリックしてプルダウンメニューより(ethernet1/1)を選択します。

7 再度[追加]をクリックしてプルダウンメニューより(ethernet1/2)と(ethernet1/3)を選択します。

8 [OK]をクリックします。

第9章 高可用性（High Availability）

⑩パスモニターの決定

→ フェイルオーバーのトリガー対象となる宛先IPアドレスを指定します。本設定項目に関する詳細は表9.10および表9.11を参照してください。

▼ [Device]タブ＞左のメニューより[高可用性]＞[リンクおよびパスのモニタリング]タブ＞[パスモニタリング]

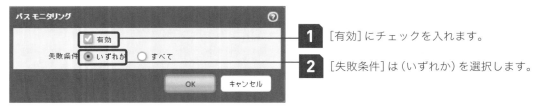

1 [有効]にチェックを入れます。

2 [失敗条件]は（いずれか）を選択します。

> **ヒント** フェイルオーバーのトリガーとなる条件について、モニター対象になっているいずれかひとつのパスグループがダウンした場合にするか、すべてのパスグループがダウンした場合にするかを選択します。

▼ [Device]タブ＞左のメニューより[高可用性]＞[リンクおよびパスのモニタリング]タブ＞[パスグループ]

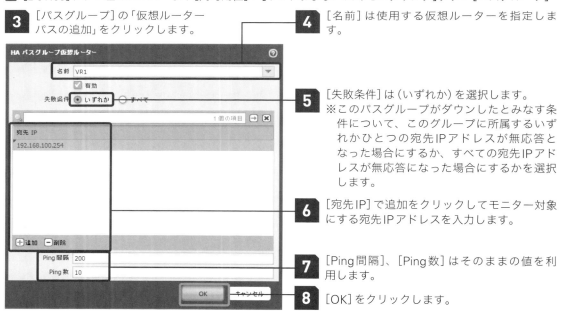

3 [パスグループ]の「仮想ルーターパスの追加」をクリックします。

4 [名前]は使用する仮想ルーターを指定します。

5 [失敗条件]は（いずれか）を選択します。
※このパスグループがダウンしたとみなす条件について、このグループに所属するいずれかひとつの宛先IPアドレスが無応答となった場合にするか、すべての宛先IPアドレスが無応答になった場合にするかを選択します。

6 [宛先IP]で追加をクリックしてモニター対象にする宛先IPアドレスを入力します。

7 [Ping間隔]、[Ping数]はそのままの値を利用します。

8 [OK]をクリックします。

9.6 >> 高可用性設定の基本設定

⑪コミット処理

➡ 右上のコミットボタンにて設定反映を実施します。

⑫設定反映後のインターフェイス接続

➡ 互いのHA1、HA1バックアップ、HA2、HA2バックアップをイーサネットケーブルで接続します。

⑬ステータス確認

➡ HAステータスを確認します。

▼ [Dashboard]タブ > [ウィジット] > [システム] > [高可用性]にチェック

●同期できている画像

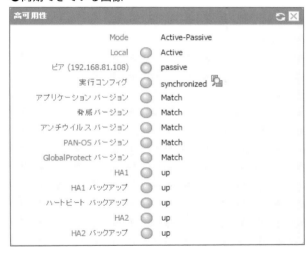

同期ができている場合は各項目のLEDマークが緑色になります。

第9章　高可用性（High Availability）

●一部同期できてない画像

同期ができてない場合は緑以外のマークとなり、以下のことが考えられます。

1. 対向がサスペンド状態になっている。
   ⇒対向のファイアウォールにてCLIまたはWeb UIによりサスペンド状態を解除します。CLIコマンドでは"request high-availability state functional"を使用します。
2. コンフィグの差分が発生している。
   ⇒設定が正しい方のデバイスからsyncを実行します。
3. PAN-OSのバージョンが異なる。
   ⇒PAN-OSのバージョンアップを実施する（2.3.6項参照）。
4. App-IDシグネチャのバージョンが異なる。
   ⇒最新シグネチャのインストールを実施する（2.3.5項参照）。
5. Content-IDシグネチャのバージョンが異なる。
   ⇒最新シグネチャのインストールを実施する（2.3.5項参照）。
6. GlobalProtectエージェントのバージョンが異なる。
   ⇒同一バージョンのGlobalProtectエージェントを適用する。

9.7 高可用性設定リファレンス

高可用性（HA）の設定項目一覧です。

9.7.1 高可用性設定基本項目

▼ ［Device］タブ＞左のメニューより［高可用性］＞［全般］タブ

①セットアップ

HA機能の有効化やHAモードの設定などを行います。［セットアップ］セクションには以下の設定項目があります。

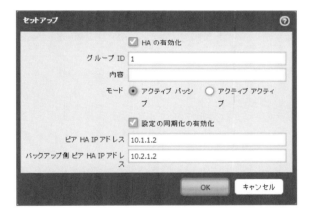

● 表9.1 セットアップ項目

項目	説明
HAの有効化	HA機能を有効化します。
グループID	アクティブ/パッシブのペア識別に使用する数値を入力します。1～63までの数値を指定できます。同一ネットワーク上にアクティブ/パッシブのペアを複数使用することが可能ですが、レイヤー2ネットワークにふたつ以上のHAペアが存在する場合は、このIDはそれぞれ一意のものである必要があります。
内容	説明を入力することができます。
モード	［アクティブパッシブ］［アクティブアクティブ］から選択できます。
設定の同期化の有効化	ピア間でコンフィグレーションの同期を有効にします。
ピアHA IPアドレス	対向ファイアウォールの［コントロールリンク（HA1）］に指定されているHA1インターフェイスのIPアドレスを入力します。
バックアップ側ピアHA IPアドレス	対向ファイアウォールのバックアップコントロールリンクのIPアドレスを入力します。

第9章 高可用性（High Availability）

②アクティブ/パッシブ設定

パッシブ機のインターフェイスのステータスについて設定します。［アクティブ/パッシブ］設定セクションには以下の設定項目があります。

● 表9.2 アクティブ/パッシブ設定項目

項目	説明
パッシブリンク状態	［シャットダウン］［自動］から選択できます。 ［シャットダウン］は、強制的にインターフェイスのリンクをダウン状態にします。 ［自動］は、リンク状態は物理接続のとおりとなりますが、受信したパケットはドロップします。パッシブ機のインターフェイスのリンク状態をアップにしておき、フェイルオーバー発生時にパッシブ機が引き継ぐまでの時間を短縮することができます。
モニター障害時ホールドタイム（分）	リンクモニターもしくはパスモニターを設定している場合、リンク障害かパス障害を検知すると、アクティブ機はこのタイマーを作動させ、タイムアウトするまでアクティブ状態を維持します。1～60（分）の間で指定できます。タイムアウト後にパッシブ側に問題がなければ、状態をアクティブからノンファンクショナルに変更します。

③選択設定

ハートビートバックアップやプリエンプティブ機能の有効化、各種タイマーの設定を行います。［選択設定］セクションには以下の設定項目があります。

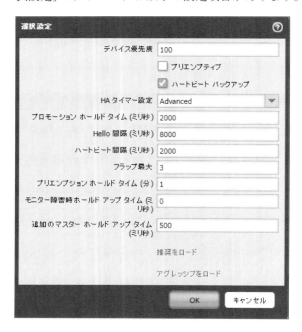

9.7 >> 高可用性設定リファレンス

● 表9.3 選択設定項目

項目	説明
プリエンプティブ	HAペア両方で有効にすることで、優先順位の高いファイアウォールが、障害復旧の後にアクティブ機として動作できるようにする設定です。
ハートビートバックアップ	管理ポートを使用して、ハートビートおよびHelloメッセージのバックアップパスを提供します。
プロモーションホールドタイム(ミリ秒)	パッシブ機がアクティブ機に昇格する際に、設定された時間分だけ昇格を待機します。
Hello間隔(ミリ秒)	ペア間で対向のファイアウォールのHA機能が動作していることを確認するためのHelloパケットの送信間隔を指定します。
ハートビート間隔(ミリ秒)	ペア間でICMP pingを使用してハートビートメッセージを交換する頻度を指定します。
フラップ最大数	ファイアウォールが前回の非アクティブ状態発生から15分以内に再度非アクティブ状態になるとカウントされます。許容するフラップ数を指定できます。0から16の間で指定できます。フラップ数がこの値に達すると、アクティブがサスペンドしたと判断されてパッシブ機が引き継ぎます。0を指定した場合、パッシブ機は引き継ぎません。
プリエンプションホールドタイム(分)	プリエンプションの設定がされているHAペアの場合、プリエンプションにより切り戻しをする際、旧パッシブ機(優先度が高い新アクティブ機)はプリエンプションによる切り戻し通知を旧アクティブ機(優先度が低い新パッシブ機)に送り、通知を受け取った旧アクティブ機がこのタイマーをスタートさせ、タイムアウト後に切り戻しが発生します。
モニター障害時ホールドアップタイム(ミリ秒)	リンクモニターもしくはパスモニターを設定している場合、リンク障害かパス障害を検知すると、アクティブ機はこのタイマーを作動させ、タイムアウトするまでアクティブ状態を維持します。タイムアウト後にパッシブ側に問題がなければ、状態をアクティブからノンファンクショナルに変更します。
追加のマスターホールドアップタイム(ミリ秒)	モニター障害時ホールドアップタイムのタイムアウト後に、追加でこのタイマーを作動させ、タイムアウトするまでアクティブ状態を維持します。タイムアウト後にパッシブ側に問題がなければ、状態をアクティブからノンファンクショナルに変更します。アクティブ機/パッシブ機で同時にリンク障害/パス障害が発生した際に、パッシブ機がダウンした状態でフェイルオーバーが発生しないために使用されます。
デバイス優先度	ペアの両方でプリエンプティブ機能が有効になっている場合、値が低い(優先度が高い)ファイアウォールがアクティブになります。

④コントロールリンク(HA1)

コントロールリンクの接続について設定します。[コントロールリンク(HA1)]セクションには以下の設定項目があります。

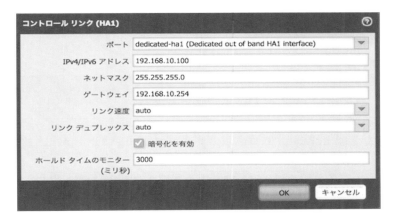

第9章 高可用性（High Availability）

●表9.4 コントロールリンク（HA1）項目

項目	説明
ポート	HA1インターフェイスのポートを指定します。[dedicated-ha1]（HA1専用ポート）、[management]（管理インターフェイス）、[HA用に設定したデータトラフィックポート]から選択できます。
IPv4/IPv6アドレス	ポートで[dedicated-ha1][HA用に設定したデータトラフィックポート]を選択した場合、HA1インターフェイスのIPv4もしくはIPv6アドレスを入力します。
ネットマスク	ポートで[dedicated-ha1][HA用に設定したデータトラフィックポート]を選択した場合、HA1インターフェイスのネットマスクの値を入力します。
ゲートウェイ	ポートで[dedicated-ha1][HA用に設定したデータトラフィックポート]を選択した場合、HA1インターフェイスのデフォルトゲートウェイのIPアドレスを入力します。
リンク速度	ポートで[dedicated-ha1]を選択した場合、HA1インターフェイスのリンク速度を指定できます。[auto][10][100][1000]から選択できます。
リンクデュプレックス	ポートで[dedicated-ha1]を選択した場合、HA1インターフェイスのリンクデュプレックスを指定できます。[auto][full][half]から選択できます。
暗号化を有効	対向機からエクスポートしたHAキーをインポートして、暗号化を有効にします。同様に、ローカル機からエクスポートしたHAキーを対向機にインポートする必要があります。
ホールドタイムのモニター（ミリ秒）	HA1のリンクダウン検知時に作動し、このタイムアウト後にHAのリンクダウンとなる。HA1リンクで断続的にDown/Upが発生した際に、都度フェイルオーバーが発生しないために使用されます。

⑤コントロールリンクのバックアップ

バックアップコントロールリンクの接続について設定します。[コントロールリンク（HA1バックアップ）]セクションには以下の設定項目があります。

●表9.5 コントロールリンクのバックアップ項目

項目	説明
ポート	HA1バックアップインターフェイスのポートを指定します。[dedicated-ha1][management][HA用に設定したデータトラフィックポート]から選択できます。
IPv4/IPv6アドレス	ポートで[dedicated-ha1][HA用に設定したデータトラフィックポート]を選択した場合、HA1バックアップインターフェイスのIPv4もしくはIPv6アドレスを入力します。
ネットマスク	ポートで[dedicated-ha1][HA用に設定したデータトラフィックポート]を選択した場合、HA1バックアップインターフェイスのネットマスクの値を入力します。
ゲートウェイ	ポートで[dedicated-ha1][HA用に設定したデータトラフィックポート]を選択した場合、HA1バックアップインターフェイスのデフォルトゲートウェイのIPアドレスを入力します。
リンク速度	ポートで[dedicated-ha1]を選択した場合、HA1バックアップインターフェイスのリンク速度を指定できます。[auto][10][100][1000]から選択できます。
リンクデュプレックス	ポートで[dedicated-ha1]を選択した場合、HA1バックアップインターフェイスのリンクデュプレックスを指定できます。[auto][full][half]から選択できます。

⑥データリンク（HA2）

データリンクの接続について設定します。[データリンク（HA2）]セクションには以下の設定項目があります。

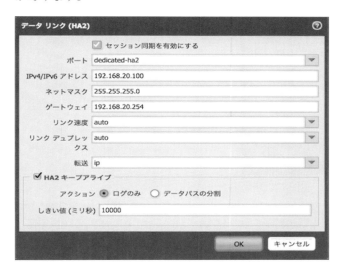

● 表9.6 データリンク（HA2）項目

項目	説明
セッション同期を有効にする	セッション情報をパッシブ機と同期できるようにします。
ポート	HA2インターフェイスのポートを指定します。[dedicated-ha2][HA用に設定したデータトラフィックポート]から選択できます。
IPv4/IPv6アドレス	ポートで[dedicated-ha2][HA用に設定したデータトラフィックポート]を選択した場合、HA2インターフェイスのIPv4もしくはIPv6アドレスを入力します。
ネットマスク	ポートで[dedicated-ha2][HA用に設定したデータトラフィックポート]を選択した場合、HA2インターフェイスのネットマスクの値を入力します。
ゲートウェイ	ポートで[dedicated-ha2][HA用に設定したデータトラフィックポート]を選択した場合、HA2インターフェイスのデフォルトゲートウェイのIPアドレスを入力します。
リンク速度	ポートで[dedicated-ha2]を選択した場合、HA2インターフェイスのリンク速度を指定できます。[auto][10][100][1000]から選択できます。
リンクデュプレックス	ポートで[dedicated-ha2]を選択した場合、HA2インターフェイスのリンクデュプレックスを指定できます。[auto][full][half]から選択できます。
転送	[ethernet][IP][UDP]から選択できます。[ethernet]はスイッチを介して接続されている場合や、逆並列で接続されている場合に使用します。[IP]はレイヤー3転送が必要な場合に使用します。[UDP]はIPオプションでの場合と同様に、チェックサムがヘッダーのみでなくパケット全体に基づいて計算されることを利用するために使用します。
HA2キープアライブ	
アクション	[ログのみ][データパスの分割]から選択できます。[ログのみ]はしきい値に基づいてHA2障害が発生した際に、criticalレベルのシステムログメッセージを生成します。回復した際にはinformationalのログメッセージを生成します。[データパスの分割]はアクティブ/アクティブ設定用で、セッション情報の同期が、無効になっている場合、新しいセッションはセッションのライフタイム中はローカルで処理されます。
しきい値（ミリ秒）	ここで設定した時間キープアライブが失敗すると指定したアクションが実施されます。

第 9 章　高可用性（High Availability）

⑦データリンクのバックアップ

バックアップデータリンクの接続について設定します。[データリンクのバックアップ]セクションには以下の設定項目があります。

● 表9.7　データリンクのバックアップ項目

項目	説明
ポート	HA2バックアップインターフェイスのポートを指定します。[dedicated-ha2]（HA2専用ポート）[HA用に設定したデータトラフィックポート]から選択できます。
IPv4/IPv6アドレス	ポートで[dedigated-ha2][HA用に設定したデータトラフィックポート]を選択した場合、HA2バックアップインターフェイスのIPv4もしくはIPv6アドレスを入力します。
ネットマスク	ポートで[dedigated-ha2][HA用に設定したデータトラフィックポート]を選択した場合、HA2バックアップインターフェイスのネットマスクの値を入力します。
ゲートウェイ	ポートで[dedigated-ha2][HA用に設定したデータトラフィックポート]を選択した場合、HA2バックアップインターフェイスのデフォルトゲートウェイのIPアドレスを入力します。
リンク速度	ポートで[dedigated-ha2]を選択した場合、HA2バックアップインターフェイスのリンク速度を指定できます。[auto][10][100][1000]から選択できます。
リンクデュプレックス	ポートで[dedigated-ha2]を選択した場合、HA2バックアップインターフェイスのリンクデュプレックスを指定できます。[auto][full][half]から選択できます。

9.7.2　リンクモニタリングおよびパスモニタリング

▼ [Device]タブ > 左のメニューより[高可用性] > [リンクおよびパスのモニタリング]タブ

①リンクモニタリング

リンクモニタリングの有効化やリンクグループの失敗条件を設定します。[リンクモニタリング]セクションには以下の設定項目があります。

● 表9.8 リンクモニタリング項目

項目	説明
有効	リンクのモニタリングを有効にします。リンクのモニタリングによって、物理リンクまたは物理リンクのグループに障害が発生した場合にフェイルオーバーのトリガーになります。
失敗条件	モニターしているリンクグループの一部またはすべてに障害が発生した場合にフェイルオーバーが発生するかどうかを選択します。

②リンクグループ

特定のethernetリンクをモニターするひとつ以上のリンクグループを定義します。［リンクグループ］セクションには以下の設定項目があります。

● 表9.9 リンクグループ項目

項目	説明
名前	リンクグループ名を入力します。
有効	リンクグループを有効にします。
失敗条件	選択したリンクの一部またはすべてに障害が発生した場合にエラーを発生させるかどうかを選択します。
インターフェイス	モニターするひとつ以上のethernetインターフェイス（データトラフィックポート）を選択します。

③パスモニタリング

パスモニタリングの有効化やパスグループの失敗条件を設定します。［パスモニタリング］セクションには以下の設定項目があります。

● 表9.10 パスモニタリング項目

項目	説明
有効	パスのモニタリングを有効にします。パスのモニタリングを有効にすると、ファイアウォールは指定した宛先IPアドレスをモニターするためにICMP pingメッセージを送信し、レスポンスがあることを確認します。フェイルオーバー用に他のネットワークデバイスのモニタリングが必要であったり、リンクのモニタリングのみでは不十分であったりした場合に、バーチャルワイヤー、レイヤー2、またはレイヤー3設定でパスのモニタリングを使用します。
失敗条件	モニターしているパスグループの一部またはすべてに障害が発生した場合にフェイルオーバーが発生するかどうかを選択します。

④パスグループ

特定の宛先アドレスをモニターするひとつ以上のパスグループを定義します。［パスグループ］セクションには以下の設定項目があります。

● 表9.11 パスグループ項目

項目	説明
名前	グループ識別に使用する名前を入力します。
有効	パスグループを有効にします。
失敗条件	指定した宛先アドレスの一部またはすべてが応答できない場合に、エラーを発生させるかどうかを選択します。
送信元IP	バーチャルワイヤーおよびVLANのインターフェイスの場合、パスモニタの宛先となるルータに送信するpingパケットの送信元IPアドレスを指定します。この送信元IPアドレスを使用してping応答がファイアウォールまで到達できる必要があります。この送信元IPアドレスは、モニタ対象の宛先IPアドレス用ルート情報の出力インターフェイスとして自動設定されます。
宛先IP	モニター対象となるひとつ以上の（コンマ区切りの）宛先アドレスを入力します。
Ping間隔	宛先アドレスに送信されるpingの間隔を指定します（200〜60000（ミリ秒））。デフォルトは200ミリ秒
Ping数	障害となるまでに失敗したPing数を指定します（3から10（回））。デフォルトは10回。

索引 index

A
ACC 235
ACC リスクファクタ 230
Active Directory 012, 283, 286, 288, 292, 299, 302
admin 066
Alert 251
Android 407
any 091
App-ID 010, 110, 172, 202, 382
App-ID セキュリティポリシー 134
Applipedia 111
ARP 345

B
Block 251
BrightCloud 040, 184, 192
BrightCloud URL フィルタリング 073

C
C&C 031, 112
CA 415
CA 証明書 414
CLI 051
Continue 251
CPU 010, 026, 231

D
Dashboard 229
Deny of Service 344
Destination NAT 353
DHCP 282, 483
DHCP サーバー 087
DHCP リレー 087
DMZ ゾーン 091
DNS サーバー 053
DNS シンクホール 164
DoS 攻撃 003, 218
DoS プロテクション 218, 223, 344, 397
DoS プロテクションプロファイル 219, 223
DoS プロテクションポリシー 223, 397
DSCP マーキング 360

E
eDirectory サーバ 283
Exchange サーバー 283

F
FPGA 383
FQDN 122, 382, 413
FTP 151

G
GlobalProtect 033, 041, 285, 402
GlobalProtect Mobile Security Manager 411
GlobalProtect クライアント 406
GlobalProtect ゲートウェイ 404
GlobalProtect サテライト 407
GlobalProtect データファイル 073
GlobalProtect ポータル 404
GP-100 033

H
HA1 リンク 483
HA2 リンク 483
HA3 リンク 483
HA-Lite 481
HA ステータス 487
HA タイマー 484
HA ペア 480
HA ポート 018, 046
HA モード 481
HDD 228
Hello 間隔 484
HFSC 360
HIP マッチ 235
HIP マッチログ 252
HTTP 011, 085, 151
HTTPS 085, 415
HTTP トラフィック 268

I
ICMP 021, 105
IKE SA 467
IKE フェーズ 1 467
IKE フェーズ 2 468
iOS 407
IP precedence 360
IPS 008, 013, 116, 171
IPsec SA 468
IPsec VPN 087, 462
IPsec トンネル 462
IPv4 087
IPv6 087

IP アドレス	007, 015
IP マスカレード	346
IRC	269

K
Kerberos	068, 313, 414

L
L3 インターフェイス	085
L3 モード	087
LDAP	068, 290, 414
LED	018, 047

M
M-100	031
Mac	407
MAP	151
MIME タイプ	183

N
NAC	285
NAPT	346
NAT	008, 282, 344
NAT ポリシー	347
NAT ルール	347
Net-BIOS	325
NetConnect	033
Network Address Translation	345
Nir Zuk	004, 007, 171
NTP サーバー	053

O
Override	251

P
PA-200	025
PA-2000 シリーズ	022, 030
PA-3000 シリーズ	022
PA-500	025
PA-5000 シリーズ	020
PA-7050	017
Palo Alto Networks	004
PAN-DB	040, 077, 183, 188, 192
Panorama	031, 038, 254
PAN-OS	017
PBF	344
PDF サマリーレポート	270, 278
Ping	085, 107
POP3	151

Q
QoS	344
QoS プロファイル	360
QoS ポリシー	362
Quality of Service	344

R
RADIUS	068, 414
root 化	412

S
SMB	151
SMTP	151
SNMP	085
SNMP トラップ	254
Source NAT	350
SP3	014
SSD	228
SSH	010, 085, 146
SSH トンネル	120
SSH プロキシ	381
ssl	247
SSL	010
SSL-VPN	033, 404
SSL 暗号化	110
SSL インバウンドインスペクション	381
SSL コネクション	413
SSL フォワードプロキシ	381
SSL 復号ポリシー	382
Syslog サーバー	254

T
TCP	007, 021
TCP22	146
Telnet	085
TeraTerm	051
Traps	035
Trust ゾーン	090

U
UDP	021
Unknown-TCP	175
Unknown-UDP	175
Unknown アプリケーション	112

索引 index

URL カテゴリ	122
URL データベース	181
URL フィルタリング	013, 148, 181, 193
URL フィルタリングデータベース	184
URL フィルタリングプロファイル	132, 193
URL フィルタリングレポート	278
URL フィルタリングログ	251
USB ポート	046
User-ID	012, 282
User-ID エージェント	012, 122, 288
UTM	004

V

VLAN インターフェイス	085
VM シリーズ	028
VoIP	359
VPN 接続	008, 083

W

Web UI	055
web-browsing	111, 127, 247
Web メール	381
WF-500	031
WildFire	031, 148, 211, 251, 412
WildFire への送信ログ	251
Windows	407
Windows サーバー	283
WMI	283, 302, 325
WRED	361

X

XML API	284

あ

アーキテクチャ	020
アカウント	050, 056, 066, 282
アクション	204
アクセス制御リスト	003, 006
アクセスログ取得	191
アクティブ	481
アクティブ / アクティブ	481
アクティブ / パッシブ	481
アクティベーション	071
宛先 NAT	345
宛先アドレス	122
宛先ゾーン	122
アドレスオブジェクト	099, 123
アドレスグループ	124
アプリケーション	002, 010, 073, 110, 111, 122, 389
アプリケーション依存関係	113
アプリケーションオブジェクト	124
アプリケーションおよび脅威	073
アプリケーション可視化	110
アプリケーションカテゴリ	114
アプリケーショングループ	125
アプリケーションコマンドセンター	235
アプリケーション識別	010
アプリケーションシグネチャ	120
アプリケーションスコープレポート	263
アプリケーション制御	117
アプリケーション層	013
アプリケーションフィルタ	125
アプリケーションブロックページ	126
アプリケーションプロトコル	119
アプリケーションレポート	278
アラート	212
暗号化	120
アンチウイルス	013, 148, 157
アンチウイルスプロファイル	132
アンチスパイウェア	013, 039, 163
アンチスパイウェアシグネチャ	163
アンチスパイウェアプロファイル	132, 163
暗黙のルール	091

い

一般的な情報	231
イニシャル	487
イベントログ	283
インスタントメッセージ	383
インターネットゲートウェイ	413
インターフェイス	046, 083, 231
インターフェイス管理プロファイル	085

う

ウイルス	013, 149
ウイルス対策	149

え

エージェントレス	012, 289, 302
エクスプロイト	032, 148, 202

お

オーバーライド	196, 344
オーバーライドページ	191

重み	207

か

カード	018
改ざん	003
回避型アプリケーション	115
外部ゲートウェイ	404
外部ネットワーク	402
カスタマイズ	439
カスタム URL カテゴリ	191
カスタムアプリケーション	112, 389
カスタムシグネチャ	175
カスタムレポート	275
仮想ファイアウォール	028
仮想プライベートネットワーク	404
仮想ルーター	088, 464
カテゴリ	114, 181
カテゴリデータベース	184
カテゴリ変更リクエスト	199
管理インターフェイス	046, 049
管理者	010
管理者アカウント	066
管理者ロール	069
管理ポート	018

き

キャパシティ	019
キャプティブポータル	012, 284, 344
キャプティブポータル認証	321
キャプティブポータルポリシー	394
脅威	008, 233
脅威防御	013, 147
脅威マップレポート	265
脅威モニターレポート	264
脅威レポート	278
脅威ログ	250
許可リスト	181

く

クライアント証明書認証	414
クラス分類	359
グループマッピング	310
グローバルアドレス	345

け

ゲートウェイ	003, 007, 402
ゲートウェイ型	006, 150

言語	054

こ

高可用性	232, 483
高リスクアプリケーション	236
誤検知	153
コミット	061
コンソール接続	051
コンソールポート	046
コンテンツ識別	010, 013
コントロールプレーン	015
コントロールリンク	484
コンフィグ	060
コンフィグレーション	060

さ

サーキットゲートウェイ	007
サードパーティ証明書	415
サーバー証明書	313
サーバーセッション	283
サーバープロファイル	068
サービス	122
サービスオブジェクト	130
サービスグループ	130
サービスポート	389
サービスルート	086
最大フラップ数	487
サイバーキルチェーン	148
サスペンド	487
サブインターフェイス	085
サブカテゴリ	114
サブスクリプション	013, 037
サポートポリシー	043
サポートライセンス	037
サマリーレポート	263

し

ジェイルブレイク	412
シェルコード	149
しきい値	207
シグネチャ	008
シグネチャマッチエンジン	026
自己署名証明書	313, 415
システム	229
システムリソース	231
システムログ	253
次世代ファイアウォール	007, 008

索引 index

事前共有鍵 462
事前定義プロファイル 152
シャーシ 018
集約インターフェイス 084
出力インターフェイス 361
上位アプリケーション 229
上位のハイリスクアプリケーション 230
冗長構成 480
情報漏えい 202
初期アカウント 050
侵入 171

す
スイッチング 083
スケジューリング 076
スタティック IP 347
スタティックアドレスオブジェクト 123
スタティックルーティング 464
スタティックルート 089
ステートフルインスペクションファイアウォール 007
ストリームベース 013, 151
スパイウェア 013, 149
スパイウェアダウンロード 241
スパイウェアフォンホーム 241
スパムメール 149
スプリットトンネリング 405

せ
脆弱性 008, 171
脆弱性攻撃 013
脆弱性防御 171
脆弱性防御シグネチャ 172
脆弱性防御プロファイル 171
脆弱性防御プロファイル 132
静的 NAT 347
セキュリティ 344
セキュリティプロセッサ 026
セキュリティプロファイル 131
セキュリティホール 218
セキュリティポリシー 008
セキュリティポリシールール 091
セッション・オーナーシップ 481
セッション・セットアップ 481
セッション数 229
セッションフロー 202
設定ログ 253
ゼロデイ攻撃 036

ゼロデイマルウェア 035, 150, 211

そ
送信元 NAT 345
送信元アドレス 122
送信元ゾーン 122
送信元ユーザー 122
ゾーン 090
ゾーンプロテクション 218
ゾーンプロテクションプロファイル 218
続行ページ 191
その他のアプリケーション 269

た
ターミナルエミュレーションソフト 051
ターミナルサービスエージェント 284
代替ポート 110
ダイナミック DNS 268
ダイナミック IP 347
ダイナミック IP/ ポート 346
ダイナミックアドレスグループ 124
ダイナミックブロックリスト 124
タイムゾーン 054

ち
チューニング 174

て
ディスク 021
データトラフィック 049
データトラフィックポート 046
データパターン 013
データフィルタリング 013, 202
データフィルタリングプロファイル 132
データフィルタリングログ 252
データプレーン 015
テクノロジ 114, 238
デフォルト QoS プロファイル 360
デフォルトゲートウェイ 052
デュプレックス 231, 483
電源 018
電子メールスケジューラ 273

と
統合脅威防御 148
盗聴 003
動的 NAT 347

動的ルーティング	083
特性	114
匿名プロキシ	383
匿名プロキシサイト	181
ドメインコントローラ	012, 283
ドライブバイダウンロード	203
トラフィック	090
トラフィックマップ	266
トラフィックレポート	278
トラフィックログ	249
トランザクションロック	062
ドリルダウン	235
ドリルダウンページ	243
トロイの木馬	149
トンネリング	116
トンネルインターフェイス	462
トンネルセッション	021
トンネルモード	405

な

内部ゲートウェイ	405
内部ネットワーク	402
なりすまし	003

に

入力インターフェイス	372
認証アルゴリズム	476
認証シーケンス	068
認証プロファイル	068, 315

ね

ネットマスク	052
ネットワークアドレス変換	008, 345
ネットワークアプリケーション	002
ネットワークプロセッサ	026
ネットワークモニターレポート	265

の

ノンファンクショナル	487

は

バーチャルワイヤー	083, 345
ハートビート間隔	484
ハートビートポーリング	485
バイト数	229
ハイパーバイザー	028
パケット転送	372

パケットフィルタ	006
パケットマーキング	361
パスコード	412
パスモニタリング	486
パスワード	056, 070, 149
バックアップ HA リンク	483
パッシブ	481
パッシブ DNS モニタリング	164
パブリッククラウド	033
パロアルトネットワークス	003

ひ

ピアツーピア	383
非対称ルーティング	482
非トンネルモード	405
非標準ポート	116
ヒューリスティック	011
平文通信	383

ふ

ファイアウォール	003
ファイアウォールルール	010
ファイル共有	383
ファイルタイプ	013, 205
ファイルブロッキング	013, 202
ファイルブロッキングプロファイル	132, 208
ファイルベース	151
ファン	018
フィルタ	247
フィルタリング	006
フェイルオーバー	485
復号	010, 119, 202, 344
復号化	120
復号化ポリシー	010
復号ポートミラーリング	120, 381
復号ポリシー	120
復号ポリシールール	382
輻輳管理	361
不正アクセス	003
不明なアプリケーション	268
プライオリティキュー	359
プライベートアドレス	345
プライベート認証局	415
プリエンプションホールドタイム	484
プリエンプティブ	484
プローブ	283
プロキシファイアウォール	006

索引 index

ふ
ブロックページ 205
ブロックリスト 181
プロトコル 007, 085
プロモーションホールドタイム 484

へ
ペイロード 013
変化モニターレポート 264

ほ
ポート 018
ポート 80 110
ポート転送 347
ポート番号 007
ポートベース制御 117
ポートホッピング 115
ホスト型 150
ホスト情報プロファイル 073
ホストネーム 054
ボット 218, 267
ボットネット 149, 267
ボットネットレポート 267
ポリシー 344
ポリシー制御 015, 343
ポリシーベースフォワーディング 344

ま
マッピング 012
マルウェア 002, 031, 112, 148

も
モニター障害時ホールドアップタイム 484
モニターホールドタイム 484
モバイルデバイス 412

ゆ
ユーザー ID 282
ユーザーアクティビティレポート 271
ユーザーグループ 286
ユーザー識別 010, 282
ユーザー通知 154
ユーザートラフィック 092
ユーザー認証 414
ユーザーマッピング 282
ユーザーマッピングテーブル 441

ら
ライセンス 037

り
リグレッションテスト 174
リスク 114, 115, 230
リッスン 181
リフレッシュ 248
リンク速度 231, 483
リンクモニタリング 486

る
ルーター 006
ルーティング情報 372
ルーティングプロトコル 089
ルート CA 証明書 415
ルートベース 462
ループバックインターフェイス 085

れ
例外 153
レイヤー 2 083
レイヤー 3 083
レイヤー 4 389
レポート 278
レポートグループ 273

ろ
ローカルデータベース 067, 184
ローカルユーザーデータベース 313
ログ 229
ログエントリ 183
ログ転送プロファイル 261
ログファイル 247

わ
ワーム 149

513

■ 監修・著者一覧

三輪 賢一（みわ けんいち）
シスコシステムズ、ジュニパーネットワークス、パロアルトネットワークスなどネットワーク・セキュリティ業界でプリセールス、テクニカルマーケティングエンジニア、SE マネージャーとして 15 年以上従事。現在、ウエルシス株式会社代表取締役。主な著書に「プロのための［図解］ネットワーク機器入門」、「TCP/IP ネットワークステップアップラーニング」、「かんたんネットワーク入門」（いずれも技術評論社）がある。

伊原 智仁（いはら ともひろ）
2006 年エーピーコミュニケーションズ入社。情報セキュリティスペシャリスト。国内最大手 ISP 事業者にてネットワークセキュリティサービスの設計開発に従事。その後、新規クラウドサービスの開発立ち上げに携わり、サーバ・ストレージ構築から運用安定化までのトラブルシューティング対応、業務フロー見直しに伴う運用コンサルティング等を経験。現在は、ゼネラルマネージャとして複数のプロジェクトマネジメントを担う。

前川 峻平（まえかわ しゅんぺい）
NW セキュリティに興味を持ち専門学校へ入学。エーピーコミュニケーションズに新卒で入社し、元請 SI 部門にて、NW 設計構築エンジニアとしてルータ、スイッチ、ファイアウォール、ロードバランサと幅広く経験を積む。その後、次世代ファイアウォールのディストリビュータサポートエンジニアとして約 2 年オンサイト支援を担当。アプリケーション識別という画期的な機能に感銘し、積極的に経験を重ねていく。CNSE 4.1 を取得し、次世代ファイアウォール専門エンジニアとして活躍中。

内藤 裕之（ないとう ひろゆき）
新卒で株式会社エーピーコミュニケーションズに入社後、金融系顧客のネットワーク設計構築業務に従事。セキュリティ関連の案件も数多く担当し、2012 年に担当した案件で次世代ファイアウォールに出会う。その後、案件対応で次世代ファイアウォールの知識を深め CNSE 5.1 を取得。現在はネットワーク・サーバの設計構築、管理業務と並行し、自社サービスの企画、開発を行っている。

福井 隆太（ふくい りゅうた）
某半導体システム企業のビル内常駐警備員をしていた頃、来客のエンジニアに「コンピューターって楽しいんですか？」と尋ねたところから、「これからはコンピューターの時代だ！」と確信して飛び込んだこの世界。某通信キャリアに 10 年以上勤務をして、毎朝のメールチェックや HP 閲覧に長時間かかるのは「原因不明のいつものこと」と思っていたところに、出会ったネットワークの可視化技術に魅了される。現在、次世代ファイアウォールのサポートエンジニアとして日々奮闘中。

パロアルトネットワークス合同会社

乙部 幸一朗（おとべ こういちろう）	テクニカルディレクター
林 章（はやし あきら）	シニア SE マネージャー
中村 弘毅（なかむら ひろき）	システムズエンジニア
門瀬 幸恵（もんせ さちえ）	システムズエンジニア
大友 信幸（おおとも のぶゆき）	システムズエンジニア

■ 協力

株式会社エーピーコミュニケーションズ
APCommunications

『お客様が喜べば喜ぶほど、我々もベネフィットが得られる仕組みに、あらゆる場面で追求・トライすること』をモットーに、ニッポンのITの明るい未来に貢献することを目指し、レベニューシェア、自社サービス、海外展開などに、貪欲に挑戦中のマルチエンジニア集団です。

事業内容：
一次請け・レベニューシェアでの請負によるシステムの提案、開発、保守、ECサイト構築・運営、新規サービスの企画・開発、キャリア・ISP・DC向けSI・BFOサービス。

上林 太洋（かみばやし たかひろ）
嘉門 延親（かもん のぶちか）
福榮 一男（ふくえい かずお）
吉田 久美子（よしだ くみこ）
國森 修（くにもり しゅう）

- カバーデザイン　　株式会社志岐デザイン事務所
- 本文設計・組版　　BUCH⁺

Palo Alto Networks 構築実践ガイド
次世代ファイアウォールの機能を徹底活用

2015年8月25日　初版第1刷発行

監修者	パロアルトネットワークス合同会社
監修者・著者	三輪 賢一
著者	株式会社エーピーコミュニケーションズ 伊原智仁・前川峻平・内藤裕之 パロアルトネットワークス合同会社　福井 隆太
発行者	片岡 巌
発行所	株式会社技術評論社 東京都新宿区市谷左内町 21-13 電話　03-3513-6150　販売促進部 　　　03-3513-6166　書籍編集部
印刷／製本	昭和情報プロセス株式会社

定価はカバーに表示してあります。

本書の一部または全部を著作権法の定める範囲を越え、無断で複写、複製、転載、テープ化、ファイルに落とすことを禁じます。

ⓒ 2015　株式会社エーピーコミュニケーションズ　ウエルシス株式会社

造本には細心の注意を払っておりますが、万一、乱丁（ページの乱れ）や落丁（ページの抜け）がございましたら、小社販売促進部までお送りください。送料小社負担にてお取り替えいたします。

ISBN978-4-7741-7521-8 C3055
Printed in Japan

● お問い合わせに関しまして

本書に関するご質問については、本書に記載されている内容に関するもののみとさせていただきます。本書の内容を超えるものや、本書の内容と関係のないご質問につきましては、一切お答えできませんので、あらかじめご了承ください。また、電話でのご質問は受け付けておりませんので、FAXか書面にて下記までお送りください。Webの質問フォームも用意しております。
お送りいただいたご質問には、できる限り迅速にお答えできるよう努力いたしておりますが、場合によってはお答えするまでに時間がかかることがあります。また、回答の期日をご指定なさっても、ご希望にお応えできるとは限りません。ご質問の際に記載いただいた個人情報は、質問の返答以外の目的には使用いたしません。また、質問の返答後は速やかに削除させていただきます。

● 宛先
〒162-0846　東京都新宿区市谷左内町 21-13
株式会社技術評論社　書籍編集部
「Palo Alto Networks構築実践ガイド」係
FAX: 03-3513-6183

● 技術評論社Web
http://gihyo.jp/